최신 대기방지시설의 설계

서정민 · 저

머 리 말

우리가 살고 있는 자연환경 속에서 발생되는 오염물질은, 산업혁명 이전에는 자연의 정화작용과 생태계의 순환에 의해서 처리되었지만, 지금은 전 세계가 환경오염문제 때문에 심한 몸살을 앓고 있습니다. 그래서 어떤 이는 "환경오염과의 전쟁의 시대"라고 할 정도로 환경문제가 심각한 지경에 이르게 되었다.

20세기 들어서면서 고도의 산업화와 과학의 발전으로 지구 대기환경이 심한 변화를 보이고 있다. 대기환경의 변화는 지구온난화, 오존층 파괴, 산성비, 엘리뇨현상, 체르노빌 원자력 발전소 문제 등 전 지구적 규모로 많은 문제와 부작용을 발생시키고 있다.

그런고로, 우리가 이러한 환경오염으로부터 우리 자신과 주변을 보호하려면 우리는 오염원을 줄일 수 있는 효율적인 계획과 경제적인 설계를 해야 할 것이며, 이에 대하여 저자는 대학에서 환경공학을 전공한 후, 포스코건설(주) 환경사업본부 10여년간 현장에서 경험한 대기방지시설 설계내용을 토대로 25년간 대학에서 대기오염방지시설 설계분야 강의 내용 등 총 35년간 대기환경 설계내용을 집대성하여 본서를 출판하게 되었다.

특히, 이 책은 백화점 식으로 장황하게 나열하기보다는 저자가 현장에서 경험한 know how와 대기방지시설의 설계 주요인자를 제시하여 방지시설업체 설계 담당자에게 조금이라도 도움되게 요약정리하였으며, 대학교에서 한 학기 동안 수업함에 있어 단 몇 항목이라도 학생들이 직접 설계하고 그 과정을 충분히 이해하여, 사회 진출후 조금이나마 대기공학 설계에 대한 자신감을 갖게 하기 위함으로 책을 집필하게 되었다.

그러나 역량부족으로 뜻하지 않은 오류도 있을 것으로 사료되는 바, 先輩諸賢의 질책과 지도를 바라 마지않는다.

끝으로 이 책을 출간함에 있어 귀중한 시간을 할애하여 교정과 편집작업에 많은 도움을 준 부산대학교 바이오환경에너지학과 박사과정 장경민, 학부 박성진, 학부 홍태우 학생에게 감사드리는 동시에 부족한 점이 많은 책을 발간하여 주신 출판사 사장님께 감사를 드리는 바이다.

또한 이 책은 앞으로 보다 알찬 내용으로 보완·개정해 나가려한다.

감사합니다.

부산대학교 생자대 3361호 연구실에서

서 정 민

목 차

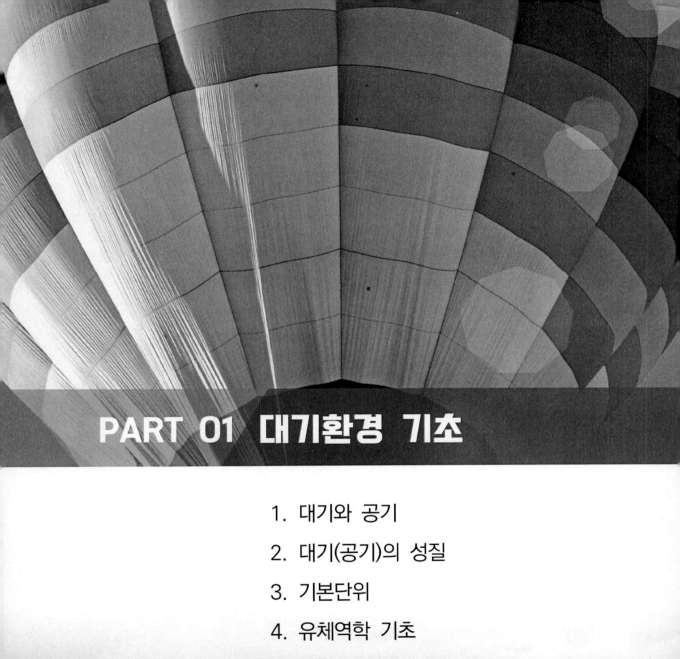

PART 01 대기환경 기초

Chapter 01 대기와 공기

1. 대기와 공기

지구를 둘러싸고 있는 기체를 대기라 하고, 지표면에서 기온의 수직구조에 따라 대류권, 성층권, 중간권, 열권으로 나누어진다. 지표에서 약 11 km까지의 대류권에 있는 기체를 공기라 한다.

공기는 생활환경에서 사용하는 기체라는 의미를 지니고 있으며 공기압, 공기총, 공기압축기 (Compressor) 등으로 이해되고 있다. 대기 환경공학 측면에서는 대기와 공기를 큰 범주에서는 같은 의미로 해석해도 큰 무리는 없을 것이다.

고체나 액체는 분자가 빈틈없이 붙어 있지만 공기의 경우는 분자간 거리가 크고 그 운동이 자유롭다.

공기에서는 그 거리가 3.35×10^{-7} cm 정도로서 분자의 지름 3.72×10^{-8} cm의 약 9배에 해당한다. 분자는 상하, 좌우로 불규칙하게 운동하고 있으며 서로가 충돌하고 있다. 운동하고 있는 임의의 분자가 다른 분자에 충돌하기까지 움직이는 거리를 자유 행로라고 한다. 그 거리는 각 분자에 따라서 일정하지 않지만 온도와 압력이 정해지면 자유행로의 평균값이 결정된다. 그 평균 자유 행로는 공기의 경우 6.4×10^{-6} cm로서 공기 분자 지름의 약 170배에 상당하다.

공기는 분자 상호간의 힘이 약하므로 체적은 압력, 온도에 의해 쉽게 변화하는 압축성 유체이다.

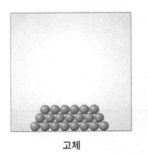 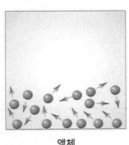 

고체   액체   기체

그림 1.1 분자의 결합 상태

Chapter 02 대기(공기)의 성질

1. 대기의 압력

대기인 공기의 질량은 지구 인력으로 지표에서 1 cm²당 1.033 kg$_f$ 의 중량이 있다. 이 1.033 kg$_f$/cm²의 압력을 대기압이라고 한다. 우리들이 대기압의 무게를 느끼지 못하는 것은 작용하는 힘이 모든 면에 작용해서 서로가 상쇄되기 때문이다.

대기압의 크기는 토리첼리(E. Torrieli, 1608~1647(이탈리아))의 실험에 의해 측정 되었다. 유리관에 수은을 가득 채우고 수직으로 세우면 유리관의 수은은 하강해서 760 mm의 높이에서 멈춘다. 수은면에 작용하는 대기의 압력과 수은주의 압력이 균형을 이룬 것이다. 이것은 760 mm인 수은의 질량에 중력 가속도 9.8067 m/sec²가 가해진 무게와 같다.

수은의 밀도가 13,595 kg/m³이므로 압력은 다음 식으로 구할 수 있다.

$$P = \frac{F}{A} = \frac{m\,g}{A} = \frac{V \cdot \rho \cdot g}{A} = \frac{A \cdot h \cdot \rho \cdot g}{A} = \rho \cdot g \cdot h$$

$$\therefore \quad m = V \cdot \rho (밀도)$$

$$
\begin{aligned}
1기압 \;&=\; 13,595 \text{ kg/cm}^3 \;\times\; 9.8067 \text{ m/sec}^2 \;\times\; 0.76 \text{ m}^3/\text{m}^2 \\
&=\; 1013.250 \;\times\; 10^2 \text{ N/m}^2 \\
&=\; 760 \text{ mmHg} \\
&=\; 1013.25 \text{ hPa}
\end{aligned}
$$

○ 힘은 뉴우튼으로 정의

   F(힘) = m(질량) × a(가속도)

   1 N = 1 kg·m/sec² (질량 1 kg인 물체가 1 m/sec²의 가속도를 받았을 때 힘)

   1 Pa = 1 N/m^2

○ 1kg의 질량에 작용하는 중력을 1kg중, 혹은 1kg무게

   1 kg_f = 1 kg × 9.8 $m/\sec^2$ = 9.8 N

대기압은 지면으로 부터의 고도, 지역, 기상에 따라서 변화한다. 대기압은 지표로 부터 상층에 있는 공기의 무게 때문에 생기므로 고도가 높아지면 대기압은 감소한다. 또 동일한 이유로 공기의 밀도도 해발 고도가 상승하면 감소한다.

이와 같이 대기압은 고도, 지역, 기상에 따라서 변화하므로 위도 45° 해수면에서 측정한 1013.25 hPa을 표준 대기압으로 사용하고 있다.

2. 공기 압력의 표시

공기 압력의 표시 방법에는 기준을 잡는 방법에 따라서 절대압력과 게이지압력이 있다. 절대압력 0의 상태란 지구를 둘러싸는 공기의 층이 전혀 없는 완전 진공상태를 말한다.

절대압력은 완전 진공상태를 기준으로 압력을 표시하는 것으로서 mmHg, kg_f/cm^2, hPa로 표시된다.

게이지압력은 대기압을 0으로 해서 측정한 압력을 말하고 kg_f/cm^2G로 표시된다. 절대압력과 게이지압력의 관계는 그림 1.2에 나타내었다.

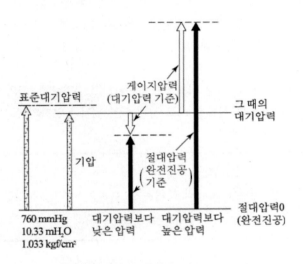

그림 1.2 절대압력과 게이지압력의 관계

공기 압력은 표 1.1의 압력 단위가 사용된다. SI 단위계에서는 힘에 N(뉴턴)을 사용하고 N/m^2라는 압력을 Pa(파스칼)로 표시한다. 1 N이란 질량 1 kg의 물체를 1 m/sec^2로 가속하는 힘을 말한다. 파스칼은 압력단위로 작기 때문에 10^3제곱한 kPa(킬로 파스칼) (1 $[kg_f/cm^2]$ =98.0665 [kPa]≒100 [kPa])가 자주 사용된다.

이밖에 수은주 mmHg, 수주의 높이 mmH_2O, 그리고 기상학에서는 10^6 dyn/cm^2를 bar, 기압을 atm으로 표시하고 있다.

표 1.1 압력의 단위

	Pa	bar	kg$_f$/cm^2	atm	mmH$_2$O	mmHg 또는 Torr
압	1	1×10^{-5}	1.01972×10^{-5}	9.86923×10^{-6}	1.01972×10^{-1}	7.50062×10^{-3}
	1×10^5	1	1.01972	9.86923×10^{-1}	1.01972×10^4	7.50062×10^2
	9.80665×10^4	9.80665×10^{-1}	1	9.67841×10^{-1}	1.0000×10^4	7.35559×10^2
력	1.01325×105	1.01325	1.03323	1	1.03323×10^5	7.60000×10^2
	9.80665	9.80665×10^{-5}	1.0000×10^{-4}	9.67841×10^{-5}	1	7.35559×10^{-2}
	1.33322×10^2	1.33322×10^{-5}	1.35951×10^{-3}	1.31579×10^{-3}	1.35951×10	1

* 1 [Pa] = 1 [N/m^2]

3. 공기의 질량

공기는 질소나 산소의 혼합물이지 화합물은 아니므로 공기 자체의 분자는 없다. 그러나 아보가드로의 법칙에 의하면 1 kmol의 모든 기체는 표준상태(온도 0℃, 1기압 760 mmHg)에서 모두 22.415 m^{3}의 체적을 가지며 이 기체의 질량은 분자량 M(kg)이다. 공기의 분자량이 28.96이라면 공기 1 kmol의 질량은 28.96 kg이 된다.

여기서 1 mol이란 분자량 M인 물질 M[g]의 양을 말하고 분자량에 [g]의 단위를 붙인 질량과 같다. 분자의 질량은 탄소원자(C)의 질량을 12로 정해 다른 원자나 분자의 질량비에서 구한 것이며 이 값을 원자량 또는 분자량이라 한다.

○ Avogadro's Law(아보가드로 법칙)

표준상태에서 모든 기체 1 mole의 부피는 22.4 $N\ell$, 질량은 분자량(g)이고

1 kmole의 부피는 22.4 Nm^3, 질량은 분자량(kg)이다.

---

4. 공기의 밀도

단위 부피당 공기의 질량을 밀도라 하며, 기압과 같이 고도가 낮을수록 크다. 해수면에서 15℃ 일 때 공기의 밀도는 약 1.225 kg/㎥이다. 공기의 질량은 분자량이므로 온도나 압력에 따라서 변화한다.

표준상태에서 공기 1 kmol의 질량 M은 28.96 kg, 체적은 22.415 Nm^{3}이므로 단위 체적당 질량(밀도)을 다음과 같이 구할 수 있다.

$$\rho = \frac{M}{V} = \frac{28.962}{22.415} = 1.293 \ [\text{kg/Nm}^3]$$

표준상태에서 건조 공기의 밀도는 ρ는 1.293 kg_f/m^3이므로 어떤 압력, 온도에서의 단위 체적당 공기의 질량은 다음 식으로 구할 수 있다.

$$\rho = \rho_0 \times \frac{273}{273 + t} \times \frac{P}{760}$$

5. 공기의 비중량

공기의 무게는 분자의 무게이므로 온도나 압력에 따라서 변화한다. 표준상태에서 건조 공기의 단위 체적당 무게 r_0는 1.293 kg_f/Nm^3이므로 어떤 압력, 온도에서의 단위 체적당 공기의 무게는 다음 식으로 구할 수 있다.

$$r = r_0 \times \frac{273}{273 + t} \times \frac{P}{760}$$

중력가속도 g의 값이 일정하다면 ρ(밀도), S(비중), r(비중량)의 비는 같다.
질량 1 kg은 중량 1 kg_f와 같게 표시되므로 표준상태의 단위 체적당 무게는 1.293 kg_f/Nm^3이 된다.

○ **공기의 밀도(ρ) :** 단위 체적당 질량

$$\rho = \frac{m}{V} = \frac{28.985 \, kg}{22.415 \, Nm^3} \fallingdotseq 1.293 \, kg \, / \, Nm^3$$

○ **공기의 비중량(r) :** 단위 체적당 무게

$$r = \frac{W}{V} = \frac{m \cdot g}{V} = \rho \cdot g$$

$$r = \rho \times g = \frac{28.985 \, kg \times 9.81 \, m/\sec^2}{22.415 \, Nm^3} \fallingdotseq 1.293 \, kg_f \, / \, Nm^3$$

○ **비체적(specific volume) :** 단위 질량당 체적(즉, 밀도의 역수)

- 공기의 비체적(V_s) $= \dfrac{1}{\rho} = \dfrac{1}{1.293 \, kg \, / \, Nm^3} = 0.773 \, Nm^3 \, / \, kg$

---

6. 공기의 점성

흐르고 있는 공기의 내부에서 분자 상호간에 힘이 작용하여 유동저항의 기본이 되는 성질을 점성 또는 내부마찰이라 한다.

공기도 기름에 비해 작은 값이지만 점성을 가지고 있다. 점성계수는 점성의 크기를 표시한 것이다. 점성계수는 압력, 온도가 변화하면 변한다. 기체와 액체는 압력이 변화하면 점성계수가 변화하며 온도 가 변화한 경우는 그림 1.3에서처럼 액체와 기체는 반대 경향을 나타낸다.

온도가 높아지면 기체의 점성계수 μ은 다소 증가하고 액체의 점성계수 감소한다.

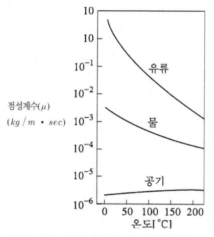

그림 1.3 점성계수의 온도에 의한 변화

표 1.2 건조 공기의 온도와 밀도의 관계

온도[°C]	밀도[kg/m³]	온도[°C]	밀도[kg/m³]
0	1.293	40	1.127
5	1.270	45	1.110
10	1.247	50	1.092
15	1.225	55	1.076
20	1.205	60	1.060
25	1.184	65	1.044
30	1.165	70	1.029
35	1.146	75	1.014

7. 공기 중의 수분(습도)

수분을 포함하지 않는 공기를 건조 공기, 수분을 포함하는 공기를 습한 공기라고 하고 습한 공기 중에 어느 만큼의 수분이 포함되어 있는가의 정도를 습도라고 한다. 습한 공기는 통상, 수증기를 완전 기체로 보기 때문에 공기와 수증기의 혼합 기체로서 취급한다.

○ **절대습도 (g/m^3)** : 실제공기 $1\ m^3$에 포함된 수증기의 질량(g)
○ **상대습도 (%)** : 관측시 수증기량과 포화수증기량의 비

가. 절대습도(Absolute Humidity, ρ_w)

절대습도란 습한 공기 중의 단위체적당 건조 공기의 중량(W_a)와 수증기의 중량 (W_s)의 비, 즉 단위체적($1\ m^3$)의 실제 공기에 포함되어 있는 수증기의 질량(g)이다.

$$\rho_w = \frac{W_s}{W_a} = 0.217\frac{e}{T} \times 1000$$

T : 절대 온도(°K)
e : 수증기압

나. 상대습도(Relative humidity, RH)

공기의 습한 정도는 물의 증발량에 따라서 결정된다. 상대습도 RH(%)는 물의 증발이 습한 공기 중에 있는 수증기의 양이나 수증기 압력이 포화상태에 대해 어느 정도에 있는가의 정도, 즉 공기 중에 포함된 수증기량과 그때 온도에서의 포화수증기량의 비를 상대습도라고 하며 백분율(%)로 표시한다.

$$RH = \frac{\text{현재 온도의 수증기 양}[\delta'/m^3]}{\text{현재 온도에서의 포화 수증기 량}[\delta/m^3]} \times 100$$

$$= r_s'/r_s\ [\%]$$

$$= \frac{\text{현재 온도의 수증기의 분압}\,[\mathrm{kg_f/m^2}]}{\text{현재 온도에서의 포화 압력}\,[\mathrm{kg_f/m^2}]} \times 100$$

$$= P_s'/P_s\,[\%]$$

포화 압력이나 포화수증기량은 온도가 낮아지면 저하되기 때문에 상대습도가 높아지고 포화상태가 되어 이슬을 맺는다. 이슬이 생길때의 온도를 그 습한 공기의 노점(露點, 이슬점)이라 한다.

또 일상생활에서 물건을 건조시킬 때 온도를 높이는 것은 상대습도를 낮추어 증발을 완성하게 하기 위해서이다.

다. 노점온도(Dew Point Temperature, T_d)

어떤 온도에서의 수증기압은 더 낮은 어떤 온도에서의 포화 수증기압이 된다. 이와 같이 현재 온도의 증기압을 포화 증기압으로 하는 온도를 노점 온도(露點溫度) 또는 이슬점 온도라고 한다. 입자상오염물질을 처리하는 대기오염방지시설에서는 노점온도 이하가 되면 응축수로 인하여 정상 운전이 불가능하기 때문에 온도가 내려가는 것을 방지하여 위한 보온대책이 필요하다,

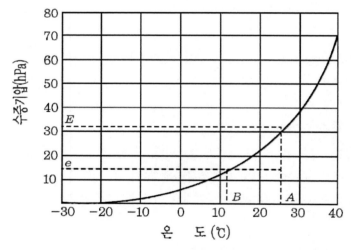

그림 1.4 온도에 따른 포화 수증기압의 변화

- 그림 1.4에서 A의 현재온도는 25℃(A)이고 수증기압(e)이 14 hPa이면, 그림에서 포화 수증기 압(E)은 31 hPa, 노점온도(B)는 12℃이다. 상대습도는 14 hPa/31 hPa = 45.2%이다.

표 1.3 온도와 포화 수증기압

온도(℃)	포화 수증기압(E)			
	물 표면(hPa)	E / 1기압(%)	얼음표면(hPa)	E / 1 기압(%)
40	73.8	7.3		
35	56.2	5.5		
30	42.4	4.2		
25	31.6	3.1		
20	23.3	2.3		
15	17.0	1.7		
10	12.2	1.2		
5	8.7	0.9		
0	6.1	0.6	6.1	0.60
-10	2.9	0.29	2.6	0.26
-20	1.2	0.12	1.0	0.1
-30	0.51	0.05	0.38	0.04
-40	0.19	0.02	0.13	0.01

Chapter 03 기본단위

1. 차원

길이(Length), 시간(Time), 질량(Mass), 온도(Temperature), 열량(Calorie)등의 기본적인 개념을 차원이라고 한다.

2. 단위차원

① 절대단위계 : 길이, 시간, 질량을 기본단위로 하는 단위계
② 중력단위계 : 절대단위계의 질량을 대신하여 힘(F)을 기본단위로 하는 단위계
③ 공학단위계 : 절대단위계와 중력단위계를 합하여 기본단위로 하는 단위계

3. 단위와 단위계

기본단위계란 질량, 시간, 길이가 하나의 단위로 표시하는 것을 기본단위라 하고 이와 대조적으로 1개 이상의 기본단위가 복합적으로 구성되어 있는 것을 유도단위라 한다.

이러한 단위계는 MKS, CGS, FPS로 구분된다. MKS 단위는 길이, 질량, 시간의 영문 첫차 (Meter, kilogram, Second)를 따서 MKS단위라 하는데 길이(m), 질량(kg) 시간(s)으로 표시하는 단위계를 의미하고, CGS 단위계는 길이(cm), 질량(g), 시간(s)으로 표시하는 단위계를 의미한다. FPS 단위계는 길이(ft), 질량(lb_m : Pound mass), 시간(s)으로 표시하는 단위계이다.

표 1.4 기본단위

구 분	기호	명칭
길 이	m	미 터(meter)
질 량	kg	킬로그램(Kilogram)
시 간	s	초 (second)
전 류	A	암 페 어(ampere)
절 대 온 도	K	켈 빈(Kelvin)
물 질 량	mol	몰 (mole)
광 도	cd	칸 데 라(candela)

표 1.5 단위 환산표

구 분	기 호	환 산	구 분	기 호	환 산	구 분	기 호	환 산
길 이	m	1	넓 이	m^2	1	압 력	atm	1
	cm	10^2		cm^2	10^4		mmHg	760
	mm	10^3		mm^2	10^6		mmH$_2$O	760×13.6 mmHg
	μm	10^6	용 량	kL	10^{-3}		mmAq	
	nm	10^9		L	1			
	Å	10^{10}		mL	10^3			
질 량	kg	10^{-3}		μL	10^6			
	g	1	부 피	m^3	1			
	mg	10^3		cm^3	10^6			
	μg	10^6		mm^3	10^9			
	ng	10^9						

* μm $= \mu$
* 1 atm $=$ 760 mmHg
　1 mmHg $=$ 13.6 mmH$_2$O
　mmH$_2$O $=$ mmAq $=$ kg/m^2
* kL $=$ m^3
　mL $=$ 1 cm^3 $=$ 1 cc

표 1.6 단위계의 접두어

기 호	접두어	배 수	환 산 계
T	Tera	10^{12}	
G	Giga	10^9	
M	Mega	10^6	
K	Kilo	10^3	
h	hecto	10^2	1 Gg $= 10^9$ g
da	deca	10^1	1 Mg $= 10^6$ g
d	deci	10^{-1}	1 kg $= 10^3$ g
c	centi	10^{-2}	1 cm $= 10^{-2}$ m
m	milli	10^{-3}	1 mm $= 10^{-3}$ m
μ	micro	10^{-6}	1 μm $= 10^{-6}$ m
n	nano	10^{-9}	
p	pico	10^{-12}	
f	femto	10^{-15}	
a	atto	10^{-18}	

가. 길이(Length)

길이의 단위는 Meter로 나타내며 기호는 m로 표시한다. 다른 길이단위와의 관계를 표시하면 아래와 같다.

$$1\,\text{m} \quad = \quad 10^2\,\text{cm} \quad = \quad 10^3\,\text{mm} \quad = \quad 10^6\,\mu\text{m} \quad = \quad 10^9\,\text{nm}$$

$$1\,\mu\text{m} \quad = \quad 10^{-3}\,\text{mm} \quad = \quad 10^{-6}\,\text{m}$$

$$1\,\text{nm} \quad = \quad 10^{-3}\,\mu\text{m} \quad = \quad 10^{-6}\,\text{mm} \quad = \quad 10^{-9}\,\text{m}$$

$$1\,\text{ft} \quad = \quad 12\,\text{in} \quad = \quad 0.3048\,\text{m}$$

$$1\,\text{mile} \quad = \quad 1609.3\,\text{m} \quad = \quad 5280\,\text{ft}$$

$$1\,\text{yd} \quad = \quad 3\,\text{ft}$$

나. 질량(Mass)

질량의 단위는 Kilogram이며 기호는 kg으로 표시한다. 다른 질량단위와의 관계를 표시하면 아래와 같다.

$$1\,\text{kg} \quad = \quad 10^3\,\text{g} \quad = \quad 10^6\,\text{mg} \quad = \quad 10^9\,\mu\text{g} \quad = \quad 10^{12}\,\text{ng}$$

$$1\,\text{ton} \quad = \quad 10^3\,\text{kg}$$

$$1\,\text{g} \quad = \quad 10^{-3}\,\text{kg}$$

$$1\,\text{mg} \quad = \quad 10^{-3}\,\text{g}$$

$$1\,\mu\text{g} \quad = \quad 10^{-3}\,\text{mg} \quad = \quad 10^{-6}\,\text{g}$$

$$1\,\text{ng} \quad = \quad 10^{-3}\,\mu\text{g} \quad = \quad 10^{-6}\,\text{mg} \quad = \quad 10^{-9}\,\text{g}$$

$$1\,\text{lb} \quad = \quad 0.4536\,\text{kg} \quad = \quad 453.6\,\text{g}$$

$$질량(M) \;=\; 체적(\nabla) \;\times\; 밀도(\rho)$$

$$M(\text{kg}) \;=\; \nabla(\text{m}^3) \;\times\; \rho(\text{kg/m}^3)$$

다. 부피 = 체적 = 용적(Volume)

$$1\,\text{m}^3 \quad = \quad 10^6\,\text{cm}^3 \quad = \quad 10^9\,\text{mm}^3$$

$$1\,\text{cm}^3 \quad = \quad 10^6\,\text{m}^3, \quad 1\,\text{mm}^3 \quad = \quad 10^{-3}\,\text{cm}^3 \quad = \quad 10^{-9}\,\text{m}^3$$

$$1\,\text{L} \quad = \quad 10^{-3}\,\text{kL} \quad = \quad 10^3\,\text{mL} \quad = \quad 10^6\,\mu\text{L}$$

$$1\,\text{mL} \quad = \quad 1\,\text{cm}^3 \quad = \quad 1\,\text{cc}$$

라. 온도(Temperature)

온도의 단위는 Kelvin이며, K로 표시한다. 그러나 일반적으로 한국, 호주 등에서는 섭씨(°C), 미국 등 서구에서는 화씨(°F) 온도를 사용하고 있다.

① 섭씨온도 : 섭씨온도의 표기는 아라비아 숫자 오른쪽에 °C를 붙인다. 1 atm에서 물의 끓는 점은 100°C, 어는점은 0°C로 정하고 그 사이를 100 등분하였다.

② 화씨온도 : 화씨온도의 표시는 아라비아 숫자 오른쪽에 °F를 붙인다. 1 atm에서 물의 끓는 점은 212°F, 어는점은 32°F로 정하고 그 사이를 180 등분하였다.

③ 다른 온도단위와의 관계

$$1°C = 1.8°F$$

$$t(°F) = t(°C) \times \frac{9}{5} + 32$$

$$T(K) = 273 + t\,(°C), \quad T\,(°R) = 460 + T\,(°F)$$

마. 압력

1) 정의

① 단위 면적에 작용하는 힘을 압력이라 하며 힘의 단위를 면적 단위로 나눈 값이다.

예) N/m^2 = 1 Pa, $dyne/cm^2$, lb/in^2 = psi

② 특수한 유체의 두(head)로 표시하기도 한다.

예) 수주(mmH_2O), 수은주(mmHg)

2) 표준기압

표준기압 = 1기압 = 1 atm

= 760 mmHg

= 10,332 mmH_2O

= 10,332 kg_f/m^2

= 14.7 psi

= 760 mmTor

= 10,332 mmAq

= 10.332 mH_2O

= 1013.25 mb

바. ppm

※ 백만분율(ppm : part per million) : $10^{-6} = 1/10^6$)

※ 1억 분율(pphm : part per hundred million) : $10^{-8} = 1/10^8$)

※ 10억 분율(ppb : part per billion) : $10^{-9} = 1/10^9$)

$$1 \quad = \quad 100 \text{ pphm} \quad = \quad 1000 \text{ ppb}$$
$$1 \text{ ppb} = 10^{-1} \text{ pphm} = 10^{-3} \text{ ppm}$$
$$1\% \quad = \quad 1/10^2 \quad = \quad 10^4 \text{ ppm}$$

	고체 및 액체(중량)	기체(부피)
1 ppm $= 1/10^6$	$= 1 \text{ mg/kg}$(비중이 1이면 1 mg/ℓ)	$= 1 \text{ ㎖/m}^3$
1 pphm $= 1/10^8$	$= 10 \text{ } \mu g/kg$(비중이 1이면 10 μg/ℓ)	$= 10 \text{ } \mu\ell/m^3$
1 ppb $= 1/10^9$	$= 1 \text{ } \mu g/kg$(비중이 1이면 1 μg/ℓ)	$= 1 \text{ } \mu\ell/m^3$

(주의) 수질에서만 $1 \text{ g/m}^3 = 1 \text{ mg/L}$를 1 ppm으로 됨(물의 비중은 1임)

1) 농도 Vol% : 체적 백분율, 용량 백분율(Vol은 Volume의 약자), 주로 기체 혼합물에 대해 사용
   Wt% : 중량 백분율(Wt는 Weight의 약자), 기체혼합물 또는 고체혼합물에 사용한다.

2) 체적 분율 V/V : 체적비(용량비)를 말한다. 기체혼합물의 단위 체적량당 각 성분의 용적,
   예를 들면 m^3/m^3는 100배하면 Vol%이다.

3) 중량분율 W/W : 중량비(질량비)를 말한다. 액체 또는 고체 혼합물의 단위 중량당 각성분의 중
   량, 예를 들면 kg/kg은 100배하면 Wt% 이다.
   W/V : 혼합물의 단위 체적당 함유된 중량, 주로 분진농도 표시에 사용한다.

일반적으로 고체혼합물과 액체혼합물에 대해서는 중량농도(중량 %, 중량비 ppm)가 이용되고, 기체혼합물에 대해서는 용량농도(용량 %, 용량비 ppm)가 이용된다.

또, 액체혼합물의 용량 %와 중량 %의 상호환산에는 용질과 용액의 비중(밀도)를 알 필요가 있다. 기체혼합물의 경우는 각 성분의 분자량만 알면 환산가능하다.

용량비 1 ppm = 1 mL/m^3 = 1 μL/L

중량비 1 ppm = 1 mg/kg = g/ton

---

* **Sm^3 = Nm^3** : 표준상태(0℃, 1기압)의 부피를 나타냄.

　Am^{3}은 실측상태의 기체부피로 항상 온도와 기압을 표시하여야 한다.

* **mg/m^3, μg/m^3** : 대기 중의 먼지나 mist 등의 농도를 표시할 때 사용하는

　　　　　　　　　단위이며 부피당 분진의 무게를 표시한 것이다.

* **분진 10 mg/Nm^3 :** 0℃, 1 atm의 대기 1 m^3 중에 분진이 10 mg 함유되어 있는 것을 나타낸다.

■ 환산식

- mg/m^3 = ppm $\times$ $\dfrac{M(분자량)}{22.4}$

- ppm = mg/m^3 $\times$ $\dfrac{22.4}{M}$

계산문제

예제 1 30 ppm은 몇 %인가?

▌풀이

첫째, 1% = 10,000 ppm이다.

$$따라서 \ \frac{30}{10,000} = 3 \times 10^{-3}\% = 0.003\%$$

둘째, 1 ppm은 $1/10^6$이기 때문에 $\frac{30}{10^6} = 3 \times 10^{-3}\%$

📖 0.003%

예제 2 0.02 %는 몇 ppm인가?

▌풀이

첫째, 1% = 10,000 ppm

　　0.02 × 10,000 ppm = 200 ppm

둘째, 0.02 %라고 하는 것은 0.02/100이기 때문에 10^6을 곱하면

$$\frac{0.02}{100} \times 10^6 = 200 \ ppm$$

📖 200 ppm

예제 3 물 1.2 L에 어떤 불순물질이 6 mg 함유되어 있다. 중량비로 몇 ppm인가?

▌풀이

물의 비중은 1이므로 1.2 L의 중량은 1.2 kg이다.

$$\frac{6 \ mg}{1.2 \ kg} = 5 \ mg/kg = 5 \ ppm(중량비)$$

📖 5 ppm(중량비)

예제 4 용적 60 m³의 실내에 50 L의 일산화탄소가 함유되어 있다. 이때 농도를 % 및 ppm으로 나타내면 얼마인가?

▌풀이

$1 \ m^3 = 1,000 \ L$

$$\frac{50}{60 \times 1,000} \times 100 = 0.083\% (체적비)$$

$$\frac{50}{60 \times 1,000} \times 10^6 = 833 \text{ ppm} (체적비)$$

답 0.083%, 833 ppm

예제 5 해수 중에 염소가 약 19,000 mg/L 함유되어 있다. 해수의 비중을 1.02라고 하면 중량비는 몇 ppm인가?

▎풀이

해수 1 L의 중량은 1,020 g

$$\frac{19,000 \times 10^{-3}\,\text{g}}{1,020\text{g}} \times 10^6 = 18,627 \text{ ppm}$$

답 18.627 ppm

예제 6 30 mmHg는 몇 mmH_2O인가?

▎풀이

$13.6\,mmH_2O = 1\,mmHg$

$$\therefore 30\,mmHg = 30 \times 13.6\,mmH_2O = 408\,mmH_2O$$

답 408 mmH_2O

예제 7 압력 2 kg/cm²은 몇 kg/m²인가?

▎풀이

$1\,cm = 10^{-2}\,m \rightarrow 1\,cm^2 = 10^{-4}\,m^2$

$$\therefore 2\,kg/cm^2 = 2\,kg/10^{-4}\,m^2 = 20,000\,kg/m^2$$

(주의) $1\,kg/m^2 = 10,000\,kg/cm^2$은 아니다.

답 20,000 kg/m^2

예제 8 1 kg/m²은 수주 몇 mm에 해당하는가?

▎풀이

물의 비중은 1, 물 1 kg은 1 L이고 0.001 m³이다.

$$1\,kg/m^2 = 0.001\,m^3/m^2 = 0.001\,m$$

따라서 면적 $1 \, m^2$에 해당하는 $1 \, kg$의 물의 높이는 $0.001 \, m$ 즉, $1 \, mm$이다.

$$\therefore \; 1 \, kg/m^2 \; = \; 1 \, mmH_2O$$

답 $1 \, mmH_2O$

예제 9   농도 $4 \, M$의 식염수가 있다. 중량농도는 몇 %인가? 비중은 1.15이다.

▌풀이

$1 \, L$를 생각하자. 그 중량은 $1 \, L \times 1.15 = 1.15 \, kg = 1,150 \, g$

$$NaCl = 23 + 35.5 = 58.5$$
$$1 \, M용액 = 58.5 \, g/L$$

$$\therefore \; \frac{4 \times 58.5}{1150} \times 100 = 20.35\%$$

답 20.35%

예제 10   순수한 알콜(비중 0.79) $50 \, mL$와 순수한 물 $50 \, mL$를 혼합할 때 용액중의 알콜 중량은 몇 %인가?

▌풀이

알콜 중량 $50 \times 0.79 = 39.5 \, g$
물의 중량 $50 \, g$

$$\therefore \; \frac{39.5}{39.5 + 50} \times 100 = 44.1\%$$

답 44.1중량%

예제 11   일정온도·일정기압에서 일산화탄소 및 수소 $1 \, L$의 비중량은 각각 $1.17 \, g$, $0.08 \, g$이다. 양쪽을 같은 양으로 혼합할 때의 중량 분율은 얼마인가?

▌풀이

$CO \; 50 \, L$, $H_2 \; 50 \, L$를 혼합한다면

	중 량(g)	중량분율
CO	$50 \times 1.17 = 58.5$	$58.5 \, / \, 62.5 = 0.936$
H_2	$50 \times 0.08 = 4.0$	$4.0 \, / \, 62.5 = 0.064$
합	62.5	1.000

답 CO : 0.936, H_2 : 0.064

예제 12 부피비로 CO 40%, H_2 60%인 기체혼합물의 중량비는 얼마인가?

┃ 풀이

$$\frac{28(0.40)}{28(0.40)+2(0.60)} = \frac{11.2}{11.2+1.2} = \frac{11.2}{12.4} \fallingdotseq 0.90$$

즉, 90중량% H_2의 중량 분율은 1 - 0.90 = 0.10 즉, 10중량%이다.

이 기체혼합물의 평균분자량은 28(0.4) + 2(0.6) = 12.4

답 90중량%, 10중량%

예제 13 96% 진한 황산(비중 1.84) 100 mL를 물 200 mL에 희석한 용액의 중량조성을 구하라.

┃ 풀이

96%라고 하는 것은 물론 중량백분율이다.

진한 황산의 중량 100 × 1.84 = 184 g

그 가운데 H_2SO_4는 184 × 0.96≒176.6 g

또 물 200 mL는 200 g이기 때문에 희석황산의 농도는

$$\frac{176.6}{184+200} \times 100 = 46\% \, (중량비)$$

답 46%(중량비)

예제 14 공기의 용량조성은 약 산소 21% 질소 79%이다. 중량조성으로 환산하면? (단 공기 평균 분자량 29)

┃ 풀이

공기 1 kmole을 생각하자. 공기 중량은 29 kg이다. 이 가운데 O_2는 0.21 kmole 함유하고 있다(기체의 체적%는 mole%와 같기 때문에).

그 중량은

32 × 0.21 = 6.72 kg

그러므로 O_2의 중량%는 $\frac{6.72}{29} \times 100$ ≒23.2%

N_2의 중량 %는 100 - 23.2 = 76.8%

둘째, 공기 1 Nm^3을 생각하자. 그 중량은 29/22.4 = 1.295 kg이다.

이 가운데 O_2는 Nm^3 함유하고, 그 중량은 0.21(32/22.4) = 0.3 kg

그러므로 O_2의 중량 분율은 0.30/1.295 ≒ 0.232 즉, 23.2중량%이다.

예 공기의 조성비

	체적(%)	체적분율	중량(%)	중량분율
O_2	21	0.21	23.2	0.232
N_2	79	0.79	76.8	0.768

🔖 산소 23.2%, 질소 76.8%

예제 15 어떤 폐수 중에 유해성분이 50 ng/mL 함유되어 있다. 이 농도를 mg/L단위로 표시하면, 또 몇 ppm인가?

┃풀이

$1 \, ng = 10^{-3} \, \mu g = 10^{-6} \, mg = 10^{-9} \, g$

$$50 \left(\frac{ng}{mL} \right) = 50 \left(\frac{10^{-6}}{10^{-3}L} \right) = 50 \times 10^{-3} (mg/L)$$
$$= 50 \times 10^{-3} (ppm)$$
$$= 0.05 (ppm)$$

🔖 50×10^{-3} mg/L, 0.05 ppm

Chapter 04 유체역학의 기초

1. 유체의 물리적 성질

가. 유체의 물리적 성질

1) 모든 물질은 기체, 액체, 고체의 어느 한 가지 상태로 존재하며, 유체란 액체나 기체 상태로 유동성(흐름)을 가진 물질을 말한다.
2) 유체는 물질을 구성하는 분자 상호간의 거리와 운동범위가 커서 스스로 형상을 유지할 수 없고 다만 용기에 따라 형상이 결정되는 물질이다.
3) 유체는 아주 작은 힘이라도 외력을 받으면 비교적 큰 변형을 일으키며 그 힘이 작용하는 한 계속해서 변형하는 물질이다.

나. Newton의 운동 법칙(힘의 법칙)

$$F = m \cdot a$$

여기서 F : 힘

$\qquad m$: 질량

$\qquad a$: 가속도

※ SI 단위제도(절대단위)

질량 1 kg인 물체가 가속도 1 m/sec² 을 받았을 때의 힘을 1 N이라 한다.

즉, $1\,N = 1\,kg \cdot m/sec^2$

$\qquad 1\,dyn = 1\,g \cdot cm/sec^2$

1 kg의 질량에 작용하는 중력을 1 kg중(重), 혹은 1 kg 무게라 하고, 1 kg_f의 힘으로 표시한다.

$\qquad \therefore\ 1\,kg_f = 1\,kg \times 9.8\,m/sec^2 = 9.8\,N$

$$1\,N = 1\,kg \cdot m/sec^2$$
$$1\,kg_f = 9.8\,N$$

다. 중력(무게) : 모든 물질 간에 작용하는 인력을 만유인력

지구가 지상의 물체에 미치는 인력을 중력(즉, 무게)

$$W = m \cdot g$$

여기서 W : 중력(무게)

m : 질량

g : 중력 가속도(9.8 m/sec^2, 980 cm/sec^2)

라. 밀도(ρ ; Density) : 단위 체적당 질량

$$밀도(\rho) = \frac{m}{V}$$

- 4°C 물의 밀도 : 1 g/cm^3 = 1,000 kg/m^3 = 1 ton/m^3

※ 비체적 (Vs) = 단위 질량당 체적, 즉 밀도의 역수

$$Vs = \frac{1}{\rho}$$

마. 비중량(γ ; Specific weight) : 단위 체적당 중량

$$비중량(\gamma) = \frac{W}{V} = \frac{m \times g}{V} = \rho \cdot g$$

물 : 1 g$_f$/cm^3 = 1,000 kg$_f$/m^3 = 1 ton$_f$/m^3

공기 : 1.29 g$_f$/L = 1.29 kg$_f$/m^3

바. 비중(S ; Specific gravity)

- 같은 체적의 물(공기) 질량(무게)에 대한 그 물질의 질량(무게)의 비 또는 표준물질 밀도에 대한 어떤 물질 밀도와의 비를 비중이라 한다.

　액체, 고체 : 4°C 물

　기체 　　 : 표준상태(0°C, 1기압)공기

　　↳ 22.4 L → 28.96 g

　　　 22.4 m^3 → 28.96 kg

$$물의 \ 비중 = \frac{물체의 \ 무게(동일체적)}{4°C 물의 \ 무게(동일체적)} = \frac{물체의 \ 밀도(g/cm^3)}{4°C 물의 \ 밀도(1g/cm^3)}$$

$$\text{기체의 비중} = \frac{\text{기체의 무게(g)(동일체적)}}{\text{공기의 무게(g)(동일체적)}} = \frac{\text{기체의 밀도(g/L)}}{\text{표준상태 공기의 밀도(1.293 g/L)}}$$

어떤 물질의 비중량(γ)과 표준물질의 단위중량과의 비. 즉, 어떤 물질의 무게가 물(공기)무게의 몇 배인가 하는 수치가 비중이다. 중력 가속도 g의 값이 일정하다면 밀도, 비중, 비중량의 비는 같다.

예제 1 SO_2의 비중이 2.26일 때 SO_2의 밀도는 몇 g/L인가?

▌풀이

$$S = \rho_{SO_2} / \rho_{air}\text{에서}$$
$$\rho_{SO_2} = 2.26 \times 1.293 \text{ g/L}$$
$$= 2.92 \text{ g/L}$$

예제 2 NO_2의 분자량이 46일 때 NO_2의 비중은 얼마인가?
(단 공기의 평균 분자량은 28.8임)

▌풀이

$$S = \frac{NO_2\text{분자량}}{\text{공기분자량}}$$
$$= \frac{46}{28.8}$$
$$= 1.597$$

예제 3 무게가 3,200 kgf인 기름의 체적이 5 m³일 때, 이 기름의 비중량은 몇 kgf/m³, N/m³이고, 밀도는 몇 kg/m³이며, 비중은 얼마인가?

▌풀이

$$\gamma = \frac{W}{V} = \frac{3,200}{5} = 640 \,(\text{kgf/m}^3)$$

$1 \text{ kgf} = 9.8 \text{ N}$이므로
$$\gamma = 640 \text{ kgf}/\text{m}^3 = 640 \text{ kg} \times 9.8 \text{ m/sec}^2$$

γ(비중량) $= \rho \cdot g$에서
$$\therefore \rho = \frac{\gamma}{g} = \frac{640 \, kg \times 9.8 \, m/sec^2}{9.8 \, m/sec^2} = 640 \, kg/m^3$$

$$S = \frac{r}{r_w} = \frac{640 \text{ kg}_f/\text{m}^3}{1{,}000 \ kg_f/\text{m}^3} = 0.64$$

예제 4 체적 4.3 m³의 기름의 무게 6.3 ton이다. 이 물질의 비중량(단위중량), 밀도, 비중을 구하시오.

┃풀이

- 비중량$(\gamma) = \dfrac{W}{V} = \dfrac{6.3 \text{ Ton}_f}{4.3 \text{ m}^3} = 1.465 \text{ ton}_f/\text{m}^3 = 1{,}465 \text{ kg}_f/\text{m}^3$

- 밀도(ρ)
  $\gamma = \rho \cdot \text{g}$에서 $\gamma = 1{,}465 \text{ kg} \times 9.8 \text{ m/sec}^2$
  $\rho = \dfrac{r}{g} = \dfrac{1{,}465 \text{ kg} \times 9.8 \text{m/sec}^2}{9.8 \text{m/sec}^2} = 1{,}465 \text{ kg/m}^3$

- 비중(S) $= \dfrac{\text{물체의밀도}}{\text{물의밀도}} = \dfrac{1{,}465 \text{ kg/m}^3}{1{,}000 \text{ kg/m}^3} = 1.465$

  $= \dfrac{\text{물체의 비중량}(1{,}465 \text{ kg}_f/\text{m}^3)}{\text{물의 비중량}(1{,}000 \text{ kg}_f/\text{m}^3)} = 1.465$

예제 5 표준상태에서 체적이 $4m^3$인 어떤 가스의 질량은 $5\,kg$이었다. 표준상태에서 밀도(kg/m^3), 비중량$(N/m^3, kg_f/m^3)$, 비체적(m^3/kg), 비중을 구하라 (SI 단위계 사용)

┃풀이

1) 밀도$(\rho = \dfrac{m}{V}) = \dfrac{5\,kg}{4\,m^3} = 1.25\,kg/m^3$

2) 비중량$(r) = \rho \times g = 1.25\,kg/m^3 \times 9.81\,m/sec^2 = 1.25\,kg_f/m^3$

3) 비체적$(V_s) = \dfrac{1}{\rho} = \dfrac{1}{1.25\,kg/m^3} = 0.8\,m^3/kg$

4) $S = \dfrac{\rho}{\rho_a} = \dfrac{1.25\,kg/m^3}{1.2931\,kg/m^3} = 0.97$

사. 압력(P) : 단위 면적당 가해지는 힘

$$P = \frac{F(\text{힘})}{A(\text{면적})}$$

$P = \gamma \cdot H$ P (압력 : kg/m^2)

                           γ (비중량 : kg/m^3)

                           H (수두 : m)

                           (1 mmH$_2$O = 1 kg/m^2 = 0.1 g/cm^2)

즉, 수두 10 m일 때 압력은?

     $P = \gamma \cdot H$

        $= 1{,}000 \text{ kg/m}^3 \times 10 \text{ m} = 10{,}000 \text{ kg/m}^2 = 1 \text{ kg/cm}^2$

- **강도**(ex. 압축강도, 인장강도, 전단강도) : 단위 면적에 작용하는 힘의 크기

$$\text{강도}(P) = \frac{P(\text{힘의 크기})}{A(\text{단면적})}$$

※ 일(work) : 힘과 거리의 곱으로 정의한다. 물체에 힘이 작용되어 이동했을 때 힘의 크기와 그 방향의 이동거리를 곱한 값이다. SI단위는 N·m = J(Joule)로 나타낸다.

$$W = F \cdot L$$

※ 에너지(Energy) : 일을 할 수 있는 능력으로 정의하고, 차원과 단위는 일과 동일하다.

아. 동력(Power) : 단위시간에 하는 일의 양

                    1 kW = 102 kg·m/sec

                    1 HP = 75 kg m/sec

1) 동력계산

· Fan의 동력계산

$$kW = \frac{Q \cdot \Delta P}{102 \cdot \eta} \times \alpha$$

$$HP = \frac{Q \cdot \Delta P}{75 \cdot \eta} \times \alpha$$

Q : 풍량(m³/sec)

ΔP : 압력손실(mmH₂O)

η : 효율

α : 여유율

· Pump의 동력계산

$$kW = \frac{\gamma \cdot Q \cdot H}{102 \cdot \eta} \times \alpha$$

$$HP = \frac{\gamma \cdot Q \cdot H}{75 \cdot \eta} \times \alpha$$

Q : 유량(m³/sec)

H : 양정(수주, m)

γ : 물의 비중량 (1,000 kg/m³)

(즉, $P = \gamma \cdot H = 1{,}000 \, kg/m^3 \times x \, m = kg/m^3 = mmH_2O = \Delta P$)

예제 6 풍량이 5,000 m³/min, 압력손실이 450 mmH₂O일 때 필요 동력(kW)은?

▌풀이

(Motor 효율 85%, Fan효율 80%, 여유율 20%로 한다.)

$$kW = \frac{83.33 m^3/sec \times 450 \, mmH_2O}{102 \times 0.85 \times 0.8} \times 1.2 = 649 \, kW$$

예제 7 유량이 86,400 m³/day, 총수두 10 m일 때 필요 동력(Kw)은?

▌풀이

(Motor 효율 85%, pump효율 80%, 여유율 20%, 폐수비중 1로 한다.)

$$kW = \frac{1 \, m^3/sec \times 10{,}000 \, mmH_2O}{102 \times 0.85 \times 0.8} \times 1.2 = 173 \, kW$$

$$\text{◎ Motor의 회전수(N)} = \frac{120 \cdot H_Z}{P}$$

P : Pole수(극수)

H_z : 진동수(한국 60Hz)

60Hz : 교류 전원 1초 동안 60번 반복 혹은 진동한다는 뜻임.

2. 기체(가스)의 법칙

가. 보일의 법칙

보일(Boyle)의 법칙은 일정한 온도에서 기체 부피는 그 압력에 반비례한다. 따라서, 압력이 2배 증가하면 부피는 처음의 1/2로 감소하게 되는 기체의 부피와 압력의 관계식이다.

$$P_1 V_1 = P_2 V_2 = K \quad (K\text{는 온도에 따른 일정 상수})$$

예제 8   10°C, 3기압에서 1 L의 기체를 같은 온도에서 압력을 5기압으로 하면 그 부피는 얼마인가 ?

▮풀이

$P_1 V_1 = P_2 V_2$ $3 \times 10 = 5 \times V_2$ $V_2 = 6 \text{ L}$

나. 샤를의 법칙

샤를(Charles)의 법칙은 일정한 압력에서 기체를 가열하면 온도가 1°C 증가함에 따라 부피의 1/273만큼 증가한다. 여기서, 부피변화가 없는 온도를 절대온도라고 하고, - 273°C는 절대온도 K가 된다.

절대온도 (K) = 273 + 섭씨온도(°C)

$$V \propto T, \quad V = KT, \quad \frac{V}{T} = K$$

$$\frac{V_1}{T_1} = \frac{V_2}{T_2} = K$$

- V_1, T_1 : 처음의 부피와 온도
- V_1, T_2 : 나중의 부피와 온도

다. 보일-샤를의 법칙

온도와 압력이 동시에 변하면 일정량의 기체 부피는 압력에 반비례하고, 절대온도에 비례한다.

$$\frac{PV}{T} = K\,(상수)$$

또한, 기체의 양이 일정할 때, 온도(T_1), 압력(P_1)에서 부피 V_1인 기체를 온도 T_2, 압력 P_2로 변화시켰을 때 부피가 V_2로 변했으면 이들 사이에는 다음과 같은 관계가 성립한다.

$$\frac{P_1\,V_1}{T_1} = \frac{P_2\,V_2}{T_2}$$

예제 9 온도가 20°C, 압력이 750 mmHg 상태의 SO_2 100 L를 표준상태로 환산하면 그 부피는 몇 L인가 ?
여기서, 표준상태는 0°C, 760 mmHg(1기압)이고, 섭씨온도 20°C는 절대온도로 273 + 20 = 293 K이다.

┃풀이

$$\frac{P_1 V_1}{T_1} = \frac{P_2 V_2}{T_2}$$

$$\frac{\frac{750}{760} \times 100}{(273 + 20)} = \frac{1 \times X}{(273 + 0)} = 91.95\ \text{L}$$

라. 이상 기체 방정식

아보가드로의 법칙에서 모든 기체 1 mole의 부피는 표준상태(0°C, 1기압)에서 22.4 L이다. 이상기체 1몰에 대한 일정 상수(K)의 값을 계산할 수 있다.

$$K = \frac{PV}{T} = \frac{1기압 \times 22.4\text{L/몰}}{273\text{K}} \fallingdotseq 0.082\ \text{L·atm/mole·K}$$

이 값은 기체의 종류에 관계없이 일정하며, 기체상수(Gas constant)라 하고 R로 표시한다.
기체상수 값 R은 0.082(L·atm/mole·K)이다. 또한, 이상기체가 1몰일 때 다음과 같이 나타낼 수 있다.

$$\frac{PV}{T} = R \;\rightarrow\; PV = RT$$

또한, n몰의 기체에 대해서는 다음과 같은 관계식으로 표현할 수 있는데, 이 식을 이상기체 방정식이라고 부른다.

$$\frac{PV}{T} = \frac{1 \times n \times 22.4}{273} = n \times 0.082 = nR$$

따라서, n몰의 기체에 대해서는 다음과 같은 관계식으로 표현할 수 있는데, 이 식을 이상기체 방정식이라고 부른다.

$$PV = nRT$$

또한, 분자량이 M인 기체 wg가 있을 때 몰수 $n = \dfrac{wg}{M}$이 되고, 이를 기체의 이상기체 방정식으로 표현하면 다음과 같으며, 여기서 기체의 분자량을 구할 수 있다.

$$PV = \frac{wg}{M}RT$$

$$M = \frac{wg}{PV}RT$$

예제 10 50°C, 740 mmHg 상태에서 NO_2 100 g이 차지하는 부피는 몇 L인가?

┃ 풀이

압력 P $= 740\, \text{mmHg} \times \dfrac{1기압}{760\, \text{mmHg}} = 0.9737$ 기압

절대온도 K = 273 + 50 = 323 K

기체상수 = 0.082 (L·atm/mole·K)

NO_2 분자량 M = 46 g

NO_2 기체 무게 wg = 100 g

$$PV = \frac{wg}{M}RT \qquad V = \frac{wg\,R\,T}{M\,P}$$

$$V = \frac{100 \times 0.082 \times 323}{46 \times 0.9737} = 59.14\ \ell$$

┃ 별해

$22.4\ N\ell\ \ :\ 46\,\text{g}$

$x\ N\ell\ \ :\ 100\,\text{g}$ $\qquad\qquad \therefore\ x = 48.7\ N\ell$

$$48.7\ N\ell \times \frac{273 + 50}{273} \times \frac{760\ mmHg}{740\ mmHg} = 59.18\ \ell$$

3. 유체의 흐름

가. 연속방정식

1) 정상류(Steady flow)

유동 특성이 시간에 따라 변화되지 않는 유체의 유동을 정상류라 한다. 정상류에서 질량보존의 법칙을 적용시키면 연속방정식(Continuity equation)이 성립된다.

관속을 흐르는 유체유동에서 단면 1을 통과하는 단위 면적당 질량은 단면 2를 통과하는 질량과 같아야 한다. 즉, 질량보존의 법칙을 단면 1과 단면 2에 적용시키면 다음 식으로 표시된다. 이 식을 1차원 정상류에 대한 연속방정식이라 한다.

$$M = \rho_1 \times A_1 \times V_1 = \rho_2 \times A_2 \times V_2$$

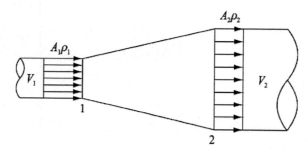

그림 1.5 유체의 흐름

$$Q = A_1 \times V_1 = A_2 \times V_2$$

Q는 유량(Flow rate), 단위는 [m³/sec] 또는 [m³/min]을 주로 사용한다.

2) 유속(Velocity)

유속은 유량을 단면적으로 나눈 값이다.

$$Q = A V \rightarrow V = \frac{Q}{A}$$

예제 11 원형관의 직경이 100 cm이고, 유량이 200 m³/min일 때 이 유체의 흐름속도는 몇 m/sec인가?

┃풀이

$$V = \frac{Q}{A} = \frac{Q}{\frac{\pi D^2}{4}} = \frac{(200 \text{ m}^3/\text{min}) \times (1 \text{ min}/60s)}{\frac{\pi \times [100\text{cm} \times (1\times10^{-2})\text{cm/m}]^2}{4}} = 4.25 \text{ m/sec}$$

나. 베르누이 정리(Bernoulli's theorem)

일반적으로 베르누이 정리라고 불리는 것은 역학적 에너지 보전법칙의 특별한 경우로 비압축, 비점성 유체의 정상 흐름에서 에너지 보존법칙을 나타낸 정리이다. 즉 유체의 압력에 의한 에너지와 임의의 수평면에 대한 중력에 의한 위치에너지 그리고 유체의 운동에너지의 총합이 일정하다는 것이다. 그러므로 베르누이 정리는 흐름이 균일하거나 층류인 이상유체(理想流體)에 대한 에너지 보존원리이다. 따라서 유체가 수평면에서 운동할 때, 즉 위치에너지의 변화가 없으면, 유체 압력의 감소는 유속의 증가를 뜻한다. 예를 들어 수평면에 놓인 단면적이 변하는 도관을 통해 유체가 흐를 때, 도관의 단면적이 줄어들수록 유속은 증가한다. 그러므로 유체가 도관에 대해 작용하는 압력은 도관의 단면적이 최소인 부분에서 가장 작아진다. 유체의 흐름에 대해 부분적으로 단면적이 좁아진 도관이 미치는 효과를 벤투리 효과라 하고, 이 현상을 규명한 이탈리아의 과학자 G. B. 벤투리 (1746~1822)의 이름을 따서 명명했다.

베르누이 정리는 항공기 날개 설계에서 항공기 날개의 상단부 곡면을 따라 흐르는 공기는 날개 밑을 지나는 공기보다 빠르다. 따라서 날개 하단면의 압력이 날개 상단면의 압력보다 커지게 되는데 이러한 원리로 항공기가 뜨게 된다.

흐르는 기체가 갖고 있는 단위 체적당의 에너지양은 전압(Total Pressure)과 비례한다.

동압(Dynamic Pressure)은 단위 체적의 기체가 갖고 있는 운동에너지, 정압은 단위체적의 기체가 압력의 형태로 가지고 있는 압력에너지의 크기를 나타낸다.

$$\text{전압 } T_p = V_p + S_p$$
$$\text{동압 } V_p = T_p - S_p$$
$$\text{정압 } S_p = T_p - V_p$$

임의의 관내에 유체가 점성이 없는 완전유체가 흐르고 있을 때 유체가 갖는 에너지는 관로 어디에서도 일정할 것이다. 따라서 기체의 경우는 일반적으로 다음과 같은 관계가 성립한다.

$$S_p + \frac{\gamma}{2g} \cdot V^2 = \text{const (일정)} \cdots\cdots (1)$$

○ V_p (동압, 속도압) = $\dfrac{r v^2}{2g}$

- 정지상태의 공기를 일정한 속도로 흐르도록 가속화시키는데 필요한 압력
- 공기의 운동에너지로 항상 +값을 가진다.

- $V_p = \dfrac{r v^2}{2g}$ 이므로 $\qquad v = c\sqrt{\dfrac{2g\,V_p}{r}}$

○ S_p (정압)

- 정지된 상태에서의 압력, 즉 공기 흐름에 저항하는 압력
- 모든 방향에 대하여 동일하게 작용한다.

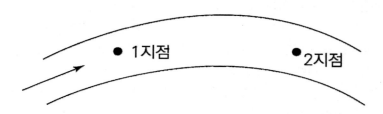

$$P_1 + \frac{v_1^2}{2g}r + z_1 r = P_2 + \frac{v_2^2}{2g}r + z_2 r + \triangle P_e$$

P_1 : 압력 E $\qquad \dfrac{v_1^2}{2g}$: 운동 E $\qquad z$: 중력에 의한 위치 E

(압력수두) $\qquad$ (속도수두) $\qquad$ (위치수두)

- 공기가 통과하는 Duct는 대부분 수평, 고저의 차이가 적고, 공기는 비중량이 작아 위치 에너지는 통상 무시한다.
- Duct에서 유속이 일정하면 $\triangle P_e$(압력 손실)은 두지점(1, 2지점)의 정압 차이이다.

다. 층류와 난류

1) 유체의 흐름 특성

· **층류유동** : 유체가 층 또는 관 안에서, 인접한 층의 흐름에 영향을 주지 않고 원활하게 미끄러지도록 운동하는 유동을 말한다. 그러므로 층류 유동에서 운동량 이동은 층과 층 사이에서 분자적 운동량 교환만으로 이루어진다. 불안정성, 즉 난류로 전향하려는 경향은 인접층간의 상대 운동을 지지하려는 점성 저항력에 의하여 억제된다.

· **난류운동** : 격렬한 상·하 혼합 이동을 하면서 유체가 매우 불규칙한 운동을 하는 유동이다. 유체의 흐름상태를 나타내는 척도는 레이놀즈수(Reynold's number)에 의하여 정량적으로 표시된다.

2) 레이놀즈수 (Reynold's number)

· 유체의 흐름특성을 파악하는 척도, 대표적인 무차원 수, 이 값에 따라 층류와 난류로 구분
· 물리적 의미 : 유체입자가 지니는 관성력을 입자의 경계에 작용하는 점성력으로 나눈 값
· 레이놀즈수의 크기에 따라 Duct 내부의 유체흐름을 층류와 난류로 구분한다.

층 류	$N_{Re} < 2,100$
천이영역	$2,100 < N_{Re} < 4,000$
난 류	$N_{Re} > 4,000$

$$N_{Re} = \frac{D \times V \times \rho}{\mu} = \frac{관성력}{점성력} = \frac{D \times V}{\nu} \quad [무차원]$$

ν : 동점성 계수[$\nu = \dfrac{\mu}{\rho}$](m²/sec)　　　　V = 속도(m/sec)

D : 직경(m)　μ : 점성계수(kg/m·sec)　　ρ : 밀도(kg/m³)

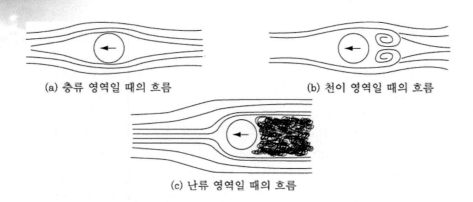

(a) 층류 영역일 때의 흐름   (b) 천이 영역일 때의 흐름

(c) 난류 영역일 때의 흐름

그림 1.6 층류와 난류의 흐름

예제 12 직경이 50 cm인 관내에서 유체의 흐름속도가 3 m/s이고, 유체점도가 1.7×10^5 kg/m·s라고 할 때 유체의 흐름특성을 평가하시오.

┃풀이

$$N_{Re} = \frac{D \times V \times \rho}{\mu} = \frac{(0.5\text{m}) \cdot (3\,\text{m/s}) \cdot (1.3\,\text{k g / m} \cdot \text{s})}{1.7 \times 10^{-5}\text{kg / m} \cdot \text{s}} = 114,705.88$$

∴ 유체의 흐름 특성은 N_{Re} 값이 4,000보다 크므로 난류상태이다.

자유대기에서 $N_{Re} = D \cdot V \cdot \rho / \mu$는
- D : 분진입자의 직경 d_p - V : 침강속도 V_s
- 유체의 밀도 ρ : 공기의 밀도 ρ_g - 유체의 점도 μ : 공기의 점도 μ_g로 하면

$$N_{Re} = \frac{d_p V_s \rho_g}{\mu_g}$$ 가 된다.

* 자유대기에서 유체흐름 판별

N_{Re} 0   1   1,000

|◄——— 층 류 ———►|◄——— 전이류 ———►|◄——— 난 류 ———►

예제 13 입경 2 μm 이고 밀도가 2.4 g/cm³인 구형입자가 20℃ 공기 중을 0.3 cm/sec의 속도로 자유낙하하고 있다. 이 때 N_{Re}를 구하고 층류인지 난류인지 구분하시오.(단, 20℃에서 공기의 점도는 1.81×10^{-4} poise이다.)

▌풀이

$$N_{Re} = \frac{d_p \, V_s \, \rho_g}{\mu_g} \text{에서}$$

$$d_p = 2 \; \mu m \times \frac{1 \, m}{10^6 \, \mu m} = 2 \times 10^{-6} \; m$$

$$V_s = 0.3 \; cm/\sec \times \frac{1 \, m}{100 \, cm} = 0.003 \; m/\sec$$

$$\rho_g = \frac{28.9 \, kg}{22.4 \, m^3} = 1.293 \; kg/m^3$$

표준상태의 공기의 밀도를 20℃로 환산하면

$$\rho_g = 1.293 \, kg/m^3 \times \frac{273}{273 + 20} = 1.20 \; kg/m^3$$

$$\mu_g = 1.81 \times 10^{-4} \; g/cm \cdot \sec \times \frac{1 \, kg}{1,000 \, g} \times \frac{100 \, cm}{1 \, m} = 1.81 \times 10^{-5} \; kg/m \cdot \sec$$

$$N_{Re} = \frac{2 \times 10^{-6} \times 0.003 \times 1.2}{1.81 \times 10^{-5}} = 3.98 \times 10^{-4}$$

여기서, 산출한 $N_{Re} \langle 1$ 이므로 공기의 흐름은 층류가 된다.

라. 압력손실 (마찰저항)

유체가 관로를 흐를 때 유체의 점성에서 오는 내부 마찰과 관 벽과의 마찰에서 발생되는 압력손실이 있다. 또한 관로의 굴곡과 단면적이 변화할 때도 압력손실이 발생한다.

① 압력손실의 종류
- ㉠ 속도 또는 방향이 변할 때의 마찰손실
- ㉡ 단면의 급격한 확대로 인한 마찰손실
- ㉢ 급격한 축소로 인한 마찰손실
- ㉣ 관 부속품과 밸브에 의한 마찰손실

② 단면이 균일한 원형 관에서 유체의 압력 손실

$$\Delta P = \zeta \times \frac{V^2 \cdot \gamma}{2g} \quad [\text{kg/m}^2 \text{ 또는 mmH}_2\text{O}]$$

$$\cdot \; \Delta P = \lambda \times \frac{L}{D} \times \frac{V^2 \cdot \gamma}{2g} \quad [\text{mmH}_2\text{O}]$$

· 원형관인 경우 :
$$\Delta P = 4f \times \frac{L}{D} \times \frac{V^2 \cdot \gamma}{2g} \quad [\text{mmH}_2\text{O}]$$

· 사각형관인 경우 :
$$\Delta P = f \times \frac{L}{D_e} \times \frac{V^2 \cdot \gamma}{2g} \quad [\text{mmH}_2\text{O}]$$

ΔP : 압력손실 [kg/m^2 또는 mmH_2O] f : 압력손실계수

λ : 마찰계수($\lambda = 4 \cdot f$) L : 관의 길이[m]

D : 관의 내경[m] D_e : 등가 직경[m]

V : 평균 유속[m/s] g : 중력가속도[m/s^2]

③ λ는 N_{Re}와 관벽의 거칠기 함수로서 층류와 난류로 구분하여 다음과 같이 구할 수 있다.

층 류 : $\lambda = 64 / N_{Re}$

난 류 : $\lambda = 0.316 / N_{Re}$ (1/4)

※ **등가 직경(Equivalent diameter : D_eq)** : 장방형(사각형)관 내에서 유체가 흐를 때 모서리 부분에는 유체가 통과하지 않는 사각공간(Dead space)이 발생하기 때문에 장방형관을 원형관으로 환산할 경우에는 간이식은 다음과 같다.

$$D_{eq} = \frac{2AB}{A+B}$$

여기서, D_{eq} : 상당 직경(m)

　　A : 장방형 닥트의 가로(m)

　　B : 장방형 닥트의 세로(m)

다음 식은 상당 직경을 구하는 공식이다.

$$D_{eq} = 1.3 \times 8\sqrt{\frac{(AB)^5}{(A+B)^2}} = 1.3 \times \frac{(A \times B)^{0.625}}{(A+B)^{0.25}}$$

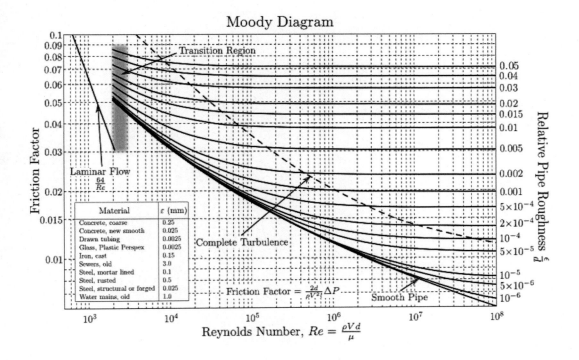

○ λ를 구하는 법 (*Moody diagram*에서)

일반 연철 $e = 0.046\,mm$ $D = 250\,mm$ 유속 = 20.1m/sec 온도 20℃

$$\therefore \; 상대조도 = \frac{e\,(표면거칠기\;높이)}{D\,(관의\;직경)} = \frac{0.046}{250} = 1.84 \times 10^{-4}$$

$$Re = \frac{\rho v D}{\mu} = \frac{1.2\,kg/m^3 \times 20.1\,m/\sec \times 0.25\,m}{1.8 \times 10^{-5}\,kg/m\sec} = 3.35 \times 10^5$$

무디선도 표에서 λ = 약 0.0165 이다.

Chapter 05 대기오염농도 단위 환산

1. 대기 오염농도

대기오염물질의 농도는 가스상 오염물질은 ppm, 입자상 오염물질은 mg/m^3으로 표시한다.

수질오염물질은 물의 비중이 1임으로 1 mg/L를 1 ppm으로 사용해도 되지만, 가스상 오염물질은 ppm을 1 mg/L로 표기하면 안된다. 모든 기체는 표준상태에서 1 mole의 부피는 22.4 $N\ell$, 질량은 분자량(g)이고 1 kmole의 부피는 22.4 Nm^3, 질량은 분자량(kg) 이기 때문이다.

일반적으로 고체혼합물과 액체혼합물에 대해서는 중량농도(중량 %, 중량비 ppm)가 이용되고, 기체혼합물에 대해서는 체적농도(체적 %, 체적 ppm)가 이용된다.

또, 액체혼합물의 용량 %와 중량 %의 상호환산에는 용질과 용액의 비중(밀도)를 알 필요가 있다. 기체혼합물의 경우는 각 성분의 분자량만 알면 환산가능하다.

예제 1 표준상태에서 SO_2 농도가 $0.05\ g/m^3$이라면 80℃, 0.9 atm에서는 몇 ppm인가?

┃풀이

단위 변경은 공식을 사용하면 오히려 더 복잡하기 때문에 단위환산에 의존하여 문제를 푸는 것이 가장 효과적이다. 풀이 과정 중 체적 단위(mL, m^3 등)를 중심으로 0℃, 1기압(760mmHg)의 표준상태일 경우는 접두어 "N" 혹은 "S"를 붙이고, 그 외의 상태(실측상태)는 접두어 "A"를 붙여 계산하면 편리하다. 아황산가스(SO_2) 분자량은 64, 체적은 22.4이며, 제시된 농도는 표준상태의 농도 $0.05\ g/Sm^3$이다. 온도와 압력을 보정할 때는 분모나 분자의 단위 하나씩 보정해 나가면 편리하다. 분자항의 단위(0.05g)를 먼저 실측상태 체적(AmL)으로 환산하고 그 다음에 분모항의 Nm^3를 Am^3로 환산하면 된다.

$$C_p\left(\frac{AmL}{Am^3}\right) = \frac{0.05\ g}{Nm^3} \times \frac{22.4\ NL}{64g} \times \frac{10^3\ mL}{L} \times \frac{(273+80)\ AL}{273\ NL} \times \frac{1}{0.9} \times \frac{273\ Nm^3}{(273+80)\ Am^3} \times \frac{0.9}{1}$$
$$= 17.5\ mL/m^3\ or\ ppm$$

○ 표준상태(0℃, 1기압)에서 모든 기체는

부피가 22.4 m^3이면 kg 분자량

22.4 L 이면 g 분자량

22.4 mL이면 mg 분자량

22.4 μL이면 μg 분자량

계산문제

예제 2 어느 굴뚝가스 중의 수분을 측정하니 건조가스 1 Sm³당 300 g이었다. 건조 배출가스에 대한 수분의 부피백분율(%)은 얼마인가?

┃풀이

$$X_w(\%) = \frac{수분(부피)}{건조가스(부피)} \times 100$$

$$22.4\ L : 18\ g = x\ L : 300\ g$$

$$\therefore x = 373.33\ L$$

$$\therefore X_w(\%) = \frac{373.33\ (L)}{1000\ (L)} \times 100 = 37.33(\%)$$

예제 3 배출가스 중의 수분량을 측정하였는데, 흡인 건조가스량이 표준상태로 환산하여 22.4 L, 흡수한 수분량은 7.2 g이었다. 습배기가스 중의 수증기 부피는 표준상태에서 몇 %인가?

┃풀이

$$X_w(\%) = \frac{수분(부피)}{건조가스(부피)} \times 100$$

㉠ 수분가스의 체적(L)

$$22.4\ L : 18\ g = x\ L : 7.2\ g$$

$$\therefore x = 8.96\ L$$

㉡ 습윤가스의 체적(L) = 8.96 L + 22.4 L = 31.36 (L)

$$\therefore X_w(\%) = \frac{8.96}{31.36} \times 100 = 28.57(\%)$$

예제 4 SO_2를 분석하기 위하여 24시간 동안 시료공기 11.2 m^3를 50 mL의 흡수액에 포집하여 분석하였다. 그 분석 결과 흡수액 1 mL당 SO_2가 64 μg 포함되어 있는 것으로 나타났을 때 0℃, 1기압에서 SO_2의 24시간 평균 농도는 몇 ppb(V/V)인가? (단, 시료채취시 평균기온은 0℃이고, SO_2의 분자량은 64이다.)

┃풀이

1. 용량 ppb(10^{-9})이며, $\mu L/m^3$를 많이 사용한다.

ppm(10^{-6}, 백만분율)은 단위가 mL/m^3이다.

2. 24시간 동안의 포집된 SO_2양 $= 64(\mu g/mL) \times 50(mL) = 3200(\mu g)$

24시간 동안의 포집된 시료량 $= 11.2(m^3)$

질량농도$(\mu g/m^3) = \dfrac{3200(\mu g)}{11.2(m^3)} = 285.71(\mu g/m^3)$

이를 용량(ppb)의 단위 "$\mu L/m^3$"로 환산하면

$\therefore C_p(\mu L/m^3) = \dfrac{285.71(\mu g)}{m^3} \times \dfrac{22.4(\mu L)}{64\mu g} = 100(ppb)$

예제 5 SO_2의 1시간 평균치의 환경기준은 0.15 V/V ppm이하이다. 이것은 몇 W/W ppm인가? (단, 공기 비중량 = 1.293 kg/Sm³)

❚풀이

SO_2 0.15 V/Vppm $= 0.15$ Sml/Sm³ $= \dfrac{SO_2 \ 0.15 \, Sml}{\text{공기} \ 1 \, Sm^3}$

$X(mg/kg) = \dfrac{0.15 \, Sml}{Sm^3} \times \dfrac{64 \, mg}{22.4 \, Sml} \times \dfrac{Sm^3}{1.293 \, kg} = 0.33 \, mg/kg = 0.33 \, ppm(W)$

예제 6 740 mmHg, 30℃ 염소가스(Cl분자량 35.5)의 밀도는 몇 g/L 인가?

❚풀이

$\dfrac{71g}{22.4 \, Nl} \times \dfrac{273}{273+30}\left(\dfrac{Nl}{Al}\right) \times \dfrac{740 \, mmHg}{760 \, mmHg} = 2.78 \, g/l$

예제 7 30℃, 750 mmHg에서 10 m³인 어떤 기체가 있다. 이 기체의 60℃, 900 hPa 기압상태에서의 부피(m³)를 구하시오.

❚풀이

$V_2 = V_1 \times \dfrac{T_2}{T_1} \times \dfrac{P_1}{P_2}$

$760 \, mmHg \times \dfrac{900 \, hPa}{1013.25 \, hPa} = 675.06 \, mmHg$

$\therefore V_2 = 10 \times \dfrac{(273+60)}{(273+30)} \times \dfrac{750 \, mmHg}{675.06 \, mmHg} = 12.21(m^3)$

예제 8 프로판가스(C_3H_8) 72 kg을 기화시키면 30℃에서 그 부피는 몇 m^3인가?

▎풀이

$$22.4 \; Nm^3 : 44 \; kg = x \; Nm^3 : 72 \; kg$$

$$\therefore x = 36.65 \; Nm^3$$

$$36.65 Nm^3 \times \frac{273 + 30 A\,m^3}{273 Nm^3} = 40.68 A\,m^3$$

예제 9 30℃, 1.2기압에서 측정한 NO_2의 농도가 6.2 mg/m^3이다. 이 농도를 표준상태의 ppm으로 환산하면 얼마인가?

▎풀이

NO_2의 분자량은 46이고, 표준상태의 ppm 단위를 "SmL/Sm^3"

$$C_p(ppm) = C_m(mg/Am^3) \times \frac{22.4}{M} \times \frac{273 + t_a}{273} \times \frac{760}{P}$$

$$\therefore C_p = \left| \frac{6.2 \; mg}{Am^3} \right| \times \left| \frac{22.4 \; mL}{46 \; mg} \right| \times \left| \frac{273 + 30A \; m^3}{273 \; Nm^3} \right| \times \left| \frac{1}{1.2} \right| = 2.79 (mL/Sm^3 \text{ or } ppm)$$

예제 10 염소가스 농도가 42 mg/Nm^3이면 표준상태에서 몇 ppm인가?

▎풀이

$$C_b(ppm) = C_m(mg/m^3) \times \frac{22.4}{M}$$

㉠ C_b : 농도 $= 42(mg/Sm^3)$

㉡ M : 분자량 $= 71$

$$\therefore C_b(ppm) = 42(mg/Nm^3) \times \frac{22.4 \; Nml}{71 \; mg} = 13.25 \; Nml/Nm^3 = 13.25 \; ppm$$

예제 11 일산화탄소(CO) 1시간 평균치의 환경기준은 25 ppm이하 이다. 1기압 및 21℃인 대기 상태에서 CO농도 25 ppm은 몇 mg/Nm^3 인가? 또 CO농도 25 ppm은 부피로 몇인지 산출하시오.

▎풀이

CO : 25ppm (1기압, 25℃) → (mg/Nm^3)

$$mg/Nm^3 = 25 \; Aml/Am^3 \times \frac{28 \; mg}{22.4 \; Nml} \times \frac{273 + 21}{273} \left(\frac{Am^3}{Nm^3} \right) \times \frac{273}{273 + 21} \left(\frac{Nml}{Aml} \right)$$

$$= 31.25 \, (mg/Nm^3)$$

$$25 \; ppm \times \frac{1 \, \%}{10{,}000 \; ppm} = 2.5 \times 10^{-3} \; \%$$

예제 12 배기가스의 온도와 압력이 각각 30℃, 1.2 kg/cm² 기압일 때 SO₂ 농도가 160 ppm이었다. SO₂ 농도 몇 mg/Am³인가?

풀이

$$1.2 \; kg/cm^2 = 1.2 \times 10^4 \; kg/m^2 = 882.35 \; mmHg$$

$$1.2 \times 10^4 \; mmH_2O = 882.35 \; mmHg$$

$$160 \; Aml/Am^3 \times \frac{64 \; mg}{22.4 \; Nml} \times \frac{273}{273+30} \left(\frac{Nml}{Aml} \right) \times \frac{882.35 \; mmHg}{760 \; mmHg}$$

$$= 478.19 \; mg/Am^3 \, (at \; 30 \text{℃})$$

예제 13 공기가 체적기준으로 N_2 79%, O_2 21%으로 만 구성되었다면 90℃일 때 공기의 비중량(kg/m^3)은 얼마인가?

풀이

$$N_2 = 28 \times 0.79 = 22.12, \quad O_2 = 32 \times 0.21 = 6.72$$

$$\therefore \; 28.84$$

$$\frac{28.84 \; kg}{22.4 \; Nm^3} = 1.288 \; kg/Nm^3$$

$$\gamma = 1.288 \; kg/Nm^3 \times \frac{273}{273+90} = 0.97 \; kg/Am^3$$

예제 14 배기가스의 온도와 압력이 각각 40℃, 780 mmHg 일 때 분진농도가 150 mg/Am³이었다. 표준상태의 분진 농도(mg/Nm^3)로 환산하시오.

풀이

$$150 \; mg/Am^3 \times \frac{273+40}{273} \left(\frac{Am^3}{Nm^3} \right) \times \frac{760}{780} = 167.57 \, (mg/Nm^3)$$

예제 15 배기가스 2 m³중 아황산가스 3 g이 함유되어 배출되고 있을 때 이 배기가스 온도가 30℃, 압력이 2 atm이면 아황산가스의 농도는 몇 ppm(V)인가?

┃풀이

$$1,500 \ mg/Am^3 \times \frac{22.4 \ Nml}{64 \ mg} \times \frac{273+30}{273}\left(\frac{Aml}{Nml}\right) \times \frac{1}{2}\left(\frac{atm}{atm}\right) = 291.35(ppm)$$

예제 16 A회사 B배출시설에서 나오는 배기가스 중의 SO_2농도는 780mmHg, 30℃에서 15ppm이다. 이를 $\mu g/Am^3$ 단위로 나타내시오.

┃풀이

$$15 \ Aml/Am^3 \times \frac{64 \ mg}{22.4 \ Nml} \times \frac{273}{273+30}\left(\frac{Nml}{Aml}\right) \times \frac{780}{760}\left(\frac{mmHg}{mmHg}\right) \times \frac{1000\mu g}{1mg}$$

$$= 39,630.02 \ \mu g/m^3 \ (at \ 30℃)$$

예제 17 대기상태가 40℃, 740 mmHg 일 때 오존 농도가 대기환경기준(1시간 평균치)인 0.1 ppm이면 몇 mg/Am³인가?

┃풀이

$$0.1 \ Aml/Am^3 \times \frac{48 \ mg}{22.4 \ Nml} \times \frac{273}{273+40}\left(\frac{Nml}{Aml}\right) \times \frac{740}{760} = 0.18 \ mg/Am^3$$

예제 18 대기상태가 40℃, 750 mmHg 일 때 오존 농도가 대기환경기준(8시간 평균치)인 0.06 ppm이었다. 이것은 몇 mg/Nm³인가?

┃풀이

$$0.06 \ Aml/Am^3 \times \frac{48 \ mg}{22.4 \ Nml} \times \frac{273}{273+40}\left(\frac{Nml}{Aml}\right) \times \frac{750}{760} \times \frac{273+40}{273}\left(\frac{Am^3}{Nm^3}\right) \times \frac{760}{750}$$

$$= 0.13 \ mg/Nm^3$$

예제 19 ppm은 부피당 부피(V/V)와 무게당 무게(W/W)로 나눌 수 있다. 표준상태에서 염화수소(HCl, 분자량 36.5)가스 15 ppm(V/V)은 몇 ppm(W/W)인가?
(단, 공기의 비중량은 1.293 kg/Nm^3 이다.)

▮ 풀이

$$x(mg/kg) = y(SmL/Sm^3) \times \frac{M(mg)}{22.4(SmL)} \times \frac{22.4(Sm^3)}{29(kg)}$$

$$= \left| \frac{15 \; SmL}{Sm^3} \right| \times \left| \frac{36.5 \; mg}{22.4 \; SmL} \right| \times \left| \frac{1 \; Sm^3}{1.293 \; kg} \right| = 18.9(mg/kg)$$

*염소가스(Cl_2)이면 71/22.4(mg/mL), 염화수소(HCl)이면 36.5/22.4(mg/mL)

예제 20

어느 공장에서 배출되는 아황산가스의 농도가 350 ppm이다. 이 공장에서 시간당 배출가스량이 50 ㎥라면 하루에 발생되는 아황산가스는 몇 kg인가? (단, 표준상태, 10 Hr/day 가동)

▮ 풀이

$$Q\,(m^3/\min) \times C\,(mg/m^3) = \text{부하량, 발생량}(mg/\min)$$

$$SO_2 = \frac{350 \; mL}{m^3} \times \frac{50 \; m^3}{hr} \times \frac{64 \; mg}{22.4 \; mL} \times \frac{1 \; kg}{10^6 \; mg} \times \frac{10 \; hr}{day}$$

$$= 0.5 \; kg/day$$

예제 21

체적이 50 ㎥인 복사실의 공간에서 오존의 배출량이 분당 0.15 mg인 복사기를 연속 사용하고 있다. 복사기 사용 전 실내 오존의 농도가 0.08 ppm이라고 할 때, 3시간 30분 사용 후 복사실의 오존 농도(ppb)는? (단, 0℃, 1기압 기준, 환기 없음.)

▮ 풀이

오존의 농도 = 복사기 사용 전 농도 + 복사기 사용으로 증가된 농도

· 복사기 사용 전 농도

$$C = \frac{0.08 \; ppm \times 10^3 \; ppb}{ppm} = 80 \; ppb$$

· 복사기 사용으로 증가되는 농도

$$C = \frac{0.15 \; mg}{\min} \times \frac{22.4 \; mL}{48 \; mg} \times 210 \; \min \times \frac{1}{50 \; m^3} \times \frac{1000 \; \mu L}{mL} = 294 \; \mu L/m^3 \; (ppb)$$

$$\therefore \; 80 + 294 = 374 \; (ppb)$$

예제 22

배출가스 중 SO_2 농도가 220 ppm이었다. SO_2의 배출허용기준이 400 mg/N㎥이하라면 이 배출시설에서 줄여야 할 아황산가스의 농도는 몇 mg/㎥인가?

(단, 표준상태이다.)

▌풀이

줄여야 할 농도 = 발생 농도 - 배출허용기준 농도

$$\frac{220\ mL}{m^3} \times \frac{64\ mg}{22.4\ mL} = 628.57\ mg/m^3 - 400\ mg/m^3$$

$$= 228.57\ mg/m^3$$

Chapter 06 화학기초

1. 물질량(mole)

원자·분자·이온·화합물 등의 아보가드로수 6×10^{23}개의 모임을 말한다.

1 mole = 물질의 화학식량(분자량)에 g을 붙인 량

1 kmole = 1,000 mole, 화학식량에 kg을 붙인 량

예

화학식	분자량	1 mole	1 kmole
C	12	12 g	12 kg
O_2	$16 \times 2 = 32$	32 g	32 kg
H_2O	$1 \times 2 + 16 = 18$	18 g	18 kg
Na^+	23	23 g	23 kg
NaCl	$23 + 35.5 = 58.5$	58.5 g	58.5 kg

2. 화학식

가) 그 물질의 1 mole 또는 1 kmole을 나타낸다.

나) 분자량이 M이라면 M(g) 또는 M(kg)으로 나타낸다.

다) 기체라면 표준상태 22.4 L 또는 22.4 m³로 나타낸다.

> (주의) 분자식, 분자량이라고 하는 말은 본래 분자의 형을 가진 물질에만 붙여야 한다. 염류와 같은 ion결합화합물(예를 들어 염화나트륨 Na^+Cl^-)에는 분자라는 것은 생각되어지지 않기 때문에 NaCl은 화학식도 분자식도 아니다. 그러나 이전부터 관습에 의해 분자식으로 부르는 사람이 많고, 또 그 식량 58.5를 분자량이라고 한다.

3. 화학 반응식

가) 그 반응의 mole수의 수지관계를 나타낸다.

나) 중량의 수치관계를 나타낸다.

다) 기체반응의 경우는 각 물질의 체적비를 나타낸다.

(주의) 화학방정식이라고 해도 좋고, 또 → 대신 = 를 사용하는 수도 있다.

예

구 분	염화나트륨	이산화탄소
화학식	NaCl	CO_2
분자량	58.5	44
1 mole	58.5g	44 g 22.4 L(표준상태)
1 kmole	58.5kg	44 kg 22.4 m^3(표준상태)

구 분	H_2 + $1/2O_2$ → $H_2O(g)$		
몰 관계	1 mol	0.5 mol	1 mol
중량 관계	2 kg	16 kg	18 kg
체적 관계	22.4 Nm^3	11.2 Nm^3	22.4 Nm^3
중량체적 관계	2 kg	11.2 Nm^3	22.4 Nm^3

계산문제

예제 1

황산 100 g은 몇 mole인가?

▎풀이

$H_2SO_4 = 1 \times 2 + 32 + 16 \times 4 = 98$
황산 1 mole은 98 g이다.

$$\therefore \frac{100}{98} = 1.02 \, mol$$

답 1.02 mole

예제 2

프로판 1 kg은 몇 mole인가? 또 몇 kmole인가?

▎풀이

$C_3H_{10} = (12 \times 3) + (8 \times 1) = 44$

$$\frac{1,000 \, g}{44 \, g} = 22.7 \, mol$$

$$\frac{1 \, kg}{44 \, kg} = 0.0227 \, kmol$$

답 22.7 mole, 0.0227 kmole

예제 3

황산동결정의 화학식은 $CuSO_4 \cdot 5H_2O$이다. 1 mole은 몇 g인가?

▎풀이

$Cu = 63.5$, $S = 32$, $O = 16$, $H = 1$ 이므로
$CuSO_4 \cdot 5H_2O = 63.5 + 32 + 16 \times 4 + 5 \times 18 = 249.5 \, g$
따라서 1 mole은 249.5 g이다.

답 249.5 g

예제 4

표준상태에서 프로판 gas $1 \, m^3$은 몇 mole인가?
또 1 kg은 몇 L에 해당하는가?

▎풀이

표준상태(0°C, 1기압)에 있어서 1 mole은 22.4 L에 해당한다.

$$\therefore \frac{1,000 \text{ L}}{22.4 \text{ } L/mol} = 44.6 \text{ mol}$$

또, $C_3H_8 = 44$로서 1 mole은 44 g이므로 1 kg의 체적은

$$22.4 \times \frac{1,000}{44} = 509 \text{ L}$$

🔖 44.6 mole, 509 L

예제 5 비중 0.95, 유황성분 2.0%(중량)의 중유를 1 kL 소각할 때, 생성하는 이산화황의 중량은 얼마인가? 또한 몇 m³의 이산화황 가스가 발생하는가?

▌풀이

$S + O_2 \rightarrow SO_2$

32 kg   64 kg

중유 1 kL(= 1,000 L)의 중량은 1000 × 0.95 = 950 kg

이 가운데 함유하고 있는 S의 중량은 950 × 0.02 = 19 kg

생성하는 SO_2의 중량은 (64/32) × 19 = 38 kg

🔖 38 kg, 13.3 m³

예제 6 10%의 수산화나트륨을 함유한 폐수를 농도 37%의 염산으로써 중화할 경유, 처리수 중의 염화나트륨의 농도는 몇 %인가?

단, Na = 23, H = 1, O = 16, Cl = 36

▌풀이

$$NaOH + HCl \rightarrow NaCl + H_2O$$

분자량   40   37   59   18

10%의 NaOH를 함유한 폐수 100 g을 생각하라. 그 가운데 NaOH의 양은

100 × 0.1 = 10 g

이것과 반응한 HCl의 양은 10 × (37/40) = 9.25 g

염산의 농도가 37%이므로

9.25/0.37 = 25 g

생성되는 NaCl의 양은 10 × (59/40) = 14.75 g

그러므로 NaCl의 농도(중량백분율)은 $\dfrac{\text{염화나트륨}}{\text{폐수} + \text{염산}} \times 100$

$$= \frac{14.75}{100 + 25} \times 100 = 11.8\%$$

🔖 11.8%

4. 용해농도

가. 노르말농도(N농도, 규정농도, Normality) : g당량(용질)/L(용액)

　　용액 1 L 중에 포함되어 있는 용질의 g당량 수로 표시하고 1 g당량이 포함되어 있을 경우의
　　농도를 1 N이라 한다.

나. 몰농도(M농도) : g분자(용질)/L(용액)

　　용액 1 L 중에 포함되어 있는 용질의 양을 몰수로 나타낸 것, mole/L 또는 M으로 표시한다.

　* epm(me/L) : 1/1,000 N ＝ 1/1,000 e/L ＝ me/L

1) 당량 : 어떤 원소가 산소 8.00량이나 수소 1.008량과 결합 또는 치환하는 양

　　가) 원자 및 이온의 당량 ＝ 원자량/원자가

　　　예 Mg^{2+} 당량 ＝ 40/2 ＝ 20

　　나) 분자(화합물)의 당량 ＝ 분자량/양이온의 가수

　　　예 $CaCO_3$ 당량 ＝ $100/Ca^{2+}$ ＝ 100/2 ＝ 50

　　다) 산의 당량 ＝ 분자량/H^+수

　　　예 H_2SO_4 당량 ＝ 98/2 ＝ 49

　　라) 염기의 당량 ＝ 분자량/OH^-수

　　　예 $Ca(OH)_2$ 당량 ＝ 74/2 ＝ 37

　　마) 산화제 및 환원제의 당량 ＝ 분자량/주고받는 전자수

┌─────────────────────────────────────┐
│　　　　* g당량 : 당량에 g을 붙인 값　　　　│
└─────────────────────────────────────┘

　　[참고] 용액 ＝ 용매 ＋ 용질

　　　　　- 용매 : 용해에 사용된 액체. 즉, 용질을 녹이는 물질로서 용매가 물일 때는
　　　　　　　　　 수용액이라 한다.

　　　　　- 용질 : 용해되어 있는 물질. 즉, 녹아 들어가는 물질

　　N(규정농도, Normality) 농도를 이용해 산과 알칼리를 중화시킬 경우, 다음과 같은 간단한
　　관계가 성립된다.

$$N \quad \times \quad V \quad = \quad N' \quad \times \quad V'$$

산의 N농도 　산의 체적 　　 알칼리의 N농도 　　 알칼리의 체적

예		화학식	분자량	1 mole	1 g 당량	1 N용액
1가 산	염산	HCl	36.5	36.5 g	36.5 g	1 L중에 HCl을 36.5 g 함유
2가 산	황산	H_2SO_4	98	98 g	49 g	1 L중에 H_2SO_4을 49 g 함유
1가 염기	수산화나트륨	NaCl	40	40 g	40 g	1 L중에 NaCl을 40 g 함유

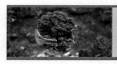
계산문제

예제 1 시판되는 진한 황산은 비중은 약 1.84, 농도는 약 96(중량)%이다. mole 농도는 얼마인가? 또 N농도는 얼마인가?

┃풀이

진한 황산 1 L를 생각하자.

그 중량은 $1,000 \times 1.84 = 1,840$ g

이 가운데 H_2SO_4의 중량은 $1,840 \times \dfrac{96}{100} = 1,766.4$ kg

H_2SO_4 분자량은 98이므로,

황산 1 mole은 98 g

몰농도 : $\dfrac{1,766.4}{98} = 18.0$mol/L

H_2SO_4는 2가의 산이므로 1 g당량은 98/2 = 49 g

규정농도 : $\dfrac{1766.4}{49} = 36$N 농도

📝 18 M(mole/L), 36 N 농도

예제 2 수산화나트륨 10 g을 물에 녹여 400 mL로 만들려고 한다. N농도는 얼마인가?

┃풀이

$NaOH = 23 + 16 + 1 = 40$

용해량을 용액 1 L로 환산하면 $10 \times \dfrac{1,000}{400} = 25$ g(NaOH)

NaOH는 1가의 염기성이므로, 1 g당량을 1 mole과 같다.

∴ 25/40 = 0.625(당량/L) = 0.625 N 농도

📝 0.625 N 농도

예제 3 아세트산의 희석 수용액이 있다. 이 중 10 mL를 취해 농도 1.018규정의 수산화나트륨표준액으로 중화적정할 경우 6.83 mL가 소비된다. 아세트산 수용액의 규정농도는 얼마인가? 또 중량농도는 몇 %인가? (아세트산 수용액의 비중은 1.005이다.)

┃풀이

아세트산 수용액의 규정농도를 N이라고 두면 $N \times 10 = 1.018 \times 6.83$

∴ $N = 0.6953$ N = 0.6953당량/L

아세트산 CH₃COOH = 60(1가 산이다)

수용액 1 L를 생각하면 중량은 1,005 g

$$\therefore \; \frac{60 \times 0.69953}{1.005} \times 100 = 4.15(중량\%)$$

답 0.6953 N(규정농도), 4.15중량%

5. 물의 ion적(곱)

순수 혹은 산염기·염류의 희석 용액중에 존재하는 ion H^+ 및 수산 OH^- 의 mole농도(mole/L)를 각각 $[H^+]$ $[OH^-]$로 나타내고, 온도가 일정하면, 그 적은 일정하다. 이 값을 물의 ion적이라 하고, 보통 K_w로 나타낸다.

$$[H^+] \ > \ [OH^-] \quad 산 \quad 성$$
$$[H^+] \ = \ [OH^-] \quad 중 \quad 성$$
$$[H^+] \ < \ [OH^-] \quad 염 기 성$$

상온의 물, 혹은 수용액으로는 K_w의 값은 거의 1×10^{-14}이다.

즉, $K_w \ = \ [H^+] \ [OH^-] \ = \ 1 \times 10^{-14}$

따라서, 수용액중의 수소 ion농도$[H^+]$를 알고 있다면, 수산 ion농도는 $[OH^-] = 10^{-14}/[H^+]$로 쉽게 구해진다.

6. 수소 이온 지수(pH)

수용액의 산성·중성·알칼리성의 성질을 나타내는 수용액중의 수소 ion의 mole농도, 결국 1 L 중에 존재하는 H^+의 mole수를 $[H^+]$로 할 때, 다음과 같이 정의한다.

※ **pH정의** : 수소이온농도 역수의 상용 log

$$pH \ = \ \log \frac{1}{[H^+]} \ = \ \log 1 \ - \ \log[H^+] \ = \ -\log[H^+]$$

$$\therefore \ pH \ = \ - \ \log [H^+]$$

$[H^+]$의 농도는 mole/L이다.

예제 1   0.4 g/L의 수소이온농도의 pH는?

▌풀이

$$[H^+] = \frac{0.4g/L}{1g/mole} = 0.4mole/L$$

$$\therefore \ pH \ = \ -\log 0.4 \ = \ 0.398$$

물은 매우 약한 전해질, 극히 소량 전리

$$H_2O \ \rightleftharpoons \ H^+ \ + \ OH^-$$

$$K(\text{평형상수}) = \frac{[H^+][OH^-]}{[H_2O]}$$

$$[H^+][OH^-] = K[H_2O] = K_w$$

물의 K_w(이온화적) $= 1 \times 10^{-14}$ (25°C기준)

: 수온이 높아지면 전리도가 증가하여 K_w 커짐.

순수한 물 : $[H^+][OH^-] = \sqrt{K_w} = 1 \times 10^{-7}$ 중성

산을 첨가 : $[H^+] > 10^{-7} > [OH^-]$ 산성

염기 첨가 : $[H^+] < 10^{-7} < [OH^-]$ 염기성

$$pH + pOH = 14$$
$$pH = 14 - pOH$$
$$= 14 - (-\log[OH^-])$$
$$= 14 + \log[OH^-]$$

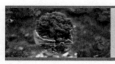

계산문제

예제 1 pH = 4 수용액의 수소 ion 농도는 얼마인가?

▌풀이

$pH = -\log[H^+] = 4$

$\quad \therefore \; pH[H^+] = -4$

$\quad [H^+] = 10^{-4}(mole/L)$

答 10^{-4} mole/L

예제 2 수소이온농도가 6×10^{-4} mole/L인 수용액의 pH는 얼마인가?

▌풀이

pH의 정의에서

$pH = -\log(6 \times 10^{-4})$

$\quad = 3.222 \fallingdotseq 3.2$

答 3.2

예제 3 어떤 용액(비중 1.1)중에 수소이온이 50 ppm 함유되어 있다. pH는 얼마인가? 또 수소이온의 mole 농도는 얼마인가?

▌풀이

용액 1 L를 생각하면 그 질량은 1,100 g, 그 가운데 H^+의 질량은

$1,100 \times \dfrac{50}{10^6} = 5.5 \times 10^{-2}(g)$

H^+의 1 mole은 약 1 g

따라서, $[H^+] \fallingdotseq 5.5 \times 10^{-2}(mole/L)$

$pH = -\log(5.5 \times 10^{-2}) = -0.740 + 2 = 1.26$

$[OH^-] = \dfrac{10^{-14}}{5.5 \times 10^{-2}} \fallingdotseq 1.82 \times 10^{-13}(mol/L)$

答 1.82×10^{-13} mole/L

예제 4 pH = 2인 용액과 pH = 6인 용액과 비교할 때, 수소이온농도는 어느 쪽이 몇 배 더 큰가?

❚ 풀이

pH = $-\log[H^+]$에서

pH = 2 ······ 10^{-2} = 0.01(mole/L)

pH = 6 ······ 10^{-6} = 0.000001(mole/L)

∴ $\dfrac{0.01}{0.000001}$ = 10,000

답 pH = 2인 쪽이 10^4배(10,000배) 크다.

예제 5 수소이온 농도가 2.5 × 10^{-4} mole/L인 용액의 pH는 얼마인가?

❚ 풀이

pH의 정의에서

pH = $-\log(2.5 \times 10^{-4})$

= 3.602 ≒ 3.6(산성)

답 3.6(산성)

예제 6 pH = 1.7인 용액중의 수소이온농도를 mole/L, 중량%, ppm으로 나타내라. 단 용액의 비중은 1이다.

❚ 풀이

$-\log[H^+]$ = 1.7

$\log[H^+]$ = -1.7

∴$[H^+]$ = 2 × 10^{-2}(mole/L)

또, H^+의 0.02 mole은 약 0.02 g, 용액 1 L의 중량은 100 g이기 때문에

$\dfrac{0.02}{1000}$ × 100 = 0.002(wt%)

$\dfrac{0.02}{1000}$ × 10^6 = 20(ppm)

답 2 × 10^{-2} mol/L, 0.002 wt%, 20 ppm

예제 7 어떤 수용액의 수소이온농도가 $[H^+]$ = 2.53 × 10^{-3} mol/L이다. 이 용액의 pH는 얼마인가? 단 pH = $-\log[H^+]$이다.

❚ 풀이

$$pH = -\log[H^+] = -\log(2.53 \times 10^{-3})$$
$$\fallingdotseq 2.6$$

혹은 $pH = \log\dfrac{1}{[H^+]} = \log\dfrac{1}{2.53 \times 10^{-3}}$
$$\fallingdotseq 2.6$$

답 2.6

예제 8 pH = 4.79인 수용액의 수소 ion농도는 얼마인가?

┃풀이

pH의 정의에서 $pH = -\log[H^+] = 4.79$
$\therefore [H^+] = 1.62 \times 10^{-5}(mol/L)$

답 1.62×10^{-5} mole/L

문제9 물 1 L에 NaOH를 0.4 g 녹인 액의 pH는 얼마인가?

┃풀이

NaOH = 40, NaOH의 농도는 0.4/40 = 0.01(mol/L) 완전 전리하면 $[OH^-] = 0.01$
그러므로 $[H^+] = 10^{-14}/0.01 = 10^{-12}$
$$pH = -\log(10^{-12}) = 12$$

답 12

예제 10 NaOH 20 g을 물에 용해하여 600 mL로 만들었다. 이 용액은 몇 N인가?
(단, NaOH = 40)

┃풀이

$$N = \frac{W}{M} \times \frac{mL}{1,000}$$
$$= \frac{20}{40} \times \frac{600}{1,000} = 0.3\,N$$

답 0.3 N

■ 희랍문자(Greek alphabet)

대문자	소문자	발 음	국문표기
A	α	Alpha [ǽlfə]	알파
B	β	Beta [béitə/bíː-]	베타
Γ	γ	Gamma [gǽmə]	감마
Δ	δ	Delta [déltə]	델타
E	ε	Epsilon [épsəlàn, -lən/-lɔn]	엡시론
Z	ζ	Zeta [zéitə, zíː-]	제타
H	η	Eta [étə]	에타
Θ	θ	Theta [θéitə, θíː-]	쎄타
I	ι	Iota [aióutə]	이오타
K	κ	Kappa [kǽpə]	카파
Λ	λ	Lambda [lǽmdə]	람다
M	μ	Mu [mjuː/mjuː]	뮤우
N	ν	Nu [njuː]	뉴우
Ξ	ξ	Xi [zai, sai, ksi]	크사이
O	o	Omicron [ámikràn, óum-/ɔ́mikrɔ́n]	오미크론
Π	π	Pi [pai]	파이
P	ρ	Rho [rou]	로오
Σ	σ	Sigma [sígmə]	시그마
T	τ	Tau [tɔː, tau]	타우
Y	υ	Upsilon [júːpsəlàn, ʌp-/juːpsáilən]	웁실론
Φ	ϕ	Phi [fai]	파이
X	χ	Chi [kai]	카이
Ψ	ψ	Psi [psai]	프사이
Ω	ω	Omega [oumíːgə, -méi-, -mé-]	오메가

PART 02 법규의 일반사항

Chapter 01 법 적용의 일반사항

1. 목 적

　대기환경보전법(이하 "법"이라 한다) 제23조의 규정에 의한 대기오염물질배출시설의 설치허가·설치신고 및 법 제26조의 규정에 의한 방지시설의 설치 등에 관한 업무를 처리함에 있어 도움이 되도록 구체적인 사항을 제시하여 담당 공무원 및 사업장 환경 담당자의 전문성을 보완하여 배출시설 관리 업무의 효율성을 제고하였다.

2. 적용범위

가. 법 제23조제1항부터 제3항까지의 규정에 의한 설치허가·설치신고, 변경허가·변경신고

- 동법 시행령(이하 "영"이라 한다) 제11조의 규정에 의한 대기오염물질 배출시설을 설치하고자 하는 경우

나. 법 제26조의 규정에 의한 방지시설 설치 등

- 법 제23조제1항부터 제3항까지의 규정에 따라 설치허가·변경허가를 받은 자 또는 설치신고·변경신고를 한 자(이하 "사업자"라 한다)가 해당 배출시설을 설치하거나 변경할 때
- 법 제26조제1항 단서에 따라 방지시설을 설치하지 아니하고 배출시설을 설치·운영하는 자가 다음의 경우에 해당하는 경우
  - 배출시설의 공정을 변경하거나 사용하는 원료나 연료 등을 변경하여 배출허용기준을 초과할 우려가 있는 경우
  - 배출허용기준의 준수 가능성을 고려하여 환경부령으로 정하는 경우

다. 법 제30조의 규정에 의한 가동개시 신고

- 배출시설이나 방지시설의 설치를 완료한 후 당해 시설을 가동하려는 경우
- 설치허가(변경허가) 또는 설치신고(변경신고)를 한 배출구별 배출시설 규모의 합계보다 100분의 20 이상 증설한 후 당해 시설을 가동하려는 경우

3. 대기오염물질 배출시설

가. (정의)

대기오염물질을 대기에 배출하는 시설물, 기계, 기구, 그 밖의 물체로서 환경부령으로 정하는 것(대기환경보전법 제2조제11호)

나. 대기오염물질 배출시설 대상

(1) 배출시설 규모는 그 시설의 중량·면적·용적·열량 등으로 하되 최대시설 규모로 산정

(2) 2020.1.1.부터 섬유제품 제조시설 등 28개 업종, 도장시설 등 7개 시설, 입자상물질 및 가스상물질 발생시설 등 37개 종류로 구분(시행규칙 별표3)
   - 시행규칙 별표3의 배출시설 분류표 1)~35)의 분류에 해당하지 않는 배출시설은 36) 또는 37)의 시설로 봄

(3) 동일 사업장에 배출시설 기준 규모 미만의 동종시설이 2개 이상 설치된 경우로서 기준 규모 미만 시설의 총 규모가 기준 규모 이상인 경우에는 그 시설들은 배출시설에 포함됨. 다만 다음의 시설은 시·도지사가 인정하는 경우에는 총 규모 산정에서 제외할 수 있음
   - (가) 지름이 1밀리미터 이상인 고체입자상물질 저장시설
   - (나) 영업을 목적으로 하지 않는 연구시설
   - (다) 설비용량이 1.5메가와트 미만인 도서지방용 발전시설
   - (라) 시간당 증발량 0.1톤 미만 또는 열량이 61,900킬로칼로리 미만인 보일러로서 환경표지 인증을 받은 보일러

다. 대기오염물질 배출시설 적용 제외

(1) 시행규칙 별표3의 배출시설 분류에 해당하는 경우에도 다음의 시설은 대기오염물질 배출시설에서 제외함
   - (가) 전기만을 사용하는 간접가열시설(간접가열 열원은 배출시설에서 제외하나, 간접가열에 의한 공정에서 대기오염물질이 발생하는 경우에는 배출시설에 포함됨)
   - (나) 건조시설 중 옥내에서 태양열 등을 이용하여 자연 건조시키는 시설
   - (다) 용적이 5만세제곱미터 이상인 도장시설
   - (라) 선박건조공정의 야외구조물 및 선체외판 도장시설
   - (마) 수상구조물 제작공정의 도장시설
   - (바) 액체여과기 제조업 중 해수담수화설비 도장시설
   - (사) 금속조립구조제 제조업 중 교량제조 등 대형 야외구조물 완성품을 부분적으로 도장하는

야외도장시설

(아) 제품의 길이가 100미터 이상인 야외도장시설

(자) 붓 또는 롤러만을 사용하는 도장시설

(차) 습식시설*로서 대기오염물질이 배출되지 않는 시설

   * 수중에서 작업을 하거나 물을 충분히 분사시켜 오염물질이 외부로 배출되지 않도록 하거나 원료 속에 수분이 항상 15% 이상 함유되어 발생하는 대기오염물질을 충분히 저감시킬 수 있는 수준을 의미함

(카) 밀폐, 차단시설 설치 등으로 대기오염물질이 배출되지 않는 시설로서 시·도지사가 인정하는 시설

(타) 이동식 시설(해당 시설이 해당 사업장의 부지경계선을 벗어나는 시설)

   * 차량, 선박 등 이동오염원을 말하는 것으로 본래 용도로 제작된 차량(예, 자동벌목차량 등)을 말함 (소각로를 화물칸에 설치한 차량, 이동용 분쇄기 등은 포함되지 않음)

(파) 밀폐된 진공기반의 용해시설로서 대기오염물질이 배출되지 않는 시설

(2) 보일러(흡수식 냉·온수기를 포함한다) 중 다음의 시설은 배출시설에서 제외함

(가) 다른 배출시설로 규정한 보일러 및 흡수식 냉·온수기

   * 보일러 이외의 다른 배출시설에 포함되어 오염물질 발생량 산정 및 배출되는 오염물질 적정처리에 대하여 허가(신고)된 보일러예시) 가열시설, 반응시설, 정제시설, 발전시설 등에 포함되어 인허가 받은 보일러

(나) 아파트, 오피스텔, 주상복합아파트에 설치된 개별 난방 보일러

(다) 영리를 목적으로 하지 않는 유치원, 초·중·고등학교, 영유아 보육시설 등에 설치하는 보일러

(라) 노인·아동·장애인·부랑인·노숙인 복지시설, 교정·소년보호시설, 외국인보호소, 치료감호소, 국방·치안·교정시설에 설치된 보일러

※ 대기오염물질 배출시설 적용 유예

(1) 2020년 1월 1일 당시 설치·운영하고 있는 배출시설이 대기환경보전법시행규칙 개정으로 새로운 배출시설에 해당하여 허가·변경허가 또는 신고·변경신고의 대상이 된 경우에는 2020년 12월 31일까지 법 제23조에 따라 허가·변경허가 또는 신고·변경신고를 하여야 함

(2) 다만, 흡수식 냉·온수기로서 2005.1.1.부터 2010.12.31.까지 설치된 시설은 2021.12.31.까지, 2011.1.1.부터 2019.12.31.까지 설치된 시설은 2022.12.31.까지 허가(신고)를 하여야 함

4. 대기오염물질 배출시설 인허가

가. 배출시설의 인허가 종류

(1) 대기오염물질 배출시설의 허가(신고)는 법 제23조에 따라 배출시설별로 허가 받거나 신고하여야 함

　－ 다만, 사업장별로 인허가증을 하나로 관리하는 현실을 고려하여 기존 인허가된 사업장에 신규 배출시설을 추가하는 경우에는 기존 인허가증에 신규 배출시설을 추가하여 관리

(2) 대기오염물질 배출시설 설치 종류에 따른 인허가 구분

구분1	구분2	구분3	인허가 종류
배출시설	동일 배출구	이종시설 설치	허가(신고)
		총 규모의 10% 이상 동종시설 증설 및 교체	변경허가(신고)
		총 규모의 10% 이상 폐쇄	변경신고
	다른 배출구	신규 시설 설치(기준 규모 미만 시설 설치로 사업장 내 동종시설 총 규모가 기준 규모 이상인 경우 포함)	허가(신고)
		폐쇄	변경신고
	방지시설 설치 면제	증설·교체 또는 총 규모의 10% 이상 폐쇄	변경신고
		총 규모의 10% 미만 폐쇄	변경신고 제외
	용도 추가		변경허가
방지시설		증설, 교체, 폐쇄	변경신고
연료 변경	새로운 오염물질이 배출되지 않으면서 배출량이 증가하지 않는 경우 또는 황함유량이 낮은 연료로 변경		변경신고 제외
	그 외의 경우		변경신고
새로운 오염물질 배출	신고사업장	시행규칙 별표 8의2 허가기준 미만 특정대기유해물질, 일반대기오염물질	변경신고
		시행규칙 별표 8의2 허가기준 이상 특정대기유해물질	허가
	허가사업장	특정대기유해물질 또는 일반대기오염물질	변경신고

나. 배출시설의 인허가 종류

구분	대상시설
설치허가	1. 특정대기유해물질이 시행규칙 별표8의2에 따른 기준 이상으로 발생되는 배출시설 2. 「환경정책기본법」제38조에 따라 지정·고시된 특별대책지역(이하 "특별대책지역"이라 한다)에 설치하는 배출시설. 다만, 특정대기유해물질이 시행규칙 별표8의2에 따른 기준 이상으로 배출되지 않는 배출시설로서 5종사업장에 설치하는 배출시설은 허가대상에서 제외됨
변경허가	1. 설치허가를 받은 배출시설 규모의 합계나 누계의 100분의 50 이상 증설하는 경우 2. 설치허가를 받은 배출시설로서 특정대기유해물질이 시행규칙 별표8의2에 따른 기준 이상으로 발생되는 배출시설 규모의 합계나 누계의 100분의 30 이상 증설하는 경우 3. 설치허가 시설이 변경허가 또는 변경신고를 한 배출시설 규모의 합계나 누계의 100분의 50 이상 증설하는 경우 4. 설치허가 시설이 변경허가 또는 변경신고를 한 배출시설로서 특정대기유해물질이 시행규칙 별표8의2에 따른 기준 이상으로 발생되는 배출시설 규모의 합계나 누계의 100분의 30 이상 증설하는 경우 5. 설치허가 또는 변경허가를 받은 배출시설의 용도를 추가하는 경우 ※ 1~4호의 경우 배출시설 규모의 합계나 누계는 배출구별로 산정
설치신고	1. 설치허가 대상 배출시설 이외 배출시설을 설치하려는 경우
변경신고	1. 설치허가 배출시설의 변경신고 　가. 같은 배출구에 연결된 배출시설을 증설 또는 교체하거나 폐쇄하는 경우 　나. 배출시설에서 허가받은 오염물질 외의 새로운 대기오염물질이 배출되는 경우 　다. 방지시설을 증설·교체하거나 폐쇄하는 경우 　라. 사업장의 명칭이나 대표자를 변경하는 경우 　마. 사용하는 원료나 연료를 변경하는 경우 　바. 배출시설 또는 방지시설을 임대하는 경우 　사. 배출시설 설치허가증에 적힌 허가사항 및 일일 조업시간을 변경하는 경우 2. 설치신고 배출시설의 변경신고 　가. 같은 배출구에 연결된 배출시설을 증설 또는 교체하거나 폐쇄하는 경우 　나. 배출시설에서 허가받은 오염물질 외의 새로운 대기오염물질이 배출되는 경우 　다. 방지시설을 증설·교체하거나 폐쇄하는 경우 　라. 사용하는 원료나 연료를 변경하는 경우 　마. 사업장의 명칭이나 대표자를 변경하는 경우 　바. 배출시설 또는 방지시설을 임대하는 경우 　사. 배출시설 설치신고증명서에 적힌 신고사항 및 일일 조업시간을 변경하는 경우
변경신고 제외	1. 기존 배출시설과 같은 종류의 배출시설로서 같은 배출구에 연결되어 있는 배출시설 총 규모의 10% 미만으로 증설·교체·폐쇄하는 경우로 다음을 만족하는 경우 　가. 변경되는 대기오염물질의 양이 방지시설의 처리용량 범위 내일 것 　나. 증설·교체로 인하여 다른 법령에 따른 설치 제한을 받는 경우가 아닐 것 2. 새로운 대기오염물질을 배출하지 않고 배출량이 증가되지 않는 원료로 변경하는 경우 또는 종전의 연료보다 황함유량이 낮은 연료로 변경하는 경우

Chapter 02 대기오염물질 배출시설 설치

1. 대기오염물질 배출시설 설치허가(신고)

가. 관련규정 : 시행령 제11조 및 시행규칙 별지 제2호서식

나. 제출서류

(1) 대기배출시설 허가신청서·신고서(규칙 별지 제2호서식)

(2) 원료(연료를 포함)의 사용량 및 제품의 생산량과 대기오염물질 등의 배출량을 예측한 명세서

(3) 배출시설 및 방지시설 설치 내역서

(4) 방지시설의 일반도

(5) 방지시설의 연간 유지관리계획서

(6) 방지시설 설치면제 관련 서류(방지시설 설치 면제자만 제출)

(7) 자가방지시설 설계시공 관련 서류(자가방지시설 설계시공자만 제출)

(8) 공동 방지시설 설치 관련 서류(공동방지시설을 설치하려는 자만 제출)

(9) 저황유 외 연료 사용 관련 서류(저황유 외 연료를 사용하려는 경우에만 제출)

(10) 고체연료 사용승인 신청 관련 서류(고체연료 사용승인을 얻으려는 경우에만 제출)

(11) 휘발성유기화합물을 배출하는 시설 및 배출억제·방지시설 설치의 명세서
(휘발성유기화합물배출시설에 해당되는 경우에만 제출)

(12) 대기오염물질 발생량 산정에 관한 자료

(13) 수질 및 소음·진동의 배출시설 설치허가 또는 신고 시의 첨부 서류(수질 및 소음·진동의 배출시설에 해당하는 시설을 신설하는 경우에만 제출)

(14) 수질 및 소음·진동의 변경허가신청 또는 변경신고 시의 첨부 서류(처리용량 또는 주요설비의 변경으로 수질 및 소음·진동의 변경허가(변경신고)를 받아야 될 경우에만 제출)

다. 검토요령

(1) 주요 검토사항

(가) 허가받는 배출시설 분류의 정합성

(나) 발생되는 오염물질의 종류, 성질 및 방지시설에서의 적정처리 가능 여부

(다) 오염물질 배출계수 적용 및 발생량·배출량 산정의 적정성 검토

(라) 방지시설 설치면제 신청 자료의 객관적 타당성

(마) 최적방지시설 적용 가능성(주변 환경 여건에 따라 필요 시)

(바) 연료규제/대기관리권역 등에 따른 지역 규제

(사) 대기배출시설 설치의 제한사항

(아) 배출시설 입지 제한에 관한 타법 검토(관련 부서 협조)

(2) 서류검토

(가) 설치허가 대상인지 설치신고 대상인지 검토

- 허가신청서 또는 신고서에 기재되어 있는 발생되는 오염물질 중 특정대기유해물질이 시행규칙 별표 8의2에 규정하고 있는 기준농도 이상으로 발생되는지 여부를 확인하여 허가대상 여부를 검토한다.

- 배출시설 설치예정지역이 특별대책지역인지 확인하고 해당 배출사업장이 5종사업장인지, 특정 대기유해물질을 배출하는지 여부를 확인하여 허가대상 여부를 검토한다.

◆ **설치허가 대상(시행령 제11조제1항)**

1. 특정대기유해물질이 시행규칙 별표8의2에 따른 기준 이상으로 발생되는 배출시설

2.「환경정책기본법」제38조에 따라 지정·고시된 특별대책지역에 설치하는 배출시설. 다만, 특정대기유해물질이 시행규칙 별표8의2에 따른 기준 이상으로 배출되지 않는 배출시설로서 5종사업장에 설치하는 배출시설은 허가대상에서 제외됨

◆ **설치신고 대상(시행령 제11조제2항)**

설치허가 대상 이외의 배출시설을 설치하려는 경우

(나) 대기오염물질 발생량 산정 및 종규모 구분

① 발생량 산정

- 대기오염물질 발생량의 산정은 시행령 제42조 '대기오염물질 발생량 산정방법'에 의거하여 다음과 같이 산정한다.

• 대기오염물질 발생량 = 배출시설의 시간당 대기오염물질 발생량 × 일일조업시간 × 연간가동일수

- 배출시설의 시간당 대기오염물질 발생량 산정방법(시행규칙 별표 10)

㉮ 대기오염물질 배출계수에 의한 방법

• 배출시설의 시간당 대기오염물질 발생량 = 대기오염물질 배출계수* × 해당 시설의 시간당

최대 연료사용량
  * 대기오염물질 배출계수는 시행규칙 별표 10에서 규정하는 배출계수 및 「배출시설의 대기오염물질 배출계수고시」
    (국립환경과학원고시 제2019-14호, 2019.5.30)를 참조
- 여러 가지 물질을 혼소하거나 오염물질 배출계수가 각각 다른 경우에는 해당 배출계수 중 가장 큰 값을 적용함
- 시행규칙 별표 10 및 국립환경과학원 고시에 배출계수가 규정되어 있지 않은 경우에는 국립환경과학원장이 인정하는 대기오염물질 배출계수(예, 美 EPA, EU Corinair 등)를 적용하여 대기오염물질 발생량을 산정 할 수 있음

㉯ 해당 배출시설의 배출계수를 전혀 적용할 수 없는 경우에는 이론적으로 산정한 오염물질발생량 자료를 행정관청에 제출하여 인정되는 경우 대기오염물질 발생량으로 적용할 수 있음

㉰ 실측에 의한 방법
- 시행규칙 별표 10 및 「배출시설의 대기오염물질 배출계수 고시」에서 규정하는 배출계수, 국립환경과학원장이 인정하는 대기오염물질 배출계수, 이론적으로 산정한 오염물질 발생량 자료 등으로 발생량을 산정할 수 없는 경우에 한하여 방지시설 유입전의 실측자료를 인정
- 배출시설의 시간당 대기오염물질 발생량 = 방지시설 유입 전의 배출농도 × 가스 유량
  * 방지시설 유입 전의 배출농도 및 가스 유량은 「환경분야 시험·검사 등에 관한 법률」 제6조제1항에 따라 환경부장관이 정하여 고시한 환경오염공정시험기준에 따라 측정

- 일일 조업시간 및 연간가동일수
  ㉮ 일일 조업시간 및 연간가동일수는 각각 24시간과 365일을 적용
  ㉯ 다만, 난방용 보일러 등 일정 시간 또는 일정 기간만 가동한다고 시·도지사가 인정하는 시설은 다음에 따라 산정함
    - 이미 설치되어 사용 중인 배출시설은 전년도의 일일평균조업시간 및 전년도의 연간가동일수를 일일조업시간과 연간가동일수로 봄
    - 새로 설치되는 배출시설은 배출시설 및 방지시설 설치명세서에 기재된 일일조업예정시간 또는 연간가동예정일을 조업시간 또는 가동일수로 봄
    → 일정시간 또는 일정 기간만 가동하는 시설이란 기후 및 외부 환경적인 조건 때문에 사업자가 임의로 가동시간을 조정하기 어려운 시설을 말함

- 대기오염물질 발생량 산정시 배출시설에 설치된 방지시설에서 제거된 먼지의 전량이 원료 또는 제품으로 회수되는 경우에는 국립환경과학원 「배출시설의 대기오염물질 배출계수고시」에 의해 "방지시설 효율에 따른"먼지 발생량을 감할 수 있음

◈ 먼지 발생량을 감할 수 있는 시설

1. 시행규칙 별표3 제2호 나목의 8) 기초유기화합물 제조시설, 9) 가스 제조시설, 10) 기초무기화합물 제조시설, 21) 비금속광물제품 제조시설, 30) 폐수·폐기물·폐가스 소각시설(소각보일러를 포함한다), 31) 폐수·폐기물 처리시설, 33) 고형연료·기타연료 제품 제조·사용시설 및 관련시설, 36) 입자상물질 및 가스상물질 발생시설 중 각 배출시설 분류의 선별 및 분쇄시설

2. 시행규칙 별표3 제2호 나목의 22) 1차 철강 제조시설 및 23) 1차 비철금속 제조시설 분류의 가.금속의 용융·용해 또는 열처리시설

3. 시행규칙 별표3 제2호 나목의 36) 입자상물질 및 가스상물질 발생시설 마) ①호의 고체입자상물질저장시설

4. 시행규칙 별표3 제2호 나목의 21) 비금속광물제품 제조시설 중 라) ③ 아스콘(아스팔트 포함) 제조시설 중 연료사용량이 시간당 30킬로그램 이상이거나 용적이 3세제곱미터 이상인 시설 중 밀폐된 자동연속 혼합방식인 시설. 다만, 밀폐된 자동연속 혼합방식인 시설은 공정 전체가 자동화시스템(프로그램)에 의해 가동되는 밀폐된 연속공정으로써 여과집진기 등 방지시설에 포집된 먼지가 시스템에 의해 외부에 반출없이 자동으로 전량 제품제조공정(혼합시설)에 투입되는 시설을 말함

② 사업장 종규모 산정
  - 사업장에 대한 종 규모는 예비용 시설을 제외한 사업장의 모든 배출시설별 대기오염물질 발생량을 더하여 산정
  - 대기오염물질 발생량이란 시행령 별표 1에 따라 방지시설을 통과하기 전의 먼지, 황산화물(SOx) 및 질소산화물(NOx)의 발생량의 합을 말한다.

표 2.1 사업장의 분류

종별	오염물질발생량 구분
1종사업장	대기오염물질발생량의 합계가 연간 80톤 이상
2종사업장	대기오염물질발생량의 합계가 연간 20톤 이상 80톤 미만
3종사업장	대기오염물질발생량의 합계가 연간 10톤 이상 20톤 미만
4종사업장	대기오염물질발생량의 합계가 연간 2톤 이상 10톤 미만
5종사업장	대기오염물질발생량의 합계가 연가 2톤 미만

→ 사업장이란 대기오염물질이 발생하는 인위적인 활동을 하는 일정한 경계를 가진 장소를 말하는
것으로서, 서로 다른 장소에 있는 경우 각각 별개의 사업장으로 보는 것이 원칙이나,

- 동일한 행정기관 관할 구역 내에서 동일 사업자가 2개 이상의 사업장을 운영하는 경우에는 독립성*
이 없는 경우 하나의 사업장으로 봄
  * 한국표준산업분류가 서로 상이하고, 서로 다른 단체협약 또는 취업규칙을 적용받으며, 노무관리 및 회계 등이 명확하게
  독립적으로 운영되는 경우

③ 배출량 예측
  - 배출시설의 규모, 가동 일수를 고려한 오염물질 발생량에서 설치되는 방지시설의 규모, 방지 약
  품 사용량 등으로 산정한 해당 오염물질의 방지효율을 고려하여 산정한 연간 예상 배출량이 적
  정한지 검토하여야 함
  - 예상 배출량 = 오염물질 발생량 - 방지시설 효율에 따른 저감량

(다) 방지시설 적정성
  - 법 제26조에 의해 허가·변경허가를 받은 자 또는 신고·변경신고를 한 자(이하 "사업자"라 한다)
  가 해당 배출시설을 설치하거나 변경할 때에는 그 배출시설로부터 나오는 오염물질이 제16조의
  배출허용기준 이하로 나오게 하기 위하여 대기오염방지시설(이하 "방지시설"이라 한다)을 설치하
  여야 함

  - 배출시설에서 나오는 오염물질을 저감시키기 위하여 배출시설과 방지시설이 적정하게 설치되어
  있는지 설치 내역을 검토하여야 함
    • 오염물질의 배출위치, 발생되는 오염물질 종류, 발생량, 발생주기 등 검토
    • 오염물질이 방지시설에 적정하게 유입될 수 있는지 여부
    • 공기 희석행위 또는 공기 조절장치나 가지 배출관 등을 설치 여부

  - 방지시설은 여러 종류의 방지시설이 복합적으로 설계되거나 두 가지 이상의 원리로 제작되는
  등 다양하므로 오염물질 종류에 따라 방지시설의 적정 여부를 검토하여야 함
  ※ 주요 방지시설의 원리, 오염물질 제거 효율 및 세부 방지시설의 종류 등은 부록 2 참조

  - 방지시설의 성능을 일정하게 유지할 수 있도록 여과포, 흡착제, 흡수액 및 기타 방지시설에 딸린
  기계·기구류·사용 약품의 적정 교체 여부 등 방지시설에 대한 연간 유지관리계획서가 적정한지
  검토

- 방지시설의 설계와 시공이 「환경기술 및 환경산업 지원법」에 따른 환경전문공사업자에 시행한 것인지 여부를 검토한다. 단, 방지시설 자가설치자에 대해서는 방지시설의 설계시공능력이 있는지 검토

<참고 : 방지시설의 설계·시공>
- 법 제28조에 의해 방지시설의 설치나 변경은 「환경기술 및 환경산업 지원법」제15조에 따른 환경전문공사업자가 설계·시공하여야 함
- 다만, 방지시설의 공정을 변경하지 않는 경우로서 다음 각 호의 어느 하나에 해당하는 경우에는 환경전문공사업자가 설계·시공하지 않을 수 있음
  - 방지시설에 딸린 기계류나 기구류를 신설, 대체 또는 개선하는 경우
  - 증설하거나 대체, 개선한 부분이 최초 허가를 받거나 신고한 시설의 용량이나 용적의 100분의 30을 초과하지 않는 경우
- 사업자가 스스로 방지시설을 설계·시공하려는 경우에는 방지시설의 설계·시공 능력이 있음을 시행규칙 제31조에서 규정한 서류를 제출하여 인정받아야 함

(라) 방지시설 설치면제
- 방지시설 설치면제에 대한 검토는 오염물질 항목별로 검토하여야 함
- 배출시설을 설치할 때에는 대기오염방지시설을 설치하여야 하나, 다음의 경우에는 방지시설 설치에 대한 예외를 허용
  - 배출시설의 기능이나 공정에서 오염물질이 항상 배출허용기준 이하로 배출되는 경우
    ※ 항상 배출허용기준 이내라는 방지시설 설치면제 조건은 강화 검토 중

방지시설 설치면제를 받는 경우에도 1회/1년 이상의 자가측정을 하여야 하므로, 해당 배출시설에 **국소배기장치 및 배출구 설치** 필요(2021.1.1. 시행)
다만, 물리적 또는 안전상의 이유로 자가측정이 불가능하다고 관할 행정기관이 인정하는 경우에는 자가측정 면제 가능

  - 그 밖에 방지시설의 설치 외의 방법으로 오염물질의 적정처리가 가능한 경우
  → 방지시설(ex. 저녹스버너 등)을 설치한 배출시설은 해당 방지시설에서 제거되는 오염물질 항목에 대해서는 방지시설 설치면제 불가

- 방지시설을 설치하지 아니하려는 경우의 제출서류
  • 배출시설의 기능·공정·사용원료(부원료 포함) 및 연료의 특성에 관한 설명자료
  • 배출되는 대기오염물질이 항상 법 제16조에 따른 배출허용기준 이하로 배출된다는 것을 증명하는 객관적인 문헌이나 그 밖의 시험분석자료

- 방지시설 설치면제 제출서류가 객관적인 타당성이 있는지 검토
  • 원료·연료의 성분에 따른 이론적 오염물질 발생량, 국립환경과학원장이 인정하는 배출계수 및 공인기관에서 해당 시설의 동종시설에 대한 부하능력이 최고일 때의 측정자료 등(방지시설 후단의 측정자료 및 자가측정 자료는 불인정)

- 관할 행정청은 사업자가 제출한 방지시설 설치면제 관련 서류를 면밀히 검토하여 해당 배출시설에서 발생하는 오염물질이 언제나 배출허용기준을 준수할 수 있는지 확인하여야 하며, 오염물질의 특성, 설치 예정지역의 환경오염 여건 등을 고려하여 방지시설 설치면제 여부 판단

- 기존에 방지시설 설치 면제를 받은 경우라도 배출허용기준의 강화, 부대설비의 교체·개선 및 새로운 대기오염물질의 배출 등으로 배출허용기준을 초과할 우려가 있는 경우 방지시설을 설치하여야 함
  → 배출허용기준이 강화되면 방지시설 설치 면제를 받은 사업장에 방지시설 설치면제 지속 여부 검토 안내 필요

2. 대기오염물질 배출시설 변경허가(신고)

가. 허가(신고) 사항의 변경

(1) 변경 허가(신고) 대상

(가) 변경허가 대상

- 설치허가 또는 변경허가를 받거나 변경신고를 한 배출시설 규모의 합계나 누계의 100분의 50 이상 증설하는 경우(배출시설 규모의 합계나 누계는 배출구별 같은 종류의 배출시설로 산정)
- 설치허가 또는 변경허가를 받거나 변경신고를 한 배출시설로서 특정대기유해물질이 시행규칙 별표8의2에 따른 기준 이상으로 발생되는 배출시설의 경우에는 규모의 합계나 누계의 100분의 30 이상 증설하는 경우(배출시설 규모의 합계나 누계는 배출구별 같은 종류의 배출시설로 산정)
- 설치허가 또는 변경허가를 받은 배출시설의 용도를 추가하는 경우

(나) 변경신고 대상

① 같은 배출구에 연결된 배출시설을 증설 또는 교체하거나 폐쇄하는 경우. (다만, 같은 종류의 배출시설로 같은 배출구에 연결되어 있는 배출시설의 규모를 10% 미만으로 증설·교체·폐쇄하는 경우로서 변경되는 대기오염물질의 양이 방지시설의 처리용량 범위 이내이고 배출시설의 증설·교체로 인하여 다른 법령에 따른 설치 제한에 저촉되지 않는 경우는 제외함)

② 배출시설에서 허가받은(신고한) 오염물질 외의 새로운 대기오염물질이 배출되는 경우

③ 방지시설을 증설·교체하거나 폐쇄하는 경우

④ 사용하는 원료나 연료를 변경하는 경우. (다만, 새로운 대기오염물질을 배출하지 아니하고 배출량이 증가되지 아니하는 원료로 변경하는 경우 또는 종전의 연료보다 황함유량이 낮은 연료로 변경하는 경우는 제외)

⑤ 사업장의 명칭이나 대표자를 변경하는 경우

⑥ 배출시설 또는 방지시설을 임대하는 경우

⑦ 배출시설 설치허가증(신고증명서)에 적힌 허가(신고)사항 및 일일조업시간을 변경하는 경우

(2) 업무처리요령

(가) 변경 허가(신고) 신청에 따른 업무처리는 설치 허가(신고) 업무처리요령에 준하여 처리

(나) 변경 허가(신고) 신청서 제출 시기

- 변경허가 신청서는 변경 전에 신청하여야 함

- (1)호 (나)변경신고 대상 중 ①, ③, ④, ⑦목에 해당하는 경우에는 변경 전에, ⑤목에 해당하는 경우에는 그 사유가 발생한 날로부터 2개월 이내에, ②, ⑥목의 경우에는 그 사유가 발생한 날로부터 30일 이내에 신청서 제출

(다) 조치사항

① 사업장의 명칭 또는 대표자의 변경

㉮ 입증서류 : 법인등기부등본(개인의 경우 사업자등록증 사본) 등 관련서류

㉯ 검토사항

- 사업장 명칭 또는 대표자가 변경되는 경우 변경신고로 처리

- 대기배출시설 설치 허가(신고)를 한 자가 배출시설을 양도하거나 사망한 경우 또는 법인의 합병이 있는 경우로서 사업장명 또는 대표자가 변경되는 경우에는 변경신고 신청 및 법 제27조의 규정에 의한 권리·의무승계를 증명하는 서류를 제출

- 대표자는 임명직으로 인하여 대표자가 수시 변경되는 등 법인의 경우에는 성명대신직함을 신고하여도 됨

② 원료·연료 및 발생하는 오염물질의 변경

㉮ 제출서류 : 변경하고자 하는 원료·연료의 상세내역

  ㉯ 검토사항

   - 변경하고자 하는 원료·연료가 허가(신고)한 시설에서 사용 가능한지 여부(변경되는 원료·연료의 사용제한지역 여부, 원료·연료 변경에 따라 발생하는 오염물질, 오염물질 발생량 등이 변하므로 적정처리 가능 여부, 발생하는 오염물질에 따라 입지 가능여부 등 검토)

   - 새로이 발생하는 오염물질에 대한 방지시설의 적정성 검토 등

③ 배출시설 소재지의 변경

 ㉮ 검토요령

  - 배출시설의 이동없는 단순한 소재지변경은 관할 관청 직권으로 처리

  - 배출시설의 재시공 없이 사업장 내에서 시설을 이동하여 설치장소가 변경된 경우에는 변경신고 사항으로 처리

  - 관할구역 내의 지역에서 배출시설을 이동하여 설치하고자 하는 경우에는 이미 허가(신고) 받은 사항을 근거로 새로이 설치하고자 하는 지역에서 타법상 입지제한 여부 등을 검토한 후 설치 허가(신고)증을 갱신·교부

  - 배출시설 해체 후 재시공하는 경우에는 새로이 설치 허가(신고)를 하여야 한다(이 경우 기존 배출시설의 경우에는 폐쇄신고를 하여야 함).

④ 허가(신고)한 배출시설 및 방지시설을 증설·교체하는 경우

 ㉮ 제출서류 : 배출시설 또는 방지시설 변경내역서

 ㉯ 검토사항

  - 변경되는 배출시설에서 나오는 오염물질이 적정처리될 수 있는지 여부

  - 발생량 및 배출량 산정이 적정한지 여부

  - 필요하다고 인정되는 경우에는 전문기술검토 자문을 받을 수 있음

⑤ 배출시설 또는 방지시설을 임대하는 경우

 ㉮ 제출서류 : 관련시설 임대차계약서 등 관련 서류

 ㉯ 검토사항

  - 하나의 사업장을 허위 임대로 다수의 사업장으로 나누는 행위인지 검토

  - 배출시설 없이 방지시설만 임차하여 오염물질을 처리하는 것은 정상적인 임대차로 볼 수 없음

⑥ 일일조업시간 변경

 ㉮ 제출서류 : 조업시간 관련 증명서류

 ㉯ 검토사항

  - 난방용 보일러 등 일정시간 또는 일정기간만 가동한다고 인정할 객관적인 자료 여부

  - 전년도 일일평균조업시간 및 연간가동일수 적정 여부 검토

나. 변경 허가(신고수리)

(1) 변경 허가(신고)신청서의 보완 및 자료 제출 요구
   - 변경 허가(신고)신청서 등의 검토 결과 적정한 경우에는 대기배출시설 설치허가증 (신고 증명서) 뒤쪽에 변경사항을 기재하고 담당자 확인 후 교부

(2) 변경 허가(신고) 신청서의 반려 등
   - 설치 허가(신고)의 경우를 준용

3. 대기오염물질 배출시설 가동개시 신고

가. 관련규정 : 법 제30조 및 시행령 제15조, 시행규칙 제34조

나. 가동개시의 신고

○ 사업자는 배출시설이나 방지시설의 설치를 완료하거나 배출시설의 변경이 완료되면 가동개시 신고 전 다음과 같은 사항을 준수한 후 가동개시를 신고하여야 함

<대기배출시설 인·허가 승인 후 사업장 준수사항 및 그 절차>

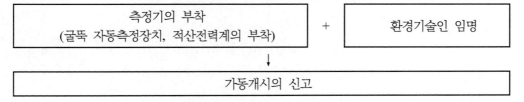

(1) 측정기기의 부착
   (가) 사업자는 방지시설의 설치가 완료되면 가동개시 신고 전에 대기환경보전법 시행령 제17조에 의거한 대기배출 물질을 측정할 수 있는 굴뚝 자동측정기기를 부착하여야 한다. 단 굴뚝 자동측정 기기를 부착하지 않은 사업자는 방지시설에 적산전력계를 부착하고 운영하여야 한다.

   (나) 적산전력계의 부착대상 시설 및 부착방법

<적산전력계의 부착대상 시설 및 부착방법>

1. 적산전력계의 부착대상 시설
배출시설에 법 제26조에 따라 설치하는 방지시설. 다만, 다음의 방지시설은 제외한다.
가. 굴뚝 자동측정기기를 부착한 배출구와 연결된 방지시설
나. 방지시설과 배출시설이 같은 전원설비를 사용하는 등 적산전력계를 부착하지 아니하여도 가동상태를 확인할 수 있는 방지시설
다. 원료나 제품을 회수하는 기능을 하여 항상 가동하여야 하는 방지시설
2. 적산전력계의 부착 방법
가. 적산전력계는 방지시설을 운영하는 데에 드는 모든 전력을 적산할 수 있도록 부착하여야 한다. 다만, 방지시설에 부대되는 기계나 기구류의 경우에는 사용되는 전압이나 전력의 인출지점이 달라 모든 부대시설에 적산적력계를 부착하기 곤란한 때에는 주요 부대시설(송풍기와 펌프를 말한다)에만 적산적력계를 부착할 수 있다.
나. 방지시설 외의 시설에서 사용하는 전력은 적산되지 아니하도록 별도로 구분하여 부착하되, 배출시설의 전력사용량이 방지시설의 전력사용량의 2배를 초과하지 아니하는 경우에는 별도로 구분하지 아니하고 부착할 수 있다.

(2) 환경기술인 임명
- 사업자는 대기환경보전법 제40조에 의거 배출시설과 방지시설의 정상적인 운영·관리를 위하여 환경기술인을 임명하여야 한다.
- 환경기술인은 시행령 별표10에 따른 자격조건을 갖추어야 한다.

표 2.2 사업장별 환경기술인의 자격기준

구분	환경기술인의 자격기준
1종사업장(대기오염물질발생량의 합계가 연간 80톤 이상인 사업장)	대기환경기사 이상의 기술자격 소지자 1명 이상
2종사업장(대기오염물질발생량의 합계가 연간 20톤 이상 80톤 미만인 사업장)	대기환경산업기사 이상의 기술자격 소지자 1명이상
3종사업장(대기오염물질발생량의 합계가 연간 10톤 이상 20톤 미만인 사업장)	대기환경산업기사 이상의 기술자격 소지자, 환경기능사 또는 3년 이상 대기분야 환경관련 업무에 종사한 자 1명 이상
4종사업장(대기오염물질발생량의 합계가 연간 2톤 이상 10톤 미만인 사업장)	배출시설 설치허가를 받거나 배출시설 설치신고가 수리된 자 또는 배출시설 설치허가를 받거나 수리된 자가 해당 사

구분	환경기술인의 자격기준
5종사업장(1종사업장부터 4종사업장까지에 속하지 아니하는 사업장)	업장의 배출시설 및 방지시설 업무에 종사하는 피고용인 중에서 임명하는 자 1명 이상

- 1종사업장과 2종사업장 중 1개월 동안 실제 작업한 날만을 계산하여 1일 평균 17시간 이상 작업하는 경우에는 기술인을 각각 2명 이상 두어야 한다. 1명을 제외한 나머지 인원은 3종사업장에 해당하는 기술인으로 대체 가능
- 대기환경기술인이 「물환경보전법」에 따른 수질환경기술인의 자격을 갖추거나 「소음·진동 관리법」에 따른 소음·진동환경기술인 자격을 갖춘 경우에는 수질환경기술인 또는 소음·진동환경기술인을 겸임할 수 있다.
- 「대기환경보전법」에서 규정하고 있는 환경기술인에 관련한 의무는 「기업활동 규제 완화에 관한 특별 조치법」 제37조 및 제40조에 의거하여 예외사항으로 환경기술인의 공동선임 및 환경관리대행기관에 위탁이 가능함

◎ 기업활동 규제 완화에 관한 특별조치법 제37조
- 동일한 산업단지 등에서는 4개 사업장(혹은 3개까지)까지 환경기술인의 공동선임 가능, 이 경우 해당 사업자의 사업장은 다음 각 호의 구분에 따른 요건을 갖추어야 한다.
  1. 특정대기유해물질을 배출하지 아니하는 사업장: 연간 대기오염물질 발생량이 80톤 미만
  2. 특정대기유해물질을 배출하는 사업장: 연간 대기오염물질 발생량이 20톤 미만일 것

◎ 기업활동 규제 완화에 관한 특별조치법 제40조
- 환경기술인 업무를 환경관리대행기관에 위탁 가능

---

(3) 가동개시의 신고
  - 사업자는 배출시설이나 방지시설의 설치를 완료하거나 배출시설의 변경(기존 인허가된 배출구별 배출시설 규모의 20% 이상 증설)을 완료하여 그 배출시설이나 방지시설을 가동하려는 경우 가동개시 신고를 하여야 함
  → 배출시설의 변경없이 방지시설을 교체·변경하는 사유로 변경신고를 한 후, 방지시설 설치를 완료하는 경우에는 가동개시 신고 대상
  - 사업자는 가동개시 신고 전에 측정기기의 부착 및 환경기술인의 임명을 완료하여야 하며, 배

출시설 가동일자를 기준으로 다음 주기(주, 월, 분기, 반기)부터 자가측정을 하여야 함

> 매년 상·하반기 자가측정 결과를 당해년도 상반기의 경우 당해년도 7월, 하반기의 경우 다음연도 1월까지 관할 행정기관에 보고(2020.5.27. 개정, '20년 하반기 측정 결과부터 '21.1월까지 보고)

- 가동개시 신고한 배출시설 중 배연탈황시설을 설치한 배출시설, 배연탈질시설을 설치한 배출시설 등에 대해서는 가동개시일부터 30일까지의 기간에는 법 제33조(개선명령), 법 제34조(조업정지명령 등), 법 제35조(배출부과금의 부과·징수)의 규정을 적용하지 아니함
- 배출시설이나 방지시설의 변경이 없는 변경신고인 경우에는 별도로 가동개시 신고를 하지 않아도 됨
  → 가동개시는 방지시설을 통해 오염물질을 배출하겠다는 행정적인 통지로 간주되므로 가동개시 시점은 배출시설의 정상가동을 통해 대기오염물질이 발생하는 시점으로 판단
  ※ 배출시설을 정상 가동하기 전의 배관 및 설비의 세정, 건조 및 미비사항 점검 등 해당 시설이 제대로 설치되어 있는지 확인하기 위한 운전은 정상가동에서 제외

- 1~3종 사업장 중 TMS 부착대상 사업장에 대한 가동개시 신고를 받은 시·도지사는 환경영향평가 협의 기준 준수 여부 파악을 위하여 사업장 소재 지역 관할 환경청에 해당 사업장의 가동개시 신고사항을 통보하여야 함

(4) 가동개시의 신고
- 영 제16조에 의거한 다음의 시설은 배출시설 및 방지시설의 시운전을 할 수 있으며, 시운전 기간은 시행규칙 제35조에 의거 배출시설 및 방지시설의 가동개시일부터 30일까지이다.
  ※ 1. 배연 탈황시설을 설치한 배출시설
   2. 배연 탈질시설을 설치한 배출시설
   3. 그 밖의 방지시설을 설치하거나 보수한 후 상당한 기간 시운전이 필요하다고 환경부장관이 인정하여 고시하는 배출시설

<h1 style="text-align:center"><u>환경기준</u>(제2조 관련)</h1>

1. 대기

<개정 2019. 2. 8.>

항 목	기 준	측 정 법
아황산가스 (SO2)	연간 평균치 : 0.02 ppm 이하 24시간 평균치 : 0.05 ppm 이하 1시간 평균치 : 0.15 ppm 이하	자외선형광법 (Pulse U.V. Fluorescence method)
일산화탄소 (CO)	8시간 평균치 : 9 ppm 이하 1시간 평균치 : 25 ppm 이하	비분산적외선분석법 (Non--Dispersive infrared method)
이산화질소 (NO2)	연간 평균치 : 0.03 ppm 이하 24시간 평균치 : 0.06 ppm 이하 1시간 평균치 : 0.10 ppm 이하	화학발광법 (Chemiluminescent method)
미 세 먼 지 (PM - 10)	연간 평균치 : 50 $\mu g/㎥$ 이하 24시간 평균치 : 100 $\mu g/㎥$ 이하	베타선흡수법 (β--Ray Absorption method)
초 미 세 먼 지 (PM - 2.5)	연간 평균치 : 15 $\mu g/㎥$ 이하 24시간 평균치 : 35 $\mu g/㎥$ 이하	중량농도법 또는 이에 준하는 자동측정법
오 존 (O3)	8시간 평균치 : 0.06 ppm 이하 1시간 평균치 : 0.1 ppm 이하	자외선광도법 (U.V Photometric method)
납(Pb)	연간 평균치 : 0.5 $\mu g/㎥$ 이하	원자흡광광도법 (Atomic absorption spectrophotometry)
벤젠	연간 평균치 : 5 $\mu g/㎥$ 이하	가스크로마토그래프법 (Gas chromatography)

소속 :	학과 :	학번 :	성명 :

다음 조건에서 물음에 답하시오.
- 2021년 고체연료를 사용하는 일반 보일러 기존시설의 Stack에서 질소산화물을 측정하였더니 NO_2가 345 ppm, 실측산소농도가 7.5%라면

문제 1 배출 허용기준은 얼마인가?

문제 2 배출농도는 얼마인가?

문제 3 2021년 1월 1일 이후에는 배출허용기준을 몇 ppm 초과하는가?

소속 :	학과 :	학번 :	성명 :

다음 조건에서 물음에 답하시오

- 조건 -
  * 개선계획서 미제출
  * 지역 : 고형연료제품 사용시설
  * 배출농도 : 황산화물(SO_2) 30 ppm(21)
  * 배출허용기준 : 황산화물(SO_2) 20 ppm(12)
  * 하루조업 시간 : 12시간
  * 배출유량 : 2,500 m^3/hr
  * 배출기간 : 10일
  * 위반회수 : 2회
  * 2021년도 부과금 산정지수 : 1.7435

문제 1 표준산소농도를 보정한 황화수소농도는 몇 ppm 인가?

문제 2 초과 오염물질 배출량은 몇 kg/day인가?

문제 3 기준초과율 부과계수는 얼마인가?

문제 4 10일 동안의 초과 부과금은 얼마인가?

PART 03 대기방지시설 설계의 기초공학

Chapter 01 분진 입자 제거메커니즘

1. 분진 입자에 작용하는 힘

분진 제거 기술은 배기 가스내의 분진입자 운동을 이용하여 분진을 제거하는 방법이다. 중력, 관성력, 원심력 그리고 정전기력 등은 입자를 유체의 흐름 방향에서 분리 포집하고 유체로부터 재비산됨을 막기 위해 장치내에서 제거된다. 이러한 분진 입자운동을 이용한 방지시설로는 중력집진기, 원심력집진기, 세정집진기, 여과집진기, 전기집진기 등이 있다.

가. 항력(Drag Force : F_D)

분진 입자에 작용하는 힘은 일반적으로 중력(F_g), 부력(F_B), 항력(F_D)으로 분류할 수 있으며, 이들은 크기와 방향을 갖는 벡터이므로 이들이 한 개의 분진 입자에 동시에 작용하면 합성력이 생기며 합성력이 0이 아니면 입자는 합성력 방향으로 운동하게 된다. 분진 입자가 유체내에서 운동하면 유체와 충돌하여 유체가 분진 입자 운동을 방해한다. 즉, 분진 입자가 유체 내에서 운동하면 유체와 충돌하여 분진 입자가 받는 저항을 항력 또는 점성저항력($kg \cdot m/sec^2$)이라 한다.

$$F_D = 3 \cdot \pi \cdot \mu \cdot d \cdot V_s \ (\text{스토크스의 법칙 영역에서})$$

d : 분진 입자의 직경(m)

μ : 가스의 점성계수$(kg/m \cdot sec)$

V_s : 분진입자의 침강속도(m/sec)

나. 중력(F_g)

질량이 있는 모든 물체는 서로 끌어당기는 만유인력이 작용한다. 특히 지구가 물체를 잡아당기는 힘을 중력이라 한다. 정확히는 만유인력과 지구의 자전에 따르는 원심력을 더한 힘이 중력이다. 중력의 크기는 물체의 질량에 비례하므로 자유낙하하는 물체는 질량에 상관없이 일정한 가속도로 떨어진다. 약 9.8 m/sec²의 가속도를 중력가속도 g라 한다. 그러나 정확한 중력가속도는 장소에 따라 조금씩 다르다. 이것은 지구 자전에 따른 원심력이 위도에 따라 다르고, 지구가 완전한 구체가 아니라 약간 평평한 타원체이며, 지구 내부의 지질구조가 균일하지 않기 때문이다. 예를 들어 반지름이 가장 크고 원심력이 강한 적도지역에서 중력은 최소가 되고, 반지름이 작고 원심력도 작은 극지방에서 중력이 최대가 된다.

$$F_g = m \cdot a = V \cdot \rho \cdot g$$

$$= \frac{\pi d^3}{6} \cdot \rho_p \cdot g$$

$$(\because F = m \cdot a, \quad m = V \cdot \rho, \quad \rho = \frac{m}{V})$$

$$V(구형입자의\ 체적) = \frac{\pi d^3}{6}$$

다. 부력($F_{B,}$ Buoyancy)

유체 속에서, 유체로부터 받는 중력과 반대 방향의 힘을 부력이라 한다.

$$F_B = m \cdot a = V \cdot \rho \cdot g = \frac{\pi d^3}{6} \cdot \rho \cdot g$$

$$(\because F = m \cdot a, \quad m = V \cdot \rho, \quad \rho = \frac{m}{V})$$

$$V(구형입자의\ 체적) = \frac{\pi d^3}{6}$$

$$F_B = \frac{\pi d^3}{6} \cdot \rho \cdot g$$

라. 입자의 운동방정식

보통 입자에 작용하는 힘은 부력(F_B), 항력(F_D), 중력(F_g)이며, 힘은 벡터이기 때문에 이들의 벡터합이 외력(F_R)으로 나타나며, 이 외력(즉, 합성력)의 크기와 방향에 따라서 입자는 운동하게 된다.

$$F_g - F_B = F_D$$

1) 침강속도(분리속도) (V_s)

　　가) 입자의 침강속도 : 운동하는 입자에서 항력과 합성력이 같아지면 입자에 작용한 모든 힘이 균형 상태가 된 것이며, 이때 입자의 속도를 침강속도라 한다.

나) 층류에서 입자의 침강속도

$$F_g \,-\, F_B \,-\, F_D \;=\; F_R(외력) \;=\; 0$$

$$\therefore F_g(중력) \,-\, F_B(부력) \;=\; F_D(항력, 저항력)$$

$$F = \; m \cdot a \;=\; V \cdot \rho \cdot g \;=\; \frac{\pi d^3}{6} \cdot \rho_p \cdot g$$

$$-\, \frac{\pi d^3}{6} \;=\; V(구형입자의 체적)$$

$$F_B = \frac{\pi d^3}{6} \cdot \rho \cdot g$$

$$F_D = 3 \cdot \pi \cdot \mu \cdot d \cdot V_s \; (스토크스의 \, 법칙 \, 영역에서)$$

$$\therefore F_g \,-\, F_B \;=\; F_D$$

$$\frac{\pi d^3}{6}(\rho_p - \rho)g \;=\; 3 \cdot \pi \cdot \mu \cdot d \cdot V_s$$

$$V_s \;=\; \frac{\frac{\pi d^3}{6}(\rho_p - \rho)g}{3\,\pi\,\mu\,d} \;=\; \frac{g\,(\rho_p - \rho)\,d^2}{18\,\mu}$$

g : 중력가속도 $(m/\sec^2)$

ρ_p : 입자의 밀도 (kg/m^3)

ρ : 가스의 밀도 (kg/m^3)

d : 입자의 직경 (m)

μ : 가스의 점성계수 $(kg/m \cdot \sec)$

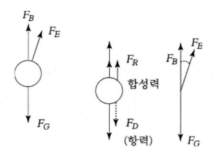

그림 3.1 입자에 작용하는 힘

예제 1

분진의 비중 1.25이고, 20 ㎛ 분진이 20℃ 공기중에서 침강 할 때 유속(㎝/sec)인가?
(단, 가스 점성계수 : 1.84×10⁻⁵ kg/m·sec, 층류라 가정하시오.)

▮풀이

$$V_s = \frac{g(\rho - \rho')d^2}{18\mu} = \frac{9.81(1,250 - 1.2)(20 \times 10^{-6})^2}{18 \times 1.84 \times 10^{-5}}$$

$$= 0.0148 \ m/\sec$$

$$= 1.48 \ cm/\sec$$

* **1 *poise*** = 1 *g/cm* · sec = 0.1 *kg/m* · sec
* **1 *centi poise(cP)*** = 1 *mg/mm*·sec = 1 × 10⁻³ *kg/m*·sec

2. 함진가스 제거의 기본원리

가. 분진 제거

1) 중력에 의한 제거

함진 가스중의 분진이나 대기중의 입자상물질이 지구 중력에 의하여 침강하여 제거된다.

2) 관성력에 의한 제거

함진 가스나 기류가 장애물에 부딪혀 급격한 방향 전환이 일어날 때 입자의 관성력에 의하여 분리 제거된다.

3) 원심력에 의한 제거

고체 혹은 액체상태의 분진이 원심력을 이용한 Cyclone에서 분리 제거된다.

4) 세정에 의한 제거

액적, 액막, 기포 등에 의해 함진 가스를 세정하여 입자에 부착, 입자 상호간의 응집이 촉진되어 분리된다.(관성충돌, 직접흡수, 확산, 응집작용)

5) 여과에 의한 제거

함진 가스가 여과포를 통과할 때 관성충돌, 직접차단, 확산 등에 의하여 분리 제거된다.

6) 전기력에 의한 제거

방전극(음극, - 극)에서 하전으로 대전된 분진이 쿨롱의 힘에 의해 집진극(양극, +극)에 부착되어 제거된다.

나. 가스제거 Mechanism

1) 흡수에 의한 제거

기체상 오염물질이 액체속으로 흡수되는 것은 대단히 복잡한 현상으로서 근본적으로 기체상 오염물질이 액체속으로 전이되는 과정은 두 가지 작용 기구에 의하여 이루어진다.

가스상 오염물질은 와류운동에 의하여 가스로부터 가스 – 액체간의 경계면으로 이동되며 이때 경계면과 매우 가까운 부분에서의 유체운동은 층류를 형성하므로 가스상 오염물질은 이 부분을 분자확산에 의하여 통과하게 된다.

경계면의 액체부분에서는 그 과정이 반대로 일어나게 된다. 즉, 경계면에 흡수된 오염물은 액체를 향해 확산하여 와류가 존재하는 위치에 도달하면 와류운동에 의하여 액체속으로 퍼지는 것이다.

2) 흡착에 의한 제거

흡착의 원리는 기체분자나 원자가 고체표면에 부착하는 성질을 이용하여 오염된 기체를 고체흡착제가 들어 있는 흡착탑을 통과시키면 유해가스뿐만 아니라 미량의 악취물질도 함께 제거된다. 흡착은 처리 할 기체가 회수할 가치가 있는 경우와 비(非)가연성인 아주 저농도인 가스처리에 특히 효과가 크다. 흡착은 물리적 흡착과 화학적 흡착으로 구분된다. 물리적 흡착에서는 기체와 흡착제가 분자간의 인력에 의해 부착되고, 화학적 흡착은 이들이 화학적 반응을 일으켜 새로운 물질로 된다. 물리적 흡착은 흡착과정이 가역적이기 때문에 흡착제 재생이나 오염 가스 회수에 편리하다. 즉, 감압과 승온으로 흡착되었던 기체가 조성의 변화 없이 흡착제에서 탈착되어 진다.

※ 참고 : 흡수에 의한 시설이나 세정집진시설은 처리하는 방법은 거의 같다.

두 시설이 크게 다른점은 세정집진시설은 물로 먼지를 제거시키는 장치이고, 흡수에 의한 시설은 물, 가성소다액 등의 세정액으로 유해가스 (H_2S, HF등)을 제거시키는 장치이다.

즉, 먼지만 제거하면 세정집진시설이고, 먼지와 유해가스를 동시에 제거하면 흡수에 의한 시설이다.

예제 2 아래 표와 같이 자동차 도장 부스에서 발생하는 페인트 농도가 150 ppm이고, 페인트에 함유된 휘발성분의 평균 분자량이 113, 풍량 354 N㎥/min으로 처리 할 경우 활성탄 교체주기는 몇 시간인가?

▌풀이

$$T = \frac{3.75 \times 10^5 \times S \times W}{E \times Q \times M \times G}$$

$$= \frac{3.75 \times 10^5 \times 0.3 \times 330}{0.6 \times 354 \times 113 \times 150}$$

$$= 10.3 \, Hr$$

S : 오염물질에 대한 활성탄의 흡착율	0.3
W : 활성탄 충진량	330 kg
E : 흡착효율(60%)	0.6
Q : 처리풍량	354 N㎥/min
M : 피흡착제 평균 분자량	113
G : 피흡착제 입구농도	150 ppm

3) 연소법 : 처리효율은 높으나 연소시 발생하는 가스처리 및 2차 오염물질이 발생한다. 또한 연소할 가스의 농도가 낮으면 보조 연료비용이 많이 든다.
　　　　완전연소 조건 : 3TO(Turbulence, Time, Temperature, Oxygen)
　　　　　　　　0.5초 체류시간이 필요하다.

가) 축열식 연소설비 (RTO, Regenerative Thermal Oxidizer)

- RTO는 650~980℃에서 독성 VOCs를 99%이상 분해시키며 축열재를 사용하여 열 회수율이 95%이상 가능한 무화염의 연소설비이다.

$$CmHn + O_2 \xrightarrow[800℃]{고온산화} CO_2 + H_2O + 반응열$$
↑ 재이용 (95% 이상 열회수)

나) 축열식 촉매 연소설비 (RCO, Regenerative Catalytic Oxidizer)

- 기체상태의 독성유기용제를 비교적 저온에서 고체 촉매층을 통과하여 완전산화 연소

시키는 무화염의 연소설비이다.

$$CmHn + O_2 \xrightarrow[\text{200-400℃}]{\text{촉매산화}} CO_2 + H_2O + 반응열$$

재이용 (95% 이상 열회수)

Chapter 02 분진(먼지)의 입경

1. 분진 입자의 직경

가. 분진이란

대기환경보전법 제2조에는 입자상물질(粒子狀物質)이란 물질이 파쇄·선별·퇴적·이적(移積)될 때, 그 밖에 기계적으로 처리되거나 연소·합성·분해될 때에 발생하는 고체상(固體狀) 또는 액체상(液體狀)의 미세한 물질이며, "먼지"란 대기 중에 떠다니거나 흩날려 내려오는 입자상물질로 정의하고 있다. 먼지을 한자로 표기하면 분진, 영어 표현은 Dust or Aerosol로 표기하고 있다.

1) 분진 입경 측정

분진 입경 측정방법에는 직접 측정방법과 물리, 화학적 성질을 이용한 간접 측정방법이 있다.

가) 직접 측정법

① 현미경법 (Microscopic method)

광학현미경 및 전자 현미경을 사용하여 입자의 투영면적(Projected area, A_p)으로 분진의 입경을 측정하는 방법이다.

㉮ 정방향 면적등분 직경(Martin경: d_M)

입자의 투영면적(A_p)을 2등분하는 선의 길이를 직경으로 하는 거리이다.

㉯ 정방향경(Feret경: d_F)

입자의 투영면적 가장자리의 가장 긴 선의 길이를 직경으로 하는 거리이다.

㉰ 투영 면적경(Heyhood경: d_{PA})

입자의 투영상과 같은 투영면적을 갖는 원의 직경이다.

㉱ 장축경 (l_{max})과 단축경(l_{min})

입자의 투영면적 내에서 가장 긴 거리(장축경), 가장 짧은 거리(단축경)를 직경으로하는 거리이다.

크기는 $d_F > d_{PA} > d_M$이고, 단일 입경은 투영 면적경(Heyhood경)을 가장 많이 사용한다.

광학 현미경은 0.5 ~ 100 μm의 입경을 측정할 때 사용하며, 주사전자현미경(SEM) : 0.001 μm 이상 입경을 측정할 때 주로 사용한다.

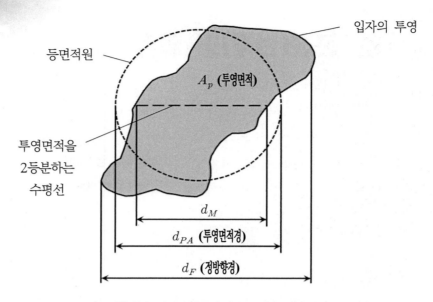

그림 3.2 입자의 투영면적과 여러 가지 입경

표 3.1 대표적인 입경 측정방법

측정 방법	시 료	측정범위	측정 입자경	입경분포
현미경법	분 진		길이, 면적	수량기준
- 광학현미경		$0.5 \sim 100~\mu m$		
- 전자현미경		$0.001 \sim 1~\mu m$		
체걸름법	분 진	$44~\mu m$ 이상	체눈금경	중량기준
관성충돌법	함진 가스	$0.1 \sim 20~\mu m$	Stoke's경	중량기준
액상침강법	분 진	$1 \sim 100~\mu m$	Stoke's경	중량기준
광산란법	함진 가스	$0.1 \sim 20~\mu m$	면적	수량기준

② 표준체 측정법 (Standard sieving analysis)

  ㉮ 표준체(Sieve)를 사용 : 입자를 입경별로 분리하여 측정한다.

  ㉯ 44 ㎛이상 입자(미세 입자 측정 불가) 측정에 사용한다.

㉕ 1 mesh(표준체의 크기)는 길이 1 inch당 체눈금을 뜻한다.

㉖ 15 mesh체는 길이 1 inch당 15개의 눈금이 있다.

　　즉 mesh 값이 큰 체일수록 미세한 입자로 분리되는 것을 나타낸다.

㉗ 체의 재료는 주로 금속을 사용하며 철사의 굵기와 체눈금(Sieve screen)의 간격은 규격화되어 있다(KS A5101, ISO 565-1983)

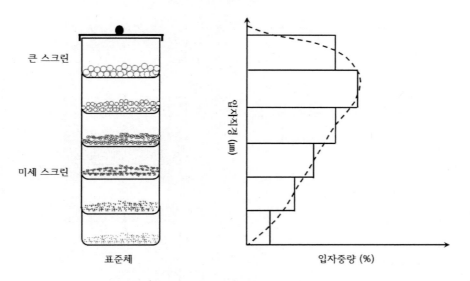

그림 3.3 거름체법에 의한 입경 측정

나) 간접 측정법

① 관성충돌법(Cascade impactor법)

관성충돌을 이용하여 입경을 간접적 측정하는 방법으로 가장 많이 사용하고 있으며 측정된 입경은 Stokes 직경이다.

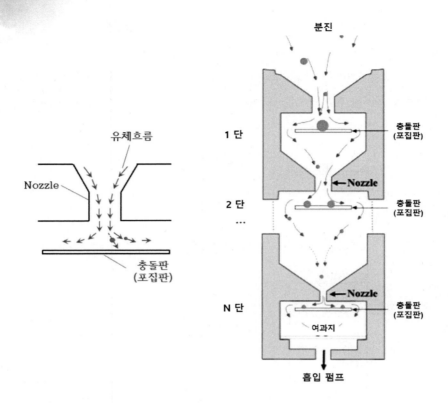

그림3.4 Cascade impactor의 구조와 포집원리

* **Cascade impactor(Andersen sampler)**
- 입자의 관성충돌을 이용하여 입자직경별 분진 질량농도를 측정한다.
- 여러 개의 단(stage)으로 구성되어 있으며 각 단에는 가스가 통과할 수 있는 노즐(nozzle)이 있는데 아래쪽 단으로 내려갈수록 노즐의 크기는 작아진다.
- 함진가스가 노즐을 통과하면 큰입자는 관성력(inertial force)으로 포집판(impaction plate)에 충돌한 후 포집되고, 미세입자는 관성력이 작아 충돌판에 도달하지 않고 유선을 따라 다음 단에서 포집된다.

② 침강법

유체에 입자를 분산시켜 그 침강속도에서 입경을 측정하는 방법이다. 측정된 입경은 Stokes 직경(분진을 원형이라고 가정했으므로)이며, 1 μm 이상인 분진의 입경 측정에 이용한다.

측정장치로는 앤더슨 피펫(Andersen pipette), 침강천칭, 광 투과장치 등이 있다.

$$V_s = \frac{d_p^2\,(\rho_p - \rho_g)\,g}{18\,\mu_g} = \frac{h}{t}$$

여기서, V_s : 분진의 침강속도

h : 분진이 침강하는 높이

t : 분진 입자의 침강 소요 시간

③ 광산란법(Light scattering method)

함진가스중에 레이저광을 조사하여 분진의 표면에서 일어나는 빛의 산란 정도를 광학분진계로 측정하며, 측정된 입자경을 광산란경(같은 광산란 현상을 나타내는 구형입자의 입경)이라 하며 측정범위는 약 0.3 ~ 20 μm 이다.

2) 입자의 크기 표시

입자상 오염물질은 그 크기와 형상이 매우 다양하다.

가) 크기별 분류

- PM_{10}(Particular Matters) : 미세입자

공기역학적 직경 기준으로 10 μm 이하의 입자상물질, 흡인성 먼지(호흡성 분진)이다.

- $PM_{2.5}$: 초 미세입자

공기역학적 직경 기준으로 2.5 μm 이하의 입자상물질로 자동차의 매연, 광화학 반응에 의해 주로 생성된다

그림 3.5 미세먼지의 크기

① 스토크스 직경(Stokes diameter) & 침강 직경(Sedimentation)

㉮ 본래의 분진과 동일한 침강속도를 갖는 입자의 직경을 말한다.

㉯ 스토크법칙에 따른 입자의 침강속도는 다음 식으로 표시된다.

$$V_s = \frac{d_p^2(\rho_p - \rho)g}{18\mu} \quad [\text{m/sec}]$$

여기서, d_p : 입자상 물질의 직경(m)

ρ_p : 입자상 물질의 밀도(kg/m³)

ρ : 공기의 밀도(kg/m³)

μ : 공기의 점성계수(kg/m·s)

② 공기역학적 직경(Aerodynamic diameter)

㉮ 원래의 분진과 침강속도가 동일하고, 단위밀도(ρ_p=1 g/cm³)를 갖는 구형입자의 직경이다.

㉯ 공기역학적 직경은 유체흐름에서 입자의 특성을 평가하기 위하여 입자의 크기를 정할 때 사용되며, 방지시설의 집진효율을 입자 크기의 함수로 나타낼 때 사용한다.

㉰ 공기역학적 직경은 입자의 형상이나 밀도가 서로 다르더라도 침강속도만 같다면 동일한 동역학적 직경을 갖는다는 것을 의미한다.

예제 1

$d = 5 \ \mu m$, $\rho = 4 \ g/cm^3$ (20℃)에서 비구형 석영입자의 Stoke's 직경과 공기역학적 직경을 구하시오.

x : 무차원의 역학적 상수계수(구형입자 = 1, 정방형입자 = 1.08, 석영 입자 = 1.36, 모래입자 = 1.57)

▌풀이

$$V_s = \frac{g(\rho - \rho')d^2}{18\mu X} \text{에서} \quad X = 1.36, \quad \mu = 1.8 \times 10^{-5} \ kg/m \sec \ (at \ 20℃)$$

$$V_s = \frac{9.81(4,000 - 1.2)(5 \times 10^{-6})^2}{18 \times 1.8 \times 10^{-5} \times 1.36}$$

$$= 0.22 \ (cm/\sec)$$

- Stoke's 직경은 V_s와 동일하므로

$$2.2 \times 10^{-3} = \frac{9.81(4,000 - 1.2)d^2}{18 \times 1.8 \times 10^{-5}}$$

$$\therefore d = 4.3 \ (\mu m)$$

- 공기역학적 직경은 V_s와 동일하고 $\rho = 1 g/cm^3$ 일 때이므로

$$2.2 \times 10^{-3} = \frac{9.81(1000 - 1.2) \ d^2}{18 \times 1.8 \times 10^{-5}}$$

$$\therefore d = 8.52 \ \mu m$$

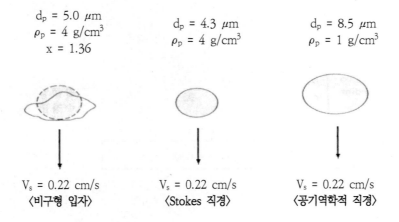

$d_p = 5.0 \ \mu m$
$\rho_p = 4 \ g/cm^3$
x = 1.36

$d_p = 4.3 \ \mu m$
$\rho_p = 4 \ g/cm^3$

$d_p = 8.5 \ \mu m$
$\rho_p = 1 \ g/cm^3$

$V_s = 0.22$ cm/s
〈비구형 입자〉

$V_s = 0.22$ cm/s
〈Stokes 직경〉

$V_s = 0.22$ cm/s
〈공기역학적 직경〉

③ 절단입경(Cut diameter)

㉮ 50% 처리효율로 제거되는 입자의 직경이 절단입경이다.

㉯ 원심력 집진장치의 성능을 표시할 때 주로 이용된다.

$$D_{pc} = \sqrt{\frac{9\,\mu_g\,W_i}{2\,\pi\,N_e\,V_i\,(\rho_p - \rho_g)}}$$

μ_g : 가스의 점성 계수 $(\mathrm{kg\,/\,m \cdot sec})$

W_i : 유입구 폭(m)

N_e : 회전수

V_i : 가스 유입속도$(\mathrm{m\,/\,sec})$

ρ_p : 입자밀도$(\mathrm{kg\,/\,m^3})$

ρ_g : 가스밀도$(\mathrm{kg\,/\,m^3})$

④ 한계입경(임계입경, D_c)

100% 분리 분집되는 입자의 최소 입경을 한계입경이라 한다.

예제 2 처리가스 점성계수가 2.0×10^{-4} poise, 입구농도가 3 g/m³일 때 사이클론시설에서 입자의 절단입경(Cut size)을 구하시오. (단, 와류수 5, 사이클론의 입구폭 70 cm, 입자의 비중 2.5, 공기밀도 1.2 kg/m³, 입구속도 15 m/sec)

▎풀이

$$D_{pc}(cut\,size) = \sqrt{\frac{9\,\mu_g\,W_i}{2\,\pi\,N_e\,V_i\,(\rho_p - \rho_g)}}$$

$$= \sqrt{\frac{9 \times (2 \times 10^{-5}) \times 0.7}{2 \times 3.14 \times 5 \times 15 \times (2{,}500 - 1.2)}}$$

$$= 1.034 \times 10^{-5}\ m$$

$$= 10.34\ \mu m$$

※ 1 *poise* = 1 $g/cm{\cdot}\mathrm{sec}$ = 0.1 $kg/m{\cdot}\mathrm{sec}$

⑤ 중앙입경(Median diameter)

가장 작은 입자부터 큰 입자 순으로 모든 입자를 나열할 때 이때 전체 개수의 중앙에 해당하는 입경(체상곡선에서 R=50%에 해당하는 입경으로 일명 중위경).

⑥ 산술 평균입경(Mean diameter)

모든 입경을 더해서 전체 입자수로 나눈 것으로 각기 다른 입경을 갖는 대표 입경을 구하는 가장 간단한 방법이다.

$$d_o = \frac{\sum n_i\, d_i}{\sum n_i}$$

⑦ 기하 평균입경(Geametric diameter)

대수분포에서 중앙입경을 기하 평균입경이라 한다.

$$\log d_m = \frac{\sum n_i \log d_i}{\sum n_i}$$

$$\therefore\ d_m = 10^{\log d_m}$$

예제 3 | 아래의 구형입자 크기 분포에 대하여 평균부피를 나타내는 입자의 직경은?

입자크기(μm)	개수(number)
11.0	10
13.0	15
14.0	14
17.0	11

▎풀이

$$d_m^{\,3} = \sum_{d_{p\,\min}}^{d_{p\,\max}} \frac{d_p^3 \times N_d}{N_T} = \frac{11^3 \times 10 + 13^3 \times 15 + 14^3 \times 14 + 17^3 \times 11}{10 + 15 + 14 + 11} = 2774.48$$

$$\therefore d_m = 14.1(\mu m)$$

예제 4 | 아래의 구형입자크기 분포에 대하여 산술 평균입경과 기하평균 직경은?

입자크기(μm)	개수(number)
1	3
3	5
5	2
8	1

∥ 풀이

1. 산술 평균입경 $d_o = \dfrac{\sum n_i\, d_i}{\sum n_i} = \left(\dfrac{3\times1+5\times3+2\times5+1\times8}{3+5+2+1}\right) = 3.27(\mu m)$

2. 기하 평균입경 $\log d_m = \dfrac{\sum n_i \log d_i}{\sum n_i}$

$$\log d_m = \frac{3\times \log 1 + 5\times \log 3 + 2\times \log 5 + 1\times \log 8}{3+5+2+1} = 0.42605$$

$$\therefore\ d_m = 10^{0.42605} = 2.667\ \mu m$$

⑧ 등가직경(Equivalent diameter)

㉮ 비구형 입자와 동일한 체적을 가지는 구형 물체의 직경을 말한다.

㉯ 입자가 비구형이고, 침전 직경을 알 수 없을 때 입자의 체적에서 등가직경을 산출한다.

* 구의 체적 $V = \dfrac{\pi d^3}{6}$ 에서 $d = \left(\dfrac{6\,V}{\pi}\right)^{\frac{1}{3}}$

⑨ 입자의 비표면적(Specific surface)

㉮ 입자상 물질의 단위부피당 표면적(㎡/㎥), 또는 단위질량당 표면적(㎡/kg)

㉯ 동일한 조건에서는 입자의 직경이 미세할수록 비표면적은 증가하게 된다. 비표면적이 클수록 응집성과 부착 특성이 우수하고, 응집 후 재분리가 잘 되지 않는 특성을 가지고 있다. 대표적으로 승화과정에서 발생하는 미세한 훈연(Fume)은 가장 미세한 물질로서 이러한 특성을 잘 반영하고 있다.

- S_V(단위 부피당 표면적) $= \dfrac{A_P}{V_P} = \dfrac{6\pi d_p^2}{\pi d_p^3} = \dfrac{6}{d_p}\ [m^2/m^3]$

- S_W(단위 질량당 표면적) $= \dfrac{A_P}{M_P} = \dfrac{6\pi d_p^2}{\pi d_p^3 \rho_p} = \dfrac{6}{d_p\, \rho_p}\ [m^2/kg]$

여기서, A_P : 단일입자의 표면적(m^2)

$\quad\quad V_P$: 단일입자의 부피(m^3)

$\quad\quad M_P$: 단일입자의 질량(kg)

$\quad\quad \rho_p$: 입자의 밀도(kg/m^3)

$\quad\quad d_p$: 입자의 직경(m)

$$* \ 구의 \ 체적 \quad V = \frac{\pi d^3}{6} \qquad * \ 구의 \ 단면적 \quad A = \pi d^2$$

예제 5 구형 입경이 60 μm인 어떤 입자의 비표면적(표면적/부피)몇 cm²/cm³인가?

┃ 풀이

$$S_v = \frac{6}{d_p} = \frac{6}{60(\mu m) \times 10^{-4}(cm/\mu m)} = 1000(cm^{-1})$$

Chapter 03 분진의 성질

분진의 물리적 성질에 관한 가장 기본적인 특성은 입경, 입도분포, 입자형상 및 비중(밀도)으로 알 수 있으며 분진의 마찰계수, 유동성, 안식각 등도 분진의 물리적 성질을 변화시키므로 이들 상호간의 영향으로 분진 성질의 중대한 영향을 나타낼 때도 많다. 따라서 개개의 특성만으로는 분진에 관한 문제를 해결할 수 없다는 것을 주의해야 한다. 그러나 이들 기초적 여러 특성은 분진 운동을 기술하는 중요한 인자이다.

1. 분진의 비중

가. 진비중

모래 입자와 같이 다공질이 아닌 입자에서는 비중병에 일정 중량의 재료와 물을 충만 시켜 중량을 측정함으로써 비중을 계산할 수 있다. 즉 비중병에 물을 채울 때의 중량을 W_1, 중량 W_s의 분체를 비중병에 넣어 다시 물을 충만 시킨 경우 중량을 W_2, 물의 비중량을 r_l로 하면 r_s(분진비중)는 다음 식으로 주어진다.

$$r_s = W_s \, r_l \, / \, (W_1 + W_S - W_2)$$

이 때, 분진층 공극이나 입자표면에 기포가 남지 않도록 주의해야 한다.

나. 겉보기 비중(외관 비중)

겉보기비중은 표 3.2와 같이 동일한 물체라도 덩어리·입자가루·미분 등의 상태와 수분 함유량에 따라 그 값이 변하고, 시멘트와 같이 그 속에 함유하는 공기의 함유량에 따라 그 값이 달라진다. 진비중은 한 물체에 대해 하나의 값밖에 없으나 겉보기비중은 표와 같이 여러 개의 값을 갖는다.

표 3.2 형상에 따른 겉보기비중

구 분	입 도	겉보기비중(kg/m³)
석회석	괴	1,600
	입 상	1,340 ~ 1,400
	분 상	900
	미 분 상	510 ~ 640

표 3.3 수분 함유량에 따른 겉보기비중

구 분	상 태	겉보기비중(kg/m³)
모 래	젖어있는 것	1,800 ~ 2,000
	자연 그대로의 것	1,660 ~ 1,750
	마른 것	1,440 ~ 1,660

표 3.4 공기 함유량에 따른 겉보기비중

구 분	상 태	겉보기비중(kg/m³)
시멘트	장기간 보존한 것	1,500
	제조중 인 것	1,000
	교반해 공기를 함유한 것	600 ~ 800

겉보기 비중(혹은 부피 밀도라고도 한다)은 집진장치 설계에 있어서는 중요한 인자이나 분진의 충전상태에 의해 그 값은 다소 변화한다. 그 측정은 비중병, 매스실린더 등을 사용해서 쉽게 구할 수 있으나 동일재료로 충전방법 등을 같이 해도 측정용기의 치수, 형상에 의해 그 값에 상당한 변동이 있다. 따라서 취급방법에 따라서는 ±20% 정도의 변동이 있다는 것을 고려하여야 한다.

2. 분진의 수분

가. 분진내의 수분 형태

분진내의 수분은 입자의 표면, 입자 간극 및 입자의 세공(Pore)내에 유지되는 자유 수분(Free water)과 입자에 보다 밀접하게 결합되어 있는 결합 수분(Bound water)이 있다.

입자상 오염물질인 분진의 함수율이 높으면 처리에 많은 문제점이 발생한다. 분진의 함수율이 높으면 안식각이 커져 Hopper 설치 각도를 크게 설계해야 함으로 집진장치의 높이가 높아진다. 연소과정에서 발생하는 분진의 함수율은 응축수에 의해 생성되므로 함진 가스 온도 유지를 위해 보온 등으로 가스 온도 하강에 유의하여야 한다.

나. 수분량 표시

수분량의 표시에는 함수율로서 습량기준(Wet base)과 건량기준(Dry base)이 있고, 분진의 중량을 W_m, 물의 중량을 W_ω로 하면, 각각 다음 식으로 표시된다.

$$습량기준\ 수분량\ \omega_w = [W_w/(W_m + W_w)] \times 100(\%)$$
$$건량기준\ 수분량\ \omega_d = [W_w/W_m] \times 100(\%)$$

산업현장에서는 통상 습량 기준의 것이 사용되고 있다. 물의 중량 W_ω는 자유수분과 결합수분과의 합이지만, 현장에서 측정은 진 수분과 평형수분과의 차가 측정된다.

다. 수분의 측정

수분의 측정은 시료를 건조시켜 건조 전·후의 중량을 측정함으로써 구할 수 있지만, 전술한 바와 같이 결합수분의 측정에 어려움이 있다. 또 필요에 따라서는 신속하게 다시 샘플링을 하지 않고 연속적으로 측정해야 하는 경우도 있다.

3. 안식각

평면상에 분진을 낙하시켜 원추상의 산으로 퇴적되게 만들어 산이 안정을 유지했을 때, 그 원추 모선과 수평면이 이루는 각을 안식각이라 한다. 입자간 상호 마찰에 의해 발생하는 현상으로, 입경과 입체간의 부착력에 영향을 받는다.

안식각(Angle of repose)은 분진이 안정을 유지하는 최대 구배이며 그 각도 a는 아래와 같이 분진의 높이 h 및 분체의 직경 d를 측정하면 쉽게 산출된다. a를 안식각이라 하면

$$\tan a = \frac{2h}{d} \quad 또는 \quad a = \tan^{-1}\frac{2h}{d}$$

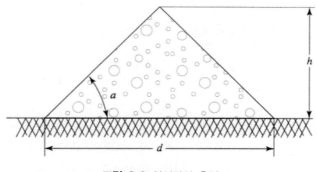

그림 3.6 안식각의 측정

그러나 안식각은 일정한 것이 아니고 분진의 상태에 따라 변한다. 일반적으로 모래·점토 등에 약간의 수분이 첨가되면 안식각은 증가하고 수분 함유량이 줄어들면 반대로 안식각이 작아진다. 또한 시멘트·밀가루 등을 교반해서 공기를 함유시키면 안식각이 작아지고 물과 같이 안식각이 없어지기도 한다. 집진설비의 호퍼(Hopper)와 분진 수송 장치의 설계 자료로 이용된다.

표 3.5 분진의 상태와 안식각

구 분	상 태	안식각	구 분	상 태	안식각
모래	건조한 것	35°	시 멘 트	장기 보존한 것	40°
	수분 5%	41°		공기를 함유한 것	10°
	수분 10%	38°	맥 분	장기 보전한 것	35°
	수분이 많은 것	30°		공기를 함유한 것	10°
점토	건조한 것	26°	분 탄	건조한 것	35°
	수분이 있는 것	45°		습기가 있는 것	40°
	수분이 많은 것	15°		습도 10% 이상	90°가까이 된다

Chapter 04 가교현상

1. 가교형성 및 기구

집진장치 호퍼(Hopper)에서 발생하는 분진의 가교현상은 분진의 부착력 및 마찰력에 의해 분진층이 위쪽의 분진층에 지지력이 생겨서, 분진층 하부에서 지지력이 0이 되어도 정적인 균형을 유지하는 현상이다. 이로 인해 집진장치 호퍼(Hopper) 하부에서 분진을 중력으로 배출할 때 막힘 현상이 발생하게 된다.

가교현상의 형태 및 기구는 분진의 성질 및 취급방법에 의해 다음과 같이 여러 가지가 있다.

① 마찰에 의한 것

② 부착에 의한 것

③ 응결에 의한 것

①은 비교적 좁은 단면적의 장소에서 형성하는 경우이다. 입자끼리의 얽힘에 의한 마찰 및 입자와 벽면과의 사이의 마찰에 의해 생긴 가교의 강도에 의해, 위에서부터의 분진 압력을 받쳐질 수 있는 경우에 생긴다. 분진의 배출구가 입자지름의 수배정도 이하로 좁은 경우는 가교에 의한 폐쇄가 자주 발생한다.

②는 부착성 분진이 장치 내에서 가교를 형성하는 것으로 가장 일반적인 가교이다. 분진의 부착력이 결정적인 인자가 되고, 부착성이 강한 분진에 있어서는 장치의 형상만을 변경하여 이것을 방지하는 것은 거의 불가능하다.

③은 분진의 물리적 혹은 화학적 상태 및 성질이 시간과 함께 변화해서 점차 고결되어 장치 내에 정치한 시간 및 유지조건(온도·습도 등)에 의해 고착되어 폐쇄되는 경우이다. 이 경우는 분진층 내에 아치 형성보다는 분진 전체가 고체가 되므로 고결되지 않도록 적당한 방법을 강구할 필요가 있다.

가. 가교 방지대책

1) 배출구 크기를 가능한 넓게한다.

2) 수직 벽을 갖는 구조가 바람직하다.

3) 호퍼(Hopper) 각도는 작을수록 좋은 경우가 있다. 그러나 호퍼(Hopper)에 장시간 저장할

경우는 오히려 강고한 가교를 형성할 염려가 있다.

4) 호퍼(Hopper) 내면에 평활한 부착방지 라이닝을 설치한다.

5) 칸막이 판의 사용

   호퍼(Hopper)내에 수직 평판을 설치하여 수직 벽의 효과와 분진 압력의 감소에 의해 가교의 형성을 방지하려는 것이다. 단, 유출구 부근에 설치할 경우는 출구면적의 감소로, 역효과가 되므로 주의가 필요한다.

6) 포크홀

   분진 압력에 의해 일시적으로 형성된 가교를 파이프, 봉 등으로 아치를 파괴하는 설비이므로 계속적으로 사람이 가교현상을 허무는 것은 경제성이 없다.

7) 진동판의 설치, 바이브레이터(Vibrator)의 설치 등

   진동은 분체의 유동성을 양호하게 하는데 대단히 유용하다. 단 호퍼(Hopper)에서 분진 배출이 정지시에 진동을 주는 것은 분진이 다져질 수 있으므로 주의해야 한다. 약한 가교는 바이브레이터(Vibrator)를 호퍼(Hopper) 외벽에 설치해서 해결할 수 있다. 중간 정도의 가교에 대해서는 분진층을 직접 진동하는 진동판의 사용이 편리하다.

Chapter 05 금속재료

1. 철과 강

순수한 철(Fe)의 제조는 사실 불가능하다고 볼 수 있다. 일반적으로 용광로에서 제조되는 선철(銑鐵)을 철이라고 한다. 선철은 불순물을 많이 함유하고 있으며 철의 성질을 결정하는 탄소(C)를 3 ~ 4.5% 함유하고 있어서 단단하여 깨지기 쉽다. 즉, 외력에 대한 저항력이 약하다. 탄소량을 1.7% 이하로 정련(精鍊)하여 압연·단조할 수 있는 것을 강이라고 한다. 건축용 강재는 C의 함유율 0.12 ~ 0.3%의 연강(軟鋼)이다.

표 3.6 철의 종류

1. 단철	철광석을 목탄으로 환원하여 해면상(海綿狀)의 반용철(半溶鐵)을 만든다. 반용철을 단련하여 불순물을 제거해 만든 철
2. 선철 (Pig iron)	철광석을 코크스 등으로 환원하여 빼낸 용철로서 단단하여 깨지기 쉬워 압연, 단조로 가공할 수 없다. 용점이 낮으므로 주물로 사용한다. 탄소 함유량 1.7% 이상, 보통 3.0 ~ 4.5% 함유하고 있다.
3. 주철 (Cast iron)	탄소량 2.5 ~ 4.5%의 철을 주형에 주입하여 응고시켜 만든 철
4. 연철 (Wrought iron)	선철을 반용(半溶)상태로 단련하고, 불순물을 제거하여 제조한 철
5. 강 (Steel) ·탄소강 ·합금강	선철을 정련(탄소 등의 불순물을 제거)하여 제조, 압연, 단조할 수 있는 철. 탄소 함유량 1.7% 이하
	탄소 함유량을 바꾸어 만든다. 탄소 함유량 0.04 ~ 1.7% 이하
	Ni, Mn, Cr 등의 원소를 가하여 만든 고장력강, 내식강, 특수강 등이 있다.

2. 금속재료 표시

재료의 종류는 무수히 많아서 같은 재료라 할지라도 강도나 신장 등 기계적인 성질이 다르다. 따라서 한국 산업규격에서 규정하고 있는 주요 재료기호의 규격 명을 살펴보면 다음과 같다.

가. 재료기호로 표시되는 재질 및 규격명

표 3.7 제1위 재질

기 호	기호의 의미	기 호	기호의 의미
A	알루미늄	Mg	마그네슘 합금(Magnesium alloy)
AB	알루미늄 청동(Aluminium bronze)	NBs	네이벌 황동(Naval brass)
B	청동(Bronze)	Ns	양은(Nickel silver)
Bs	황동(Brass)	PB	인청동(Phosphor bronze)
Cu	구리(Copper)	Pb	납(Lead)
F	철(Ferrum)	S	강(Steel)
HBs	고인장 황동(High brass)	W	화이트 메탈(White metal)
K	켈미트 합금(Kelmet alloy)	Zn	아연(Zinc)

표 3.8 제2위 규격 또는 제품명

기 호	의 미	영 어	기 호	의 미	영 어
S	구조재	Structure	K	공구	tool
B	봉	Bar	RD	폭발 신관	Detonator
C	주조품	Casting	T	관	Tube
DC	다이캐스트 주물	Die casting	TF	복수기용 이음매 없는 관	
F	단조품	Forging	TW	수도용관	Water
P	판	Plate	W	선	Wire
PP	인쇄용 판	Printing	BR	리베트재	Bar Rivet
PV	악기 밸브용 판	Vibrating	NCM	니켈 크롬	Nickel chromium
R	리본	Ribbon		몰리브덴	Molybdenum
U	특수용도	Use			

표 3.9 제3위 종류 및 강도 등

기 호	의 미	기 호	의 미
400	최저 인장강도	−EH	특경질
	41 kg/mm² 이상	−SH	스프링질
30C	C를 0.3% 함유	−F	제조 그대로
1	1종	−SR	응력제 거제
2S	2종 특수급(Special)		
3A	3종 A그레이드		

표 3.10 말미에 첨가되는 기호

기호	의 미	기호	의 미
−O	연질	−T$_3$	담금질 후 전성교정
−OL	경연질	−T$_4$	담금질 상온시효
−½H	반경질	−T$_5$	템퍼링
−H	경질	−T$_6$	담금질 템퍼링
		−T$_{36}$	담금질 후 냉간가공
		−W	담금질 그대로

1) 제1위의 글자 : 재질을 나타낸다(재료명 : 영어, 로마자의 머리글자 또는 화학의 원소기호).
2) 제2위의 글자 : 규격명, 제품명을 표시한다(주로 영어나 로마자의 머리글자).
3) 제3위의 숫자 : 종별을 표시한다(주로 재료의 강도(최저 인장강도 kg/mm²), 또는 종별번호의 숫자).
   제3위 숫자 다음의 A, B, C 등의 글자는 철강재료의 경질, 반경질, 연질 및 성분, 용도 등에 의한 구별을 표시한다.
   비철금속 재료에서는 연질을 "0"으로, 경질을 "H"로 표시하고, 그 중간은 "1/4H, 1/2H, 3/4H"로 표시한다.

압연강재 SS 400과 원형강 SR235는 같은 재질의 강이지만 그 강도 표시가 앞에 것은 인장강도, 뒤에 것은 항복점 강도로 되어 있다. SS400의 400은 그 강재의 인장강도 값으로, 400 MPa(41 kg$_f$/mm²)의 응력이 가해지면 파단(破斷) 한다는 것을 나타낸 것이다. 원형강 SR 235의 235는 그

환강의 항복점 강도값으로 235 MPa(24 kg$_f$/mm^2)의 응력이 가해지면 항복하는 것을 나타낸 것이다.

Pa(Pascal)은 1 m^{2}에 1N의 힘이 작용하였을 때의 응력이다. N이란 뉴턴(Newton)이라고 읽고 질량 1 kg에 가속도(1 m/sec^2)가 가해졌을 때의 힘이다. M(Mega)는 10^{6}를 나타내는 단위 기호이다.

그림 3.7은 응력으로 인한 강의 변형도를 나타낸 것이다. 항복점 24 kg$_f$/mm^{2}까지는 응력을 제거하면 원래 길이까지 되돌아온다. 즉, 탄성 범위내에 있는 것으로 탄성 영역 내에 머물게 하려고 하는 것이 허용응력이다.

항복점이 24 kg$_f$/mm^{2}를 초과하면 응력이 없어져도 원상태로 되돌아오지 않고 늘어난 그대로 있게 된다. 여기에 더욱 응력을 가해서 41 kg$_f$/mm^2(최대 인장강도)에 이르면 파단해 버린다. 항복점 24 kg$_f$/mm^{2}를 초과하여 파단에 이르는 41 kg$_f$/mm^{2}까지를 소성영역이라고 한다.

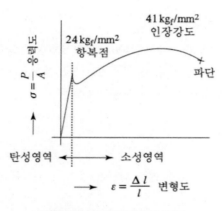

그림 3.7 탄성영역과 소성영역

① 일반구조용 압연강재

SS 400 : 가장 널리 쓰이고 있는 강재로 용접성도 비교적 양호하다. 일반적으로 강재라고 하면 SS 400을 가리킨다.

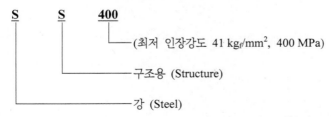

SS 490, SS 540 : 용접성이 나쁘므로 용접을 하지 않는 부재나 덧판으로 사용된다.

② 용접구조용 압연강재

　　SM 490 : 건축, 교량, 선박, 차량, 석유저장조 등의 구조물에 많이 이용되며, 용접용 강재로서
　　　　　　는 가장 많이 쓰이고 있다. SM재라고 한다.

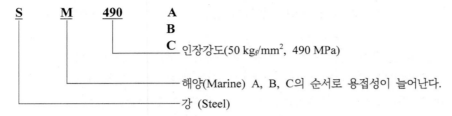

　　SM 490 YA : 이른바 고항복점으로 SS 400, SM 490과 비교하여 항복점 강도가 높다. 인장강
　　　　　　　도는 바뀌지 않는다. 여기서 Y는 항복점(Yield Point)을 나타낸 것이다.
　　SM 520 : 고장력 강재, 일반적으로는 사용되지 않는다.

③ 일반구조용 경량 형강

　　SSC 400 : 4 mm 이하의 강재로 냉간 압연한 것이다. 재질은 SS 400과 같다.

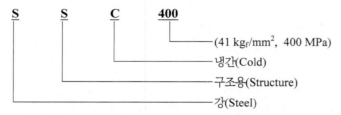

④ 일반구조용 탄소 강관

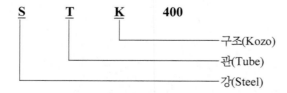

　　STK 490 : 재질은 SM 490에 해당된다.

⑤ 일반구조용 각형 강관

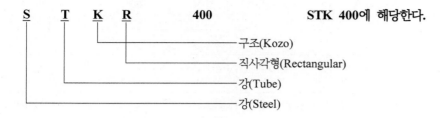

STK 400에 해당한다.

구조(Kozo)
직사각형(Rectangular)
강(Tube)
강(Steel)

⑥ 기계구조용 탄소강 강재

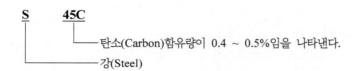

탄소(Carbon)함유량이 0.4 ~ 0.5%임을 나타낸다.
강(Steel)

나. 철강의 재료기호

강재의 품질은 표 3.11에 주요 재료기호를 살펴보면 철강 재료는 표 3.12에 형강의 종류는 표 3.13에 예시한 바와 같다.

표 3.11 강재의 품질

종류	화학성분					항복점 또는 내력 상단 : kg_f/mm^2 하단 : MPa			인장강도 상단 : kg_f/mm^2 하단 : MPa
	C	Si	Mn	P	S	$t \leqq 16$	$16 < t \leqq$	$40 < t$	
SS400	–	–	–	0.05 이하	0.05 이하	25 kg_f/mm^2 이상 245 MPa 이상	24 kg_f/mm^2 이상 235 MPa 이상	22 kg_f/mm^2 이상 215 MPa 이상	41 ~ 52 kg_f/mm^2 400 ~ 510
SS490	–	–	–	0.05 이하	0.05 이하	29 kg_f/mm^2 이상 285 MPa 이상	28 kg_f/mm^2 이상 275 MPa 이상	26 kg_f/mm^2 이상 255 MPa 이상	50 ~ 62 kg_f/mm^2 490 ~ 610
SS540	0.3 이하	–	1.6 이하	0.04 이하	0.04 이하	41 kg_f/mm^2 이상 400 MPa 이상	40 kg_f/mm^2 이상 390 MPa 이상	–	55 kg_f/mm^2 이상 540 이상
SM490A	0.2 이하	0.55 이하	1.6 이하	0.035 이하	0.035 이하	33 kg_f/mm^2 이상 325 MPa 이상	32 kg_f/mm^2 이상 315 MPa 이상	30 kg_f/mm^2 이상 295 MPa 이상	50 ~ 62 kg_f/mm^2 490 ~ 610
SM490B	0.18 이하	0.55 이하	1.6 이하	0.035 이하	0.035 이하	상동	상동	상동	상동
SM490C	0.18 이하	0.55 이하	1.6 이하	0.035 이하	0.035 이하	상동	상동	상동	상동
SM490YAB	0.2 이하	0.55 이하	1.6 이하	0.035 이하	0.035 이하	37 kg_f/mm^2 이상 365 MPa 이상	36 kg_f/mm^2 이상 355 MPa 이상	34 kg_f/mm^2 이상 335 MPa 이상	50 ~ 62 kg_f/mm^2 490 ~ 610
SM520	0.2 이하	0.55 이하	1.6 이하	0.035 이하	0.035 이하	37 kg_f/mm^2 이상 365 MPa 이상	36 kg_f/mm^2 이상 355 MPa 이상	34 kg_f/mm^2 335 MPa 이상	53 ~ 65 kg_f/mm^2 520 ~ 640
SSC440	0.25 이하	–	–	0.05 이하	0.05 이하	25 kg_f/mm^2 이상 245 MPa 이상			41 ~ 55 kg_f/mm^2 400 ~ 540
STK400 STKR400	0.25 이하	–	–	0.04 이하	0.04 이하	24 kg_f/mm^2 이상 235 MPa 이상			41 kg_f/mm^2 이상 400 이상
STK490 STKR490	0.18 이하	0.55 이하	1.5 이하	0.04 이하	0.04 이하	32 kg_f/mm^2 이상 315 이상			50 490 이상

표 3.12 재료표시의 형식

재 료 명	기호의 예	표시의 형식		
		제1위	제2위	제3위
일반구조용 압연강재	SS 400	Steel	Structure	최저 인장강도 41 kg$_F$/mm^2 이상
기계구조용 탄소강 강재	S 45 C	Steel		C 0.4%(약)
기계구조용 탄소강 강재	S 9 CK	Steel		C 0.09%(약)에서 고급
열간 압연강판(일반용)	SPHC	Steel	Plate Hot Commercial	
열간 압연강판 (드로잉 가공용)	SPHD	Steel	Plate Hot Drawn	
열간 압연강판 (고급 드로잉 가공용)	SPHE	Steel	Plate Hot Deep Drawn Extra	
냉간 압연강판	SPCC	Steel	Plate Cold Commercial	
연강 선재	SWRM 1	Steel	Wire Rod Mild	1종
경강 선재	SWRH 1	Steel	Wire Rod Hard	1종
피아노 선재	SWRS 1 A	Steel	Wire Rod Spring	1종갑(A)
탄소 공구강	SK 3	Steel	공 구(Tool)	3종
탄소강 주강품	SC 37	Steel	Casting	인장강도 37 kg/mm^2 이상
크롬강 강재	SCr 2	Steel	Chrominum	2종
니켈크롬강 강재	SNC 22	Steel	Nickel Chrominum	22종
고탄소 크롬베어링강	SUJ 2	Steel	Use Journal	2종
스프링강 강재	SUP	Steel	Use P (Spring)	
고망간 강주상품	SCMnH	Steel	Casting Manganese High	
합금 공구강	SKS	Steel	공구 Special	
합금 공구강	SKD	Steel	공구 Die(다이스)	
합금 공구강	SKT	Steel	공구 T(단조)	
고속도 공구강 강재	SKH 2	Steel	공구 High Speed	2종
냉간압연스테인리스강판	SUS201CP	Steel	Use Stainless	201종 Cold Plate
내열 강봉	SUH 2 B	Steel	Use Heat Resisting	2종 Bar
회색 주철품	FC 10	Ferrum	Casting	인장강도 10 kg/mm^2

표 3.13 형강의 종류

종류	단면모양	표시방법
등변 ㄱ형강		ㄴ : A × B × t - L
부등변 ㄱ형강		ㄴ : A × B × t - L
부등변 부등두께 ㄱ형강		ㄴ : A × B × t_1 × t_2 - L
I형강		I : H × B × t - L
ㄷ형강		ㄷ : H × B × t_1 × t_2 - L
T형강		T : B × H × t_1 × t_2 - L
H형강		H : H × A × t_1 × t_2 - L
환강		보통 Ø A - L 이형 D A - L
강관		Ø A × t - L
각강		□ A - L
평강		□ B × A - L

Chapter 06 공기기계

우리들은 일상생활을 문화적으로, 보다 풍요롭게 하는 여러 가지 기계 기구를 사용하고 있는데 그와 같은 기계·기구 중에서 공기에 관련된 것이 상당히 많다. 우선 가정생활에서는 공기 청정기, 냉·온풍기가 있으며, 외부에는 자동차 타이어, 전동차의 브레이크, 자동문의 개폐 등 압축공기를 이용한 장치·기구 혹은 빌딩이나 터널의 환기장치나 용광로에 있어서의 압축기·송풍기 등이 있다.

1. 공기압축기와 송풍기

공기압 기기나 공기압 회로에 사용되는 압축공기 발생 장치에는 그림 3.8처럼 공기압축기나 송풍기가 사용된다. 공기압축기란 날개 또는 회전자의 회전운동 또는 피스톤의 왕복운동에 의해 기체를 압송(壓送)해 그 압력비가 2 이상, 또는 토출 공기 압력이 $1\,\text{kg}_f/\text{cm}^2$ 이상인 기계를 말한다. 또 송풍기란 Impeller의 회전운동에 의해 기체를 압송해 그 압력비가 1.1 이상 2.0 미만 또는 토출 공기 압력이 $1\,\text{kg}_f/\text{cm}^2$ 미만인 기계를 말한다. 송풍기는 다시 1 mAq 이상 10 mAq 미만을 블로어(Blower), 1,000mm Aq 미만을 팬(Fan)이라 한다. 공기압은 비교적 경·중하중의 작업에 적합해서 그 출력도 작고 사용되는 압축공기의 압력 범위도 $10\,\text{kg}_f/\text{cm}^2$ 이하가 대부분이다.

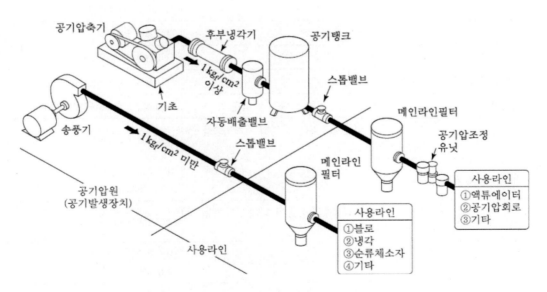

그림 3.8 공기압축기, 송풍기의 기능

가. 압력비에 의한 구분방법

표 3.14 공기압축기와 송풍기는 압력비에 의해서 다음과 같이 구분되어 있다.

용 어	의 미	대응영어
축류 팬	축방향 유로에 있어서 압력비 1.1 미만까지 승압하는 송풍기	AXIAL FAN
축류 블로워	축방향 유로에 있어서 압력비 1.1 이상 2.0 미만까지 승압하는 송풍기	AXIAL BLOWER
축류 압축기	축방향 유로에 있어서 압력비 2.0 이상 승압하는 압축기	AXIAL COMPRESSOR
원심 팬	주로 원심력에 의해 압력비 1.1 미만까지 승압하는 송풍기	CENTRIFUGAL FAN
원심 블로워	주로 원심력에 의해 압력비 1.1 이상 2.0 미만까지 승압하는 송풍기	CENTRIFUGAL BLOWER
원심 압축기	주로 원심력에 의해 압력비 2.0 이상 승압하는 송풍기	CENTRIFUGAL COMPRESSOR
다익 팬	전향날개를 지닌 원심 팬	MULTI-BLADE FAN
레이디얼 팬	전향날개를 지닌 원심 팬	RADIAL FAN
레이디얼 블로워	경향날개를 지닌 원심 블로워	RADIAL BLOWER
레이디얼 압축기	경향날개를 지닌 원심 압축기	RADIAL COMPRESSOR
터보 팬	후향날개를 지닌 원심 팬	TURBO FAN
터보 블로워	후향날개를 지닌 원심 블로워	TURBO BLOWER
터보 압축기	후향날개를 지닌 원심압축기	TURBO COMPRESSOR
회전 압축기	회전운동에 의해 승압하는 용적형 압축기	ROTARY COMPRESSOR
루츠 블로워	2개의 동형 회전체의 운동에 의해 기체이송을 행하는 용적형 송풍기	ROOTS BLOWER
가동날개 압축기		SLIDING VANE COMPRESSOR
나사압축기	2개의 나사형 회전체의 운동에 의해 승압하는 회전압축기	SCREW COMPRESSOR
왕복압축기	피스톤의 왕복운동에 의해 승압하는 압축기	RECIPROCATING COMPRESSOR
배풍기	배풍에 사용하는 송풍기 및 압축기	EXHAUSTER

용 어	의 미	대응영어
진공펌프	진공을 얻기 위한 송풍기, 압축기 및 배기장치	VACUM PUMP
액봉압축기	임펠러내의 봉액의 피스톤작용에 의해 승압하는 회전 압축기	LIQUID SEAL COMPRESSOR

(압력비 : 토출측의 압력과 흡입측 압력의 비)

① **송풍기(Fan, 팬), 선풍기** : 토출 공기압력이 1,000 mmAq 미만 혹은 압력비 1.1 미만까지 승압하는 공기기계

② **송풍기(Blower, 블로워)** : 토출 공기압력이 1 mAq 이상 10 mAq 미만 혹은 압력비 1.1 이상 2.0 미만까지 승압하는 공기기계

③ **압축기(Compressor)** : 토출 공기압력이 1 kg_f/cm^2 이상 혹은 압력비 2.0 이상 승압하는 공기기계

* 대기압 이하의 공기를 거의 대기압까지 압축해서 토출하는 송풍기, 압축기 및 배기장치를 진공펌프라 한다. 이밖에 팬, 블로워와 같은 정도의 부압을 만들어서 공기의 유출을 행하는 것을 배풍기라고 하여 구별할 때도 있다.

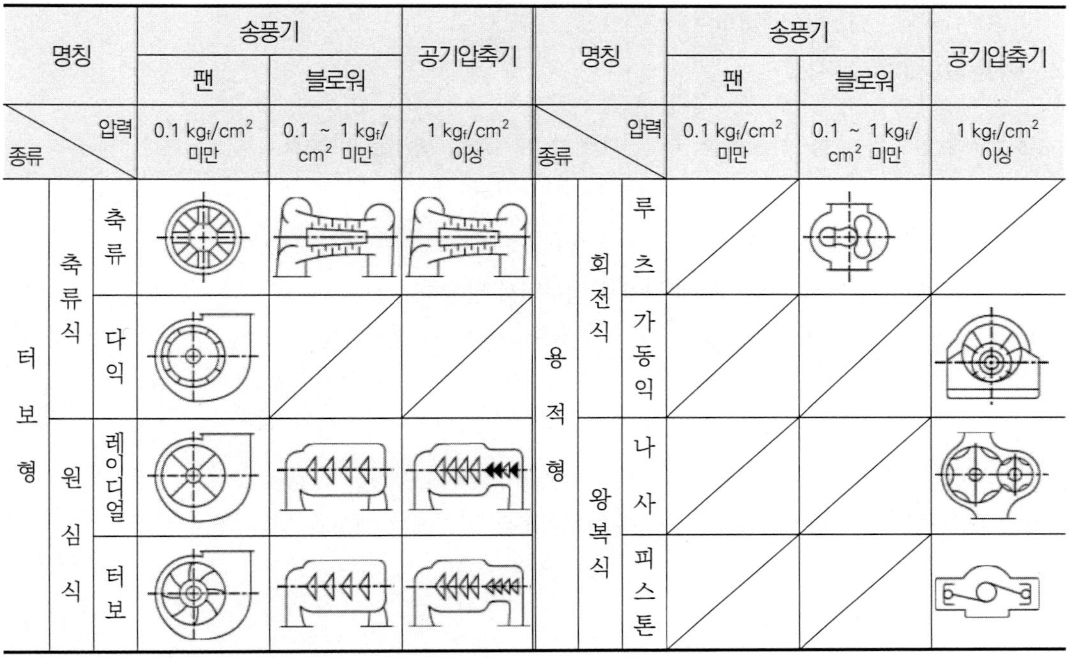

명칭			송풍기		공기압축기	명칭			송풍기		공기압축기
			팬	블로워					팬	블로워	
종류		압력	0.1 kg_f/cm^2 미만	0.1 ~ 1 kg_f/cm^2 미만	1 kg_f/cm^2 이상	종류		압력	0.1 kg_f/cm^2 미만	0.1 ~ 1 kg_f/cm^2 미만	1 kg_f/cm^2 이상
터보형	축류식	축류				용적형	회전식	루츠			
	원심식	다익						가동익			
		레이디얼					왕복식	나사			
		터보						피스톤			

그림 3.9 압력에 따른 분류

나. 압축방법에 의한 구분방법

압축공기를 얻는 방법을 구분하면 다음과 같다.

① 용적형 : 밀폐식의 용적을 압축하므로서 내부의 공기압력을 높이는 형식.

② 터보형 : 공기에 정해진 방향의 운동을 부여하여 그 운동에너지를 압력으로 바꾸는 형식

①,②의 형식은 다시 기계의 운동양식이나 공기의 유동양식에 따라서 각각 다음과 같은 명칭이 붙여져 있다.

1) 용적형은 공기를 축소하는 방식에 따라서 다음의 2가지로 구분된다.

가) 회전식 : 밀폐실내에 설치한 특수형상의 회전체의 회전에 의하는 것

나) 왕복식 : 밀폐식내의 왕복운동에 의하는 것

2) 터보형은 공기의 유동방향에 따라서 다음의 2가지로 구분된다.

가) 축류식 : 공기는 전체적으로 축방향으로 유동하여 날개의 장력을 이용해서 공기의 압력·속도를 높인다.

나) 원심식 : 공기는 날개사이를 반경방향으로 유동하여 원심력을 이용해서 공기의 압력·속도를 높인다.

2. 이물질 제거 장치

대기중에 함유된 각종 이물질을 공기기계에서 제거하는 방법은 다음과 같다.

가. 고체 물질을 제거하는 기기

공기압축기가 대기에서 흡입하는 분진이나 내부에서 발생하는 카본, 각종 녹의 입자상물질인 $0.001 \sim 4~\mu m$의 흠, $1 \sim 1,000~\mu m$의 크기의 먼지가 있다. 이것들을 제거하는 기기에는 공기압 필터가 사용된다. 흠이나 분진의 크기에 따라서 필터 엘리먼트를 구분해서 사용한다.

나. 수분과 수증기를 제거하는 기기

압축공기 중에 포함되는 수분과 수증기를 제거하는 기기에는 다음과 같은 것이 있다.

1) 후부 냉각기

공기압축기의 후단에 설치해 물 또는 공기에 의해 외기의 온도까지 냉각해서 수분을 응축시키

는 기기이다.

2) 드레인 분리기

공기 중에 포함된 물을 분리한다.

3) 자동 배수밸브

물을 자동적으로 배수하는 밸브이다.

4) 에어 드라이어(Air dryer)

에어 드라이어는 압축공기를 냉동기로 10℃ 이하로 냉각해 수증기를 응축시켜 제거하는 냉동식과 건조제로 물리적으로 수분을 흡착하는 건조식이 있다.

다. 기름을 제거하는 기기

기름을 제거하는 기기에는 압축공기 중에 포함된 기름 입자의 크기에 따라 다음과 같은 것이 있다.

1) 1차 공기압 필터(범용)

40 ~ 500 μm 크기인 오일 미스트(Oil mist)는 통상, 일반적인 공기압 필터로 제거된다.

2) 2차 공기압 필터(정밀용)

40 μm 이하의 오일 미스트(Oil mist)를 제거하는 필터이다. 일반적인 1차 공기압 필터보다 여과도를 작게 한 것이 사용된다.

3) Oil mist separator(오일 미스트 세퍼레이터), Micro oil mist separator

0.01 ~ 0.8 μm의 미세 Oil mist를 포집하는 필터로 브라운 운동이 현저하기 때문에 충돌, 원심력을 이용한 일반적인 필터로는 포집이 곤란하다. 따라서 특별한 필터 엘리먼트가 오일 미스트 세퍼레이터나 마이크로 오일 미스트 세퍼레이터에 사용된다.

4) 유증기용 필터

가열에 의해 증기화된 기름입자는 0.01 ~ 0.003 μm(10 ~ 3 Å)의 크기로 활성탄에 의해 흡착한다.

라. 기타 오염물질의 제거

기타 오염물질을 제거하는 기기에는 다음과 같은 것이 있다.

1) 탈취 필터

취기와 용제 가스를 흡수하는 것으로서 활성탄 필터가 사용된다. 선택적으로 수증기를 흡착하는 것으로 실리카겔, 활성 알루미나 등이 있다.

2) 제균 필터

식품, 의약품 공업에서의 공기 중에 있는 세균, 박테리아류를 증기 살균할 수 있는 제균 필터로 제거한다.

표 3.15 공기압 필터의 종류

종 류		제거 입자 크기 [μm]	여과재	용 도
메인라인 필터		50 ~ 74	압력 손실이 적고 청소, 재생이 쉬운 금속 재료	주관로, 서브라인 관로에 사용 조대 이물질, 녹의 제거
공기압 필터	범용	25 ~ 50	비교적 압력 손실이 적은 소결 금속, 각종 수지류	일반 공기압 회로용 가까이서 사용, 서브라인관 적용
	정밀용	2 ~ 25	동합금, 스테인레스 유리 등은 금강의 소결	정밀 공기압회로용, 메탈시스 전자밸브, 직경 1 μm 이하의 오리피스, 2차 필터로 사용
Oil mist separator		1 ~ 0.1	글라스 화이버층에 의한 내부 여과 작용	0.3 μm 이상인 오일 에어로졸의 제거, 프리필터와 함께 사용
Micro oil mist separator		0.01 ~ 0.1	글라스 화이버 층에 의한 내부 여과 작용과 다공수제에 의한 분리	0.01 μm 이상의 오일 미스트의 제거, 프리필터와 함께 사용
유증기용 필터		0.01 ~ 0.003	활성탄 등에 의한 흡착제	유증기의 제거
탈모 필터		0.002 ~ 0.0003	활성탄 등에 의한 흡착제	냄새의 제거
제균 필터		0.01 ~ 0.05	세라믹, 세르로즈 등	각종 미생물, 박테리아류의 제거

마. 에어 드라이어(Air dryer)

에어 드라이어란 압축공기 중에 포함된 수분을 제거하여 건조한 공기를 얻는 기기를 말하며 냉동식, 건조식, 조해식이 있다.

냉동식 에어 드라이어는 압축공기를 냉동기로 냉각해 수분을 응축시켜 수분을 제거하는 방식이며 건조식은 흡착제인 실리카겔, 활성 알루미나 등을 건조제로 사용하여 압축공기중의 수분을 흡착 제거 하는 방법이며, 조해식은 물에 친화성이 있는 약품(요소, 소금, 염화칼슘 등)을 사용하여 수분을 제거 하는 방법으로 구조는 간단하지만 약품비가 많이 들고 부식성 용액으로 인한 장치 노후화가 될 우려 가 많다.

1) 수분의 발생

대기를 공기압축기로 압축해 가열된 공기를 냉각하면 수분이 나온다. 어느 온도에서 포함할 수 있 는 포화 수증기량은 정해져 있고 온도가 내리면 과포화된 수증기가 응축되어 물이 발생하게 된다.
한편, 대기압 상태에서 공기가 압축되어 체적이 감속하면 그 감소 체적에 포함된 수분이 발생한다. 이것은 대기압상태에서, 압축공기 중에서도 동일 체적에 포함되는 수분의 양은 거의 변하지 않기 때 문이다. 이와 같이 수분의 발생은 압축 효과에 의해 일어나는 것을 알 수 있다.

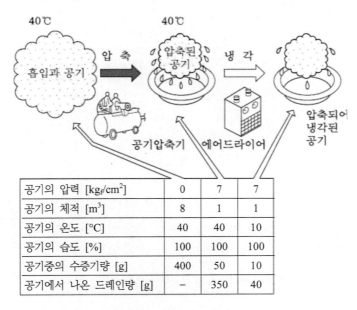

공기의 압력 [kg$_f$/cm^2]	0	7	7
공기의 체적 [m^3]	8	1	1
공기의 온도 [℃]	40	40	10
공기의 습도 [%]	100	100	100
공기중의 수증기량 [g]	400	50	10
공기에서 나온 드레인량 [g]	–	350	40

그림 3.10 압축공기의 수분 발생

2) 노점(露點)

공기를 일정한 압력에서 온도를 내리면 낮아진 온도에서 포화 상태가 되어 수분이 발생하는 온도를 노점온도라 한다. 노점에는 대기압 노점과 압력 노점이 있다. 전자는 대기압 하에서의 수분의 응축 온도이며, 후자는 공기압 계에서의 압력하의 응축 온도이다. 대기압 노점과 압력 노점을 그림 3.11에 나타냈다. 예를 들면 대기압 노점이 - 22℃일 때 압력 7 kg$_f$/cm²에서의 압력 노점을 구하기 위해서는 대기압 노점 - 22℃를 수직으로 올려 압력 7 kg$_f$/cm²의 교차점을 수평으로 늘려서 압력 노점을 보면 4℃가 된다.

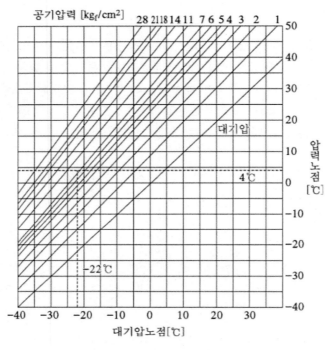

그림 3.11 대기압 노점과 압력노점

표 3.16 공기의 포화수증기압(대기압 기준, 0℃ 이하는 얼음과 접하는 포화공기)

온도 t [℃]	포화압력 p$_s$×10^{-3} [kg$_f$/cm²]	포화 습도 t$_s$ [g/m³]	온도 t [℃]	포화압력 p$_s$×10^{-3} [kg$_f$/cm²]	포화 습도 t$_s$ [g/m³]	온도 t [℃]	포화압력 p$_s$×10^{-3} [kg$_f$/cm²]	포화 습도 t$_s$ [g/m³]	온도 t [℃]	포화압력 p$_s$×10^{-3} [kg$_f$/cm²]	포화 습도 t [g/m³]
-30	0.3872	0.3384	-7	3.445	2.751	15	17.37	12.81	38	67.54	46.15
-29	0.4295	0.3738	-6	3.756	2.988	16	18.50	13.61	39	71.28	48.54
-28	0.4760	0.4126	-5	4.092	3.244	17	19.75	14.46	40	75.21	51.05
-27	0.5271	0.4551	-4	4.456	3.519	18	21.02	15.36	41	79.31	53.66

온도 t [°C]	포화압력 $p_s \times 10^{-3}$ [kg$_f$/cm^2]	포화습도 t_s [g/m^3]	온도 t [°C]	포화압력 $p_s \times 10^{-3}$ [kg$_f$/cm^2]	포화습도 t_s [g/m^3]	온도 t [°C]	포화압력 $p_s \times 10^{-3}$ [kg$_f$/cm^2]	포화습도 t_s [g/m^3]	온도 t [°C]	포화압력 $p_s \times 10^{-3}$ [kg$_f$/cm^2]	포화습도 t [g/m^3]
−26	0.5831	0.5014	−3	4.849	3.816	19	22.38	16.29	42	83.61	56.39
−25	0.6447	0.5522	−2	5.273	4.134	20	23.82	17.28	43	88.09	59.23
−24	0.7121	0.6075	−1	5.731	4.477	21	25.35	18.31	44	92.81	62.20
−23	0.7860	0.6678	0	6.226	4.845	22	26.94	19.41	45	97.71	65.28
−22	0.8668	0.7335	1	6.693	5.190	23	28.65	20.55	46	102.8	68.51
−21	0.9553	0.8052	1.7	7.04	4.44	24	30.41	21.76	47	108.2	71.86
−20	1.052	0.8831	2	7.192	5.555	25	32.28	23.02	48	113.8	75.37
−19	1.157	0.9678	3	7.722	5.944	26	34.26	24.34	49	119.7	78.98
−18	1.272	1.055	4	8.287	6.356	27	36.34	25.73	50	125.8	82.77
−17	1.398	1.166	5	8.888	6.793	28	38.53	27.19	55	160.5	103.9
−16	1.534	1.269	6	9.527	7.255	29	40.82	28.73	60	203.2	129.6
−15	1.684	1.387	7	10.21	7.745	30	43.26	30.32	65	254.9	160.3
−14	1.846	1.513	8	10.93	8.263	31	45.80	32.01	70	317.7	196.8
−13	2.022	1.652	9	11.70	8.811	32	48.48	33.77	75	393.0	239.9
−12	2.214	1.802	10	12.51	9.390	33	51.28	35.60	80	482.9	290.6
−11	2.422	1.964	11	13.37	10.00	34	54.22	37.54	85	589.3	349.8
−10	2.647	2.138	12	14.29	10.65	35	57.32	39.55	90	714.7	418.3
−9	2.892	2.327	13	15.26	11.33	36	60.57	41.65	95	861.6	497.5
−8	3.157	2.531	14	16.28	12.06	37	63.98	43.87	100	1033.0	−

표 3.17 에어 드라이어의 선정기준

에어 드라이어의 종류		압력 노점범위[℃]	비용	주용도
냉동식		0.5	설비비 운전비 모두 저렴하다. 신뢰도가 높다.	일반 공기압 회로, 공기용 공구, 계기, 물질 운송에 가장 많이 사용
건조식	히트레스형 (Heatless)	0.5 ~ -100	설비비는 싸고 중정도 이지만 공기 소비가 많고 운전비는 적다.	옥외의 공기압 라인, 초 건조 공기를 필요로 하는 제조라인, 예를 들면 전자 장치의 조립, 전자부품· 전화선의 건조, 오존발생 장치, 화학 장치, 우레탄 발포제의 제조 등.
	히트형 (Heat)	0.5 ~ -100	설비비는 중, 좀 높은 쪽이지만 보수비는 높고 건조제의 교체가 필요함	
조해식		-6 ~ -11	설비비는 최저 에어드라이어의 하류측 염용액 보호비가 필요, 건조제의 보충을 요함.	옥내 공기압 라인

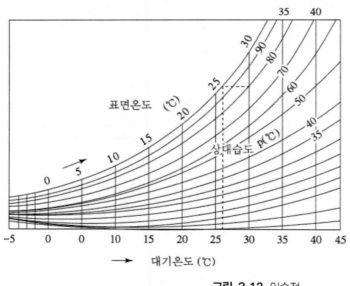

그림 3.12 이슬점

가) 이슬점(Dew point, 노점) 구하는 방법

그림 3.12에서 대기온도의 점을 찾아(현재 대기온도 30℃, 상대습도가 80%) 수직으로 상대습도 곡선 80과 맞닿는 점 X를 찾아 이 점에서 소지표면 온도 곡선과 수평 직선으로 연결하여 Y점을 찾는

다. 이 Y점이 이슬이 맺히게 되는 소지표면의 온도(노점온도 : 26℃)가 되며 소지표면 온도의 측정은 표면온도 측정기로 구할 수 있다. 소지표면 온도가 이온도(이슬점) 이하에서는 절대 도장을 금해야 함은 물론, 이슬점에서 3℃ 정도 이상 되는 온도에서 도장하는 것이 이상적이다.

특별한 기구 없이 작업현장에서 확인할 수 있는 간편한 방법으로는 손수건이나 헝겊 조각에 물을 적셔 피도체 표면에 붙여서 약 15분 이내에 마른다면 도장을 해도 무방하다고 할 수 있다.

PART 04 대기방지시설의 공통 설계분야

Chapter 01 설계 기본사항

1. 일반 요건

환경설비에 대한 설계 수행에 있어 다음의 각 항목에 대하여 사전에 발주자와 협의하여 결정되어야 한다.

가. Project의 목적

Project 시설의 설치목적, 공급범위, 제반 책임사항들의 포괄적인 내용을 서술한다.

나. 용어의 정의

각 분야 (기계, 전기, 토목, 건축) 및 발주처별로 사용하는 용어가 상이할 수 있으므로 발주처와 협의하여 용어에 대해 공통된 의미를 가질 수 있도록 협의 조정한다.

다. 요건의 불일치

발주처 혹은 시공사와 도면, 사양서 등의 불일치 사항 발생시 어떠한 순으로 상호 협의하여 결정할 것인지에 대한 내용을 서술한다.

라. 적용언어와 단위

① 적용언어를 사전 협의하여 서술한다. (한글, 영문, 일어, 독어 등)
② 사용 단위를 사전 협의하여 서술한다. (MKS, Inch 등)

마. 코드 및 표준

각 분야별 적용코드와 표준을 사전 협의하여 결정한다.

2. 설계의 전제조건

Project는 지역, 설치 위치, 생산물, 법규 등에 따라 설계조건이 달라진다. 따라서 Project는 설계시작 전에 반드시 필요 설계조건을 검토하여야 하며 이를 적용하여 설계를 진행하여야 한다. 일반적으로 설계조건의 변경에 따라 가격(Cost), 납기(Delivery), 품질(Quality) 등의 변동이 많이 있으므로 주의하여야 한다.

가. 일반적 전제조건

1) 설치지역의 조건

각 설치지역에 따라 기후조건, 관련 법규, 토목 공사범위 등이 결정되므로 지역 구조, 인근 주민들의 주거현황 등이 조사되어야 한다.

2) 건설하는 배출시설에 반입되는 원료 조건

배출시설에서 사용하는 원료의 물리화학적 성분에 대한 자료를 입수하여 분석하고 설계 전에 발주처와 충분히 검토하여야 한다. 배출시설의 사용원료는 방지시설에서 배출 될 오염물질의 주성분이 되기 때문이다.

3) 건설하는 배출시설에 반입되는 원료량

표 4.1 시설에 반입되는 원료 조건

구 분	분 석 항 목
수 질 분 야	인입되는 폐수의 온도, SS, BOD COD, 중금속 함유량 등
대 기 분 야	인입되는 가스의 성분, 온도, 중금속 함유량, 분진성상 등
폐기물 분야	인입되는 폐기물의 수분, 5원소 이상의 원소 분석, 온도, 중금속 함유량 등

나. 플랜트 설계의 전제조건

1) 일반적 전제조건의 검토

2) 시설 보증에 대한 사항

① 지역 환경기준의 준수 여부   ② 시설 가동률

③ 2차 오염물질 처리에 대한 효율   ④ 기타 발주처가 요구하는 사양

3) Utility 조건의 조사

① 수전 전력의 사양 확인(전압, 상수, 주파수 등)
② 전압에 대하여 사전에 발주처와 협의하여 주요 전기 설비인 전력 배전 설비 및 제어전원,
　계통전압 등을 협의하여 결정하여야 한다.
③ 전동기의 정격 전압 : 전동기 용량에 따른 정격 전압을 협의하여 결정하여야 한다.
④ 용수 : 음용수, 공업용수 등을 구별하여 용수의 사양을 검토한다.
⑤ 스팀(Steam) : 스팀(Steam) 압력 등 사양을 검토한다.
⑥ 가스 : 기타 가스에 대한 열량 등 사양을 검토한다.

4) Utility의 연결점

　Utility의 연결점에 따라 공사범위와 Cost의 변화가 있으므로 반드시 Utility 연결점의 위치와
사양은 협의 결정되어야 한다. 또한, 사안의 중요성에 따라 현장을 직접 방문하여 정확한 사양을
파악하여야 한다.

5) 성능시험 사항(각 Project별 발주처 요구에 따라 변경됨)

① 대기오염 방지시설의 가동률 및 운전조건
② 대기방지시설의 가스 처리량
③ 대기방지시설로부터 처리된 오염물질의 재 이용율
④ 기타 관련 법규의 만족도 등

6) 운전 및 정비에 대한 사항

　공급할 시설중 주요 기기에 대한 운전·정비 사항은 방지시설의 가동률과 관계된다. 따라서 주요
기기에 대하여 사전에 정비 및 보수에 필요한 공간과 장비 등을 검토하여 발주처와 협의한다.

7) 특수 공구 및 소비재

　설계, 조달, 시공 등 종합 공사(Turn-Key)에 있어서는 기기의 보수 유지에 필요한 특수 공구와
소비재(그리스 윤활유, 약품)등은 사전 고려하여 발주처와 협의한다.

3. 설계의 구분

설계 작업은 요구 사양의 문서화, 기본 사양의 도면화, 상세 사양의 도면화 등과 같이 전체 혹은 부분을 구체화시키는 작업이다. 또한 단순 문서화 및 도면화뿐만 아니라 문제점 분석 및 해결책을 제시하는 중요한 부분으로 각 진행 단계 및 구분은 그림 4.1과 같이 분류할 수 있다.

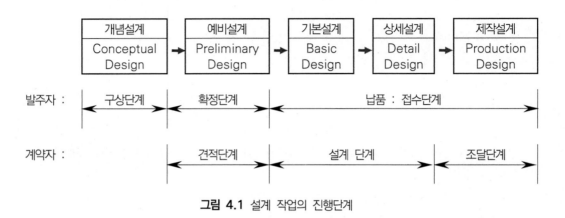

그림 4.1 설계 작업의 진행단계

가. 개념설계(Conceptual Design)

Project 실행의 가능성을 검토하기 위하여 그 Project의 의도에 따른 개략적인 설계사양으로 기술적, 경제적인 타당성을 평가하기 위한 설계이다.

나. 예비설계(Preliminary Design)

Project 확정단계의 설계로 구상단계의 개념설계를 더욱 명확히 하여 실현 가능성을 확인하거나 혹은 실행준비를 위한 설계로 발주자 입장에서는 복수의 구상을 비교 검토하고 가장 경제적인 안을 선택하는 단계의 설계이며 계약자 입장에서는 견적단계, 혹은 제안용 설계에 해당한다.

다. 기본설계(Basic Design)

Project 계약 후 발주처의 요구 사양을 만족시키기 위한 전체 구성, 기능을 구상하여 구성 요소간의 적합성을 검토하고 또한 후속 상세 설계를 위한 기본설계 업무를 말한다. 기본설계는 Process 설계기준과 설계 전제조건에 의하여 수행되고 성과물로는 기본 설계집(Basic design package)이 만들어진다. 한편, 개념설계나 예비설계의 Process 설계기준과 설계 전제조건은 기본설계에 반영되며 기본설계의 기초자료로 사용된다.

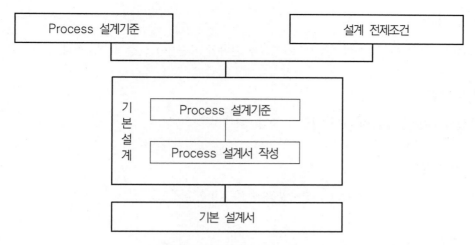

그림 4.2 기본 설계서의 작성 단계

라. 상세 설계(Detail Design)

구조물, 장치, 시스템 등의 구성요소에 대하여 기본설계에서 규정된 요구 사양과 설계기준 조건에 의해 그 제작, 시공, 운전을 위한 구체적인 설계이다. 상세 설계는 전문분야별로 수행되며 전문분야는 일반적으로 Process, 기계, 배관, 전기, 계장, 토목, 건축으로 분류한다. 또한, 상세 설계에 있어서는 각종 계산서, 사양서 작성, 시공물량, 설치 공사를 위한 설계도면 작성 등이 이루어진다.

마. 제작 설계(Production Design)

제작 설계는 기계 및 전기 제조업자가 기기를 제작하는데 필요한 상세 설계를 말하며 계약 사양에 따라 기기의 가공, 제작을 위한 설계를 말한다.

4. 분야별 구분

일반적으로 설계 조직은 아래와 같이 분야별로 구분하여 운영한다. Project 발생시 각 분야는 상호 협의하여 전문 분야별로 업무를 추진한다. 또한 다음의 분야별 설계기준은 별도 작성 운영한다.

가. 환경 분야

환경설비 Process 기술을 중점으로 설계를 추진해 가며 환경영향평가 검토사항을 검토한다.

나. 기계분야

환경설비 기기의 구조, 용량설정 등 기계설계 분야의 기술사양을 중점 검토한다.

다. 배관분야

환경설비 배관 설계분야의 기술사양을 중점 검토한다.

라. 전기 분야

환경설비의 전기, 계장 분야의 기술사양을 중점 검토한다.

마. 토목·건축 분야

환경설비의 토목, 건축분야의 기술사양을 중점 검토한다.

5. 기타 사항

Project 시작 전 발주처와 방지시설의 가격(Cost), 납기(Delivery), 품질(Quality)과 관련된 사항에 대한 내용을 계약기술사양서 등에 충분히 기술하여 상호 협의하여, 사양결정과 계약체결 후에 업무를 추진한다.

Chapter 02 **Hood 및 Duct의 설계**

Hood의 설치는 국부적으로 발생하는 분진 혹은 가스가 대기에 확산되기 전에 되도록 고농도로 포집하여 환경오염을 방지하기 위함이며, 확산염려가 있는 분진이나 가스는 가능한 최소 풍량으로 발생량 전체를 포집해야 한다. 따라서 Hood를 최대한 발생원에 접근시켜 설치하고, 후드개구부를 작게하는 것이 좋으며 방지시설의 설비비는 거의 처리 풍량에 비례하므로, 방지시설 용량을 결정하는 Hood의 설계는 매우 중요하다.

1. Hood 설계시 유의사항

가. 발생원 중심

① 오염물질의 발생농도와 허용농도 파악
② 발생원의 온도와 작업장의 온도
③ 오염물질의 비산속도와 작업장내의 공기흐름 속도
④ 작업방법과 공간 활용범위 등 주위상태
⑤ 오염물질이 Mist, Fume, Vapor 상태로 배출되어 냉각 응축되는지 등의 특성 파악

나. Hood 중심

① 최소의 포집량으로 최대의 흡인효과를 발휘할 것
② 발생원에 가깝게, 개구부를 작게 할 것
③ 작업자의 호흡영역을 보호할 것
④ Hood 개구면의 속도분포를 균일하게 할 것
⑤ 외형을 보기 좋게 하고 압력손실은 작게 할 것

다. Hood 설계 유의사항

① Hood를 발생원에 근접시킨다. 즉, 잉여공기의 흡입을 최소화하고 충분한 포촉속도를 위하여 가능한 한 Hood를 발생원에 근접시킨다.
② 국부적인 흡인 방식을 택한다. 즉, 오염물질을 발생시키는 부분만을 국부적으로 처리하는 Local hood 방식을 취하여 적은 흡인량으로 충분한 포촉속도를 갖게 한다.
③ Hood의 개구면적을 적게 한다. 즉, Hood 개구면의 중앙부를 막아 흡인 풍량을 줄이고 포촉속도를 크게 한다.

④ Air curtain을 이용한다. 즉, 실내의 기류, 발생원과 Hood사이의 장애물 등에 의한 영향을 고려하여 필요에 따라 Air curtain을 사용한다.

⑤ 충분한 포촉속도를 유지한다. 즉, 먼지의 입도, 비중, 외부기류 영향 등을 고려하여 포촉속도를 결정한다.

⑥ 송풍기에 여유를 준다. 즉, 먼지의 퇴적, 배관 변경에 따른 압력손실 증가. 외기 유입 등에 의해 Hood에서 포촉속도 저하를 고려하여 약 20% 정도의 여유를 준다.

2. Hood 설계

가. Hood의 종류

Hood의 명칭이나 분류방법은 여러 가지가 있는데 그중 크게 4가지로 구분한다.

1) 포위형 후드(Enclosures hood)

① 구조 : 오염발생원을 완전 차단하여 오염물질 누출 방지를 위한 후드이다.
② 이용 : 유독물질의 처리공정(예 : 방사성 물질, 발암성 물질, 병원성 물질 등)
③ 특징 : 고농도 오염물질을 포집하므로 잉여공기량이 적어 포집풍량이 최소이다.
④ 종류 : 장갑부착 상자형, 포위형 등이 있다.

2) 포집형 후드(Booth hood)

① 구조 : 포위형과 동일한 형태에서 후드의 한쪽 면을 개구부로 개방한 후드로 3면을 차단한 후드이다.
② 이용 : 후드에서 외부 작업이 필요한 유독한 물질의 처리 공정에 적합하다.
③ 특징 : 작업 개구면이 있으므로 잉여공기량이 비교적 많아 포집풍량은 중간이다.
④ 종류 : 챔버형, 건축부스형 등이 있다.

3) 외부형 후드(Capture hood)

① 구조 : 후드의 흡인력을 외부까지 미치도록 설계한 후드이다.
② 이용 : 설비 구조, 작업 공정상 발생원을 차단할 수 없는 경우에 사용한다.
③ 특징 : 잉여공기량이 많아, 집진 풍량은 최대이고, 가장 많이 사용하는 후드이다
④ 종류 : 슬롯형, 루바형, 장방형, 하방형 등이 있다.

4) 수형 후드(Receiving hood)

① 구조 : 오염물질의 열상승력(高 열원) 또는 관성력을 이용하여 포집하는 후드이다.
② 이용 : 비교적 유해성이 적은 오염물 및 톱밥, 철가루 등의 포집에 주로 이용한다.
③ 특정 : 잉여공기량이 많고, 유해성 오염물질의 처리에는 부적당하다.
④ 종류 : 천개형(Canopy), 그라인더형(Grinder) 등이 있다.

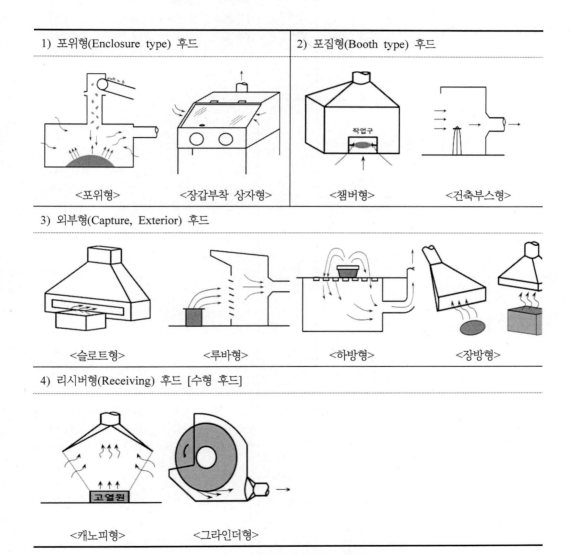

| 1) 포위형(Enclosure type) 후드 | 2) 포집형(Booth type) 후드 |

<포위형>　　<장갑부착 상자형>　　<챔버형>　　<건축부스형>

3) 외부형(Capture, Exterior) 후드

<슬로트형>　　<루바형>　　<하방형>　　<장방형>

4) 리시버형(Receiving) 후드 [수형 후드]

고열원

<캐노피형>　　<그라인더형>

그림 4.3 Hood의 종류

	형 식	개구면 배기방향	적용작업의 예와 특징
1. Enclosure Hood (포위형)	• Glove box-type 	상방(U) 측방(L)	독성인 가스물질이나 동위원소(Iso type)를 취급하는 시설에 필요한 후드이며 앞면 부는 유리창을 설치하여 볼 수 있고 작업대 속에 양손을 넣을 수 있는 밀폐된 장갑이 부착되어있다.
	• Cover-type 	상방(U) 측방(L)	분쇄 · 혼합 · 교반 · 건조 등에서 주로 이용되는 후드로 발생원을 최대한 밀폐한 방법이며 후드로는 포집 효율이 가장 좋다.
2. Booth Hood (포집형)	• Booth-type 	측방(L)	작업공정상 한쪽면만 개방한 후드이다. 연마작업이나 포장 작업, 화학분석이나 실험 및 산세척 처리, 분무도장 작업에 필요한 후드이다.

형 식	개구면 배기방향	적용작업의 예와 특징
• Louver type 	측방(L)	발생원 옆에 설치한 개구를 가진 것으로 주물사 등에서 모래털기(해체작업) 필요로 하는 후드이다.
• 하방형 (Grid-type) 	하방(D)	도장이나 분쇄, 주형털기 등에서 필요로 하는 후드이다.
3. Capture Hood (외부형)	• Slot type (가) 슬롯형 (OS)도금조 (나) 슬롯형 (OS)탈지조 $Q = 60V_C(10X^2 + A)$	측방(L)	작업의 공정상 포위식(밀폐식)이나 Booth type으로 할 수 없을 때 부득이 발생원에서 격리시켜 설치하는 후드로, 외부의 난기류에 의하여 포집 효과가 많이 감소되는 단점이 있다. 슬롯형은 도금 탱크의 작업대 측면에 주로 설치한다. 도금 세척, 용해, 체질, 절단, 분무도장, 모래털기(주물)등에 주로 사용하고 있다.

149

형 식		개구면 배기방향	적용작업의 예와 특징
3. Capture Hood (외부형)	• 장방형  플렉시블 덕트	상방(U) 측방(L)	용접·혼합·체질·용해·분쇄·목공기계·포대에 넣는 작업 등에 필요한 후드이다. 개구부의 형상에 따라 환형 · 장방형으로 부른다.
4. Receiving Hood (수형후드)	• Canopy type 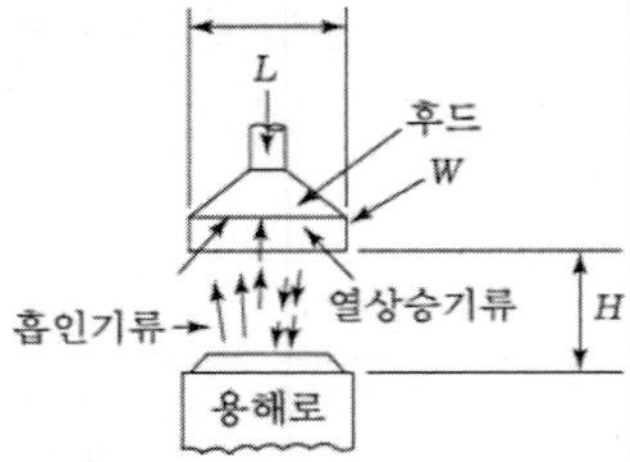	상방(U) 측방(L)	제강공장의 전기로, 용해로 등의 높은 온도에 의한 상승기류와 함께 오염물질을 포집하는 후드이다.
	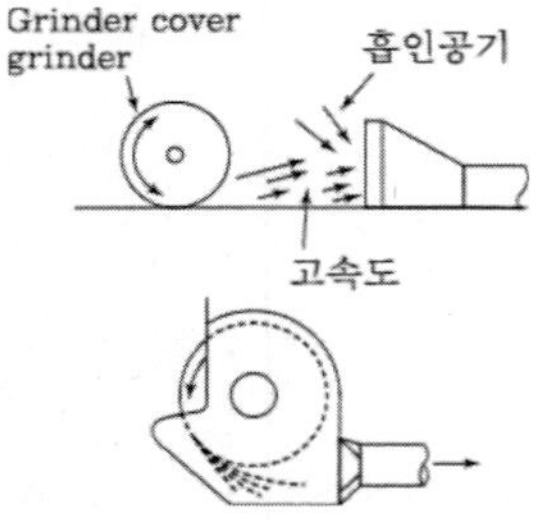	상방(U) 측방(L) 하방(D)	그라인더 파쇄작업에 필요로 하는 후드이다.
	• Free standing receiving Hood(장방형) 등이 있다	측방(L)	파쇄작업에 활용되는 후드

그림 4.4 후드 형식별 설명

나. 포촉속도(포착속도, 제어속도, Capture velocity)와 개구면속도

1) 발생원에서 비산하는 오염물질을 비산 한계점 범위내의 어떤 지점에서 포착하여 Hood로 흡인하기 위해 필요한 최소의 속도 포촉속도(포착속도, 제어속도)라 한다.
2) 포위형 또는 포집형(Booth type) Hood에서는 포착점을 Hood의 개구면에서 유속이므로 포촉속도는 개구면속도가 된다.
3) 포집형 또는 Receiver hood는 포착점에서 Hood 개구면까지의 거리를 되도록 가깝게 해야 하며, 원형일 때에는 직경과 같게, 장방형일 때는 짧은 변의 1.5배 거리로 한다.
4) 난기류 발생시 포촉속도는 2 ~ 2.5배로 크게 한다.

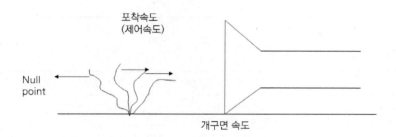

그림 4.5 제어 속도와 개구면 속도

* **Null point (무효점)**
    오염물질의 속도가 "0"가 되는 점

* **포착속도(제어속도)**
    오염물질을 후드로 유입시키는데 필요한 기류 속도

표 4.2 공정별 포착(제어)속도의 개략치

오염물질의 발생상태	공 정 예	포착 또는 제어속도
작업 공정 주위에 기류가 거의 없고 오염물질도 비산이 되지 않는 경우	도금조에서 발생하는 가스, 증기, 흄 등	0.25 ~ 0.5 m/sec
비교적 조용한 기류변화와 낮은 속도로 오염물질이 비산하는 경우	Booth식 Hood에 있어서의 분무도장작업, 도금작업, 용접작업, 산세척작업, 낮은 속도의 콘베어작업	0.5 ~ 1.0 m/sec
빠른 기류변화가 있고 오염물질이 빠른 속도로 비산하는 경우	Spray Booth의 분무도장작업, 함침(Dipping)도장작업, 콘베이어 낙하구 분쇄작업, 파쇄기	1.0 ~ 2.5 m/sec
대단히 빠른 기류변화가 있고 오염물질도 매우 빠른 속도로 비산하는 경우	연삭작업, 고속 분무작업, 블라스트작업	2.5 ~ 10.0 m/sec

표 4.3 발생원과 후드형상에 대한 포촉속도

No	발 생 원	후 드 형 상	포촉속도(m/sec)	포촉지점
1	Sand Blast Room Sand Blast Table	포위 박스형 부스형	0.3 ~ 0.5 1.0	개구면 개구면
2	포장작업(종이 포장대) 포장작업(마대 포장대)	부스형 부스형	0.5 1.0	개구면 개구면
3	저장투입	포위 카바형	0.8 ~ 1.0	개구면
4	병세척	부스형(건물)	0.8 ~ 1.0	개구면
5	콘베이어 이송	포위 카바형	0.8 ~ 1.0	개구면
6	단조(수동)	부스형(건물)	1.0	개구면
7	주물사 스크린(회전) 주물사 스크린(진동)	포위 카바형 포위 카바형	1.0 1.0	개구면 개구면
8	Shake Out Shake(냉각된 주물) shake(뜨거운 주물)	부스형(Chamber) 포집 Grid형 포집 Grid형	1.0 1.3 3.0	개구면 격자면 격자면
9	AL 용해로 구리 용해로 도가니로 전기로	레시바 캐노피형 레시바 캐노피형 레시바 캐노피형	0.8 1.0 ~ 1.3 1.0 2.0	개구면 개구면 개구면 개구면
10	용탕 주입	포집 스롯트형	2.0	개구면
11	Bucket Elevator	포집 박스형	2.5	개구면

No	발 생 원	후 드 형 상	포촉속도(m/sec)	포촉지점
12	디스크 연마기 평면 연마기	포집 Grid 포집 스롯트형	1.0 ~ 2.0 7.5	격자면 발생원
13	주방 가스렌지	레시바 캐노피형	0.5 ~ 0.8	개구면
14	분무도장	부스형(건물)	0.5 ~ 1.0	개구면
15	고무 카렌다	포집 장방형	0.5	개구면
16	탈지탱크 침적탱크 산세척탱크 도금탱크 탕세탱크	포집 스롯트형 부스형(Chamber) 포집 스롯트형 포집 스롯트형 레시바 캐노피형	0.3 ~ 0.5 0.8 0.4 ~ 0.5 0.4 ~ 0.5 0.4 ~ 0.5	발생원 개구면 발생원 발생원 발생원
17	전기용접 전기용접	레시바 캐노피형 부스형(건물)	0.5 ~ 1.0 0.5	발생원 개구면
18	혼합기	포위 카바형	0.5 ~ 1.0	개구면

표 4.4 유기용제에 대한 제어속도

후드의 형식		제어속도(m/sec)
포위식 후드		0.4
외부식 후드	측방 흡인형	0.5
	하방 흡인형	0.5
	상방 흡인형	1.0

표 4.5 특정분진 발생원에 대한 제어속도

특 정 분 진 발 생 원	제어속도(m/sec)			
	포위식 후드일때	외부식 후드일 때		
		측방 흡인형	하방 흡인형	상방 흡인형
1. 동력을 상용하여 실내에서 암석 또는 광물을 재단하는 장소	0.7	1.0	1.0	–
2. 동력을 사용하여 실내에서 암석 또는 광물을 조각, 마무리하는 장소	0.7	1.0	1.0	1.2
3. 연마재를 분사하여 실내에서 암석광물 또는 주물을 연마하거나 조각하는 작업장소	1.0	–	–	–

특 정 분 진 발 생 원	제어속도(m/sec)			
	포위식 후드일때	외부식 후드일 때		
		측방 흡인형	하방 흡인형	상방 흡인형
4. 연마재 및 동력을 사용하여 실내에서 암석, 광물 또는 금속을 연마 주물 또는 추출하거나 금속을 재단하는 작업장소	0.7	1.0	1.0	1.2
5. 실내에서 시멘트, 티타늄 분말상의 광석, 탄소원료, 탄소제품, 알루미늄 또는 산화티타늄을 포장하는 작업장소	0.7	1.0	1.0	1.2
6. 실내에서 분말상의 광석, 탄소원료 또는 그 물질을 함유한 물질을 혼합, 혼입 또는 살포하는 작업장소	0.7	1.0	1.0	1.2
7. 유리를 제조하는 공정, 도자기, 내화물, 형상토제품, 또는 연마재를 제조하는 공정, 탄소제품을 제조하는 공정중 실내에서 원료를 혼합하는 작업장소	0.7	1.0	1.0	–
8. 내화벽돌 또는 타일을 제조하는 공정중 동력을 사용하여 실내에서 원료를 성형하는 작업장소	0.7	1.0	1.0	1.2
9. 실내에서 수직식 용용분사기를 이용하지 아니하고 금속을 용용 분사하는 작업장소	0.7	1.0	1.0	1.2
10. 동력을 사용하여 실내에서 암석, 광물, 탄소원료 또는 알루미늄을 파쇄, 분쇄하는 작업장소	0.7	1.0	–	1.2
11. 동력을 사용하여 실내에서 암석, 광물, 탄소원료 또는 알루미늄박을 체질하는 작업장소	0.7	–	–	–
12. 도자기, 내화물, 형상토제품 또는 연마재를 제조하는 공정, 탄소제품을 제조하는 공정에서 동력을 사용하여 실내에서 반제품 또는 제품을 다듬질하는 작업 장소중 압축공기에 의하여 분진이 확산되는 장소	0.7	1.0	1.0	–
13. 도자기, 내화물, 형상토제품 또는 연재를 제조하는 공정, 탄소제품을 제조하는 공정에서 동력을 사용하여 실내에서 반제품 또는 제품을 다듬질하는 작업장소중 압축공기에 의하여 분진이 확산되는 장소이외의 장소	0.7	1.0	1.0	1.2
14. 주형을 사용하여 주물을 제조하는 공정에서 실내에 주형을 해체하거나 분해장치를 이용하여 사형을 부수는 장소	0.7	1.3	1.3	–
15. 사형을 사용하여 주물을 제조하는 공정에서 실내의 수동식 공구를 제외한 동력에 의하여 주물사를 재생하는 장소	0.7	–	–	–

특 정 분 진 발 생 원	제어속도(m/sec)			
	포위식 후드일때	외부식 후드일 때		
		측방 흡인형	하방 흡인형	상방 흡인형
16. 사형을 사용하여 주물을 제조하는 공정에서 실내의 소동식 공구를 제외한 동력에 의하여 주물사를 섞는 장소	0.7	1.0	1.0	1.2

다. Hood의 흡기와 배기

1) Hood의 흡인속도는 Hood 직경만큼 떨어진 거리에서 속도는 개구면에서 속도가 1/10로 감소한다.

2) 배출속도는 Hood 직경의 30배 거리에서 1/10로 감소한다. 따라서 후드는 오염물질이 발생하는 가까운 곳에 설치해야 한다.

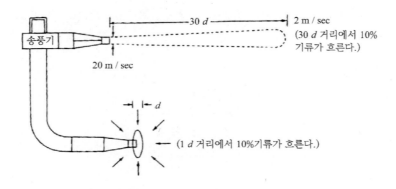

그림 4.6 Hood의 흡기와 배기

라. 후드 개구면 속도 균일화 방법

후드 개구면 속도는 개구면 중앙은 빠르고 후드 주변으로 갈수록 떨어진다. 그러므로 포집형 후드에서 포집효율을 증대시키기 위해서는 적절한 포촉속도와 함께 후드 개구면에서의 균일한 유속분포가 매우 중요하다.

후드 개구면 속도를 균일화 시키는 방법은 Flange를 부착하는 방법외에 다음과 같은 방법이 있다.

1) Hood의 분할

가) 발생원으로부터 먼 거리에 설치되는 Hood는 개구면적이 크게 되므로 하나의 Hood보다는

여러 개의 Hood로 분할해야 한다.

나) Hood의 몸체높이(H)

　　H ≥ 3D(원형 Duct의 경우 직경 D)

　　H ≥ 3.4 $\sqrt{S}$ (사각 Duct의 경우 직경 S)

　　A ≤ 12a(Hood개구면적 A, Duct단면적 a)

다) Hood를 분할하여 지관 Duct를 주관 Duct에 연결할 때는 부분 확대관이나, 주관 Duct를 테이퍼로 하여 압력손실을 적게 해야 한다.

　2) 안내판(Guide Vane)

H < 3D인 경우는 안내판을 설치하여 흡인속도 변화를 줄여야하며, 안내판의 길이는 Hood와 Duct가 연결되는 목부위부터 h = 1/3D되는 위치까지 한다. (D: Duct 직경)

　3) 분배판(Buffle Plate)

가) Hood내에서 Duct와 Hood가 설치되는 목 부위로 부터 h≒D되는 위치에 분배판을 설치한다.

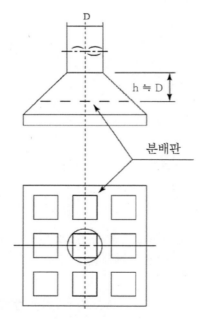

그림 4.7 분배판 설치위치

나) 분배판은 다공판으로 구멍크기는 1/5D, 구멍간격은 가장자리 부근을 멀게, 테두리부분은 가

깝게 설치하여 속도분포를 균일하게 한다.

4) 테이프관(Taper Tube)

가) Hood와 Duct를 연결하는 경사접합부가 테이프관이라 한다. 급격한 단면 변화로 인한 압력손 실을 최소화하는 것이다.

나) θ = 60°되게 설치한다.

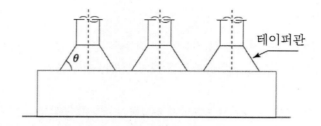

5) Slot 사용

가) Hood의 높이와 길이의 비가 0.2 보다 적은 Hood를 Slot hood라 한다.

나) Slot 높이는 6 mm 이상으로 한다.

6) Hood Flange 효과

가) Hood에 Flange를 부착하면 집진풍량을 25% 줄일 수 있다.

나) Flange size는 50 ~ 150 mm로 한다.

3. Hood 및 Duct의 압력손실 계산

압력손실은 후드에서 흡입된 배기가스가 방지시설을 통하여 외부로 방출되는 동안에 기류가 가지고 있는 기계적 에너지가 덕트 벽면의 마찰 또는 덕트 벽면의 상태와 관의 모양(곡관, 관수축, 관 확대) 등에 의해 발생되는 손실을 총칭한다. 방지시설에서 덕트의 압력손실은 입구함진 농도가 30 g/m³ 이하에서는 분진농도의 영향을 무시하며 기류흐름에 대한 손실만 고려하면 된다.

방지시설에서 다루는 송풍관 내의 기류는 일반적으로 난류로서 압력손실은 속도의 제곱에 비례하는데 이는 곧 속도압에 비례한다는 것을 알 수 있다. 속도압은 다음과 같이 정의된다.

$$V_P = \frac{\gamma \cdot V^2}{2g}$$

여기서　V_P : 속도압

　　　　γ : 공기의 비중량

　　　　V : $Duct$ 유속

　　　　g : 중력 가속도

가. 후드정압

1) 후드유입 압력손실

공기를 후드나 덕트로 유입하려면 정지상태의 외부공기를 일정한 속도로 움직이도록 가속(Acceleration)하고, 공기가 후드나 덕트로 유입될 때 발생하는 난류(Turbulent flow)에 의한 압력손실을 극복해야 한다.

정지상태의 공기를 가속시키는 데에는 속도압에 해당하는 에너지가 필요하고, 개구면에서 발생하는 난류에 의한 압력손실을 개구면의 모양에 따라 차이가 있다. 공기 가속화에 필요한 에너지와 난류에 의한 압력손실을 합하여 후드정압(Hood static pressure, $\triangle P_H$)이라 하며, 다음 식으로 표시한다.

방지시설에서의 F_H는 통상 0.5를 적용한다.

- $\triangle P_H = (1 + F_H) V_p$　　(F_H : Hood 유입 손실 계수)

　난류에 의한 압력손실 : $F_H V_p$

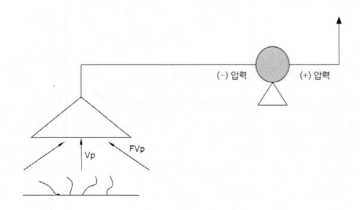

그림 4.8 Hood의 유입손실

2) Hood 유입(효율)계수(Ce)

후드의 유입효율을 나타내는 유입계수(Coefficient of entry, Ce)는 다음과 같이 나타낼 수 있다.

$$C_e = \frac{Q_{actual}}{Q_{ideal}} = \frac{실제 유량}{이론 유입 유량}$$

위 식은 후드정압($\triangle P_H$)로 흡인할 때 난류에 의한 압력손실로 인하여 실제로 흡인되는 유량 Q_{actual}과 난류에 의한 압력손실이 전혀 없을 때 발생하는 이상적인 흡인유량 Q_{ideal}의 비를 Ce로 정의한다. 따라서, 후드에서의 유입손실이 전혀 없는 이상적인 후드의 Ce는 1이 된다.

C_e, V_p, S_p, P_H의 관계는 다음 식으로 표현할 수 있다.

$$C_e = \frac{A \times V_{actual}}{A \times V_{ideal}} = \frac{A \times 4.043\sqrt{V_p}}{A \times 4.043\sqrt{S_p}}$$

$$= \sqrt{\frac{V_p}{S_p}} = \sqrt{\frac{V_p}{(1+F_H)\,V_p}}$$

$$= \sqrt{\frac{1}{1+F_H}}$$

여기서, A: 덕트 단면적

V: 덕트 평균 유속

예제 1 온도가 20°C이고 $Q = 0.1415\ m^3/sec$, $d = 0.09\ m$, $F_H = 0.4$ 일 때의 후드 정압을 구하시오.

┃풀이

$\triangle P_H = (1+F)\,V_p$ 에서

$$V = \frac{0.1415}{\frac{\pi}{4}(0.09)^2} = 22.24\,(m/sec)$$

$$V_p = \frac{rv^2}{2g} = \frac{1.2 \times 22.24^2}{2 \times 9.81} = 30.25\,(mmH_2O)$$

$$\therefore \triangle P_H = (1+0.5) \times 30.25$$

$$= 45.38\,(mmH_2O)$$

나. 직관의 압력손실

직관의 압력손실을 구하기 위해 일반 계산식과 환기시설에서 사용하는 경험식인 등거리 환산법, 속도압법을 이용한다.

① 일반 계산식

$$\triangle P = \lambda \cdot \frac{L}{D} \cdot \frac{r V^2}{2g}$$

여기서, λ : 마찰계수(4f)

L : 관의 길이(m)

D : 관의 직경(m)

g : 중력가속도(m/sec²)

γ : 공기의 비중량(kg/m³)

V : 유속(m/sec)

$\triangle P$: 압력손실(mmAq)

V_P : 속도압(mmAq)

② 등거리 환산법(환기시설)

등거리 환산법은 환기시설 설계시 사용하는 경험식이므로 사용단위에 주의 해야한다.

$$h_L = 5.3845 \times \frac{V^{1.9}}{d^{1.22}}$$

여기서, $h_L = Duct\ 1m$당 압력손실(mmH_2O/m)

$V = $ 유속$(m/\sec)$

$d = $ 직경(mm)

③ 속도압법(환기시설)

$$H_f = a \times \frac{V^b}{Q^c}$$

여기서, a,b,c : 재질별 상수

Q : 풍량 $(m^3/\sec)$

V : 유속 $(m/\sec)$

$$\triangle P = \lambda \times \frac{L}{D} \times V_p = H_f \times L \times V_p$$

표 4.6 덕트 재료별 상수 a, b, c 값

덕트재료	표면조도(mm)	a	b	c
알루미늄, 흑철, 스테인레스 스틸	0.05	0.0162	0.465	0.602
아연도 강판	0.15	0.0155	0.533	0.612
굴절성 덕트 (철사은폐)	0.9	0.0186	0.604	0.639

예제 2 직경 150 mm, 길이 6 m인 아연도금 원형 덕트를 통과하는 유량이 0.2 m³/sec(at 20℃) 일 때, 압력손실을 경험식인 등거리 환산법과 속도압법을 이용하여 계산하시오.

풀이

덕트 내 유속을 계산하면

$$V = \frac{Q}{A} = \frac{0.2\ m^3/\sec}{\frac{\pi}{4}\times(0.150)^2\ m^2} = 11.32\ m/\sec\ 이다.$$

유속 V를 이용하여 속도압 V_p를 계산하면

$$V_P = \frac{1.2\times11.32^2}{2\times9.81} = 7.84(\text{mmH}_2\text{O})$$

㉮ 등거리 환산법

$$h_L = 5.3845 \times \frac{V^{1.9}}{d^{1.22}} = 5.3845 \times \frac{11.32^{1.9}}{150^{1.22}}$$

$$= 1.2\ mmH_2O/\text{덕트}\ 1\ m$$

위 계산 과정에서 d의 단위가 mm임에 주의해야 한다. 덕트의 길이가 6 m이므로 총 압력손실은
$\therefore 1.2\ mmH_2O/\text{덕트}\ 1\ m \times 6\ m = 7.2\ mmH_2O$ 이다.

㉯ 속도압법

$$H_f = a \times \frac{V^b}{Q^c} = 0.0155 \times \frac{11.32^{0.533}}{0.2^{0.612}} = 0.15/m \text{ 이다.}$$

$$\therefore \Delta P = 0.15/m \times 6\,m \times 7.84\,mmH_2O = 7.06\,mmH_2O \text{이다.}$$

위의 계산 결과를 참고하였을 때 등거리 환산법과 속도압법의 차이가 거의 없음을 알 수 있다.

1) 압력손실계수(λ) 산정

원형 직관에서의 압력손실을 다음 식과 같다.

$$\Delta P = 4f \cdot \frac{L}{D} \cdot \frac{\gamma \cdot V^2}{2g} = \lambda \cdot \frac{L}{D} \cdot V_P$$

여기서
- λ : 마찰계수($4f$)
- L : 관의 길이(m)
- D : 관의 직경(m)
- g : 중력가속도(m/sec^2)
- γ : 공기의 비중량(kg/m^3)
- V : 유속(m/sec)
- ΔP : 압력손실(mmAq)
- V_P : 속도압(mmAq)

여기서, 마찰계수 λ는 Reynold수의 함수로 나타내며, 그림 4.9은 이런 관계를 나타낸 것이다.

$$Re = \frac{D \times V \times \rho}{\mu} = \frac{\text{점성력}}{\text{관성력}} = \frac{D \times V}{\nu} \quad [\text{무차원}]$$

- υ : 동점성계수[$\upsilon = \mu/\rho$](m^2/sec)
- V : 속도(m/sec)
- D : 직경(m)
- μ : 점성계수(kg/m·sec)
- ρ : 밀도(kg/m^3)

> ### ※ Moody colebrook 방정식
>
> Duct 내부의 완전 난류 조건(Re > 4100)에서 유체의 압력손실 계산을 위한 실험적 압력손실 계수(λ)를 제시하였다. 압력손실 계수(λ)는 레이놀드 수(Re), 재질별 표면 거칠기(표면 조도, ϵ), Duct의 직경(D)에 관한 함수로 나타낼 수 있다.

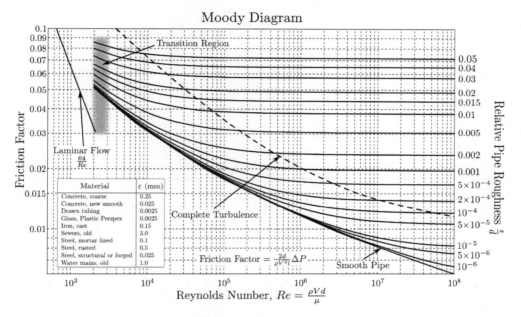

그림 **4.9** Moody diagram

표 4.7 재질별 표면 거칠기 높이(표면조도)

구분		표면 거칠기 높이(mm)	비 고
PVC		0.0025	
아연도 강판		0.15	
굴절성 닥트(철사 은폐)		0.9	
콘크리트관	거친 표면	0.25	
	매끈한 표면	0.025	
리벳으로 조립한 Steel		3.0	
오래된 하수관		3.0	
나무 관		0.3	
주물 관		0.15	
Steel	타르 코팅	0.1	
	일반	0.025	시중 제품
	녹슨	0.5	

$$\frac{1}{\sqrt{\lambda}} = -2\log\left(\frac{\epsilon}{3.7D} + \frac{2.51}{Re\sqrt{\lambda}}\right) \quad \cdots\cdots\cdots\cdots\cdots\cdots\cdots\cdots\cdots\cdots\cdots\cdots\cdots\cdots\cdots\cdots\cdots\cdots \text{식 (1)}$$

여기서, λ = 마찰 계수

ϵ = 표면 조도, 표면 거칠기 높이(mm)

D = 파이프 직경(mm)

e = 표면 거칠기 높이

예제 3 직경 200 mm PVC관을 사용했을 때 압력손실계수 λ(4f)를 구하시오.

$e = 0.0025\,mm \quad D = 200\,mm\,(V = 18\,m/\text{sec}, \ Q = 34\,m^3/\text{min})$

▎풀이 1

$\therefore$ 상대조도 $= \dfrac{e\,(\text{표면거칠기 높이})}{D\,(\text{관의 직경})} = \dfrac{0.0025}{200} = 1.25 \times 10^{-5}$

$Re = \dfrac{\rho v D}{\mu} = \dfrac{1.2\,kg/m^3 \times 18.0\,m/\text{sec} \times 0.2\,m}{1.8 \times 10^{-5}\,kg/m\,\text{sec}} = 2.4 \times 10^5$

그림 4.9에 따라 λ = 약 0.015이다.

풀이 2

$e = 0.0025\,mm$, $D = 200\,mm$, $Re = 2.4 \times 10^5$ 이므로 식 (1)로 계산하면 $\lambda = 0.015$ 이다.

예제 4 Duct의 내경이 500 mm인 직관으로 200 ㎥/min(at 0℃) 공기를 송풍할 때 길이 5 m 관의 압력손실은 몇 mmH₂O인가? (단, 4f = 0.06)

풀이

Q = AV에서

$$V = \frac{Q}{A} \quad \frac{3.33 \text{ ㎥/sec}}{0.785 \times (0.5)^2 \text{ } m^2} = 16.97 \text{ m/sec}$$

$$\triangle P = 4f\,\frac{L}{D}\,\frac{rv^2}{2g} \text{(원형덕트)에서}$$

$$\triangle P = 0.06 \times \frac{5}{0.5} \times \frac{1.29 \times 16.97^2}{2 \times 9.8} = 10.99(\text{mmH}_2\text{O})$$

2) 장방형 관의 직경산정

장방형 직관의 압력손실은 장방형 관의 상당 직경을 구한 다음, 원형직관 압력손실 계산과 같은 방법으로 압력손실을 계산한다.

다음 식은 상당 직경을 구하는 공식이다.

$$D_{eq} = 1.3 \times 8\sqrt{\frac{(AB)^5}{(A+B)^2}} = 1.3 \times \frac{(A \times B)^{0.625}}{(A+B)^{0.25}}$$

여기서, D_{eq} : 상당 직경(m)
   A : 장방형 닥트의 가로(m)
   B : 장방형 닥트의 세로(m)

장방형 직관의 상당 직경 간이식은 다음과 같다.

$$D_{eq} = \frac{2AB}{A+B}$$

예제 5 폭 600, 높이 900 mm의 10 m 직관의 유속 600 m/min, 50℃에서 송풍할 때 압력손실은 몇 mmH$_2$O인가? (단 λ=0.04)

풀이

$$\Delta P = \lambda \cdot \frac{L}{D} \cdot \frac{rv^2}{2g} \text{(사각형 닥트)에서}$$

$$De = \frac{2ab}{a+b} = \frac{2 \times 0.6 \times 0.9}{0.6+0.9} = 0.72 \text{(m)}$$

$$r = 1.293 \times \frac{273}{273+50} = 1.09 \text{(kg/m}^3\text{)}$$

$$\Delta P = 0.04 \times \frac{10}{0.72} \times \frac{1.09 \times (10)^2}{2 \times 9.81} = 3.09 \, (mmH_2O)$$

다. 곡관의 압력손실

곡관의 압력손실은 덕트의 크기, 모양, 속도, 관경과 곡율 반경의 비(R/D), 그리고 곡관에 연결된 송풍관의 상태에 따라 달라지며, 원형 곡관과 장방형 곡관으로 나눌 수 있다.

1) 원형 곡관의 압력손실

원형 곡관의 압력손실은 곡관의 곡율 반경비에 따른 압력손실계수를 표 4.8에서 구하여, 여기에 속도압을 곱하여 압력손실을 구하거나, 곡관에 대한 상당길이(Equivalent length)를 구하여 원형직관의 압력손실로 구한다.

가) 곡율 반경비에 의한 압력손실 계산

압력손실 ΔP와 압력손실계수 ζ는 다음과 같은 관계가 있다. 곡관의 각이 θ 90°가 아니고 45°, 60° 등일 때에는 $\frac{\theta}{90°}$를 곱하면 구할 수 있다. 곡관의 압력손실 계수는 표 4.8에 의하여 구해진다.

$$\zeta = \frac{\Delta P}{V_P} \qquad \qquad \therefore \Delta P = \zeta \times V_P$$

여기서 ζ(Zeta) : 압력손실계수, V_P : 속도압, ΔP : 압력손실(mmH$_2$O)

표 4.8 곡관의 곡율반경비와 압력손실계수

R/D(곡율 반경)	압력손실계수(ζ)
2.75	0.26
2.50	0.22
2.25	0.26
2.00	0.27
1.75	0.32
1.50	0.39
1.25	0.55

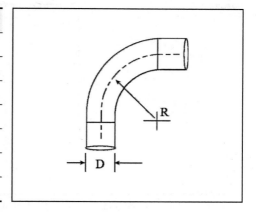

나) 상당 길이에 의한 압력손실 계산

곡관에서 관경과 중심반경에 따른 상당길이(Equivalent length)를 표 4.9에서 구하고, 이 길이에 대한 원형직관의 압력손실을 구하여 이 값을 원형곡관의 압력손실로 한다.

표 4.9 관경과 중심반경에 따른 상당길이(Feet)

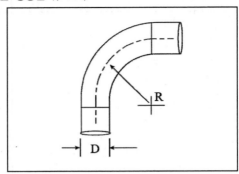

관경 D	90°elbow 중심반경(R)			60°elbow (90°elbow × 0.67)			45°elbow (90°elbow × 0.5)			30°elbow (90°elbow × 0.33)		
	1.5D	2.0D	2.5D	1.5D	2.0D	2.5D	1.5D	2.0D	2.5D	1.5D	2.0D	2.5D
3″	5	3	3	3.35	2.0	2.0	2.5	1.5	1.5	1.67	1	1
4″	6	4	4	4	2.68	2.68	3	2	2	2	1.33	1.33
5″	9	6	5	6	4	3.33	4.5	3	2.5	3	2	1.67
6″	12	7	6	8	4.67	4	6	3.5	3	4	2.33	2
7″	13	9	7	8.67	6	4.67	6.5	4.5	3.5	4.33	3	2.33
8″	15	10	8	10	6.67	5.33	7.5	5	4	5	3.33	2.67
10″	20	14	11	13.33	9.33	7.33	10	7	5.5	6.67	4.67	3.67
12″	25	17	14	16.67	11.33	9.33	12.5	8.5	7	8.33	5.67	4.67
14″	30	21	17	20	14	11.33	15	10.5	8.5	10	7	5.67
16″	36	24	20	24	16	13.33	18	12	10	12	8	6.67
18″	41	28	23	27.33	18.67	15.33	20.5	14	11.5	13.67	9.33	7.67
20″	46	32	26	30.67	21.33	17.33	23	16	13	15.33	10.67	8.67
24″	57	40	32	38	27.67	21.33	28.5	20	16	19	13.33	10.67
30″	74	51	41	49.33	34	27.33	37	25.5	20.5	24.67	17	13.67
36″	93	64	52	62	42.67	34.67	46.5	32	26	31	21.33	17.33
40″	105	72	59	70	48	39.33	52.5	36	29.5	35	24	19.67
48″	130	89	73	86.67	59.33	48.67	65	44.5	36.5	43.33	29.67	24.33

예제 6 곡률반경이 2이고 60°로 제작된 원형덕트의 △P는 얼마인가?
(단, 동압은 24.7 mmH₂O 이다.)

▌풀이

표 4.8에 의해 압력손실계수가 0.27이고, 곡관부 각도가 60°이므로

$$\zeta = 0.27 \times \frac{60°}{90°} = 0.18$$

$$\therefore \triangle P = \zeta \times P_v = 0.18 \times 24.7 = 4.45 \, (mmH_2O)$$

2) 장방형 곡관의 압력손실

장방형 곡관의 압력손실은 면비(W/D)와 반경비(R/D)에 따른 압력손실계수를 표 4.10에 의해 구하고 여기에 속도압을 곱하여 압력손실을 구한다.

$$\Delta P = \zeta \times V_P$$

표 4.10 장단면비와 반경비에 따른 압력손실 계수

R/D \ W/D	$\zeta = \Delta P / V_P$					
	0.25	0.5	1.0	2.0	3.0	4.0
0.0	1.50	1.32	1.15	1.04	0.92	0.86
0.5	1.36	1.21	1.05	0.95	0.84	0.79
1.0	0.45	0.28	0.21	0.21	0.20	0.19
1.5	0.28	0.18	0.13	0.13	0.12	0.12
2.0	0.24	0.15	0.11	.011	0.10	0.10
3.0	0.24	0.15	0.11	0.11	0.10	0.10

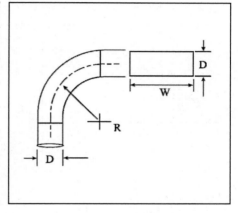

예제 7 곡율 반경이 2.0, W/D의 비가 1이고 45°인 장방형 덕트의 △P는 얼마인가?
(단, 동압은 23.5 mmH₂O이다.)

▌풀이

표 4.10에 의해 곡율 반경이 2.0이고 W/D의 비가 1이므로 압력손실계수는 0.11이다.

$$\zeta = 0.11 \times \frac{45°}{90°} = 0.055$$

$$\therefore \triangle P = \zeta \times V_P = 0.055 \times 23.5 = 1.29 \, (mmH_2O)$$

3) 합류관의 압력손실

합류관에서 합류점 P부분의 압력손실은 표 4.11에서 주관과 지관의 압력손실계수를 구하고, 이 계수에 속도압(V_P)을 곱하여 주관과 지관의 압력손실(ΔP)을 구해 두 값을 합산한다.

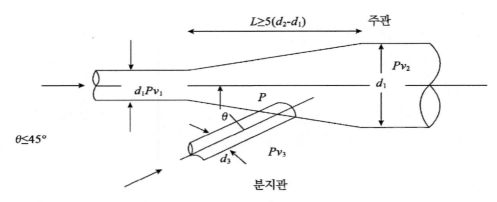

그림 4.10 합류관의 손실

표 4.11 원형 합류관의 압력손실계수

θ(각도)	지관닥트 $\zeta = \Delta P / P_{v2}$	주관닥트 $\zeta = \Delta P / P_{v1}$	θ(각도)	지관닥트 $\zeta = \Delta P / P_{v2}$	주관닥트 $\zeta = \Delta P / P_{v1}$
10	0.06		40	0.25	
15	0.09		45	0.28	0.2
20	0.12		50	0.32	
25	0.15	0.2	60	0.44	0.2
30	0.18		90	1.00	0.7
35	0.21				

- 주관의 압력손실 : $\Delta P_1 = \zeta \times V_{P_1}$
- 지관의 압력손실 : $\Delta P_2 = \zeta \times V_{P_2}$
- 합류점의 압력손실 : $\Delta P = \Delta P_1 + \Delta P_2$

예제 8 주관($\triangle P_1$) Duct의 온도 20℃, 유속이 20 m/sec이고 지관($\triangle P_2$) Duct의 유속이 21 m/sec로 45°로 합류되었을 때 합류관의 $\triangle P$은 얼마인가?

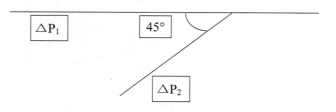

▎풀이

$\triangle P = \triangle P_1 + \triangle P_2$

$\triangle P_1 = \delta \times V_{p1}$

$\quad = 0.2 \times \dfrac{1.2 \times 20^2}{2 \times 9.81} = 4.89 (mmH_2O)$

$\triangle P_2 = \delta \times V_{p2}$

$\quad = 0.28 \times \dfrac{1.2 \times 21^2}{2 \times 9.81} = 7.55 (mmH_2O)$

$\therefore \triangle P = 4.89 + 7.55 = 12.44 (mmH_2O)$

4) 확대·축소관의 압력손실

가) 확대관의 압력손실

그림 4.11과 같은 원형 확대관의 압력손실(ΔP)과 정압회복량($S_{P1}-S_{P2}$)은 다음 표 4.12에 의하여 구한다. 속도압차($V_{P1}-V_{P2}$) 중의 일부는 압력손실이 되고 그 밖에는 정압회복량이 된다. ζ는 압력손실계수이고 ζ'는 정압회복계수이다. 이를 수식화하면 다음과 같다.

$$S_{P1}-S_{P2} = (V_{P1}-V_{P2}) - \zeta(V_{P1}-V_{P2}) \quad\Big]\quad \zeta' = (1-\zeta)$$
$$\zeta'(V_{P1}-V_{P2})$$

여기서, S_{P2} : 확대관의 정압(mmH₂O)

$\quad\quad S_{P1}$: 유입관의 정압(mmH₂O)

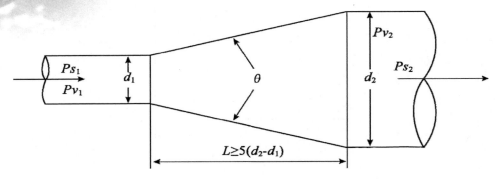

그림 4.11 원형확대관의 손실

표 4.12 원형확대관의 압력손실계수

각도 (A°)	$\zeta = \dfrac{\Delta P}{P_{V1} - P_{V2}}$	$\zeta' = \dfrac{P_{S1} - P_{S2}}{P_{V1} - P_{V2}}$
5	0.17	0.83
7	0.22	0.78
10	0.28	0.72
15	0.37	0.63
20	0.44	0.56
25	0.51	0.49
30	0.58	0.42
35	0.65	0.35
40	0.72	0.28
45	0.80	0.20
50	0.87	0.13
55	0.93	0.07
60 이상	1.00	0.00

나) 축소관의 압력손실

그림 4.12과 같은 원형축소관의 압력손실(ΔP)은 다음 표 4.13에서 구한 압력손실계수에 속도압 (V_P)을 곱하여 구한다.

$$\Delta P = \zeta (V_{P2} - V_{P1})$$
$$S_{P2} - S_{P1} = -(V_{P2} - V_{P1}) - \zeta (V_{P2} - V_{P1})$$

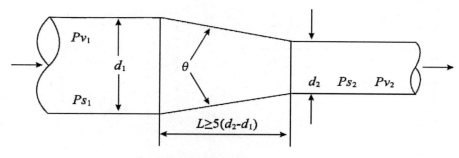

그림 4.12 원형축소관의 약도

표 4.13 원형축소관의 압력손실계수

θ(도)	$\zeta = \Delta P/(P_{V2} - P_{V1})$
5	0.04
10	0.05
20	0.06
30	0.08
40	0.10
50	0.11
60	0.13
90	0.20
120	0.30

5) Weather Cap의 압력손실

Weather cap이 붙은 원형 배기구 그림 4.13의 압력손실 ΔP는 표 4.14에서 구한다.

표 4.14의 ζ에서 1을 뺀 것에 V_P를 곱하여 얻는 값은 배출구에 있어서의 정압과 비슷하다.

표 **4.14** Weather Cap의 $\dfrac{h}{d}$ 와 압력손실계수

h/d	$\zeta = \Delta P / V_P$
1.00	1.10
0.75	1.18
0.70	1.22
0.65	1.31
0.60	1.41
0.55	1.56
0.50	1.73
0.45	2.00

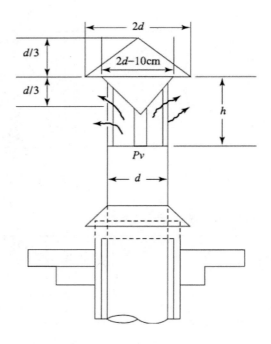

그림 **4.13** Weather cap이 붙은 원형 배기구

라. 단일 Hood 설계

아래 조건에서 송풍기 정압을 계산하면 다음과 같다.

1) 계통도

단위: (mm)

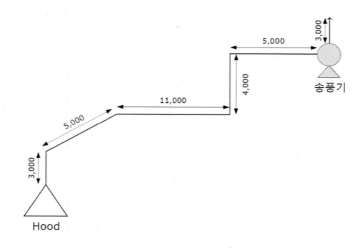

2) 설계조건

구분	조건
덕트 유속(V_d)	18 m/sec
개구면 속도	1 m/sec
개구면 면적	1.8 m^2 (1.5 m×1.2 m)
곡관	60°, 곡률반경 2 인 곡관 2개,
	90°, 곡률반경 1.75 인 곡관 2개
점성계수(μ)	$\mu = 1.8 \times 10^{-5} \, kg/m \cdot sec$
덕트 재료	아연도 강판
온도	20°C
후드 유입 손실 계수(F)	0.5

※ Duct 직경은 끝자리를 0, 5로 설정하시오.

3) 계산

① $Q = AV = 1.5 \times 1.2 \times 1 = 1.8 \, m^3/sec$

② Duct 직경 결정

$$A = \frac{Q}{V} = \frac{1.8 \, m^3/\sec}{18 \, m/\sec} = \frac{\pi}{4} d^2 \text{에서}$$

$$d = 0.357 \, m = 357 \, mm$$

∴ d = 355 mm로 결정(설계 유속은 안전율을 고려하여 크게 해야 하므로 직경은 357 mm보다 작게 결정)

③ 닥트 속도 재결정

Duct 직경이 357 mm에서 355 mm로 변경되었으므로 속도를 재계산하면

$$V = \frac{Q}{A} = \frac{1.8 \, m^3/\sec}{\frac{\pi}{4}(0.355)^2 \, m^2} = 18.19 \, m/\sec \text{로 결정}$$

④ $Re = \dfrac{\rho \cdot V \cdot D}{\mu} = \dfrac{1.2 \, kg/m^3 \times 18.19 \, m/\sec \times 0.355 \, m}{1.8 \times 10^{-5} \, kg/m \cdot sec}$

$$= 4.3 \times 10^5$$

$\epsilon = 0.15$ 이므로 $\dfrac{\epsilon}{D} = \dfrac{0.15}{355} = 4.23 \times 10^{-4}$

∴ 그림 4.9 무디선도에서 $\lambda = 0.017$이다.

⑤ 압력손실 계산

Ⓐ 후드 유입손실($\triangle P_H$)

$$\triangle P_H = (1+F)\,V_P \qquad\qquad V_P = \dfrac{1.2 \times 18.19^2}{2 \times 9.81} = 20.24\,(mmH_2O)$$

$$= 1.5\,V_P$$

$$= 30.36\,(\text{mm}H_2O)$$

Ⓑ 직관의 일반 계산식 압력손실($\triangle P$)

$$\triangle P = \lambda \cdot \dfrac{L}{D} \cdot \dfrac{rV^2}{2g}$$

$$= 0.017 \times \dfrac{28}{0.355} \times \dfrac{1.2 \times 18.19^2}{2 \times 9.81} = 1.34\,Vp$$

$$= 27.13\,(mmH_2O)$$

Ⓑ-1 직관을 경험식인 속도압법 압력손실($\triangle P$) **"별해"**
Duct 재료를 아연도 강판을 사용하므로

$$H_f = \dfrac{a\,V^b}{Q^c} \text{에서} \qquad V = 유속\,(m/\sec)$$

$$Q = 유량\,(m^3/\sec)$$

표 4.6에서 a=0.0155, b=0.533, c=0.612이므로

$$H_f = 0.0155 \times \dfrac{18.19^{0.533}}{1.8^{0.612}} = 0.05\,/\,m$$

$$\triangle P = H_f \times L \times V_P$$

$$여기서 \; H_f = mmH_2O/m$$

$$L = Duct\;길이\,(m)$$

$$V_P = 속도압\,(mmH_2O)$$

$$= 0.05 \times 28 \times V_P$$

$$= 1.4\, V_P$$

$$= 28.34\,(mmH_2O)$$

ⓒ 곡관 $\triangle P$

$$\triangle P = n \times \delta \times V_P$$

$$= (2 \times 0.27 \times \frac{60\,^\circ}{90\,^\circ} \times V_P) + (2 \times 0.32 \times V_P) = 1.0 \times V_P$$

$$= 1 \times 20.24$$

$$= 20.24\,(mmH_2O)$$

∴ Total 입구 정압 S_{Pi} (후드 유입손실 + 직관 $\triangle P$ + 곡관 $\triangle P$)

$$= 30.36 + 27.13 + 20.24$$

$$= 77.73\ (mmH_2O)$$

송풍기의 입구정압은 77.73 mmH₂O이다.

ⓓ 출구(stack) 압력손실

$$\triangle P = \lambda \cdot \frac{L}{D} \cdot \frac{r V^2}{2g}$$

$$= 0.017 \times \frac{3}{0.355} \times V_P$$

$$= 2.91\, mmH_2O$$

4) 송풍기 정압 계산

$$F_{SP} = |S_{pi}| + |S_{po}| - V_{Pi}$$

$$= 77.73 + 2.91 - 20.24$$

$$= 60.4(mmH_2O)$$

마. 다중 Hood 설계

후드가 여러 개 있을 때 배출되는 오염물질이 후드마다 다를 경우, 오염물질의 특성에 따라 혼합되면 원치 않는 화학반응을 일으키거나 심하면 화재나 폭발을 야기할 수도 있다. 따라서 여러 가지 오염물질을 혼합하면 안 되는 경우에는 각 공정 당 단일후드를 설치하는 것이 바람직하다. 오염물질이 여러곳에서 배출되면 후드를 여러 개 설치하여야 할 때는 다음과 같은 절차를 거쳐야 한다.

설계할 때, 연결부에서 양쪽 관 내의 정압이 동일한지를 점검해야 한다. 그렇지 않으면 저항이 적은 쪽의 덕트 내 공기가 많이 흐르고 저항이 많은 덕트 내 공기는 조금만 흐르기 때문이다. 따라서 각 연결부에서의 정압이 같아지도록 하여야 전체 국소배기시설이 원활하게 작동된다. 양쪽 덕트 내의 정압이 다를 경우, 합류점에서 정압을 조절하는 방법으로는 크게 댐퍼에 의한 속도 균형 유지법(Blancing by dampers)과 설계에 의한 정압 균형 유지법(Balancing by static pressure)이 있다.

1) 댐퍼를 이용한 속도 균형 유지법(방지시설에 적용)

이 방법은 주로 시설설치 후에 댐퍼를 가지덕트에 설치하여 유량을 조절하게 된다. 따라서, 2개의 덕트 중에 어느 것이 주덕트이고 어느 것이 가지덕트인지를 알아야 한다.

주저항 경로가 선정되면 이 덕트의 후드에서 시작하여 송풍기에 이르기까지 차례로 압력손실을 계산해 나간다. 가지덕트가 합류되는 점에서는 가지덕트에서 유입되는 유량을 주저항 경로의 유량에 합산하고, 이 가지덕트에 댐퍼를 설치하면 된다. 여기서 가지덕트에 대한 압력손실은 계산할 필요가 없고, 다만 원하는 유속을 얻을 수 있도록 덕트의 직경을 결정하면 된다. 합산된 유량은 합류점 다음의 덕트 직경과 압력손실을 계산하는 데 이용한다.

댐퍼를 이용한 속도 균형 유지법에서 가장 중요한 것은 최대 저항경로의 정확한 선정이다. 이것이 확실하지 않을 때에는 계산을 반복하여 반드시 가장 압력손실이 많은 곳을 설계에 반영하여야 한다.

설계 예제 1. 일반 Steel 재질의 원형 Duct를 댐퍼를 이용한 속도 균형 유지법을 이용하여 여과집진기(2,000 m³/min, 20°C)에 설치할 송풍기의 동력(kW)을 결정하시오.

가) 계통도

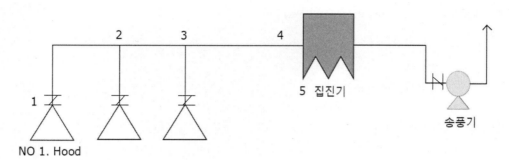

NO 1. Hood

5 집진기

송풍기

나) 설계조건

구 분	구간 1 ~ 2	구간 2 ~ 3	구간 3 ~ 4	비 고
유속(m/sec)	20.1	20.0	20.3	· 집진기 △P = 150(mmAq)
Dust Size	Ø250	Ø400	Ø420	· Stack, 출구 Duct △P = 20(mmAq)
길이(m)	4	10	20	· Silencer △P = 40(mmAq)
곡 관 부	45° 1개	60° 1개	90° 3개	· F(Hood손실 계수) = 0.5
곡률반경(R/D)	2	1.5	1.5	· 가속압손을 반영함.
합 류 부	60° 1개	45° 2개	30° 2개	· 송풍기 입출구 속도는 동일함.

※ 곡관의 반경비와 압력손실 계수, 원형 합류관의 압력손실 계수 표, Moody diagram을 참고하여 설계할 것.

다) 계산

① 후드 유입손실(최장 거리 후드에서 계산)

$$\Delta P_H = (1 + F) \cdot V_P$$

여기서, F(Hood 유입손실계수) : 0.5

$$V_P = \frac{r \cdot V^2}{2g} = \frac{1.2 \times 20.1^2}{2 \times 9.81} = 24.7(\text{mmAq})$$

$$r = 1.293 \times \frac{273}{273 + 20} = 1.2(\text{kg/m}^3)$$

$$\therefore \Delta P_H = (1 + 0.5) \times 24.7 = 37.1(\text{mmAq})$$

② 가속 압손(Accelation Pressure Loss)

$$P_{AC} = 1 \times V_P$$
$$= 1 \times 24.7$$
$$= 24.7(\text{mmAq})$$

③ 구간 1 ~ 2 압력손실

㉮ 직관 압력손실

$$\Delta P = \lambda \cdot \frac{L}{D} \cdot \frac{r \cdot V^2}{2g}$$

여기서, $Re = \dfrac{\rho \cdot V \cdot D}{\mu} = \dfrac{1.2\,kg/m^3 \times 20.1\,m/\sec \times 0.25\,m}{1.81 \times 10^{-5}\,kg/m \cdot \sec}$

$$= 3.33 \times 10^5$$

20℃의 $\mu = 1.81 \times 10^{-5}\,kg/m \cdot \sec$

$\epsilon = 0.025$ 이므로 $\dfrac{\epsilon}{D} = \dfrac{0.025}{250} = 1 \times 10^{-4}$

그림 4.9 무디선도에 의해 $\lambda = 0.015$

$$\therefore \Delta P = 0.015 \times \frac{4}{0.25} \times \frac{1.2 \times 20.1^2}{2 \times 9.81}$$
$$= 5.93(\text{mmAq})$$

㉯ 곡관 압력손실

곡률 반경이 2이므로 압력손실계수는 0.27
곡관부의 각도가 45°이므로

$$\zeta = 0.27 \times \frac{45°}{90°} = 0.135$$

$$\Delta P = n \times \zeta \times V_P$$
$$= 1 \times 0.135 \times 24.7$$
$$= 3.3(\text{mmAq})$$

④ 합류부 압력손실

* 주관의 압력손실

$\Delta P_1 = \zeta \times V_P$에서

60°로 합류되므로 주관 Dust의 $\zeta = 0.2$

$\therefore \Delta P_1 = 0.2 \times 24.7$
$= 4.9(\text{mmAq})$

* 분지관의 압력손실

$\Delta P_2 = \zeta \times V_P$에서

60°로 합류되므로 분지관 Duct의 $\zeta = 0.44$

$\therefore \Delta P_1 = 0.44 \times 24.7$
$= 10.9(\text{mmAq})$

합류부의 압력손실

$\Delta P = \Delta P_1 + \Delta P_2$
$= 4.9 + 10.9$
$= 15.8(\text{mmAq})$

④ 구간 2 ~ 3 압력손실

㉮ 직관 압력손실

$$\Delta P = \lambda \cdot \frac{L}{D} \cdot \frac{r \cdot V^2}{2g}$$

여기서, $Re = \dfrac{\rho \cdot V \cdot D}{\mu} = \dfrac{1.2\,kg/m^3 \times 20.0\,m/\sec \times 0.4\,m}{1.8 \times 10^{-5}\,kg/m \cdot \sec}$

$= 5.3 \times 10^5$

Chapter 02 Hood 및 Duct의 설계

$$\epsilon = 0.025 \text{ 이므로 } \frac{\epsilon}{D} = \frac{0.025}{400} = 6.25 \times 10^{-5}$$

그림 4.9에 의해 $\lambda = 0.014$

$$\therefore \Delta P = 0.014 \times \frac{10}{0.4} \times \frac{1.2 \times 20^2}{2 \times 9.81}$$

$$= 8.56 \text{(mmAq)}$$

ⓑ 곡관 압력손실

곡률 반경이 1.5이므로 압력손실계수는 0.39
곡관부의 각도가 60°이므로

$$\zeta = 0.39 \times \frac{60°}{90°} = 0.26$$

$$\Delta P = n \times \zeta \times V_P$$

$$= 1 \times 0.26 \times 24.7$$

$$= 6.4 \text{(mmAq)}$$

ⓒ 합류부 압력손실

* 주관의 압력손실

$\Delta P_1 = \zeta \times V_P$에서

45°로 합류되므로 주관 Duct의 $\zeta = 0.2$

$$\therefore \Delta P_1 = 0.2 \times 24.7$$

$$= 4.9 \text{(mmAq)}$$

* 분지관의 압력손실

$\Delta P_2 = \zeta \times V_P$에서

45°로 합류되므로 분지관 Duct의 $\zeta = 0.28$

$$\therefore \Delta P_2 = 0.28 \times 24.7$$

$$= 6.9 \text{(mmAq)}$$

합류부의 압력손실

$$\Delta P = (\Delta P_1 + \Delta P_2) \times n$$

$$= (4.9 + 6.9) \times 2$$
$$= 23.6(\text{mmAq})$$

⑤ 구간 3 ~ 4 압력손실

㉮ 직관 압력손실

$$\Delta P = \lambda \cdot \frac{L}{D} \cdot \frac{r \cdot V^2}{2g}$$

여기서, $Re = \dfrac{\rho \cdot V \cdot D}{\mu} = \dfrac{1.2\,kg/m^3 \times 20.3\,m/\sec \times 0.42\,m}{1.8 \times 10^{-5}\,kg/m \cdot \sec}$

$$= 5.68 \times 10^5$$

$\epsilon = 0.025$ 이므로 $\dfrac{\epsilon}{D} = \dfrac{0.025}{420} = 5.952 \times 10^{-5}$

그림 4.9에 의해 $4\lambda = 0.014$

$$\Delta P = 0.014 \times \frac{20}{0.42} \times \frac{1.2 \times 20.3^2}{2 \times 9.81}$$
$$= 16.8\ (\text{mmAq})$$

㉯ 곡관 압력손실

곡률 반경이 1.5이므로 압력손실계수는 0.39곡관부의 각도가 90°이므로

$$\zeta = 0.39 \times \frac{90°}{90°} = 0.39$$
$$\Delta P = n \times \zeta \times V_P$$
$$= 3 \times 0.39 \times 24.7$$
$$= 28.9(\text{mmAq})$$

㉰ 합류부 압력손실

* 주관의 압력손실

$\Delta P_1 = \zeta \times V_P$에서

30°로 합류되므로 주관 Duct의 $\zeta = 0.2$

$\therefore \Delta P_1 = 0.2 \times 24.7$
$$= 9.9(\text{mmAq})$$

* 분지관의 압력손실

$\Delta P_2 = \zeta \times V_P$ 에서

30°로 합류되므로 분지관 Duct의 $\zeta = 0.18$

$\therefore \Delta P_2 = 0.18 \times 24.7$

$= 8.9 \text{(mmAq)}$

합류부의 압력손실

$\Delta P = (\Delta P_1 + \Delta P_2) \times n$

$= (9.9 + 8.9) \times 2$

$= 37.58 \text{(mmAq)}$

⑥ 5구간 압력손실(여과집진기 본체) = 150(mmAq)

⑦ Stack 및 출구 Duct 압력손실 = 20(mmAq)

⑧ Silencer 압력손실 = 40(mmAq)

라) 송풍기 동력 계산

① ~ ⑥ 까지는 입구정압(S_{Pi}) : 358.67 mmAq

⑦ ~ ⑧ 까지는 출구정압(S_{po}) : 60 mmAq

입구 유속과 출구 유속이 같으므로 $V_{po} = V_{pi}$ 이다.

$$T_P = S_P + V_P$$

T_P : 전압 ($Total\ pressure$)
S_P : 정압 ($Static\ pressure$)
V_P : 속도압 ($Velocity\ pressure$)

송풍기 전압 : $\triangle T_P = T_{Po} - T_{Pi}$

$= S_{Po} + V_{Po} - S_{Pi} - V_{Pi}$

$= S_{Po} - S_{Pi}$

$= 60 - (-358.67)$

$\therefore 418.67\ mmAq$ 이나 여유율을 고려하여 $440\ mmAq$로 결정함.

※ 송풍기 동력 결정

$$kW = \frac{Q \cdot \Delta P}{6120 \cdot \eta_1 \cdot \eta_2} \times \alpha$$

여기서, η_1 (송풍기 효율) : 65%, η_2 (모터 직결 효율) : 95%, α (여유율) : 10%라면,

$$\therefore \ kW = \frac{2000 \times 440}{6120 \times 0.65 \times 0.95} \times 1.1 = \mathbf{256.15}\,(kW) \ at \ 20°C$$

그런데 집진기 설치 지역의 겨울철 최적기온($-12°C$)을 고려하면

$$kW = 256.15 \times \frac{273 + 20}{273 - 12} = \mathbf{287.56} \ kW$$

계산결과를 도표로 작성하면 아래와 같다.

(단위: mmAq)

구분	후드	구간 1-2	구간 2-3	구간 3-4	5(집진기)	Stack 및 출구 Duct	Silencer	총 ΔP
유입 손실	37.1	-	-	-	-	-	-	-
가속 압손	24.7	-	-	-	-	-	-	-
직관 ΔP	-	5.93	8.56	16.8	-	-	-	-
곡관 ΔP	-	3.3	6.4	28.9	-	-	-	-
합류부 ΔP	-	15.8	23.6	37.58	-	-	-	-
ΔP	-	-	-	-	150	20	40	-
계	61.8	25.03	38.56	83.28	150	20	40	418.67

설계 예제 **2.** 흡수에 의한 시설(1,000 m³/min, 30℃)을 댐퍼를 이용한 속도 균형 유지법을 이용하여 송풍기 전압(△P$_T$)를 계산하시오.(PVC 재질의 원형 Duct)

가) 계통도

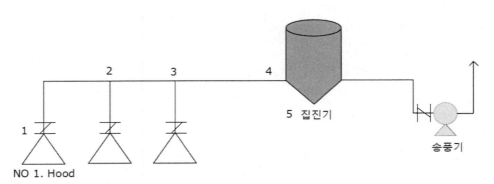

NO 1. Hood

5 집진기

송풍기

나) 설계조건

구 분	구간 1 ~ 2	구간 2 ~ 3	구간 3 ~ 4	비 고
유속(m/sec)	19.8	20.0	20.3	· 흡수시설 △P = 80(mmAq) · F(Hood 유입 계수) = 0.5 · 가속압손을 반영함. · 입, 출구유속은 동일함.
Dust Size	Ø350	Ø300	Ø400	
길이(m)	15	10	30	
곡 관 부	45° 2개	60° 1개	90° 3개	
곡률반경(R/D)	1.5	1.75	2.25	
합 류 부	60° 1개	45° 2개	30° 2개	

※ 곡관의 반경비와 압력손실 계수, 원형 합류관의 압력손실 계수 표, Moody diagram을 참고하여 설계할 것.

다) 계산

① 후드 유입손실(최장 거리 후드에서 계산)

$$\Delta P_H = (1 + F) \cdot V_P$$

여기서. F(Hood 유입손실계수) : 0.5이므로

$$V_P = \frac{r \cdot V^2}{2g} = \frac{1.16 \times 19.8^2}{2 \times 9.81} = 23.18(mmAq)$$

$$r = 1.293 \times \frac{273}{273 + 30} = 1.16 (\mathrm{kg/m^3})$$

$$\therefore \Delta P_H = (1 + 0.5) \times 23.18 = 34.77 (\mathrm{mmAq})$$

② 가속 압손(Accelation Pressure Loss)

$$P_{AC} = 1 \times V_P$$
$$= 1 \times 23.18$$
$$= 23.18 (\mathrm{mmAq})$$

③ 구간 1 ~ 2 압력손실

㉮ 직관 압력손실

$$\Delta P = \lambda \cdot \frac{L}{D} \cdot \frac{r \cdot V^2}{2g}$$

여기서, $Re = \dfrac{\rho \cdot V \cdot D}{\mu} = \dfrac{1.16\, kg/m^3 \times 19.8\, m/\sec \times 0.35\, m}{1.86 \times 10^{-5}\, kg/m \cdot \sec}$

$$= 4.32 \times 10^5$$

30℃ 일때 $\mu = 1.86 \times 10^{-5}\, kg/m \cdot \sec$

$\epsilon = 0.0025$ 이므로 $\dfrac{\epsilon}{D} = \dfrac{0.0025}{350} = 7.14 \times 10^{-6}$

그림 4.9에 의해 $\lambda = 0.014$

$$\therefore \Delta P = 0.014 \times \frac{15}{0.35} \times \frac{1.16 \times 19.8^2}{2 \times 9.81}$$
$$= 13.91 (\mathrm{mmAq})$$

㉯ 곡관 압력손실

곡률 반경이 1.5이므로 압력손실계수는 0.39이다. 곡관부의 각도가 45°이므로

$$\zeta = 0.39 \times \frac{45°}{90°} = 0.195$$

$$\Delta P = n \times \zeta \times V_P$$
$$= 2 \times 0.195 \times 23.18$$
$$= 9.04 (\mathrm{mmAq})$$

㉺ 합류부 압력손실

* 주관의 압력손실

$\Delta P_1 = \zeta \times V_P$에서

60°로 합류되므로 주관 Duct의 $\zeta = 0.2$

$\therefore \Delta P_1 = 0.2 \times 23.18$

$\qquad = 4.64(\text{mmAq})$

* 분지관의 압력손실

$\Delta P_2 = \zeta \times V_P$에서

60°로 합류되므로 분지관 Duct의 $\zeta = 0.44$

$\therefore \Delta P_1 = 0.44 \times 23.18$

$\qquad = 10.2(\text{mmAq})$

합류부의 압력손실

$\Delta P = \Delta P_1 + \Delta P_2$

$\qquad = 4.64 + 10.2$

$\qquad = 14.84(\text{mmAq})$

④ 구간 2 ~ 3 압력손실

㉮ 직관 압력손실

$\Delta P = \lambda \cdot \dfrac{L}{D} \cdot \dfrac{r \cdot V^2}{2g}$

여기서, $Re = \dfrac{\rho \cdot V \cdot D}{\mu} = \dfrac{1.16\,kg/m^3 \times 20.0\,m/\sec \times 0.3\,m}{1.86 \times 10^{-5}\,kg/m \cdot \sec}$

$\qquad\qquad\qquad = 3.74 \times 10^5$

$\epsilon = 0.0025$ 이므로 $\dfrac{\epsilon}{D} = \dfrac{0.0025}{300} = 8.33 \times 10^{-6}$

그림 4.9에 의해 $\lambda = 0.014$

$\therefore \Delta P = 0.014 \times \dfrac{10}{0.3} \times \dfrac{1.16 \times 20.0^2}{2 \times 9.81}$

$\qquad = 11.04(\text{mmAq})$

ⓗ 곡관 압력손실

곡률 반경이 1.75이므로 압력손실계수는 0.32이다. 곡관부의 각도가 60°이므로

$$\zeta = 0.32 \times \frac{60°}{90°} = 0.21$$

$$\Delta P = n \times \zeta \times V_P$$
$$= 1 \times 0.21 \times 23.18$$
$$= 4.87(\text{mmAq})$$

ⓓ 합류부 압력손실

* 주관의 압력손실

$\Delta P_1 = \zeta \times V_P$에서

45°로 합류되므로 주관 Duct의 $\zeta = 0.2$

$\therefore \Delta P_1 = 0.2 \times 23.18$
$= 4.64(\text{mmAq})$

* 분지관의 압력손실

$\Delta P_2 = \zeta \times V_P$에서

45°로 합류되므로 분지관 Duct의 $\zeta = 0.28$

$\therefore \Delta P_1 = 0.28 \times 23.18$
$= 6.5(\text{mmAq})$

합류부의 압력손실

$$\Delta P = (\Delta P_1 + \Delta P_2) \times n$$
$$= (4.64 + 6.5) \times 2$$
$$= 22.28(\text{mmAq})$$

⑤ 구간 3 ~ 4 압력손실

㉮ 직관 압력손실

$$\Delta P = \lambda \cdot \frac{L}{D} \cdot \frac{r \cdot V^2}{2g}$$

여기서, $Re = \dfrac{\rho \cdot V \cdot D}{\mu} = \dfrac{1.16 \, kg/m^3 \times 20.3 \, m/\sec \times 0.4 \, m}{1.86 \times 10^{-5} \, kg/m \cdot \sec}$

$$= 5.06 \times 10^5$$

$\epsilon = 0.0025$ 이므로 $\dfrac{\epsilon}{D} = \dfrac{0.0025}{400} = 6.25 \times 10^{-6}$

그림 4.9에 의해 $\lambda = 0.013$ 이다.

$\therefore \Delta P = 0.013 \times \dfrac{30}{0.4} \times \dfrac{1.16 \times 20.3^2}{2 \times 9.81}$

$\qquad = 23.76 \text{(mmAq)}$

㉴ 곡관 압력손실

곡률 반경이 2.25이므로 압력손실계수는 0.26이다. 곡관부의 각도가 90°이므로

$\zeta = 0.26 \times \dfrac{90°}{90°} = 0.26$

$\Delta P = n \times \zeta \times V_P$

$\qquad = 3 \times 0.26 \times 23.18$

$\qquad = 18.08 \text{(mmAq)}$

㉵ 합류부 압력손실

* 주관의 압력손실

$\Delta P_1 = \zeta \times V_P$에서

30°로 합류되므로 주관 Duct의 $\zeta = 0.2$

$\therefore \Delta P_1 = 2 \times 0.2 \times 23.18$

$\qquad\quad = 9.272 \text{(mmAq)}$

* 분지관의 압력손실

$\Delta P_2 = \zeta \times V_P$에서

30°로 합류되므로 분지관 Duct의 $\zeta = 0.18$

$\therefore \Delta P_1 = 2 \times 0.18 \times 23.18$

$\qquad\quad = 8.34 \text{(mmAq)}$

합류부의 압력손실

$$\Delta P = (\Delta P_1 + \Delta P_2) \times n$$

$$= (9.272 + 8.34) \times 2$$

$$= 35.22(\text{mmAq})$$

⑥ 5구간 압력손실(흡수시설 본체) = 80(mmAq)

$$T_P = S_P + V_P \qquad\qquad T_P : \text{전압} \ (Total\ pressure)$$
$$S_P : \text{정압} \ (Static\ pressure)$$
$$V_P : \text{속도압} \ (Velocity\ pressure)$$

송풍기 전압 :
$$\triangle T_P = T_{Po} - T_{Pi}$$

$$= S_{Po} + V_{Po} - S_{Pi} - V_{Pi}$$

$$= S_{Po} - S_{Pi}$$

$$= 80 - (-290.99)$$

$$\therefore 370.99 \ mmAq$$

여유율을 고려하여 410 mmAq로 결정한다.

계산결과를 도표로 작성하면 아래와 같다.

(단위: mmAq)

구분	후드	구간 1-2	구간 2-3	구간 3-4	5(집진기)	Stack 및 출구 Duct	Silencer	총 △P
유입 손실	34.77	-	-	-	-	-	-	-
가속 압손	23.18	-	-	-	-	-	-	-
직관 △P	-	13.91	11.04	23.76	-	-	-	-
곡관 △P	-	9.04	4.87	18.08	-	-	-	-
합류부 △P	-	14.84	22.28	35.22	-	-	-	-
△P	-	-	-	-	80	30	50	-
계	57.95	37.79	38.19	77.06	80	30	50	**370.99**

2) 설계에 의한 정압균형법(환기시설에 적용)

이 방법은 오염물질에 따라 댐퍼의 마모나 부식이 심하거나 오염물질의 독성이 강해 임의로 댐퍼를 조절할 경우, 덕트 내 정압균형이 무너지면 후드 중에 작동이 되지 않아 오염물질이 작업장 내로 배출되므로 위험한 때에는 처음부터 댐퍼를 설계하지 않는 것이 좋다. 또한 후드수가 너무 많아 댐퍼를 설치하기가 곤란할 때는 설계시에 합류점에서 양쪽의 정압을 맞추어 나가야 한다.

이 방법도 댐퍼에서와 마찬가지로 최대 저항경로를 선정하고 이 곳에서부터 계산하기 시작한다. 이 경로의 후드와 덕트에 필요한 덕트 반송속도에 따라 덕트의 직경을 정하고 정압을 계산한다. 합류점에 도달하면 유입되는 가지덕트에 대해 후드에서 이 합류점까지의 정압을 계산하여 서로 수치를 비교한다. 수치가 같지 않으면 다음과 같은 방법에 따라 정압을 유지한다.

$$정 압 비 = \frac{Sp_{higher}}{Sp_{lower}}$$

㉮ 정압비가 1.05 이내일 때에는 차이를 무시하고 높은 정압을 설계 정압으로 결정한다.

㉯ 정압비가 1.05 ~ 1.20 이면 다음식을 이용, 정압이 낮은 쪽의 유량을 증가시킨다.

$$Q' = Q \sqrt{\frac{Sp_{higher}}{Sp_{lower}}}$$

    Q' : 조정된 유량

    Q : 정압이 작은 쪽 유량

㉰ 정압비가 1.20을 넘을 경우는 정압이 낮은 쪽의 덕트 직경, 슬롯의 개구면을 줄이거나 곡관의 곡률반경을 줄여 압력손실을 증가시킨 후, 다시 정압의 차이를 비교한다. 덕트 직경을 줄이면 유속이 증가하고 압력손실은 유속의 제곱에 비례해 증가한다. 혹은 정압이 높은 덕트 내의 압력손실을 낮추는 것이 좋다.

예제 9　아래 그림에서 합류된 지점(C지점)의 유량을 정압균형법으로 구하시오.

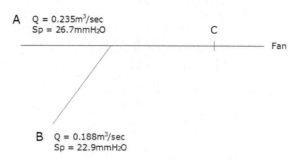

A　Q = 0.235m³/sec
　　Sp = 26.7mmH₂O

C

Fan

B　Q = 0.188m³/sec
　　Sp = 22.9mmH₂O

│ 풀이

정압비 $= \dfrac{26.7}{22.9} = 1.16$ 이므로 정압이 낮은 쪽의 유량을 보정해야 한다.

- Q' (보정된 유량) $= 0.188\sqrt{1.16} = 0.2(m^3/\sec)$

- 합류된 지점의 유량(C지점)

　$Q = 0.235 + 0.2 = 0.435(m^3/\sec)$

설계 예제　3. 여과집진기(148 m³/min, 20℃)를 정압균형법을 이용하여 송풍기 입구까지의 정압을 계산하시오. (원형 닥트재질은 아연도금 강판임.)

가) 계통도

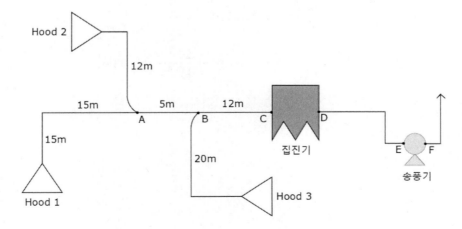

나) 설계조건

구 분	Hood 1	Hood 2	Hood 3	비 고
풍량(Q)	98 m³/min	23 m³/min	27 m³/min	· 관경결정은 mm단위로 끝자리를 0, 5로 할 것.
유속(V)	20 m/sec	20 m/sec	20 m/sec	· 여과 집진기 본체 압력손실 = 150(mmH₂O)
F(h_e)	$0.6\,V_p$	$0.5\,V_p$	$0.2\,V_p$	· 여과 집진기 본체 압력손실 = 150(mmH₂O)
곡 관 부	90° 곡관 1개	90° 곡관 1개	90° 곡관 1개	· 속도압법을 이용할 것.
곡률반경(R/D) (이음새 없는 곡관)	1.75	1.75	1.75	$(H_f = a\dfrac{V^b}{Q^c})$
합 류 부	-	45° 1개	45° 1개	

※ 곡관의 반경비와 압력손실 계수 표, 원형 합류관의 압력손실 계수 표, 속도압법 계수 표를 참고하여 설계할 것.

다) 계산

① Hood 1에서 A까지의 정압

$$\triangle P_H = (1+F)\,V_P = (1+0.6)\,V_P = 1.6\,V_P$$

$$A = \frac{Q}{V} = \frac{1.63}{20} = \frac{\pi}{4}d^2 \text{에서}$$

$$d = 0.322\,m \quad d = 320\,mm\text{로 결정.}$$

유속 재계산 $V = \dfrac{1.63}{\dfrac{\pi}{4}(0.320)^2} = 20.27(m/\sec)$

$$V_P = \frac{rV^2}{2g} = \frac{1.2 \times 20.27^2}{2 \times 9.81} = 25.13(mmH_2O)$$

직관 $Duct = H_f = a\dfrac{V^b}{Q^c} = 0.0155 \times \dfrac{20.27^{0.533}}{1.63^{0.612}} = 0.06\,/m$

직관 $\triangle P = 0.06\,/m \times 30\,m \times V_p = 1.8\,V_P$

곡관 $\triangle P = 0.32 \times 1$개 $\times\,V_p = 0.32\,V_P$

$$\therefore \text{Total 정압} = \triangle P_H + 직관\triangle P + 곡관\triangle P$$
$$= 1.6\,V_P + 1.8\,V_P + 0.32\,V_P$$
$$= 3.72 \times 25.13 = 93.48\,(mmH_2O)$$

② Hood 2 에서 A지점까지의 정압

Q = 0.38 $m^3/\sec$, V = 20 m/sec, F(he) = 0.5 V_P

$$A = \frac{Q}{V} = \frac{0.38}{20} = \frac{\pi d^2}{4} 에서$$

$d = 0.156\,m$이나 $d = 155\,mm$로 결정함

$$유속 \ 재계산(V) = \frac{Q}{A} = \frac{0.38}{\frac{\pi}{4}(0.155)^2} = 20.14\,(m/\sec)$$

$$V_P = \frac{1.2 \times 20.14^2}{2 \times 9.81} = 24.81\,(mmH_2O)$$

$Hood 유입손실\,(\triangle P_H) = (1+0.5)\,V_P = 1.5\,V_P$

$$직관\ Duct \ \ H_f = a\frac{V^b}{Q^c} = 0.0155 \times \frac{20.14^{0.533}}{0.38^{0.612}}$$
$$= 0.14/m$$

직관$\triangle P = 0.14\,/m \times 12m \times V_P = 1.68\,V_P$

곡관$\triangle P = 0.32 \times 1 \times V_P$
$$= 0.32\,V_P$$

지관 $\triangle P = 0.28\,V_P$

$$\therefore \text{Total 정압} = (1.5+1.68+0.32+0.28)\,V_p$$
$$= 3.78 \times 24.81$$
$$= 93.78\,(mmH_2O)$$

여기서, 합류점에서 정압비 $= \dfrac{93.78}{93.48} = 1.003$ 이므로 정압비가 5%미만이기 때문에 유량 보정을 하지 않는다.

③ A지점에서 B지점 까지의 정압

$Q = 1.63 + 0.38 = 2.01(m^3/\sec)$

$A = \dfrac{Q}{V} = \dfrac{2.01}{20} = \dfrac{\pi}{4}d^2$

d = 0.358 m이나 d = 355 mm로 결정.

유속 재계산(V) $= \dfrac{Q}{A} = \dfrac{2.01}{\dfrac{\pi}{4}(0.355)^2} = 20.31\,(m/\sec)$

$V_P = \dfrac{1.2 \times 20.31^2}{2 \times 9.81} = 25.23\,(mmH_2O)$

직관 Duct $H_f = a\dfrac{V^b}{Q^c} = 0.0155 \times \dfrac{20.31^{0.533}}{2.01^{0.612}} = 0.05/m$

직관 $\triangle P = 0.05/m \times 5m \times V_P$

$= 0.25\,V_P$

$= 6.31\,(mmH_2O)$

∴ 누적 $\triangle P = 6.31 + 93.78$
$= 100.09(mmH_2O)$

④ Hood 3에서 B지점 까지의 정압

$Q = 0.45\ m^3/\sec$, V = 20 m/sec. he(F) $= 0.2\,V_P$

$A = \dfrac{Q}{V} = \dfrac{0.45}{20} = \dfrac{\pi}{4}d^2$

d = 0.169(m)이나 d = 165 mm로 결정.

유속 재 계산(V) $= \dfrac{0.45}{\dfrac{\pi}{4}(0.165)^2} = 21.05\,(m/\sec)$

∴ $V_P = \dfrac{1.2 \times 21.05^2}{2 \times 9.81} = 27.1\,(mmH_2O)$

Hood 유입 손실 $(\triangle P_H) = (1+0.2)\,V_P$

$$= 1.2\,V_P$$

직관 Duct $H_f = a\dfrac{V^b}{Q^c} = 0.0155 \times \dfrac{21.05^{0.533}}{0.45^{0.612}}$

$$= 0.13/m$$

직관 $\triangle P = 0.13/m \times 20\ m \times V_P$

$$= 2.6\,V_P$$

곡관 $\triangle P = 0.32 \times 1 \times V_P$

$$= 0.32 \times V_P$$

지관 Duct $\triangle P = 0.28 \times V_P = 0.28\,V_P$

$\therefore$ Total $S_p = (1.2 + 2.6 + 0.32 + 0.28)\,V_P$

$$= 4.4 \times 27.1$$

$$= 119.24\,(mmH_2O)$$

이때, 정압비$= \dfrac{119.24}{100.09} = 1.19$ 이므로 정압이 낮은 쪽의 유량 보정이 필요하다. 보정된 유량을 Q'라고 할 때,

$\mathrm{Q'} = 2.01\sqrt{1.19} = 2.19\,(m^3/\mathrm{sec})$ 이다.

⑤ B지점에서 C지점 까지의 정압

$\mathrm{Q} = 2.19 + 0.45 = 2.64(m^3/\mathrm{sec})$

$A = \dfrac{Q}{V} = \dfrac{2.64}{20} = \dfrac{\pi}{4}d^2$

d = 0.40996 m이나 d = 405 mm로 결정.

유속 재계산(V) $= \dfrac{2.64}{\dfrac{\pi}{4}(0.405)^2} = 20.49\,(m/\mathrm{sec})$

$V_P = \dfrac{1.2 \times 20.49^2}{2 \times 9.81} = 25.68\,(mmH_2O)$

직관 Duct : $H_f = a\dfrac{V^b}{Q^c} = 0.0155 \times \dfrac{20.49^{0.533}}{2.64^{0.612}} = 0.04/m$

직관 $\triangle P = 0.04/m \times 12\ m \times V_P$

$= 0.48\ V_P$

$= 12.33\,(mmH_2O)$

∴ 누적 정압 $= 12.33 + 119.24 = 131.57(mmH_2O)$

결론적으로, 총 $\triangle$P $= 131.57 + 145 = 276.57(mmH_2O)$계산되지만 여유율 10%을 고려하면, 304.23 mmH₂O이나 310 mmH₂O로 결정한다.

계산결과를 도표로 작성하면 아래와 같다.

(단위: mmH₂O)

구분	Hood 1 ~ A	Hood 2 ~ A	A ~ B	Hood 3 ~ B	B ~ C	집진기
$\triangle$PH	$1.6\,V_P$	$1.5\,V_P$	-	$1.2\,V_P$	-	-
직관 $\triangle$P	$1.8\,V_P$	$1.68\,V_P$	$0.25\,V_P$	$2.6\,V_P$	$0.48\,V_P$	-
곡관 $\triangle$P	$0.32\,V_P$	$0.32\,V_P$	-	$0.32\,V_P$	-	-
지관 $\triangle$P	-	$0.28\,V_P$	-	$0.28\,V_P$	-	-
$\triangle$P	-	-	-	-	-	150
계	$3.72\,V_P$	$3.78\,V_P$	$0.25\,V_P$	$4.4\,V_P$	$0.48\,V_P$	150

표 4.15 댐퍼를 이용한 속도 균형 유지법과 설계에 의한 정압균형법의 장·단점

구분	장점	단점	비고
댐퍼를 이용한 속도 균형 유지법	○ 설치 후 개별 후드 풍량 조정이 용이하다. ○ 설계 계산 간단하다. ○ 설계 변경 용이하다.	○ 지관 Damper의 유지관리가 어렵다. ○ Hood수가 많으면 후드별 풍량 배분이 어렵다.	대기오염방지시설 (입자상 및 가스상 물질)
설계에 의한 정압균형법	○ 풍량 조정이 필요없다. ○ 지관 Damper 설치가 필요없다.	○ 설치 후 풍량 조정이 불가 ○ 설계 및 계산 복잡하다 ○ 입자상 물질 유입시 Duct에 퇴적된다	환기시설 (가스상 물질)

마. Slot Hood 및 Push-Pull Hood의 설계

1) 도금조 Slot Hood 설계시 권장사항

Slot hood란, 후드 개구면이 좁고 길어서 폭 : 길이의 비율이 0.2 이하일 때를 말한다. 이 때, 플랜지가 부착된 Slot hood의 필요 환기량은 플랜지가 없는 Slot hood에 비하여 약 30%의 필요 환기량이 절약된다.

다음은 Slot hood 설계시 권장사항이다.

① Slot 속도는 10 m/sec로 한다.

② 충만실 속도는 Slot 속도의 반으로 5 m/sec로 한다.

③ 충만실 깊이는 폭의 2배로 한다.

④ 길이가 1.8m 이상인 경우, 여러 개의 흡인구를 설치한다.

   길이가 3.05m 이상인 경우, 필수적으로 여러 개의 흡인구를 설치한다.

⑤ 폭이 0.5m보다 작은 경우, 한쪽에 Slot hood를 설치한다.

   폭이 0.5m보다 크고 0.9m보다 작은 경우, 양쪽 Slot hood를 설치한다.

   폭이 0.9m보다 크고 1.2m보다 작은 경우, 양쪽 Slot hood나 중앙 Slot hood 또는 Push-pull hood를 설치한다.

   폭이 1.2m보다 큰 경우, 국소배기시설을 설치하기 부적합하고 Push-pull hood를 고려한다.

⑥ 도금조(Tank)에 부품 투입시 상부에서 15 ~ 20 cm 하부에 여유를 준다.

⑦ 가급적으로 도금조(Tank)에 뚜껑을 설치하고, Duct 청소를 위해 Mane hole을 설치한다.

   부식 방지를 위해서 내부면을 표면처리 하는 것이 좋다.

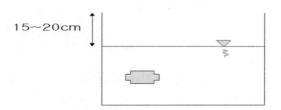

예제 10 자동차 부품을 대량으로 생산하는 크롬 도금조 탱크(1.8 m × 0.7 m)가 작업장 가운데에 설치되어 있으며 방해기류는 없다. 아래의 조건을 이용하여 적절한 후드를 설계하고 후드정압을 계산하라.

〈 조 건 〉

TLV = 0.05 mg/㎥   Duct 유속 = 12.5 m/sec

측방형 후드를 설치 $\triangle P_H = 1.78 V_{Ps} + 0.25 V_{Pd}$

▎풀이

- 표 4.16, 표 4.17, 표 4.18 → 측방형 후드 제어속도 0.76 m/sec
  (A-1)
- 크롬도금 탱크 ($1.8\,m \times 0.7\,m = 1.26\,m^2$) : 긴 쪽은 길이(L) 짧은 쪽은 폭(w)

$$\frac{W}{L} = \frac{0.7}{1.8} = 0.39$$

- 표 4.19에서 $\frac{W}{L} = 0.39$이고, 제어속도가 0.76 m/sec 일 때,

  단면적당 최소 제어 유량

∴ $1.14\ m^3/\sec \cdot m^2 \times 1.26\ m^2 = 1.44\ m^3/\sec$

① Hood 설계(조 길이 1.8m + 0.1m + 0.1m = 2m)
☞ Flange 길이를 포함하기 때문에 0.1m를 양쪽으로 더해줌.
- slot 속도 : 10 m/sec(설계지침)

- slot 면적 : Q/V = $\dfrac{1.44\ m^3/\sec}{10\ m/\sec} = 0.14\ m^2$

- slot 폭 : $A/L = \dfrac{0.14\,m^2}{2.0\,m} = 0.07\,m$

- 충만실 깊이 = 2·S = 2×0.07 m = 0.14 m

② Duct 선정
- Duct 내 속도 12.5 m/sec로 설계

- Duct 직경 = $\dfrac{\pi}{4}d^2 = \dfrac{1.44\ m^3/\sec}{12.5\ m/\sec} = 0.1152\ m^2$

  d = 0.383 m이나 d = 380 mm로 선정

- Duct 유속 = $\dfrac{1.44\,m^3/\sec}{\dfrac{\pi}{4}\,0.38^2\ m^2} = 12.7$ m/sec

③ Slot Hood 유입손실
  Slot hood의 유입손실은 유속이 큰쪽에 V_P(속도압)만큼 가속 압력손실로 보정해 준다.
 - Hood 유입손실 + 가속 압력손실
= Slot 유입손실 + 충만실 유입손실 + 가속 압력손실
☞ Slot 유입손실계수 : F = 1.78
충만실 유입손실계수 : F = 0.25

= $1.78\,V_{Ps} + 0.25\,V_{Pd} + 1\,V_{Pd}$

 - $V_{Ps} = \dfrac{r\,V^2}{2\,g} = \dfrac{1.2 \times 10^2}{2 \times 9.81} = 6.1(mmH_2O)$

  $V_{Pd} = \dfrac{r\,V^2}{2\,g} = \dfrac{1.2 \times 12.7^2}{2 \times 9.81} = 9.9(mmH_2O)$

$$= 1.78 \times 6.1 + 0.25 \times 9.9 + 1 \times 9.9$$
$$= 23(mm\,H_2O)$$

2) Push-Pull Hood 설계시 권장사항

Push-pull hood는 개방된 도금조 한 변에서 압축공기를 이용하여 오염물질이 발생하는 표면에 분사하여 반대쪽에 오염물질이 도달하게 한 후, 여기서 포집용 Hood로 포착·배출하는 방법이다. 이 Hood는 도금조와 같이 폭이 넓은 경우에 사용하면 포집효율을 증가시키면서 필요 유량을 대폭 감소시킬 수 있는 장점이 있다. 그러나 도금조에서 Coating된 제품이 압축공기 분사로 불량이 발생할 수 있으므로 주의하여야 한다.

다음은 Push-pull hood 설계시 권장사항이다.
① Push nozzle pipe 단면적은 총 Nozzel 직경 면적의 2.5배 이상으로 한다.
② Push nozzle 각도는 0 ~ 20도 하(下)방향으로 한다.
③ Nozzle 직경은 3 ~ 6 mm 수평 Slot으로 한다.
　4 ~ 6 mm 직경인 경우, 직경의 3 ~ 8배 간격을 둔다.
　가장자리 여유는 도금조(Tank) 내면에서 13~25 mm 여유를 준다.
④ 흡인구(배기구) Slot 속도는 10 m/sec로 한다.
⑤ Hood 개구부는 조의 Flange보다 길어야 한다.
　Hood 개구부는 조의 길이보다 100 mm × 양면 = 200 mm 여유를 둔다.
⑥ $Q_j = 0.68\sqrt{A_j}$

　$Q_j = $ Push nozzle pipe 길이 당 유량(m^3/sec·m)

　$A_j = $ Push nozzle pipe 길이 당 총 노즐 면적(m^2/m)
⑦ 총 공기 공급량 : $Q_s = Q_j \times L$(조의 길이)
⑧ 흡인량(배기량) : Q_E

　$Q_E = 0.38\ m^3/\sec{\cdot}m^2$ (65도 이하일 경우, 표면적당)

　$= (0.0036\,t + 0.14)\ m^3/\sec{\cdot}m^2$ (65도 이상일 경우, 표면적당)

예제 11　크롬 도금조(길이 2 m, 폭 1 m)에서 도금액의 온도를 40℃로 유지해야 할 때, Push-pull hood를 설계하시오.

∥풀이

① Nozzel 직경(d) = 5 mm, Nozzel 간격 = 5d = 25 mm
　가장자리는 20 mm 여유
　유효 노즐길이 = 2000 mm - (2×20 mm) = 1960 mm

∴ 필요 Nozzel 개수 5n + 25(n-1) ≦ 1960

n = 66개

총 Nozzel 단면적 = $\dfrac{\pi}{4} d^2 \times 66 = 0.001296 \; m^2$

Push Nozzel Pipe 단면적 = 총 Nozzel 단면적 × 2.5 = 0.00324(m^2)

Push Pipe 직경 = $\dfrac{\pi}{4} d^2 = 0.00324 (m^2)$

∴ d = 6.42 cm

(65A Pipe 규격 : 외경 76.3 t, 두께 4.2 t)

∴ 76.3 - 4.2 × 2 = 67.9t이므로 65A Pipe로 선정함)

$Q_j = 0.68 \sqrt{A_j} = 0.017 \; m^3/\sec{\cdot}m$

$A_j = \dfrac{0.001296}{1.96}$

② 총공기공급량(Q_s) = $Q_j \times L = 0.017 \; m^3/\sec{\cdot}m \times 2\;m$

$= 0.034 \; m^3/\sec$

③ 흡인량 (배기량)

$Q_E = 0.38 \; m^3/\sec\;m^2 \times (1\;m \times 2\;m) = 0.76 \; m^3/\sec$

④ Hood 개구부 〉조의 Flange

조의 길이가 2 m이므로 한쪽 10 cm 크게 → Hood 개구부 2.2 m로 결정

Slot 면적 = $\dfrac{Q}{V} = \dfrac{0.76 \; m^3/\sec}{10 \; m/\sec} = 0.076 \; m^2$

Slot 폭(W) = $\dfrac{A}{L} = \dfrac{0.076 \; m^2}{2.2 \; m} = 0.035 \; m$

∴ Slot 폭은 3.5 cm, 충만실 깊이는 7 cm

⑤ Duct내 유속은 12.5 m/sec로 결정하면,

$\dfrac{\pi}{4} d^2 = \dfrac{Q}{V} = \dfrac{0.76 \; m^3/\sec}{12.5 \; m/\sec} = 0.0608$

d = 0.278 m이나 d = 275 mm로 결정하면,

실제 Duct 유속 $= \dfrac{0.76 \; m^3/\sec}{\dfrac{\pi}{4}(0.275)^2} = 12.80 \,(m/\sec)$

⑥ Push nozzle에서 분출 속도

$V = \dfrac{총\,공기공급량(Q_s)}{총\,Nozzel\,단면적} = \dfrac{0.034 \; m^3/\sec}{0.001296 \; m^2} = 26.23 \; m/\sec$

표 **4.17** 유해성 등급구분

유해성 등급	산업보건 기준		발화점(℃)
	가스, 증기(ppm)	미스트(mg/m³)	
A	0 ~ 10	0 ~ 0.1	-
B	11 ~ 100	0.1 ~ 1.0	38 미만
C	101 ~ 500	1.0 ~ 10	38 ~ 93
D	50 이상	10 이상	93 이상

표 **4.18** 가스, 증기, 미스트 발생률 등급구분

발생률 등급	용액온도(℃)	끓는 점(℃)	상대증발 속도(100% 증발시간)	가스 발생률
1	93 이상	-18 ~ -7	빠름(0 ~ 3 시간)	높음
2	66 ~ 93	-7 ~ 10	중간(3 ~ 12 시간)	중간
3	34 ~ 66	10 ~ 38	느림(12 ~ 50 시간)	낮음
4	34 이하	38 이상	거의 없음(50 시간 초과)	거의 없음

표 **4.19** 최소 제어속도

(단위 : m/sec)

등 급	포위식 후드		측방형 후드	캐노피 후드	
	1면 개방	2면 개방		3면 개방	4면 개방
A-1, A-2	0.51	0.76	0.76	사용불가	사용불가
A-3, B-1, B-2, C-1	0.38	0.51	0.51	0.64	0.89
B-3, C-2, D-1	0.33	0.46	0.38	0.51	0.76
A-4, C-3, D-2	0.25	0.38	0.25	0.38	0.64
B-4, C-4, D-3, D-4	적당한 전체환기를 사용할 수 있음				

표 4.20 단위 면적당 최소 제어유량(측방형 후드)

(단위 : m³/sec/m²)

최소 제어속도(m/sec)		폭/길이(W/L)비에 따른 최소 제어속도에 맞는 면적당 유량				
		0.0 ~ 0.09	0.1 ~ 0.24	0.25 ~ 0.49	0.5 ~ 0.99	1.0 ~ 2.0
후드가 벽에 설치되었거나 플랜지가 있는 경우	0.25	0.25	0.30	0.38	0.46	0.51
	0.38	0.38	0.46	0.56	0.66	0.76
	0.51	0.51	0.64	0.76	0.89	1.02
	0.76	0.76	0.97	1.14	1.27*	1.27*
후드가 조 위에 설치되었을 경우	0.25	0.38	0.46	0.51	0.56	0.64
	0.38	0.56	0.66	0.76	0.86	0.97
	0.51	0.76	0.89	1.02	1.14	1.27
	0.76	1.14	1.27*	1.27*	1.27*	1.27*

주) 후드가 조의 중앙에 설치되었거나 양쪽에 있을 경우는 폭 W 대신 W/2 사용

* 최소 제어속도인 0.76 m/sec를 내는데 부적합한 경우가 있으나, 유해인자 관리에는 적절한 것으로 판단된다.

Chapter 03 풍량 설계기준

1. Hood Type별 풍량산정

포착속도(포촉속도, 제어속도)는 발생원의 상태와 유해물질의 특성에 따라서 정해지며, Hood 형상과 풍량은 Hood 면에서의 개구면 속도가 포촉속도 이상이 되도록 한다. Receiver형 Hood에서는 발생기류 또는 Dust의 운전상태에서 Hood형이 결정되며 Hood 개구면에서의 속도가 발생하는 Vector의 크기 이상이 되도록 한다. 외부형 Hood는 포착점이 Hood 개구면이 아니고 모든 포착점에서의 유속이 포촉속도를 초과하도록 Hood의 형상과 흡기량을 결정한다.

가. Low Canopy Hood(세척조, 도금조, 용접장, 혼합, 혼련로)

① H/L ≤ 0.28

$$V_C = Q/(1.4 \cdot P \cdot H)$$

② H/L ≤ 0.75

$$V_C = Q/(14.5H^{1.8} \cdot W^{0.2})$$

③ 한쪽 면이 벽 등에 막혀있을 경우

$$V_C = Q/(8.5H^{1.8} \times W^{0.2})$$

여기서, W : Hood 폭(ft)

L : Hood 길이(ft)

P : 로의 둘레(ft)

H : 로상단에서 Hood까지 높이(ft)

V_C : 포촉속도(ft/min)

Q : 풍량(ft³/min)

표 4.16 각종 후드의 형태

구 분	후드 형태	설계기준 (m^3/sec)	종횡비 (W/L)	비 고
원뿔형		$Q = (10\ X^2 + A) \times V_c$	원형	X : 개구면에서 오염원간 거리
Flange부착 원뿔형		$Q = 0.75(10\ X^2 + A) \times V_c$	원형	
장방형	W L X $A = WL\ (sq.ft.)$	$Q = (10\ X^2 + A) \times V_c$	0.2 이상	A : 후드의 개구면적 (m^2)
Flange부착 장방형	X	$Q = 0.75(10X^2 + A) \times V_c$	0.2 이상	V_c : 포촉속도(m/s)
Slot형	L W X	$Q = 3.7 \times L \times X \times V_c$	0.2 이하	b : 장방형후드의 변비에 대한 인자
Flange부착 Slot형	X	$Q = 2.6 \times L \times X \times V_c$	0.2 이하	r : 변비(장변/단변) L : Slot의 길이
Canopy 후드	D	$Q = 1.4\ P \times D \times V_c$	작업에 맞게	P : 분진 발생원의 둘레(m)
Multi Slot형	W L X	$Q = (10X^2 + A) \times V_c$	0.2 이상	D : 발생부에서 후드 개구면 까지의 높이(m)
Flange부착 Multi Slot형	W L X	$Q = 0.75(10X^2 + A) \times V_c$	0.2 이상	W : Slot의 높이

나. High Canopy Hood(원형 : 용용로, 전기로 등 열원 상부)

1) $Dc = 0.5 \times Xf^{0.88}$

   Xf : $Y + Z$ = 열오염원 가상점으로부터 hood까지의 거리(ft)
   Y : 열오염원 표면으로부터 hood까지의 거리(ft)
   Z : 열오염원 표면으로부터 가상점까지의 거리(ft)
   Dc : 후드면에서 열원 상승면의 직경(ft)
   Ds : 열원의 직경(ft)

2) 열상승 기류속도

$$\cdot Vf = \frac{8 \cdot (As)^{1/3} \cdot (\Delta t)^{5/12}}{Xf^{1/4}}$$

   Vf : 후드면의 열상승 기류속도(fpm)

     * 열상승 기류속도는 수평표면에 대한 열전달계수와 15%의 안정계수를 적용하여 산정됨

   As : 열오염원 표면적(ft²)

   Δt : 열오염원과 대기 온도차(°F)

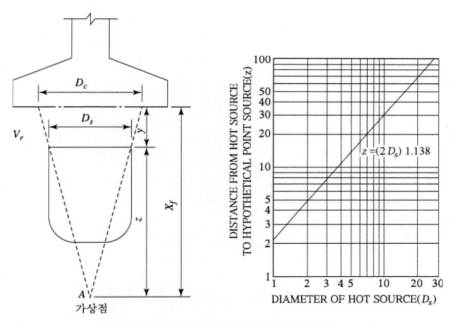

그림 4.14 용선로의 치수와 가상점 거리 산정표

3) Hood의 직경

Hood의 직경은 완전한 포집을 위해 열상승기류 직경보다 커야한다.

$$Df\,(ft) = Dc + 0.8\,Y$$

총 가스배출량 산정은

$$Qt\ = Vf \times As\ +\ Vr\,(Af - Ac)$$

Qt : 후드에서의 포집량(cfm)

Vf : 후드에서의 열상승 기류속도(fpm)

Ac : 열상승기류 직경에 대한 후드 표면적(ft^2)

Vr : 종속기류 상승속도(fpm)

$(Af - Ac)$의 단면으로부터 Free Air 유입속도, 현장여건에 따라 100 ~ 200 fpm로 선정

4) 온도보정

$q_L\ =\ 0.38\,(\triangle t\,)^{1/4}$: 자연대류상의 열손실계수(Btu/hr − ft^2 − °F)

$qc\ =\ (q_L/60) \times As \times \triangle t$: 상승기류에 흡수된 열량(Btu/min)

$q\ =\ \rho \cdot Q_2 \cdot Cp\,(Ts - T_\infty\,)$

$Ta\ =\ qc/\rho \cdot Q_2 \cdot C_D\ +\ T_\infty$

Ta : Hood에서의 혼합 Gas온도(°F)

TS : 열원온도(°F)

T_∞ : 대기온도(°F)

Cp : Air 정압비열(Btu/ib − °F)

다. High Canopy Hood(사각)풍량산정

상기 원형 Hood 풍량산정과 동일하나, 열원 Size의 길이(D_{sl})나 폭(D_{sw})중 적은 값으로 D_c 값을 결정하여 산정한다.

열원 Size가 $D_{sl} \times D_{sw}$라 하고, $D_{sl} > D_{sw}$일 때

$D_{sw} = 0.5\ \times X_f^{\ 0.88}$

$D_{cl} = D_{sl} + (D_{cw} - D_{sw})$로 계산하여, 상승기류 단면적($As$)은 $D_{cw} \times D_{cl}$로 결정한다.

라. 원형 Low Canopy Hood 풍량 산정

1) 후드 설치 높이가 열원의 직경보다 적거나, 3 ft(0.98 m) 이하에 적용한다.
2) 상승기류가 주위 Air흐름 등에 영향을 받을 때 Hood 직경은 열원보다 2 ft 크게 하고, 받지 않을 때는 1 ft 크게 한다.
3) Hood 설치위치나 형상은 Duct내 유입 Gas의 온도를 고려하면서 가능한 열원에 근접하거나 밀폐시킨다.

$$Qa = 4.7 (D_f)^{2.33} \times (\triangle t)^{5/12} : \text{오염물질의 포집을 위한 풍량(cfm)}$$

$$D_f : Ds + 1 \sim 2 \,\text{ft} : \text{Hood 직경(ft)}$$

$$\triangle t : Ts - T_\infty : \text{열원과 주위온도차(°F)}$$

Ds : 열원 직경(ft) $\qquad$ Ts : 열원 온도(°F)

T_∞ : 주위온도(°F) $\qquad$ $Ta = qc/\rho \cdot Q_2 \cdot C_p \ T_\infty$

$$qc = (q_L/60) \times As \times \triangle t$$

마. 사각 Low Canopy Hood 풍량산정

원형 Low canopy hood와 적용기준이 동일하며, 열원이나 Hood size중 항상 $D_{fl} \geq D_{fw}$, $D_{sl} \geq D_{sw}$로 적용

$$Qa = 6.2 \times D^{4/3} \times t^{5/12} \times D_{fl} fw$$

$$D_{fl} = D_{sl} + 1 \sim 2 \,\text{ft} : \text{Hood의 길이(ft)}$$

$$D_{fw} : D_{sw} + 1 \sim 2 \,\text{ft} : \text{Hood의 폭(ft)}$$

$$\triangle t : \text{열원과 주위온도차}$$

바. 밀폐형 Hood의 풍량산정

밀폐형 Hood라고는 하나, Low canopy hood에 Baffle을 설치하는 정도이며, 열원을 밀폐하는 것은 현실적으로 어려운 것이므로 Low canopy hood로 산정된 풍량과 아래조건에 준해서 풍량 중 큰 값으로 선정한다.

표 4.21 열원조건에 따른 개구부 유속

열원의 조건	공 정	Hood면 또는 개구부 유속
순수 열원일 때	고로주상 Runner	100 fpm 이상
반응열 등이 부가된 열원	전기로 등	200 fpm 이상
재 가열되는 열원	전기 아아크로 등	500 ~ 800 fpm

표 4.22 열원 형상별 열손실계수

열원표면의 형상	자연대류상의 열손실계수	비 고
수직 평판형(H : 2 ft 이상)	$0.3(\triangle t)^{1/4}$	
수직 평판형(H : 2 ft 이하)	$0.28(\triangle t/X)^{1/4}$	X : 평판의 높이(H : feet)
수평 평판형(상향)	$0.38(\triangle t)^{1/4}$	
수평 평판형(하향)	$0.2(\triangle t)^{1/4}$	
수평 원통형	$0.42(\triangle t/d)^{1/4}$	d : 원통경(inch)
수직 원통형(H : 2 ft 이상)	$0.4(\triangle t)^{1/4}$	

수직 원통형(H : 2 ft 이하)

$$0.4(\triangle t/d)^{1/4}$$

높이 H	C	높이 H	C	
0.1 ft	3.5	0.4 ft	1.7	C : 높이(H)에 따른 계수
0.2 ft	2.5	0.5 ft	1.5	
0.3 ft	2.0	1.0 ft	1.1	

2. 단위 시설별 풍량 산정 기준

가. 저장 Bin

Q = 저장 Bin의 수 × 16(m³/min) = 개구부 면적(m³) × 67(m³/min)

나. Belt Conveyor

1) Belt Conveyor Speed 관련 기본 풍량(Q)

① 이송속도 1 m/sec 이하시

Q = Belt 폭(m) × 33(m³/min)

② 이송속도 1 m/sec 이상시

$$Q = \text{Belt 폭(m)} \times 47(\text{m}^3/\text{min})$$

③ 이송속도 2 m/sec 이하시

$$Q = \text{Belt 폭(m)} \times 47(\text{m}^3/\text{min}) \times 1.3$$

④ 이송속도 2 m/sec 이상시

$$Q = \text{Belt 폭(m)} \times 47(\text{m}^3/\text{min}) \times 1.6$$

2) Tail Part는 하부 Skirt폭을 적용함

① Screen

- 개구면적 1 m³당 : 6 m³/min 적용
- 체거름 면적 1 m³당 : 15 m³/min 적용

3) Belt Conveyor Chute Height당 적용계수

표 4.23에 Belt conveyor chute 높이에 따른 적용계수를 나타내었다.

표 4.23 슈트 높이당 적용계수

Chute Height	적용 Factor
1 mH 미만	1
1 mH 이상	1.2 ~ 1.4
3 mH 미만	1.5 ~ 1.7
5 mH 미만	1.8 ~ 1.9
5 mH 이상	2.0

다. Dust에 의한 적용계수

1) Dust의 성질인 발진성, 응집력, 유해성, 함유 수분량 등과 포집 Dust 입자경을 고려하여 Factor를 경험적으로 적용함.

① Coke(Dry) : 1.7(수분 0.4% 이내)
② Coke : 1.2
③ Sinter : 1.2(수분 1% 이내)
④ Coal : 0.8(수분 2% 이내)
⑤ 철광석 : 1

라. 개구와 면적에 의한 적용계수

Hood 설치부 주위는 가능한 밀폐형으로 설계되어야 하며, 개구부 면적이 Hood 면적보다 적거나 같을 때는 Factor를 1로 하며, 클 때는 Factor를 최대 1.5까지 적용한다.

3. 포촉속도 적용범위(Minimum값의 경우)

Coke 수송 Line의 분진 비산 상태는 C.D.Q 설비의 가동후 Coke 분진중 수분의 함유량이 적어 비산속도가 빠르고 Belt conveyor의 이동시, Chute 부위의 낙하시, 저장조에 투입시 비산되는 분진이 많으므로 포촉속도가 빨라야 한다.

표 4.24 포촉속도의 적용범위

개 소		설 계 기 준	비 고
분쇄 및 파쇄 공정		2	외부부착 Hood
Hopper Bin		0.8 ~ 1.4	포위 Hood의 개구면
Belt Conveyor		0.8 ~ 1.4	포위 Hood
주물공장 Screen	원통형	2	Hood의 개구면
	평판형	1	Hood의 개구면
비철금속 용융로(알루미늄)		0.5 ~ 1	포위 Hood의 개구면
비철금속 용융로(황동)		1.0 ~ 1.4	포위 Hood의 개구면
용접 아아크		0.5 ~ 1	연직 Hood
용접 아아크		0.5	포위형 Booth 개구면

표 4.25 소요 포촉속도의 범위

오염물질의 발생조건	예 시	포촉속도(m/sec)
작업 공정 주위에 기류가 거의 없고 오염물질도 비산이 되지 않는 경우	도금조(Tank) 등에서의 증발되는 가스, 증기. 흄 등	0.3 ~ 0.5
비교적 조용한 기류변화와 낮은 속도로 오염물질이 비산하는 경우	Booth식 Hood의 분무도장작업, 용접작업, 저속 Con'v수송, 도금 및 산세작업 등	0.5 ~ 1.0
빠른 기류변화가 있고 오염물질이 빠른 속도로 비산하는 경우	Spray Booth의 분무도장작업, 파쇄기, 고속 Con'v 낙하구 분쇄작업	1.0 ~ 2.5
대단히 빠른 기류변화가 있고 오염물질도 매우 빠른 속도로 비산하는 경우	연삭작업, 고속 분무작업, 블라스트 작업 등	3.0 ~ 10.0

4. 주요 열원 설비의 풍량 계산

가. 열원 발생 용선 SLAG 배재장 풍량계산 "예"

$$\cdot \; Vf \;=\; \frac{8 \cdot (As)^{1/3} \cdot (\Delta t)^{5/12}}{Xf^{\,1/4}}$$

Vf : 기류 상승속도

Δt : 열원온도와 주위 온도차(열원 온도 : 1,300°C)

Xf : 후드면에서 가상점 까지의 거리

As : 열원의 단면적 $=\; 76\,\text{ft}^2$

$\cdot \; Xf \;=\; Y + Z \;=\; 2.3 + 27 \;=\; 29.3\,\text{ft}$

Ds : 열원의 직경 $=\; 3\,\text{m} \;=\; 9.84\,\text{ft}$

Y : 열원에서 후드면까지의 거리 $=\; 0.7\,\text{m} \;=\; 2.3\,\text{ft}$

Z : 열원에서 가상점까지의 거리 $=\; 2\,Ds^{1.138}$

$$=\; (2 \times 9.84)^{1.138} = \; 27\,\text{ft}$$

$\cdot \; Dc \;=\; 0.5 \cdot Xf^{0.88}$

$$=\; 0.5 \times 29.3^{0.88} = \; 9.8\,\text{ft}$$

Dc : Hood면에서 열원 상승면의 직경

$\cdot \; Vt \;=\; Vf \cdot Ac \cdot Vr \cdot (Af - Ac)$

Vt : 전체 풍량(ft^3/min)

Ac : Dc의 단면적(ft^2) $=\; \dfrac{\pi}{4} \times 9.8^2 \;=\; 75.4(\text{ft}^2)$

Af : Hood 면적(ft^2) $=\; 4.2\,\text{m} \times 4.8\,\text{m} \;=\; 20.16\,\text{m}^2 \;=\; 217\,\text{ft}^2$

Vr (포촉속도) : 275 ft/min(1.4 m/sec) 적용

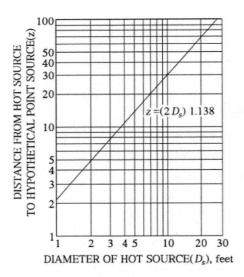

그림 4.15 가상점 거리 산정표

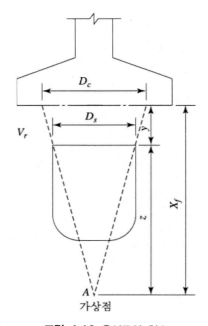

그림 4.16 용선로의 치수

1) 주위온도 20°C일 때

가) 풍량

① 열원 배재장 (열원) 상부

$$\triangle t \ = \ 2,372°\text{F}(1,300°\text{C}) \ - \ 68°\text{F}(20°\text{C}) \ = \ 2,304°\text{F}$$

$$Vf \ = \ \frac{8 \times (As)^{1/3} \times (\Delta t)^{5/12}}{Xf^{1/4}} = \ \frac{8 \times 76^{1/3} \times 2,304^{5/12}}{29.3^{1/4}} = \ 367 \, (\text{ft/min})$$

$$= 112 \, \text{m/min}$$

$$= 1.86 \, \text{m/sec}$$

- 이 조건에서 사각 Low canopy hood으로 풍량을 산정하면

$$\frac{Vt}{L} \ = \ 6.2 \ \times b^{4/3} \times \Delta t^{5/12} \ (\text{사각 Low canopy hood의 풍량결정법})$$

Vt : 전체 풍량(ft^3/min)

L : Hood 길이(4.8 m = 15.75 ft)

b : Hood 폭(4.2 m = 13.78 ft)

$$\therefore Vt \ = \ 81,257(\text{ft}^3/\text{min}) \ = \ 2,300(\text{m}^3/\text{min})$$

② Slag Pot

Hood size(0.6 m × 1.4 m) × 1.4 m/sec × 60 sec/min × 2개

= 142 m^3/min로 계산되나 = 150 m^3/min로 결정

나) 온도(Hood 면)

$$\cdot T \ = \ \frac{Q_1 \times T_1 + Q_2 \times T_2}{Q_1 + Q_2} = \ \frac{27,672 \times 572 + 53,585 \times 68}{27,672 + 53,585}$$

$$= \ 240(°\text{F})$$

$$= \ 116°\text{C}$$

Q_1 : Hot Air 량($Vf \times Ac$ = 367 × 75.4 = 27,672)

T_1 : Hot Air의 Hood면에서의 온도(300°C = 572°F)

Q_2 : 외기 유입량($Vt - Q_1$ = 81,257 - 27,672 = 53,585)

T_2 : 주위 온도(20°C = 68°F)

2) 주위온도 37°C 일 때(여름철 최고평균온도)

가) 풍량

① 배재장 상부

$$\triangle t = 2{,}372°F(1{,}300°C) - 99°F(37°C) = 2{,}273°F$$

$$Vf = \frac{8 \cdot (As)^{1/3} \cdot (\triangle t)^{5/12}}{Xf^{1/4}} = \frac{8 \times 76^{1/3} \times 2306^{5/2}}{29.3^{1/4}} = 367(\text{ft/min})$$
$$= 111\ \text{m/min}$$
$$= 1.85\ \text{m/sec}$$

$$\frac{Vt}{L} = 6.2 \times b^{4/3} \times \Delta t^{5/2} (\text{사각 Low canopy hood의 풍량결정법})$$

Vt : 전체 풍량(ft³/min)

L : Hood 길이(4.8 m = 15.75 ft)

b : Hood 폭(4.2 m = 13.78 ft)

$$\therefore Vt = 80{,}770(\text{ft}^3/\text{min})$$
$$= 2{,}287(\text{m}^3/\text{min})$$

② Slag Pot

Hood Size(0.6 m × 1.4 m) × 1.4 m/sec × 60 × 2 = 142 m³/min로 계산되나
$$= 150\ \text{m}^3/\text{min로 결정}$$

나) 온도(Hood 면)

$$\cdot T = \frac{Q_1 \times T_1 + Q_2 \times T_2}{Q_1 + T_1} = \frac{27{,}672 \times 572 + 53{,}249 \times 99}{27{,}672 + 53{,}249}$$
$$= 260(°F) = 127°C$$

Q_1 : Hot air량($Vf \times Ac = 367 \times 75.4 = 27{,}672$)

T_1 : Hot air의 Hood면에서의 온도(300°C = 572°F)

Q_2 : 외기 유입량($Vt - Q_1 = 80{,}770 - 27{,}672 = 53{,}249$)

T_2 : 주위 온도(19°C = 99°F)

3) 주위온도 -14°C일 때(겨울철 최저 평균 온도)

가) 풍량

① 배재장 상부

$$\triangle t = 2,372°F(1,300°C) - 7°F(-14°C) = 2,365°F$$

$$\cdot T = \frac{Q_1 \times T_1 + Q_2 \times T_2}{Q_1 + T_1} = \frac{27,672 \times 572 + 53,249 \times 99}{27,672 + 53,249}$$

$$= 260(°F) = 127°C$$

Vt : 전체 풍량(ft³/min)

L : Hood 길이(4.8 m = 15.75 ft)

b : Hood 폭(4.2 m = 13.78 ft)

$\therefore Vt = 82,117(ft^3/min)$

$= 2,325(m^3/min)$

② Slag Pot

Hood size(0.6 m × 1.4 m) × 1.4 m/sec × 60 × 2 = 142 m³/min로 계산되나

= 150 m³/min로 결정

나) 온도(Hood 면)

$$\cdot T = \frac{Q_1 \times T_1 + Q_2 \times T_2}{Q_1 + Q_2} = \frac{27,672 \times 572 + 54,595 \times 7}{27,672 + 54,595}$$

$$= 260(°F) = 127°C$$

$$= 196(°F) = 91°C$$

Q_1 : Hot air량($Vf \times Ac = 367 \times 75.4 = 27,672$)

T_1 : Hot air의 Hood면에서의 온도(300°C = 572°F)

Q_2 : 외기 유입량($Vt - Q_1 = 82,117 - 27,672 = 54,595$)

T_2 : 주위 온도($-14°C = 7°F$)

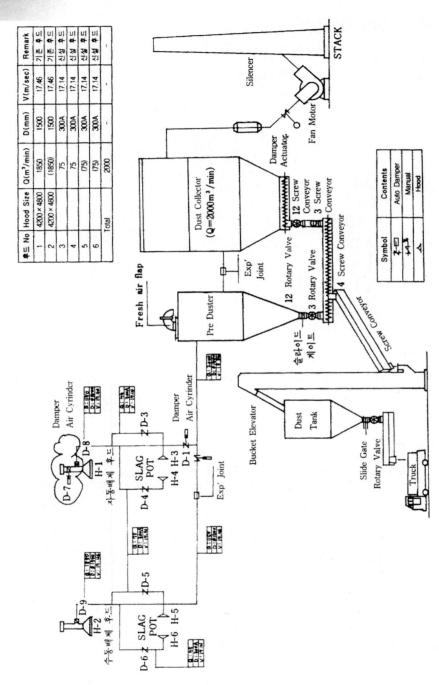

그림 4.17 처리 계통도

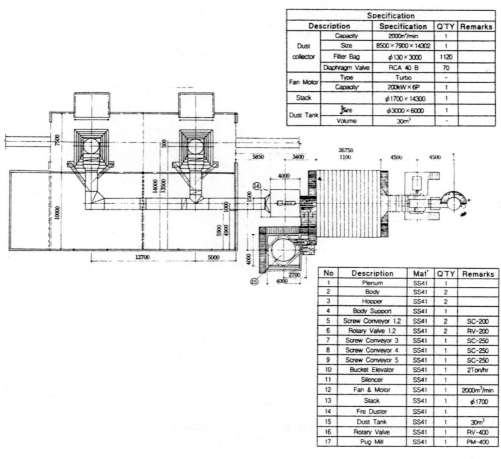

Specification			
Description	**Specification**	**Q'TY**	**Remarks**
Dust collector — Capacity	2000㎥/min	1	
Dust collector — Size	8500×7900×14302	1	
Dust collector — Filter Bag	φ130×3000	1120	
Dust collector — Diaphragm Valve	RCA 40 B	70	
Fan Motor — Type	Turbo	–	
Fan Motor — Capacity	200kW×6P	1	
Stack	φ1700×14300	1	
Dust Tank — Size	φ3000×6000	1	
Dust Tank — Volume	30㎥	–	

No	Description	Mat'	Q'TY	Remarks
1	Plenum	SS41	1	
2	Body	SS41	2	
3	Hopper	SS41	2	
4	Body Support	SS41	1	
5	Screw Conveyor 1,2	SS41	2	SC-200
6	Rotary Valve 1,2	SS41	2	RV-200
7	Screw Conveyor 3	SS41	1	SC-250
8	Screw Conveyor 4	SS41	1	SC-250
9	Screw Conveyor 5	SS41	1	SC-250
10	Bucket Elevator	SS41	1	2Ton/hr
11	Silencer	SS41	1	
12	Fan & Motor	SS41	1	2000㎥/min
13	Stack	SS41	1	φ1700
14	Fre Duster	SS41	1	
15	Dust Tank	SS41	1	30㎥
16	Rotary Valve	SS41	1	RV-400
17	Pug Mill	SS41	1	PM-400

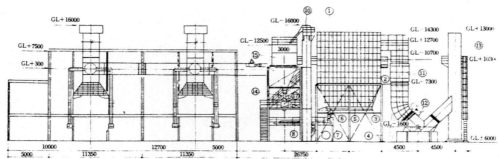

그림 4.18 집진기 도면

나. Pipe 도금 공정의 풍량 계산 "예"

1) 열원 상승에 의한 풍량결정

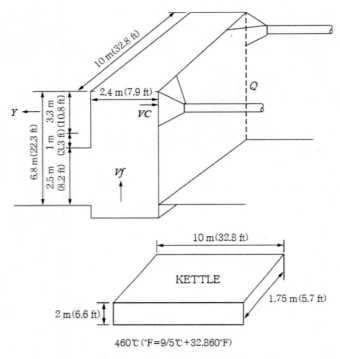

그림 4.19 Kettle 치수도면

가) Kettle에서 열손실

$$H_2 = \frac{0.38}{60} \times As(\Delta t)^{5/4}$$

H_2 : 열손실

A_S : Kettle의 표면적

Δt : 대기 온도(t_2)와 Kettle 온도(t_1)와의 차

$\Delta t = t_1 - t_2$

　　$= 860°F - 46.4°F$

　　$= 813.6°F$

$A_S = 32.8\ ft \times 5.7\ ft$

　　$= 186.96\ ft^2$

$$H_2 = \frac{0.38}{60} \times 186.96 \times (813.6)^{5/4}$$

$$= 5,145 \text{ Btu/min}$$

나) Hot Air 유입량

$$Qz = 7.4(Z)^{3/2} \cdot (H_2)^{1/3}$$

Qz : Hot air 량

H_2 : 열손실

B : Kettle의 폭

Y : Kettle 표면에서 Booth까지 거리

$Z = Y + 2B$

$= 11.6 + 2 \times 5.7 \text{ ft}$

$= 23 \text{ ft}$

$\therefore Qz = 7.4 \, (23)^{3/2} \, (5,145)^{1/3}$

$= 14,091 \text{ ft}^3/\text{min}$

다) Hood에서 Hot Gas Column 용적

$$D = \frac{(Z)^{0.88}}{2}$$

$D =$ Hood W(폭)의 길이

$$D = \frac{(23)^{0.88}}{2}$$

$= 7.9 \text{ ft}$

Hood size의 결정에 있어 W(폭)의 증가만큼 L(길이)도 같은 비율로 증가하므로 증가된

Size $= (7.9 - 5.7) \text{ ft}$

$= 2.2 \text{ ft}$

증가된 길이 $= 32.8 \text{ ft} + 2.2 \text{ ft}$

$= 35 \text{ ft}$

$\therefore$ Hot gas column의 면적 $= 7.9 \text{ ft} \times 35 \text{ ft}$

$= 276.5 \text{ ft}^2$

라) Hood 의 결정

Hood는 Hot gas column보다 커야 하므로 11 ft × 48 ft로 결정

마) 소요 풍량

$$Q = Qz + V \cdot A_f$$

V : 유입속도 (135 fpm)

Af : 상승 Air 면적

$$Af = 11 \times 48 - 7.9 \times 35$$

$$= 251.5 \text{ ft}^2$$

$$\therefore Q = 14{,}091 + (135 \times 251.5)$$

$$= 48{,}044 \text{ ft}^3/\text{min}$$

$$= 1360 \text{ m}^3/\text{min}$$

2) 상승기류 속도에 의한 풍량결정

$$Vf = \frac{37}{Xf^{0.29}}(qc)^{1/3}$$

$$qc = \frac{qL}{60} As \, \Delta t$$

$$qL = 0.38(\Delta t)^{1/4}$$

$$\therefore qc = \frac{0.38}{60} As \, (\Delta t)^{5/4} \text{ 이므로}$$

$$qc = 5.145 \text{ BTU/min}$$

$Xf = Y + Z$에서

$$Y = 11.5 \text{ ft}$$

$$Z = (2Ds)^{1.138} \text{ 에서}$$

Kettle의 Size(32.8 ft × 5.7 ft)에서 큰 값을 선택하면

$$Z = (2 \times 32.8)^{1.138}$$

$$= 116.9$$

$$Xf = 11.5 + 116.9$$

$$= 128.4 \text{ ft}$$

$$\therefore Vf = \frac{37}{(128.4)^{0.29}} (5,145)^{1/3}$$

$$= 156.3 \text{ ft/min}$$

$$= 0.79 \text{ m/sec 이나}$$

여유율을 고려하여 0.9 m/sec로 결정

$Q = A\,V$에서

　　A : Booth의 단면적(2.4 m × 10 m)

　　V : 상승 기류속도(0.9 m/sec)

$Q = 2.4 \times 10 \times 0.9 \times 60$

　$= 1,296 \text{ m}^3/\text{min}$

* Booth의 간이 풍량 결정방법

$Q = H \cdot L \cdot V$에서

　H : Booth의 개방된 부위의 높이

　L : Booth의 개방된 길이

　V : 유입속도

　H : 3.5 m, L : 13 m, V : 100 ft/min(0.54 m/sec)이므로

　$Q = 3.5 \times 13 \times 0.5 \times 60 = 1,365 \text{ m}^3/\text{min}$

* 풍량결정

계산에 의하면 1,360 m³/min, 1,296 m³/min, 1,365 m³/min로 결정되나 여유율을 고려하여 1,500 m³/min로 결정함.

Chapter 04 송풍기 설계

1. 송풍기 개요

가. 송풍기의 정의

공기에 회전운동을 주어 원심력으로 속도 에너지 일부를 압력으로 전환, 토출구에서 적당한 속도와 압력으로 외부로 토출하는 기기이다. 즉, 공기나 다른 기체에 압력을 가해서 압력과 속도 에너지로 변환시켜주는 장치이다.

나. 송풍기 기초이론

송풍기는 기계적 에너지를 이용하여 유체에 에너지를 공급하는 장치로, 송풍기 통과 전·후의 압력 차이를 이용하여 유체의 일정량을 이송한다. 일반적으로 송풍기 통과 전·후에는 정압의 차이만 발생되며, 그림 4.20에는 송풍기 통과 전·후에 따른 전체 압력 변화를 나타내었다.

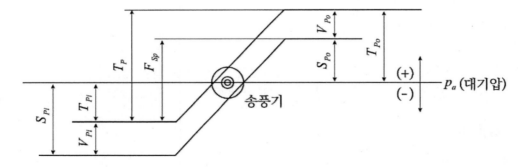

그림 4.20 송풍기 통과에 따른 압력 변화

송풍기에 사용되는 압력은 전압력(Total pressure)과 정압력(Static pressure)로, 송풍기 정압은 송풍기 통과 전후의 정압력 차이, 송풍기 전압은 송풍기 통과 전후의 전압력 차이를 말한다. 하지만, 실제 송풍기 정압은 송풍기 통과 전 후의 압력 차이에 추가적으로 송풍기의 속도압을 뺀 형태를 사용하는데, 이는 송풍기 성능 시험 시 출구에서 정압이 아닌, 전압이 측정되기 때문이다.

다. 송풍기의 풍량

풍량은 송풍기 흡입구의 풍량을 기준으로 통상 m³/min 또는 m³/hr로 표시한다. 흡입상태를 표기하지 않으면 온도 20℃, 절대압력 760 mmHg, 상대습도 75%이고 공기의 비중량은 1.2 kg/m³로 본다. 이 흡입상태를 기준흡입상태라 한다. 일반 공조용으로 사용되는 송풍기는 비교적 저압이므로 토출풍량을 그대로 흡입풍량으로 하여도 거의 차이가 없으나, 압력비(흡입측과 토출측의 절대압력비)가 1.03(흡입측을 대기압으로 했을 때, 약 300 mmAq의 압력상승이 된다) 이상의 경우 토출풍량을 흡입풍량으로 환산할 필요가 있다.

---

* 풍량단위 표시방법

$m^3/sec = CMS$	$m^3/min = CMM$	$m^3/hr = CMH$
$ft^3/sec = CFS$	$ft^3/min = CFM$	$ft^3/hr = CFH$

(참고 : 1 m^3/min = 35.3 ft^3/min)

라. 송풍기의 구분

(1) 압력에 의한 구분

① 팬(Fan) : 압력 1,000 mmAq(1 mAq 미만)

② 블로워(Blower) : 압력 1 mAq ~ 10 mAq 미만

③ 압축기(Compressor) : 압력 1 kg/cm² 이상

---

① **송풍기(Fan, 팬), 선풍기** : 토출 공기압력이 1,000 mmAq 미만 혹은 압력비 1.1 미만까지 승압하는 공기기계

② **송풍기(Blower, 블로워)** : 토출 공기압력이 1 mAq 이상 10 mAq 미만 혹은 압력비 1.1 이상 2.0 미만까지 승압하는 공기기계

③ **압축기(Compressor)** : 토출 공기압력이 1 kg_f/cm² 이상 혹은 압력비 2.0 이상 승압하는 공기기계

---

(2) 형상에 의한 구분

압축기는 터보형과 압축형으로 구별하고, 송풍기는 터보형으로서 원심식과 축류식으로 구분된다. 또한 원심식은 임펠러의 출구 각도에 따라서 다시 다익형, 레이디얼형, 터보형 등으로 재구분되며 압력이 아주 적은 환기용 Fan은 배풍용 환기팬으로 구분되어 일컬어지기도 한다.

마. 송풍기의 압력

1) 닥트 내부의 공기압력

가) 정압(S_P=Static Pressure)

유체가 정지된 상태에서의 압력, 즉 공기 흐름에 저항하는 압력이 정압이다. 이 압력은 단위체적의 유체가 압력의 형태로 보유하는 에너지($kg \cdot m/m^3$)로 유체에 대하여 압축작용을 한다. 따라서 모든 방향에 대하여 동일하게 작용한다. 기체의 흐름에 평행인 표면에 기체가 수직으로 작용하는 압력이므로 덕트 표면에 수 mm의 구멍을 뚫어 그 압력을 수주 마노메타로 측정한다. 공기의 유동이 없을 때에도 발생하는 압력이므로 정압이라 한다.

나) 동압 (V_P : Velocity Pressure)

정지 상태의 공기를 일정한 속도로 흐르도록 가속시키는데 필요한 압력이 동압이다. 동압은 속도압이라고도 불리우며 공기의 운동에너지(속도)에 의하여 생기는 압력으로 항상 + 값을 가진다.

$$- V_P = \frac{r\,v^2}{2\,g} \ \text{이므로} \qquad v = \sqrt{\frac{2 \times 9.81 m/\sec^2 \times V_p\, kg/m^2}{1.2 kg/m^3}}$$

$$= 4.043 \sqrt{V_P}$$

$$* \ v = c\sqrt{\frac{2\,g\,h}{r}}$$

v : 유속 $(m/\sec)$

V_P : 속도압(mmH_2O)을 h(동압, mmH_2O)로 표시하기도 한다

r : 공기 비중량 (kg/m^3)

c : 피토우관 계수(통상 0.85)

다) 정압과 동압의 식

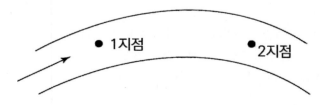

유체가 관내를 흐를 때, 두 지점 1, 2에서는 Bernoulli 법칙이 성립된다.

$$P_1 + \frac{v_1^2}{2g}\gamma + Z_1\gamma = P_2 + \frac{v_2^2}{2}\gamma + Z_2\gamma + \Delta P_e$$

P : 압력(kg/m³) $\qquad$ v : 유속(m/s) $\qquad$ g : 중력가속도(9.8m/s²),

γ : 공기의 비중량(kg/m³) Z : 중심선의 높이(m) ΔP_e : 마찰에 의한 압력손실

공기가 통과하는 덕트는 대부분 수평으로 고저의 차이가 작기 때문에 위치에너지를 무시 할 수 있으므로 다음과 같이 표현할 수 있다.

$$P_1 + \frac{v_1^2}{2g}\gamma = P_2 + \frac{v_2^2}{2g}\gamma + \Delta P_e$$

P_1, P_2를 정압(S$_P$: Static pressure), $v_1^2/2g, v_2^2/2g$를 동압(V$_P$: Velocity pressure)이라 하고, 정압과 동압의 합을 전압(T$_P$: Total pressure)이라고 한다. 공기(20℃, 760 mmHg)의 비중량(γ)은 1.2 kg/m³이므로 동압 V_P는 다음과 같다.

$$V_P \ (mmAq) = \frac{v^2}{2g}\gamma = \frac{v^2}{16.3} \fallingdotseq \left(\frac{v}{4.04}\right)^2$$

1지점, 2지점에서 유속이 일정하면 ΔP_e(압력 손실)은 두지점(1, 2지점)의 정압(압력E) 차이가 된다.

라) 전압(T_P : Total Pressure)

정압(S_P)과 동압(V_P)을 가하여 합한 것이 전압(T_P)이고 실제로 송풍을 가능하기 위하여 전압이 필요하며 송풍기가 전압을 내지 않으면 안되는 까닭이다. 전압의 측정은 그림 4.21과 같이 하여 행한다.

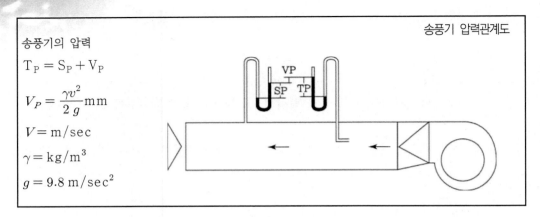

그림 4.21 송풍기의 압력 측정법

송풍기의 압력

$$T_P = S_P + V_P$$

$$V_P = \frac{\gamma v^2}{2\,g}\,\mathrm{mm}$$

$$V = \mathrm{m/sec}$$

$$\gamma = \mathrm{kg/m^3}$$

$$g = 9.8\,\mathrm{m/sec^2}$$

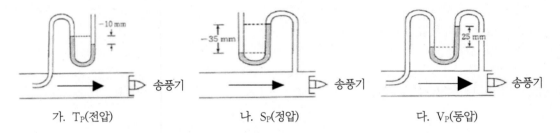

가. T_P(전압) 나. S_P(정압) 다. V_P(동압)

그림 4.22 흡인송풍기의 압력 측정법

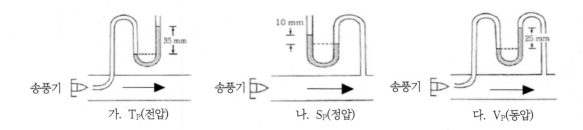

가. T_P(전압) 나. S_P(정압) 다. V_P(동압)

그림 4.23 토출 송풍기의 압력 측정법

① 유효전압의 계산

$$T_P = T_{PO} - T_{PI}$$
$$= S_{PO} + V_{PO} - (S_{PI} + V_{PI})$$
$$= (S_{PO} - S_{PI}) + (V_{PO} - V_{PI})$$

여기서, T_P : 송풍기 전압(Fan total pressure)

T_{PO} : 출구 전압

T_{PI} : 입구 전압

② 유효정압

$$F_{SP} = S_{PO} - S_{PI} - V_{PI}$$
$$or \ = |S_{PO}| + |S_{PI}| - V_{PI}$$

여기서, F_{SP} : 송풍기 정압

S_{PO} : 송풍기 출구 정압

S_{PI} : 송풍기 입구 정압

V_{PI} : 송풍기 입구 동압

예제 1 송풍기의 입구정압이 300 mmH$_2$O, 출구정압이 20 mmH$_2$O 입구유속이 1,100 m/min 일 때 필요한 송풍기 정압은 몇 mmH$_2$O인가? (단 유체의 온도는 20°C)

▎풀이

$$F_{SP} = |300| + |20| - V_{PI}$$

$$V' = \frac{r \cdot v^2}{2g} = 1.2 \, kg/m^3 \times \frac{\left(\frac{1,100}{60} m/sec\right)^2}{2 \times 9.8 \, m/sec^2} = 20.58 \, kg/m^2 = 20.58 \, mmH_2O$$

$$F_{SP} = 300 + 20 - 20.58$$
$$= 299.42(mmH_2O)$$

예제 2 송풍기의 흡인 정압이 −350 mmH$_2$O, 출구정압이 + 25 mmH$_2$O이고, 입구 평균유속이 1,000 m/min이면, 송풍기의 필요 정압은 몇 mmH$_2$O인가? (단 유체의 온도는 20°C)?

▎풀이

$$F_{SP} = |S_{PI}| + |S_{PO}| - V_{PI}$$
$$= |350| + |25| - V_{PI}$$

$$V_{PI} = \frac{r \cdot v^2}{2g} = 1.2 \text{ kg/m}^3 \times \frac{\left(\frac{1,000}{60} \ m/\sec\right)^2}{2 \times 9.8 \text{ m/sec}^2} = 17 (\text{mmH}_2\text{O})$$

$$F_{SP} = 358 \text{ mmH}_2\text{O}$$

바. 송풍기 동력

동력(Power)의 정의는 단위시간에 하는 일의 양이다. 일(W)이란 어떤 물체에 힘이 작용되어 이동했을 때 힘의 크기와 그 방향의 이동거리를 곱한 값(W = F×L)이다.

$$
\begin{array}{l}
1 \text{ kW} = 102 \text{ kg} \cdot \text{m/sec} \\
1 \text{ HP} = 75 \text{ kg} \cdot \text{m/sec}
\end{array}
$$

1) 소요동력

가) 공기 동력(Air Horsepower, Ha)

공기 동력은 송풍기가 공기에 대해 일을 한 양으로서 단위 시간당 공기에 전달된 에너지를 말한다. 단위는 마력(HP) 또는 kW로 표시하며, 다음과 같은 식으로 나타낼 수 있다.

$$H_a = \frac{Q \times \triangle P}{102} \ (kW) = \frac{Q \times \triangle P}{75} \ (HP)$$

Q : 송풍량 $(m^3/\sec)$

$\triangle P$: 송풍기 전압 (mmH_2O)

나) 송풍기 축동력(Brake Horsepower, Hb)

축동력은 송풍기 임펠러의 시간당 운동에너지를 말하며, 공기동력과의 관계는 다음과 같다.

$$H_a = \eta_1 H_b$$

송풍기 효율 η_1는 임펠러가 공기에 에너지를 전달시키는 효율로써 70%를 넘기는 경우가 드물다. 일반적인 국소 배기용 송풍기의 경우 η_1는 60 ~ 65%이다.

다) 전동기 동력(Motor Horsepower, Hm)

전동기 동력은 전동기(motor)가 발생시키는 시간당 운동에너지를 말하며, 축동력과의 관계는 다음과 같다.

$$H_b = \eta_2 H_m$$

전동기 효율 η_2은 전동기가 임펠러에 에너지를 전달시키는 효율로써 구동 방식에 따라 다르다. 전동기와 임펠러가 축에 의해 바로 연결되어 있는 직결식(Direct drive)은 90 ~ 95%, 벨트로 연결된 경우(Belt drive)는 75 ~ 85% 정도이다.

공기동력, 축동력, 전동기 동력을 한 식으로 나타내면 $H_a = \eta_1 H_b = \eta_1 \eta_2 H_m$로 표시할 수 있다. 예를 들어 η_1가 60%, η_2이 80% 인 경우, $H_a = 0.6 \times 0.8 H_m = 0.48 H_m$이 되어 전동기 동력의 약 50% 정도만 공기에 전달시킬 수 있다는 것을 알 수 있다.

2) 동력계산

· Fan의 동력계산

$$kW = \frac{Q \cdot \Delta P}{102 \cdot \eta_1 \cdot \eta_2} \times \alpha$$

$$HP = \frac{Q \cdot \Delta P}{75 \cdot \eta_1 \cdot \eta_2} \times \alpha$$

Q : 풍량(m³/sec)

ΔP : 송풍기 전압(mmH$_2$O)

η_1 : 송풍기 효율

η_2 : 모터 효율

α : 여유율

· Pump의 동력계산

$$kW = \frac{\gamma \cdot Q \cdot H}{102 \cdot \eta} \times \alpha$$

$$HP = \frac{\gamma \cdot Q \cdot H}{75 \cdot \eta} \times \alpha$$

Q : 유량(m^3/sec)

H : 양정(수두, m)

γ : 물의 비중량 (1,000 kg/m^3)

(즉, $P = \gamma \cdot H = 1{,}000 \text{ kg/}m^3 \times x \text{ m} = \text{kg/}m^3 = mmH_2O = \Delta P$)

3) 송풍기 상사법칙

현재 설계, 제작되어 판매되는 송풍기의 형상학적인 특성(임펠러 형상 및 날개 치수, 임펠러 회전수 및 회전 속도 등)은 거의 동일하다. 송풍기의 형상학적인 특성이 유사할 경우 송풍기의 크기 변화에 따른 성능 예측이 매우 용이하며, 송풍량, 송풍기 정압, 축동력, 회전수, 가스 밀도, 임펠러 직경의 차원분석을 통한 송풍기 상사 법칙이 개발되었다. 단, 송풍기 상사 법칙은 차원 해석에 의한 해석 식으로 동일한 단위를 사용한다면 단위계에 관계없이 계산이 가능하다.

가) 송풍기의 크기(D)와 밀도(ρ)가 일정할 때 송풍기 회전속도(N)와 관계

① 송풍기의 유량은 회전속도에 비례 $\quad Q' = Q \times \left(\dfrac{N'}{N}\right)$

② 송풍기의 정압은 회전속도에 2승에 비례 $\quad Ps' = P \times \left(\dfrac{N'}{N}\right)^2$

③ 송풍기의 동력은 회전속도에 3승에 비례 $\quad W' = W \times \left(\dfrac{N'}{N}\right)^3$

나) 송풍기의 회전수(N)와 밀도(ρ)가 일정할 때 송풍기의 크기(D)와 관계

① 송풍기의 유량은 송풍기 크기의 3승에 비례 $\quad Q' = Q \times \left(\dfrac{D'}{D}\right)^3$

② 송풍기의 정압은 송풍기 크기의 2승에 비례 $\quad Ps' = P \times \left(\dfrac{D'}{D}\right)^2$

③ 송풍기의 동력은 송풍기 크기의 5승에 비례 $\quad W = W \times \left(\dfrac{D'}{D}\right)^5$

◎ Motor의 회전수(N) $= \dfrac{120 \cdot H_Z}{P}$ $\qquad$ P : Pole수(극수)

$\qquad\qquad\qquad\qquad\qquad\qquad\qquad\qquad$ H_z : 진동수(한국: 60H_z)

60H_z : 교류 전원 1초 동안 60번 반복 혹은 진동한다는 뜻임.

예제 3 Duct 내경 500 mm의 직관을 통하여 풍량 200 m³/min의 표준공기를 송풍할 때 5 m 관의 압력손실은 몇 mmH₂O 인가? (단 f = 0.04임)

▌풀이

$$\Delta P = 4 \times 0.04 \times \frac{5}{0.5} \times \frac{1.3 \times 16.97^2}{2 \times 9.81} = 30.53(\text{mmH}_2\text{O})$$

$$Q = AV \text{에서} \quad V = \frac{Q}{A} = \frac{\frac{200}{60} \text{ m}^3/\text{sec}}{\frac{\pi}{4}0.5^2 \text{ m}^2} = 16.97 \text{ m/sec}$$

예제 4 임펠러의 직경이 530 mm이고, 풍량은 120 m³/min, 정압은 20 mmAq, 동력은 1.5 kW(2HP), 회전수는 470 rpm인 다익형 팬이 있다.
① 팬의 회전수가 570 rpm으로 변경했을 때의 풍량, 정압, 동력을 구하여라.
② 임펠러의 직경이 600 mm로 변경했을 때 풍량, 정압, 동력을 구하여라.

▌풀이 1

① $\frac{570}{470} \times 120 = 145 \text{ m}^3/\text{min}(풍량)$ ② $\left(\frac{570}{470}\right)^2 \times 20 = 29.4 \text{ mmAq}(정압)$

③ $\left(\frac{570}{470}\right)^3 \times 1.5 = 2.7 \text{ kW}(동력)$

▌풀이 2

① $\left(\frac{600}{530}\right)^3 \times 120 = 174 \text{ m}^3/\text{min}(풍량)$ ② $\left(\frac{600}{530}\right)^2 \times 20 = 25.6 \text{ mmAq}(정압)$

③ $\left(\frac{600}{530}\right)^5 \times 1.5 = 2.78 \text{ kW}(동력)$

사. 송풍기의 종류

송풍기는 크게 원심식과 축류식 2가지로 분류되며 각 식의 성능과 효율에 따라 용도가 각각 다르며 기술개발의 향상으로 인하여 많은 종류가 있다.

표 4.26 송풍기의 분류와 특성

종류		날개 형태	설명	응용
원심력 송풍기	전향 날개형 (forward curved)		축차의 날개는 작고, 회전축차의 회전방향 쪽으로 굽어 있다. 이 송풍기는 비교적 느린 속도로 가동된다. 이 축차는 때로는 '다람쥐 축차'라고도 불린다.	주로 가정용 화로, 중앙 난방장치 및 패키지 에어컨과 같이 저압 난방, 환기 및 에어컨 장치에 이용된다.
	방사 날개형 (radial blade)		이 축차는 외륜수차 모양이며, 날개는 회전방향과 직각으로 설치되었으며, 송풍기는 보통 속도로 가동된다.	방사 날개형은 물질의 이송취급, 거친 건설 현장 등에서 이용되며, 산업용으로는 고압 장치에 이용된다.
	후향 날개형 (backward inclined)		축차의 날개는 평평하며, 회전 방향과 반대로 기울어져 있다. 이 송풍기는 고속으로 가동되며 전술한 송풍기들보다 효율이 좋다.	일반 난방, 환기 및 에어컨 등에 이용되며, 먼지 등으로 날개가 마모되기 쉬운 산업장에 많이 이용된다.
	비행기 날개형 (airfoil blade)		비록 기본형은 아니지만, 후향 날개형을 정밀하게 변형시킨 것으로 고효율을 보인다. 표준형 평판 날개형보다 비교적 고속에서 가동된다.	모든 원심력 송풍기 중 가장 효율이 좋다. 대형 HVAC장치와 산업용 공기청정장치에 이용되며, 에너지 절감 효과가 좋다. 먼지처리를 위해 특수 제작될 수 있다.
	방사 경사형 (radial tip)		축차의 날개가 회전방향으로 다소 굽어있으나, 뒤로 경사져 있고, 날개 끝은 회전방향과 직각이다. 후향날개형과 같은 속도에서 가동된다.	이 송풍기 역시 물질 취급, 오염공기 및 마모성 물질 취급 시 응용되며, 방사 날개형보다는 효율이 좋다.
축류 송풍기	프로펠러형 (propeller)		축차는 두 개 이상의 두꺼운 날개를 틀 속에 가지고 있다. 효율은 낮으며 저압 응용 시 사용된다.	덕트가 없는 벽에 부착되어, 공간내 공기의 순환에 응용된다. 대용량 공기 운송에 이용된다.
	원통 축류형 (tube axial)		프로펠러형보다 많은 날개를 가지고 있으며, 효율과 압력상승에 효과를 높이기 위해 드럼 또는 원통을 내재하고 있다.	하향부의 압력손실이 크지 않는 곳에 응용된다. 건조 오븐, 페인트 분무실, 훈연 배기설비 등의 산업장에서 응용된다.
	고정날개 축류형 (vane axial)		축류형 중 가장 효율이 높다. 효율과 압력 상승 효과를 얻기 위해 직선형 날개를 사용한다. 날개는 주로 비행기날개형이며, 날개의 간격은 변형되기도 한다. 중·고압을 얻을 수 있다.	일반적으로 직선류 및 아담한 공간이 요구되는 HVAC 설비에 응용된다. 공기의 하류방향 분포가 양호하다. 많은 산업장에서 응용되고 있다.
	원심장치 내장형 (inlive centrifugal)		이 송풍기는 실제로 비행기날개형 또는 후향 날개형 축차를 고정날개 축류형 틀에 맞춘 원심력 송풍기의 일종이다. 효율은 좋으나 원심력 송풍기 만 못하다.	저압 HVAC에 응용된다. 공기의 직선흐름을 얻을 수 있다.

출처 : Chicago Blower Corporation, Glendale Heights, IL, 1978, 2009.

㈜ HVAC : heating, ventilation, air-conditioning

구조상으로 분류하면 다음과 같다.

① 압축단수에 따라 : 1단(혹은 단단), 2단, 3단 ········· 다단
② 흡입방법에 따라 : 한쪽 흡입(Single suction), 양쪽 흡입(Double suction) 또한 한쪽흡입을
　　　　　　　　　　SS로 양쪽흡입을 DS로 표기하기도 한다.
③ 케이싱 수에 따라 : 1케이싱, 2케이싱, ·········· 다케이싱
④ 회전방법에 따라 : 직결식, V벨트 가동식, 카프링식, 기어 장치식 등이 있다.
⑤ 설치방법에 따라 : 고정식, 방진식, 이동식 등이 있다.
⑥ 설치장소에 따라 천정형, 벽형, 지붕형, 바닥설치형 등이 있다.
⑦ 베어링 지지방법 : 편지형(한쪽으로만 지지), 양지형(양쪽으로 지지) 등이 있다.
⑧ 송풍방향에 따라 : 우회전 상향, 좌회전 상향 등 회전방향과 토출방향에 따라 구분된다.

아. 송풍기 성능의 변화

1) 한쪽 흡입식(Single Suction)과 양쪽 흡입식(Double Suction)의 비교

양쪽 흡입식은 한쪽 흡입식에 비해 압력 및 회전수는 같고, 풍량 및 축동력은 약 1.75배 증가한다.

① 풍량(Q_2) = Q_1 × 1.75배 (Q_1 = 한쪽 흡입식 풍량, Q_2 = 양쪽 흡입식 풍량)
② 축동력(kW$_2$) = kW$_1$ × 1.75 (kW$_1$ = 한쪽 흡입식 축동력, kW$_2$ = 양쪽 흡입식 축동력)
③ 회전수(rpm) : rpm_1 = rpm_2 (rpm_1 = 한쪽 흡입식 회전수, rpm_2 = 양쪽 흡입식 회전수)
④ 풍압(P) : P_1 = P_2 (P_1 = 한쪽 흡입식 정압 mmAq, P_2 = 양쪽 흡입식 정압 mmAq)

2) 온도변화에 의한 성능의 변화

송풍량은 온도와 압력에 따라 변화하는데 환산하는 식은 아래와 같다.

$$Q = Q_N \times \frac{273+t}{273} \times \frac{760}{760+P_1}$$

여기서, Q : 기준상태의 송풍량(Am^3/min)　　Q_N : 표준상태의 송풍량(Nm^3/min)

　　　　t : 가스온도(℃)　　　　　　　　　P_1 : 흡입 정압(mmAq)

$$P_2 = P_1 \times \frac{273 + t}{273 + 20} \times \frac{1}{L}$$

여기서, P_2 : 온도변화로 인한 재선정 정압(mmAq)

P_1 : t ℃에서 필요한 정압(mmAq)

t : 사용 가스온도(℃)

L : 공기 비중(공기 = 1)

흡입 가스의 비중량 R_1일 때 : 풍량(Q_1) 압력(P_1) 동력(L_1)이고

흡입 가스의 비중량 R_2일 때 : 풍량(Q_2) 압력(P_2) 동력(L_2)이면

$$P_2 = P_1 \left(\left(\frac{R_2}{R_1} \right) = \left(\frac{273 + t_2}{273 + t_2} \right) \times 1 \right)$$

$$L_2 = L_1 \left(\frac{R_2}{R_1} \right) 이다.$$

예제 5 흡입 정압의 표시가 기준상태(20℃ 760 mmHg 75%습도)로 50 m³/min, 700 mmAq, 25HP 송풍기를 200℃의 가스온도에 사용하고자 할 때, 온도변화에 의한 풍압과 동력을 계산하시오.

▌풀이

$$\frac{273 + 200}{273 + 20} \times 700 = 1130 \text{ mmAq(정압)}$$

$$\frac{473}{293} \times 25 = 40\text{HP(동력)}$$

자. 송풍기 성능곡선

송풍기의 운전 특성에 영향을 주는 변수는 많다. 예를 들면, 송풍기의 종류, 크기, 송풍기 정압, 효율, 동력, 회전수 등에 따라 송풍량이 변한다. 일반적으로 송풍기 성능표(Fan table)와 송풍기 성능곡선(Fan performance curve)은 송풍기 제작회사의 카탈로그에 제시되어 있다. 이에 대해 이해하는 것은 적절한 송풍기를 선정하고 관리하는 데 중요하다.

1) 송풍기 성능곡선

송풍기 성능곡선(Performance curve) 또는 특성곡선(Characteristic curve)은 그림 4.24와 같은 장치를 사용하여 작성한다. 송풍기의 입구나 출구에 덕트를 연결시키고 댐퍼를 부착하여 압력을 변화시키면서 송풍기 전압, 송풍기 정압, 송풍량, 동력소모량 등을 측정한다. 측정한 자료를 바탕으로 하여 송풍기의 소요 압력에 따라 송풍량, 효율, 동력소모량 등을 종합해서 그래프 또는 표를 작성한다.

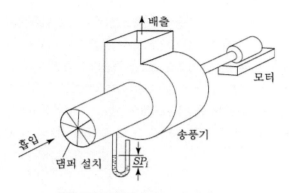

그림 4.24 송풍기 성능곡선 실험장치

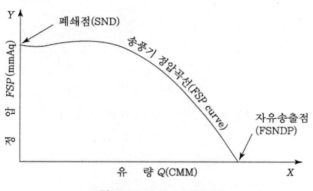

그림 4.25 송풍기 정압곡선

그림 4.25은 그림 4.24의 실험장치로 실험한 결과를 그래프로 나타낸 것이다. X축은 송풍량(Q), Y축은 송풍기 정압(F_{SP})을 나타낸 것으로, 이와 같은 그래프를 송풍기 정압곡선(Fan static pressure Curve)이라고 한다. 그래프 상에서 정압곡선이 X축과 만나는 점을 자유 송출점(Free no delivery pressure : FNDP)이라고 하는데, 이 점에서는 송풍기 전후의 압력손실을 완전히 없앤 경우로 댐퍼를 완전히 개방시켜 송풍량이 최대가 된다. 정압곡선이 Y축과 만나는 점은 폐쇄점(Shut-off, Static no delivery : SND)으로서, 송풍기의 출입구를 완전히 밀폐시켜 공기흐름이 전혀 없을 때의 송풍기 정압을 말한다.

2) 시스템 요구곡선

시스템 요구곡선(System requirement curve)이란 송풍기에 연결된 Duct 시스템의 송풍량에 따른 압력손실 요구량을 말한다. 즉, 송풍량 Q가 통과할 때 시스템의 압력손실 ΔP를 나타낸 것이다.

그림 4.26에서 보는 바와 같이 X축을 송풍량, Y축을 압력손실로 했을 경우 일반적인 덕트 시스템에서는 시스템 요구곡선이 A와 같이 포물선 모양으로 나타난다. 이는 덕트 시스템에서는 기류가 대부분 난류인 경우가 많고, 난류상태에서는 압력손실이 송풍량의 제곱에 비례하기 때문이다. 여과집진기에서와 같이 유속이 매우 느린 흐름 상태일 경우에는 층류상태이므로 압력손실이 송풍량에 비례하여 그림 4.26의 B와 같이 시스템 요구곡선은 직선 모양이 된다. 시스템 요구곡선은 송풍량을 변화시키면서 시스템 전체의 압력손실을 그래프로 그려 구할 수 있고, 또한 간접적인 계산으로도 구할 수 있다.

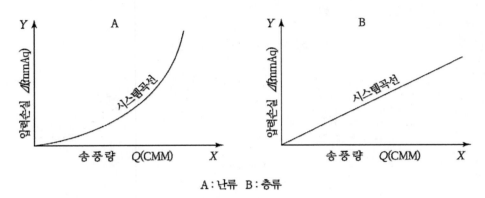

A : 난류 B : 층류

그림 4.26 흐름 상태별 시스템 요구곡선

3) 동작점

송풍기의 동작점(Point of operation)이란 그림 4.27에서 보는 바와 같이 송풍기 성능곡선과 시스템 요구곡선의 교차점을 말한다. 이 교차점에서는 송풍량 Q 가 시스템내로 흐르고, 그 때 송풍기 정압은 P 가 된다.

그림 4.27의 A는 설계과정에서 예측했던 시스템 곡선이 잘 맞았고, 송풍기도 적절한 것을 선정하여 원했던 송풍량이 나오는 경우이다. B는 시스템곡선은 잘 예측하였지만, 성능이 약한 송풍기를 선정하여 송풍량이 적게 나오는 경우이다. C는 송풍기는 적당한 것으로 선정하였으나, 시스템의 압력손실을 실제 압력손실보다 과대 예측하여 송풍량이 예상보다 많이 나오는 경우이다. D는 시스템 압력손실을 과대 예측하였고, 송풍기 또한 너무 큰 것을 선정한 경우이다.

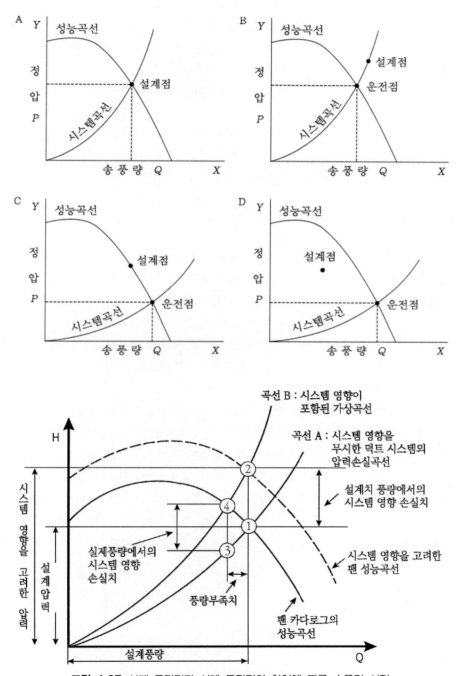

그림 4.27 실제 동작점과 설계 동작점의 차이에 따른 송풍기 선정

앞의 설명에서 설계 송풍량을 얻기 위해서는 압력손실에 대한 예측과 송풍기 선정 모두 정확해야 함을 알 수 있다. 또 "500 m³/min, 400 mmAq짜리 송풍기를 사용하면 500 m³/min이 나와야 정상이다."라는 말도 틀렸다는 것을 알 수 있다. 즉, 500 m³/min, 400 mmAq 송풍기란 시스템 압력손실이 400 mmAq일 때에만 500 m³/min이 나온다는 말이다. 만일 어느 방지시설에서 압력손실이 400 mmAq보다 많은 500 mmAq가 되면 500 m³/min보다 적은 송풍량이 나온다. 시스템을 설치한 초기에는 그림 4.27의 A에서 보는 바와 같이 원하는 송풍량을 얻을 수 있다. 그러나 초기에 A와 같이 원하는 송풍량을 얻을 수 있다 하더라도 시스템 내에 먼지가 쌓이거나 전처리 필터의 압력손실이 증가하여 전체시스템의 압력손실이 증가하거나, 송풍기의 성능이 저하될 경우에는 그림 4.27에서 보는 바와 같이 두 곡선이 같이 움직여 초기 송풍량의 절반도 나오지 않는 경우가 현장에서 많이 발생한다.

차. 송풍기 서어징 방지법

1) 서어징 현상

송풍기를 일정 회전수로 운전하면서 입구댐퍼 또는 출구댐퍼를 조정하여 풍량을 감소해 나가면 어떤 풍량에 있어서 일정한 정압을 얻을 수 있는데, 풍량의 증가와 더불어 정압이 증가하는 우측, 오름 특성의 풍량부분에 있어서 지금까지 조용히 운전하고 있던 송풍기가 갑자기 관로에 압력과 흐름의 심한 파동을 일으켜서 심한 경우에는 운전이 위험하게 될 때도 있다. 이와 같은 현상을 서어징이라 한다. 그림에서 P_n점에서 곡선을 따라서 좌측으로 상승하여 P'_l점으로 진행하면 송풍기에 가해지는 정압이 P_l로 상승하며 풍량은 Q_n에서 Q'_l로 감소한다.

한편 P_k 쪽으로 송풍기의 운전상태가 계속 이동하면 송풍량은 Q_k보다도 적어지고 송풍관의 정압은 P_k 이상으로 상승할 것이나 임펠러에는 압력 P_k이상의 정압이 발생할 수는 없다. 송풍기는 배출을 정지하는 동시에 역류를 개시하여 P_k점에서 P'_l점으로 운동 상태가 비동(날아오름)한다. 즉, 송풍기는 지금까지와 같이 회전하고 있는데도 불구하고 송풍기 내부에서 통풍이 역류한다.(P_l점으로 이동하여 통풍량은 영이 된다) 그 다음의 순간에 P'_l점으로 비동하여 송풍량이 0에서 Q'_l로 급변한다. 송풍관의 선단에서 송출하는 기류가 Q'_l보다 적으면 송풍기의 운전상태는 P'_l점에서 다시 P_k점으로 되돌아와서 P_k점에서 P'_k점으로 비동하여 $P'_k \rightarrow P_l \rightarrow P'_k$ 로 불안정한 운전상태를 반복한다.

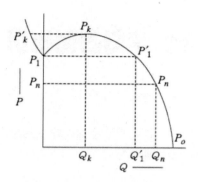

그림 4.28 송풍기 서어징 현상

2) 서어징의 방지법

① 설계 풍량에 여유 풍량이 너무 많으면 풍량조정을 위해서 댐퍼를 과도하게 조절해야하므로 서어징 현상이 발생하기 쉬우므로 풍량에 여유를 많이 두지 않도록 한다.

② 설계 풍량이 너무 작아 서어징을 일으켰을 때에는 덕트의 일부에 그림 4.29와 같이 바이패스 통로를 설치하여 배출하면 정상상태를 얻을 수 있다.

③ 사용조건에 따라 작동범위가 넓고, 서어징 영역에 들 때는 서어징 방지장치를 설치하거나 특별한 조치를 하여야 한다.

④ 송풍기 회전수를 변화시킨다. 즉 전동기의 회전수를 변화시키면 저속 회전시에 서어징의 한계가 적은 유량측으로 이동한다. 이러기 위해서는 회전수를 임의로 바꿀 수가 있는 전동기로 구동해야 한다. 여러 대의 송풍기를 병렬 운전할 경우 풍량이 적은 송풍기에 역류가 일어날 때가 있는데, 이런 경우는 개개의 송풍기에 댐퍼를 설치하여 설계 풍량 가까이에서 운전하면 된다.

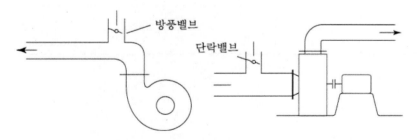

그림 4.29 바이패스 댐퍼

Chapter 05 Dust 후처리설비의 설계

1. 스크류 콘베어(Screw Conveyor)

스크류 콘베어는 그림과 같이 집진기 본체 하부에 설치되어 호퍼(Hopper)에 포집된 분진을 스크류
가 회전하면서 외부로 배출하는 수송기계이다.

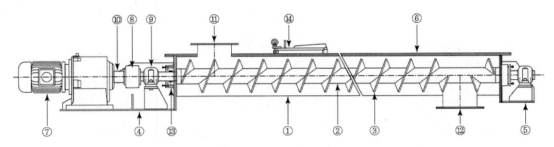

그림 4.30 스크류 콘베어

No	Part of Name	No	Part of Name
①	Casing	⑧	Chain Coupling
②	Shaft	⑨	Bearing
③	Screw	⑩	Spacer
④	Side Cover Base(Motor)	⑪	Inlet
⑤	Side Cover Base	⑫	Outlet
⑥	Upper Cover	⑬	Grand Packing
⑦	Geared Motor	⑭	Inspection Door

표 4.27 스크류 콘베어의 장단점

구분	내 용
장점	1) 구조가 간단하여 유지 보수가 편리하다. 2) 공급, 토출부의 압력차의 영향이 적으며 회전수에 비례하여 수송되므로 용량조절이 쉽다. 3) 밀폐구조로 제작되므로 분진 및 악취의 비산을 막을 수 있다. 4) Screw의 방향을 바꾸면 배출부의 위치가 변경가능하다. 5) 수송 및 혼합, 압축의 효과를 동시에 얻을 수 있다. 6) 소요 동력이 작다
단점	1) 취급재료에 따라 마모, 물림 등의 트러블이 비교적 많다. 2) 고체화가 잘 되는것, 입경이 큰 것은 취급이 어렵다. 3) 재료가 부서지기 쉽다.

가. 설계시 유의사항

① U자 원통형으로 설계한다.

② Screw와 원통의 간격은 3 mm 전후가 좋다.

③ Screw pitch : 0.5D (0.5D ~ 0.8D)

④ 수송속도는 N = 10 ~ 60 rpm(무단변속)으로 한다.

⑤ 동력전달은 Coupling 직결 Type으로 한다.

⑥ Shaft & Sprocket의 재질은 S45C 또는 동등 이상으로 설계한다.

⑦ Bearing부는 Shaft와 Casing 사이에 Air lock이 잘되고 분진이 침투하지 못하도록 설계한다.

⑧ Motor 단자 Box는 주물로 방진, 방수 구조로 설계한다.

⑨ 운전조작이 편리하고 내구성이 크며 점검, 급유, 보수에 편리하고 교환이 용이하도록 설계한다.

나. 수송능력

Screw conveyor 의 수송능력 W(ton/hr)는 다음과 같이 구한다.

- Screw conveyor의 이론 체적량($\overline{V}$: m³/hr)은

- $\overline{V} = \dfrac{\pi(D^2-d^2)}{4} \times P \times N \times 60$

여기서, D : 스크류 외경(m)

d : 축의 외경(m)

P : 스크류 피치(m)

N : 회전수(rpm : 분당 회전수)

이론 체적량에서 겉보기 비중과 실제 수송하는 충만율을 고려하면

- 수송량 W(ton/hr)은

$$W = \overline{V} \times r \times \eta$$

여기서, $\overline{V}$: 이론 체적량(m³/hr)

r : 비중량(ton/m³)

η : 충만율(%)

콘베어가 소형이면 피치(P)를 크게 하고 충만율(η)를 작게 하는 것이 좋다.

대형 콘베어 에서는 $P = 2D/3$, 소형은 $P = 4D/5$, 굳은 덩어리를 취급 할 때는 피치를 크게 하는 것이 좋다.

$$P = (0.5 \sim 1.0) \cdot D$$

$$\eta = 0.25 \sim 0.5 \text{ 정도가 적당하다.}$$

수송속도 v(m/sec)는

$$v = \frac{S \cdot N}{60} \text{ m/sec}$$

회전속도가 빠르면 분진이 날개(Screw)에 붙은 채로 회전하여 나사의 날개 효과가 없어지고 전진 운동을 못하게 되므로 N은 180 rpm 이하에서 설계하는 것이 좋다. 일반적으로 동일용량의 처리에서 v를 작게 하고 D를 크게 하면 동력비는 유리하지만 샤프트 축, 날개 등 모두가 크게 되어 제작비가 높아진다. 스크류 콘베이어의 제작단가는 비교적 저렴하므로 콘베이어의 이용률이 높을 경우에는 제작비보다 유지·운전비에 중점을 두고 이용률이 낮을 경우에는 제작비의 절약을 고려하여 설계하는 것이 좋다.

다. 동력계산

스크류 콘베어의 축동력(Pd)은 수송물의 종류, 콘베이어의 길이, 회전수, 양정 등에 관계되며 다음 식으로 구한다.

$$Pd = \frac{ALN + VLF}{10,000} + \frac{VH}{367}$$

여기서 A : 무부하계수

L : 콘베이어 길이(m)

N : 회전수(rpm)

F : 운송물의 동력 계수

H : 양정(m)

V : 수송능력(이론 체적 : m³/hr)

일반적으로 집진장치의 설계시는 무부하 계수(A)는 3.86, 운송물 동력계수(F)는 270을 적용한다.

* Shaft Power(Pd) 결정하는 다른 식

$$P_d = \frac{W \times V}{102 \times \eta} + \frac{K \times Q \times L}{367} + \frac{Q \times H}{367}$$

① $\dfrac{W \times V}{102 \times \eta}$: 무부하 동력

- W : Screw conveyor 무부하 하중(kg)

- V : Screw conveyor 구동속도(m/s)

- η : Screw conveyor 구동부 마찰손실(%)

② $\dfrac{K \times Q \times L}{367}$: 수평부하동력

- Q : 수송능력(ton/hr)

- L : 수송거리(m)

- K : 수송물의 성질에 따라 결정되는 실험계수

③ $\dfrac{Q \times H}{367}$: 수직부하동력

- H : 양정(m)

표 4.28 수송물의 성질에 따라 결정되는 실험계수 : K

수송물의 종류	비중	용적효율	K
곡물류, 미분탄	0.5 ~ 0.7	45%	1.2
분탄, 곡물류, 분립혼합물, 소결분진, Coke분진	0.6 ~ 0.8	38%	1.4 ~ 1.8
분립혼합물, 소결분진, Coke분진	0.8 ~ 1.2	31%	2.0 ~ 2.5
괴상물 : 분쇄한 보크사이트 시멘트, 아연화, 유황	0.8 ~ 1.6	25%	3 ~ 4
마찰성 괴상물 : 회, 주물사 등	—	12.5%	10

1) 전동기 동력(Pm)

$$Pm(kW) = \dfrac{Pd \cdot G}{\eta}$$

여기서, Pd : 축동력(kw)

G : 부하계수

η : 전동기(motor) 효율(%)

일반적으로 부하계수(G)는 아래와 같이 적용하고, 전동기 효율은 65% ~ 85% 정도이다.

표 4.29 부하계수 : G

Pd (Shaft Power)	G
0.75 kW 이상	2.0
0.75 ~ 1.5 kW	1.5
3 ~ 3.7 kW	1.5
3.7 kW 이상	2.0

2. 로타리 밸브(Rotary Valve)

로타리 밸브는 여러개의 날개를 갖는 로터를 케이스 내에서 회전해서 중력에 의해 분진을 날개와 날개사이로 유입해 하부로 배출이나 공급하는 기계로 집진장치 뿐만 아니라, 배출기나 공급기로 널리 사용되고 있다. 그 명칭도 로타리 밸브(Rotary valve), 에어록(Air lock), 스타피더(Star feeder), 밴피더(Vane feeder) 등 여러 가지로 불리고 있다.

로타리 밸브는 일반적으로 다음과 같은 우수한 특징이 있다.
    ① 구조가 비교적 간단하며 운전, 보수가 용이하다.
    ② 크기가 작아 호퍼, 탱크 하부 등의 좁은 곳에도 설치해서 사용할 수 있다.
    ③ 회전수를 바꿈으로써 공급량을 쉽게 바꿀 수 있다. 일정 범위의 회전수에서는 회전수와 공급량이 거의 정비례된다.
    ④ 분진의 성상, 분진량이 대폭으로 변해도 배출량이 원활하다.
    ⑤ 어느 정도의 기밀을 유지시킬 수 있다.
    ⑥ 300℃ 정도까지의 온도에서도 사용할 수 있다.
    ⑦ 분입체 입자를 파쇄되는 일이 거의 없다.

로터의 날개끝 주속도가 어떤 크기까지는 공급량은 로터의 회전수와 거의 비례해서 변화하며, 어떤 한계 이상의 주속도에서는 양자의 관계는 2차곡선으로 변화해서 최대의 공급량을 주는 회전수이며 그 이상의 회전수에서는 공급량이 점점 감소한다.

이것은 날개의 주속도 이상의 경우는 분입체가 날개에 의해 날려서 원활히 날개 사이에 떨어지지 않기 때문이다.

가. 설계시 유의사항

1) Motor base는 Rotary valve 설치형으로 한다.
2) Rotary valve와 Motor간 연결은 R.S Chain type으로 하며, 속도비는 1:1 ~ 2 이하로 설계한다.
3) Chain sprocket은 한쪽 Boss형으로 한다.
4) Grand packing은 2조 이상으로 한다.
5) Motor base와 Hopper man hole 설치 위치는 반대방향으로 한다.
6) Chain재질은 SGP(SCH)로 한다.
7) 용접구조용 Casing일 때에는 각부의 변형, 진동, 접합부의 공기누설 등이 일어나지 않도록 견고하게 보강한다.

8) Flange면은 평면도가 양호하고 Bolt hole 간격이 정확하여야 한다.

9) Casing의 Bearing 부착부는 회전부분의 하중에 견딜 수 있도록 충분한 강도를 지닌 견고한 구조로 한다.

10) Rotary valve blade 끝부분은 Polyuretan을 부착하고 부착 방지용 Coating paint를 사용한다.

11) Shaft

① Shaft재질은 S45C 또는 동등 이상으로 한다.

② Shaft는 정밀도가 높게 설계되어야 한다.

12) 기기명판 및 표시명판을 식별이 용이한 부분에 부착되도록 설계한다.

13) Bearing은 Shaft와 Casing사이에 Air lock이 잘 되고 분진 침투가 안되는 구조로 한다.

14) Geared motor는 Gear box쪽에서 Motor쪽으로 누유가 되지 않게 Sealing 장치한다.

15) Motor 단자 Box 및 Oil gauge 설치위치는 Owner의 요구 조건에 부합되도록 위치검토 후 반영한다.

나. 설계기준

1) 배출량 계산

① 충만율 100%시 이론 체적

$$\overline{V} = 60 \times q \times N$$

여기서, $\overline{V}$: 로터리 밸브 배출량(m³/hr)

q : 로터리 밸브 1회전당 용량(m³)

N : 회전수(rpm)

② 배출량 (Q : ton/hr)

$$Q = \overline{V} \times r \times \eta$$

여기서, r : 겉보기 비중량

η : 충만율(%)

2) 동력계산

① 축동력(Pd, kW)

$$Pd(\text{kW}) = \frac{W \cdot v}{102 \cdot \eta}$$

여기서, $W = (W_1 + W_2 + W_3) \times f$

$\quad W_1$: Rotor weight(로터 자중, kg)

$\quad W_2$: Volume weight(적재물 중량, kg)

$\quad W_3$: Packing weight(패킹 면압에 의한 힘, kg)

$\quad f$: 압력손실계수

$\quad v$: 선속도(m/sec)

$v = \pi \times D \times \dfrac{\text{rpm}}{60}$

$\quad \eta$: 모터효율 (%)

② 전동기(Motor) 동력(Pm, kW)

$$Pm(\text{kW}) = \frac{Pd \times G}{\epsilon}$$

$\quad \epsilon$: 기계효율(0.7)

$\quad G$: 부하 계수

Pd	G
0.75 kW 이하	1.5
0.75 ~ 1.5 kW	1.2

표 4.30 로타리 밸브의 치수(mm)

구분	A	B		C		D	E	F	G		H	ØS	N-ØI		적용 G-M(kw)
TYPE	공통	SQ	RD	SQ	RD	공통	공통	공통	SQ	RD	공통	공통	SQ	RD	공통
RV-100	100	160	175	200	210	254	189	443	250		210	28	8 ~ 14		0.4(0.4)
RV-150	150	210		250		303	233	536	300		230	32	8 ~ 14		0.4 ~ 0.75(0.4)
RV-200	200	261	280	300	330	328	258	586	355	370	263	32	12 ~ 14	8 ~ 18	0.4 ~ 0.75(0.4)
RV-250	250	321	340	360	390	356	286	642	420	430	315	48	12 ~ 18	10 ~ 20	0.4 ~ 1.5(0.75)
RV-300	300	390		430		391	321	712	450		366	48	12 ~ 20		0.75 ~ 1.5(1.5)
RV-350	350	435		480	490	429	363	792	510	500	400	48	12 ~ 20		1.5 ~ 2.2(1.5)
RV-400	400	480		530		531	434	965	550		460	60	12 ~ 20		1.5 ~ 2.2(2.2)
RV-450	450	528		580		556	464	1020	600		500	60	16 ~ 20		1.5 ~ 2.2(2.2)
RV-500	500	580		630		623	510	1133	700		570	70	16 ~ 20		2.2 ~ 3.7(3.7)

※ SQ : Square Type(사각형)
RD : Round Type(원형)

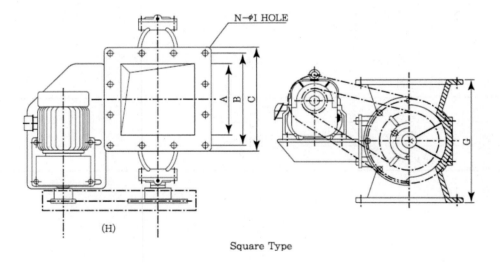

Square Type

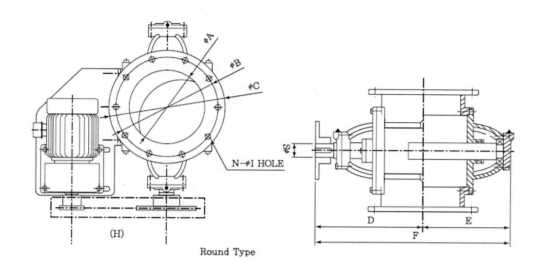

Round Type

그림 4.31 로타리 밸브 도면

표 4.31 로타리 밸브의 회전수별 배출량 (단위 : m³/hr)

Model	1rpm	10	12	14	16	18	20	21	22	23	24	25	26	27	28	29	30	32	34	36	38
100	0.066	0.66	0.79	0.92	1.06	1.19	1.32	1.39	1.45	1.52	1.58	1.65	1.72	1.78	1.85	1.92	1.98	2.12	2.25	2.38	2.51
150	0.102	1.02	1.23	1.43	1.63	1.84	2.04	2.14	2.25	2.35	2.45	2.55	2.65	2.76	2.86	2.96	3.06	3.27	3.47	3.67	3.88
200	0.288	2.28	2.74	3.19	3.65	4.11	4.56	4.79	5.02	5.25	5.47	5.7	5.93	6.16	6.39	6.61	6.84	7.3	7.75	8.21	8.67
250	0.438	4.38	5.26	6.13	7.0	7.89	8.76	9.2	9.64	10.1	10.5	11	11.4	1.9	12.3	12.7	13.1	14	14.9	15.8	16.6
300	0.756	7.56	9.07	10.5	12.1	13.6	15.1	15.9	16.6	17.4	18.1	18.9	19.7	20.4	21.2	21.9	22.7	24.2	25.7	27.2	28.7
350	1.2	12	14.4	16.8	19.2	21.6	24	25.2	26.4	27.6	28.8	30	31.2	32.4	33.6	34.8	36	38.4	40.8	43.2	45.6
400	1.8	18	21.6	25.2	28.8	32.4	36	37.8	39.6	41.4	43.2	45	46.8	48.6	50.4	52.2	54	57.6	61.2	64.8	68.4
450	2.58	25.8	31	36.1	41.3	46.5	51.6	54.2	56.8	59.3	61.9	64.5	67	69.7	72.2	74.8	77.4	82.6	87.7		
500	3.54	35.4	42.5	49.6	56.6	63.7	70.8	74.3	77.9	81.4	85	88.5	92	95.6	99.1	103	106	113	120		

유효회전수 <= =   ==> 가급적 사용하지 않는다.
· 비중이 적은 것일수록 회전수가 증가되면 효율이 저하 됩니다

3. 버켓 엘리베이터(Bucket Elevator)

Bucket elevator는 여러 종류의 분진을 수직으로 수송하기 위한 기기이다.

각종 집진장치에서는 본체에서 포집된 분진을 저장탱크(Dust silo)에 보관하기 위한 수송기계로 사용되고 있다.

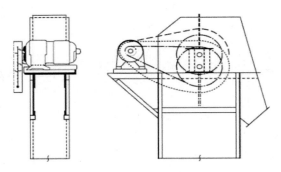

그림 4.32 버켓 엘리베이터 상부

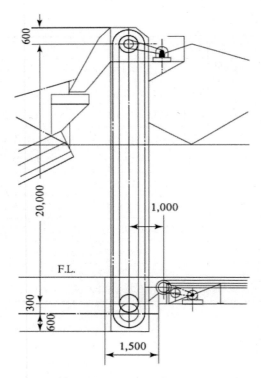

그림 4.33 버켓 엘리베이터 계획도

가. 종류

수송물의 종류에 따른 Belt elevator 및 Chain elevator가 있다.

1) Belt Elevator

- Bucket을 잇는 띠와 고무 Belt로 연결된 것으로서
- 외관비중 1.0 이하의 분체, 분립수송에 적용한다.
- 곡식류의 수송
- 운반속도 1.0 m/sec 이상의 속도가 요구되는 수송물에 적용한다.

2) Chain Elevator

- Bucket을 Chain으로 연결한 것으로서, Chain elevator의 Bucket 속도는 40 m/min 이하로 한다.

표 4.32 수송물에 따른 Bucket의 속도

수송물의 종류	속도(m/sec)	수송물의 종류	속도(m/sec)
무겁고 덩어리	0.3	분탄	1.5 ~ 2.0
코크스	0.3 ~ 0.5	코크스탄	0.65 ~ 0.78
괴탄, 비석	0.5 ~ 0.65	광석, 자갈	0.5 ~ 0.65
공업용 석탄	0.65	곡물	2.0 ~ 3.0
세립석탄	0.7 ~ 1.0	소맥분	2.0 ~ 3.0

3) 수송물의 종류, 덩어리의 크기, 분괴의 혼합비율, 수송량으로부터 Chain elevator의 형식을 정한다.

① Single Chain
② Double Chain

4) 간격 Bucket과 연속 Bucket 및 배출방법에 따른 분류

① Bucket 설치방식에 따라
- 간격 Bucket : 원심력 배출법으로 배출시
- 연속 Bucket : 외관비중이 크며, 덩어리 수송물일 때, 저속운전시.
② 배출방법에 따른 분류

- 원심배출기
  · Chain과 Bucket의 연결시 Chain은 Bucket의 뒷면에서 결합
  · 곡물과 같이 흩어지는 수송물에 적용한다.
- 유도배출식
  · Chain과 Bucket의 연결시 Chain은 Bucket의 측면에서 결합
  · 외관비중이 크며, 덩어리 수송물일 때 적용한다.
③ 완전배출식
  · 분탄과 같이 점착성 운송에 적용한다.

5) Bucket의 구비조건

- 수송물의 최대 덩어리를 부하상자에서 떠올리거나, Chute에서 받아들이는데 충분한 치수일 것.
- Bucket 속도, 가격 및 부하의 불평등을 고려해서 소요수송량을 만족하는데 충분한 용적일 것.
- 수송물에 가장 적합한 모양을 구비할 것.
- 마모에 대해서 충분한 두께일 것.
- 수송물의 특성을 연구하고 적당한 재질을 선정할 것.
- 체인과의 부착이 쉬우며 튼튼할 것.

나. Bucket Elevator의 구동마력 결정

1) 수송능력(Q : ton/hr)

$$Q = \frac{V \cdot S \cdot r \cdot \eta}{P} \times 60$$

여기서, V : Bucket 1개의 용적(m^3)

S : 수송속도(m/min)

P : Bucket 피치(m)

r : 분진의 겉보기 비중량

η : Bucket 포집 효율(%)

η는 60 ~ 80%이며 보통 평균값 70%를 적용하여 설계한다.

2) 동력계산

가) 체인장력을 이용한 동력계산

$$N = \frac{2 \times T_s \times S}{4,500} \times \alpha$$

여기서, N : 구동 축마력(HP)

T_s : 운반물 중량(kg)

S : 안전 계수

α : 여유율

또한 $T_s = T_1 - T_2$

T_1 : 체인의 최대 장력(부하계수)

T_2 : 체인의 최소 장력(무부하 계수)

$S = \dfrac{체인의 파단 강도}{T_1}$ 그리고 Nm(전동마력)은 $Nm = \dfrac{N}{\eta}$ 이다.

나) Sprocket 직경을 이용한 동력계산(N)

$N = N_1 + N_2 + N_3$

$\quad = \dfrac{Q \times H}{270} + \dfrac{Q \times 12D}{270} + \dfrac{0.1 \times Q \times H}{270}$

- N_1 : 수송물을 소정높이에 올리기 위한 동력(HP)
- N_2 : 버켓내부에서 수송물을 퍼올리기위한(HP)
- N_3 : 구동 및 상하부 쇄차를 회전시키기 위한 동력(HP)
- Q : Bucket elevator의 수송능력(ton/hr)
- H : 양정(m)
- D : 하부 쇄차(Sprocket)의 직경(m)
- $12D$: 살류 운송용 Bucket elevator $\qquad$: $10D$

$\qquad$ 중간속도로 분탄수송용 Bucket elevator $\quad$: $6D$

$\qquad$ 중간속도로 간격식경사 Bucket elevator $\quad$: $4D$

$\qquad$ 연속형 Bucket elevator로 부하원활할 때 $\quad$: $2 \sim 3D$

전동기 동력(Nm)

　Nm ＝ N / η

　- η : 전동기효율(%)

다) 최대장력(T_1)

체인의 최대장력 T_1은 그림에서 a점에 생긴다.

구동축

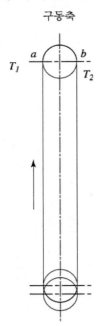

그림 4.34 체인의 장력

T_1 ＝ $(W_O + W) \times (H + H_O) + C$

T_2 ＝ $W_O \times (H + H_O) + C$

　- T_1 : 체인에 유발하는 최대 장력(kg)

　- Q : 최대 수용량(ton/hr)

　- S : 수송속도(m/min)

　- H : 양정(m)

　- W_O : 체인, Bucket 등을 포함하는 1m당의 중량(kg/m)

　- W : 수송물 1 m당의 중량(kg/m)

　　　　　＝ $16.7 \times Q/S$(kg/m)

　- H_O : 버켓 내부에서 소비되는 손실을 양정으로 나타낸 수치로 용법에 따라 다름

버겟 내부에서의 동력손실 　　　　　 $: H_O = 12D$

곡식류 수송용 Bucket elevator 　　　 $: H_O = 10D$

중간속도에서 분탄수송용 Bucket elevator 　 $: H_O = 6D$

간격식 경사형 Bucket elevator 　　　 $: H_O = 4D$

연속형 Bucket elevator 　　　　　　 $: H_O = 2 \sim 3D$

(D : 버겟 내부의 Sprocket 직경(m))

표 4.33 체인속도와 안전율

체인속도(m/min)	안전율(S)
20 이하	5 ~ 7
30 이하	6 ~ 9
40 이하	7 ~ 10
50 이하	8 ~ 13
60 이하	9 ~ 15
70 이하	10 ~ 17

다. 역전방지장치 및 현가장치를 결정한다.

1) 현가장치

- 체인에 최적의 장력을 준다.
- 체인의 탈착을 용이하게 한다.
- 열 또는 한냉에 대하여 체인의 늘음 또는 수축을 흡수시킨다.

라. 설계시 유의사항

1) Head부 Cover는 점검 또는 정비시 분해, 조립이 용이하도록 하며, 분리시 운반 가능한 무게 및 size를 고려한다.
2) 중간 Casing부에는 점검창을 만들고, 점검 가능한 Deck를 설치한다.
3) Tail부 Casing에는 현가장치(나사식)와 점검 Hole를 설치한다.
4) 상부 Chute 및 하부 Casing부에는 Dust성분에 따른 Vibrator 설치 여부를 고려한다.
5) Bearing은 축열의 전달을 최대한 줄이기 위해 Casing으로부터 분리형 구조로 하며, 무급유 (ZZ Type) Type으로 한다.
6) 용접구조형 Casing일 때는 각부의 변형, 진동 접합부의 공기누설 등이 일어나지 않도록 견고 하게 보강되어야 한다.

7) Flange면은 평면도가 양호하고, Bolt hole간격이 정확하여야 한다.

8) Casing의 Bearing 부착부위는 회전부분의 하중에 견딜 수 있도록 충분한 강도를 가진 견고한 구조로 하며, 사용온도가 고온시는 내열 Bearing을 사용하고, Housing에는 먼지 등의 이물질 유입을 방지할 수 있는 구조로 해야 한다.

9) 기기명판 및 표시명판은 식별이 용이한 부분에 부착되도록 설계 고려한다.

10) 구동 Sprocket부는 Shock pin을 적용한다.

11) Tail부에 Speed monitor(Detector & Monitor) & Bracket, Base, 보호 Cover를 부착하여 이상발생시 자동으로 정지될 수 있도록 한다.

12) Shaft 및 Sprocket의 재질은 S45C 동등 이상으로 한다.

13) 장시간 사용에도 완전기밀이 유지되어야 하며 분진이송 하역시에도 누출이 방지되도록 한다.

14) Geared motor는 Gear box쪽에서 Motor쪽으로 누유가 되지 않게 Sealing 장치를 한다.

마. 최대 장력

체인의 최대장력 T_1은 그림 4.34에서 a점에 생긴다.

$$T_1 = (W_c + W) \cdot (H + H_o) + C$$

여기서 T_1 : 최대 장력(kg)

Q : 수송량(ton/hr)

S : 수송속도(m/min)

H : 양정(m)

W_c : 버켓 1m당 중량(kg/m)

W : 수송물 1m당 중량(kg/m)

H_o : 버켓 엘리베이터 내부의 손실을 양정으로 나타낸 수치

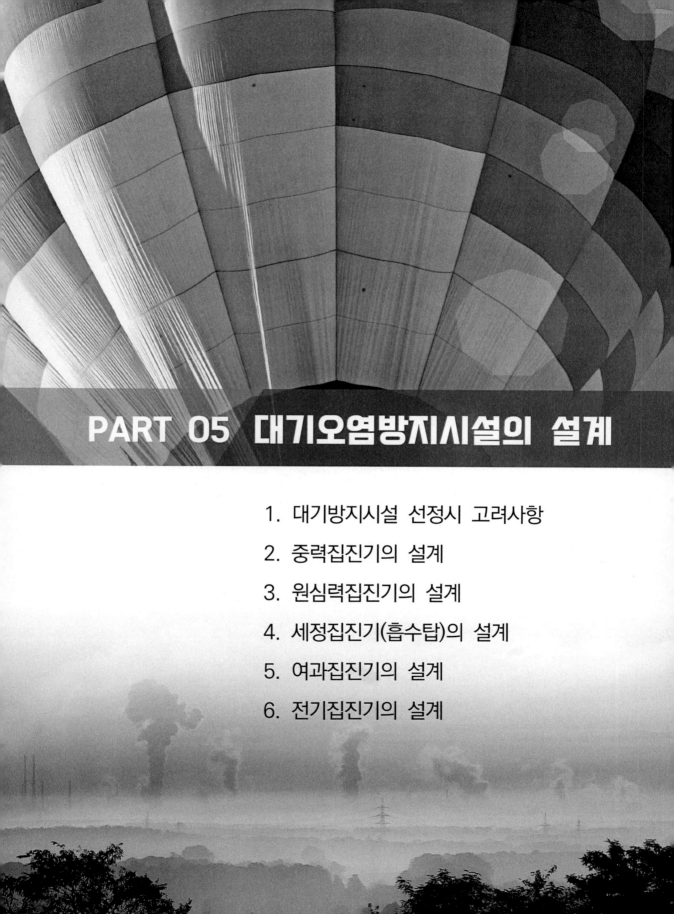

PART 05 대기오염방지시설의 설계

Chapter 01 대기방지시설 선정시 고려사항

1. 접근방법

대기오염방지를 목적으로 방지시설을 설치하고자 할 때는 대기오염물질 배출원에서 발생(發生)되는 대기오염물질을 포집하는 후드, 오염물질이 통과하는 관로(덕트), 오염물질을 이송하기 위한 송풍기 및 방지시설에 부대되는 기계, 기구 등을 합쳐서 대기오염 방지시설이라 한다. 따라서 이 4개의 장치가 과학적 근거에 의해 설계되어야만 제거효율이 높은 합리적 시설을 선정할 수 있다.

최저의 투자비로 효율 좋은 장치를 선정하는 기술을 좋은 방지기술이라 하며 그 장치를 합리적인 방지시설이라고 한다. 이러한 방지시설을 선정하려면 시설의 대소를 막론하고 그림 5.1과 같은 과정을 거쳐야 하면 그러기 위해서는 충분한 자료와 정확한 실측자료가 필요하다.

대기오염방지시설 선정시 특별히 고려해야 할 주요 사항은 크게 환경적 사항, 공학적 사항, 가스 특성, 경제적 사항의 4가지 항목으로 분류하며 세부 사항은 다음과 같다.

가. 환경적 사항

방지설비의 설치장소, 활용 공간, 주변 조건, 전력 및 용수와 폐기물 처리 및 처분을 위한 기존 시설물의 이용 가능성, 최대 배출허용기준 및 공장 소음도에 대한 방지시설의 기여도 등을 고려한다.

나. 공학적 사항

오염물질의 비중, 겉보기비중, 농도, 화학 반응성, 부식성, 마모성, 흡습성, 폭발성과 특히 먼지의 경우 입자 형태, 입경분포 및 전기저항 등을 고려한다.

다. 가스 특성

가스 밀도, 온도, 습도, 조성, 점성계수, 독성, 용해성, 가연성, 폭발성 등을 고려한다.

라. 경제적 사항

투자비, 가동 및 유지를 위한 운전비, 그리고 설비의 내구연한과 감가상각 등을 고려한다.

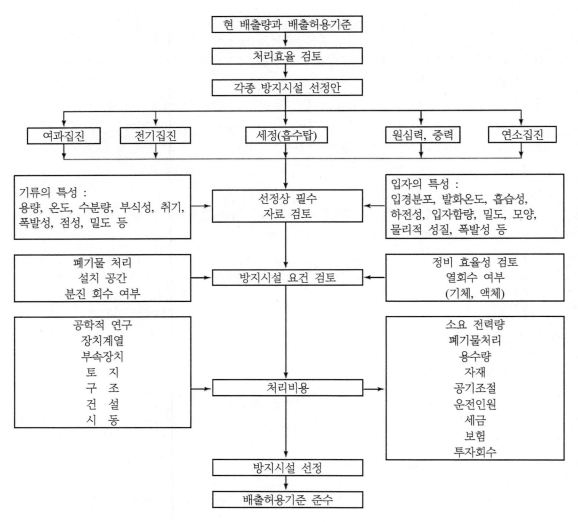

그림 5.1 방지시설 선정요령의 요약도

2. 투자비 관련 인자

가. 먼지 농도

대기오염방지시설을 설치하고자 하는 공장에서 배출되는 농도는 매우 중요하므로 가장 조건이 나쁠 때 즉, 연중 최고 농도(C_{max})의 정확한 측정자료가 있어야 한다. 한편 방지시설이 설치된 이후의 최종 배출 먼지 농도(C_o)는 배출허용기준(C_{std})을 만족하는 동시에 배출 허용기준에 적어도 약 20%의 여유가 있어야 한다. 즉, 여유율(Safety Factor : 0.8)을 고려한 예측 배출농도(C_{est} : 0.8 × C_{std})를 설계목표로 설정한다면 다음과 같은 공식이 유도된다.

$$설계목표치(\%) = \frac{C_{max} - C_{est}}{C_{max}} \times 100$$

이러한 과정을 거쳐서 설계목표를 세웠다면 방지시설을 설치한 후 입구 농도(C_i : 처리 전 농도)와 최종 배출농도(C_o : 처리 후 농도)는 다음과 같은 공식이 유도된다.

$$설계목표치(\%) = \frac{C_i - C_o}{C_i} \times 100 = \eta(집진효율\%)$$

즉, 설계목표치는 설치하고자 하는 방지시설의 처리효율과 같다는 것이 입증된다. 장단기 계획을 수립하여야 경제적 손실을 사전에 예방할 수 있다. 장기 계획목표는 향후 강화될 배출허용기준으로 설계목표치를 설정하고 여기에 만족하는 설계를 하여야 한다. 그림 5.2는 장기계획을 기초로 한 경제적 대책을 도식화한 것이다.

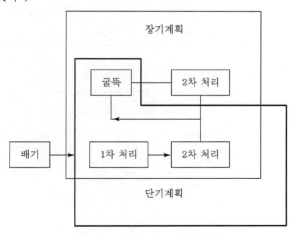

그림 5.2 장기계획을 기초로 한 경제적 대책

환경오염의 근본적 대책은 자원을 절약하는 것이 좋은 시설이며, 적절한 곳에 적절한 성능의 시설을 설치하였을 때라고 할 수 있다. 만일 60%의 처리효율로도 환경오염 문제를 해결할 수 있는데도 불구하고 90% 처리효율인 고가의 시설을 설치했다면 기업은 2배 이상의 과잉투자로 경제적 손실과 동시에 많은 물자를 낭비했으므로 간접적으로 환경오염을 악화시키는데 기여했다고 볼 수 있는 것이다.

나. 입경분포(형식선정)

어떤 집진장치든지 입경이 클수록 집진 효율이 높아지므로 일반적으로 1 ㎛ 이하의 먼지를 제거하는 장치를 고효율 방지시설이라 하는데, 이는 성능이 좋은 동시에 투자비가 많이 들며 표 5.1과 같이 방지시설의 종류에 따라 처리할 수 있는 최저 한계입경이 다르다.

중력집진기와 같은 경우는 한계입경이 50 ㎛인데 반하여, 전기집진기는 0.05 ㎛의 입자까지도 포집하는 우수한 고효율 집진장치이다.

표 5.1 각종 집진기의 효율 및 한계입경

방지시설명	처리효율(%)	한계입경 (μm)	압력손실 (mmH$_2$O)	설비비	운전비
중력집진기	40 ~ 60	$50\mu m$	10 ~ 15	小정도	小정도
관성력집진기	50 ~ 70	$10\mu m$	30 ~ 70	小정도	小정도
원심력집진기	85 ~ 90	$3.0\mu m$	50 ~ 150	中 · 小	中 · 小
세정집진기	85 ~ 95	$0.1\mu m$	100 ~ 800	中	大
여과집진기	90 ~ 99	$0.1\mu m$	100 ~ 200	中 · 大	中 · 大
전기집진기	90 ~ 99.9	$0.05\mu m$	10 ~ 20	大	中

표 5.2 세정집진기(흡수탑)의 형식에 따른 특성

집진 형식	처리입경 (μm)	압력손실 (mmH$_2$O)	처리효율	세정수량 (ℓ/m^3)	운전비
벤투리 스크러버	0.1 ~ $50\mu m$	300 ~ 800	대	0.3 ~ 1.5	대
사이클론 스크러버	0.5 ~ $50\mu m$	100 ~ 300	중	0.5 ~ 5	중
제트 스크러버	0.1 ~ $50\mu m$	0 ~ -150	대	10 ~ 50	대
충진탑 (Scrubber)	1 ~ $100\mu m$	80 ~ 150	중	2 ~ 3	소

한계입경이 크다고 해서 저효율 방지시설이라고 단언할 수는 없다. 중력집진기의 경우 한계입경이 50 ㎛ 이기 때문에 무시당하는 경우가 많지만, 만약 입자상 오염물질 배출원에서 발생하는 먼지의 거의 모두가 50 ㎛ 이상이라면 집진 효율은 100%일 것이다. 그뿐만 아니라 사람의 눈으로 식별되는 입자상물질의 직경은 입자의 색과 반대되는 색깔의 배경에서 61 ~ 80 ㎛라고 한다면 결코 무시해서는 안 된다.

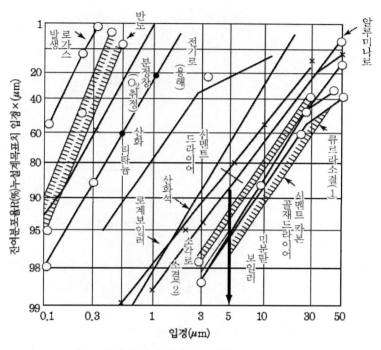

그림 5.3 각종 배출원의 입경에 따른 잔여 분포율

다. 처리용량(규모 결정)

처리하고자 하는 방지시설의 규모, 즉 처리용량이 커지면 시설투자비와 유지관리비가 많이 소요된다. 따라서 방지시설의 타입이 결정되면 처리용량을 결정하고, 동시에 방지시설의 효율과 유지관리비를 적정하게 하기 위한 설계 검토를 하여야 한다. 방지시설의 크기는 처리용량에 따라 달라진다.

즉, 배기량 $Q(m^3/min)$에 대한 시설투자비(C,W)는 배기량이 2배$(2Q)$가 되면 지수함수적$(2^2 C = 4 C)$으로 증가한다는 일반론에 따라 배기량을 최소화해야 한다는 것을 유념해야 한다.

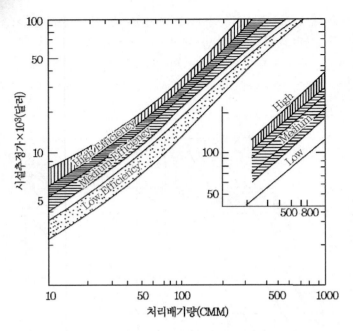

그림 5.4 처리효율과 배기량에 따른 시설 추정비(건식 사이클론)

그림 5.4에서 보는 바와 같이 배기량은 시설의 규모를 결정한다. 따라서 열 공급시설의 경우에는 방지시설을 설치하기 전에 반드시 전문가의 연소효율 진단 등으로 배기량을 최소화시킨 후 시설을 설치해야 경제적이다.

생산 공정에서 발생하는 먼지를 포집 제거하고자 할 때는 후드의 종류와 설치 위치에 따라 처리하고자 하는 설계풍량이 결정되는데, 후드 설계를 잘못하면 설계풍량이 필요 풍량에 비해 10배를 초과할 수도 있어 사전에 철저한 검토가 필요하다.

라. 가스 온도 및 부식 가스의 수분함량(자재선정)

가스 온도가 높거나 배기량에 수분량이 많거나 부식성 가스가 처리가스 중에 함유되어 있으면 방지시설의 자재선정에 관심을 갖고 내열재 또는 내식성 재료를 면밀히 검토한 후 선정해야 한다. 세정집진장치로 고온배기를 처리할 때는 물의 증발량과 Stack에서 배출 후의 수증기 응축 장치를 설치해야 한다. 여과집진기는 여과포의 내열온도 이하로 배기가스를 냉각시키는 전처리가 필요하다.

3. 대기오염방지시설 설계시 고려 인자

가. 목표설정

배출량, 배출허용기준, 피해지점의 오염도, 장래 강화될 배출허용기준 등을 고려하여 처리효율을 어느 정도까지 할 것인가를 검토한다.

나. 처리할 입자 특성

특정해야할 항목 : 입경분포, 진 비중 및 겉보기 비중, 안식각, 농도, 형상(모양)
기존 자료조사 : 마모성, 흡습성, 발화온도, 하전성, 물리적 성질, 폭발성

다. 기류특성 파악

측정 : 배출량, 온도, 점성계수, 수분량, 밀도
기존자료 : 부식, 취기

라. 장치 설비의 요건 검토

제품으로서 회수, 열 회수, 용수 이용, 폐기물 및 2차 오염물 발생 및 처리를 검토한다.

마. 비용검토

주장치, 부속장치, 정비비, 운전비, 전력비, 소모성 자재 교환 주기, 건설비, 투자 횟수, 토지 사용 등의 경제성을 검토한다.

표 5.3 주요 방지시설의 장·단점

구 분	장 점	단 점
전기 집진기	1. 미세분진에 대한 처리효율이 높다. 2. 낮은 압력손실(20 mmAq)로 동력비가 적다. 3. 습식, 건식 모두 처리 가능하다. 　- 고온 가스도 처리 가능하다. 4. 다른 집진 설비에 비해 대량의 가스를 처리할 수 있다.	1. 고전압 등의 전기설비로 설치비용이 크다. 2. 운전조건 변화(농도부하, 가스유동)에 유동성이 적다. 3. 전기저항이 큰 분진은 제거가 힘들다. 4. 방전극의 변형으로 집진 효율이 서서히 저하된다.
세정 집진기	1. 가스와 분진을 동시에 제거한다. 2. 고온의 가스를 냉각시킬 수 있다. 3. 가연성, 폭발성 분진을 처리할 수 있다. 4. 포집효율을 변화시킬 수 있다. 5. 부식성 가스와 분진을 중화시킨다.	1. 부식, 마모가 발생한다. 2. 폐수처리 및 높은 압력손실로 운전 비용이 크다. 3. 외기에 의한 동결 위험이 있다. 4. 수분에 의한 백연기가 발생한다.
여과 집진기	1. 건식집진 가능하고 고효율이다. 2. 운전이 간단하고, 불량의 조기 발견이 쉽다 3. 다양한 용량을 처리할 수 있다. 4. 포집 분진의 재이용이 쉽다.	1. 여과속도에 따른 영향이 크다. 2. 주기적인 여과포 교체와 높은 압력손실로 운전비가 크다. 3. 수분과 가스 온도에 제한을 받는다. 4. 화염과 폭발 위험이 있다.
원심력 집진기	1. 구조가 간단하여 설계, 보수가 용이하다. 2. 고온에서 운전 가능하다. 3. 큰 입경에 유리하고 높은 농도에 유리하다.	1. 미세분진(3 ㎛미만)에 대한 효율이 낮다. 2. 먼지부하, 유량변동에 민감하다. 3. 압력손실이 높아 운전(동력)비가 크다.
중력 집진기	1. 구조가 간단하여 압력손실이 작다. 2. 설계, 보수가 용이하다. 3. 고온 가동이 가능하다.	1. 설치 면적이 크다 2. 미세분진에 대한 처리효율이 낮다. (50 ㎛이상 조대입자 처리에 적용)
연소법	1. 악취, 미스트 제거 가능하다. 2. 열 회수가 가능하다. 3. 구조 간단, 설치 면적이 적게 소요된다. 4. 가연가스와 분진을 동시에 제거 가능하다.	1. 운영비가 많이 소요된다. 2. 촉매가 피독되기 쉽고 재생이 요구된다. 3. 화재 위험이 있다. 4. 가연먼지, 가스일 때 시설비가 과다하다.

4. 대기방지시설의 처리효율 계산

처리효율이라는 것은 방지시설 입구 오염농도에 대하여 그 방지시설에서 포집 제거되는 양이 얼마인가를 백분율로 나타낸 값을 말하며, 집진율이라고도 한다.

가. 처리효율과 통과율

1) 처리효율과 통과율

처리효율의 계산 방법은 여러 가지가 있으나 주로 집진장치의 입구 및 출구에서 먼지양으로 구하는 법을 많이 이용하고 있으며, 계산 방법은 다음과 같다.

$$\eta = (\frac{C_i - C_o}{C_i}) \times 100$$

$$= (1 - \frac{C_0}{C_i}) \times 100$$

$$= (1 - \frac{C_o \cdot Q_o}{C_i \cdot Q_i}) \times 100$$

여기서 η : 처리 효율(%)

$C_i,\ C_o$: 집진장치의 입, 출구에서의 먼지 농도(g/Nm^3)

$Q_i,\ Qo$: 집진장치의 입, 출구에서의 가스유량(Nm^3/min)

또한 방지시설의 입구 및 출구에서 가스 유량의 차이가 거의 없기 때문에 $Q_1 ≒ Q_2$가 되며, 통상 처리효율은 다음과 같이 계산한다.

$$\eta = (1 - \frac{C_o}{C_i}) \times 100$$

2) 통과율

집진장치에 유입된 먼지 입자 중 포집되지 않고 가스와 함께 배출된 먼지 입자의 비율을 집진장치의 통과율이라 한다.

즉, 입구 분진량에 대해 출구 분진량이 얼마인가를 백분율로 표시한 값을 말하며, 통과율을 P(%)라고 하면 다음의 식이 성립된다.

$$P = 100 - \eta = \frac{C_o}{C_i} \times 100$$

여기서 P : 통과율(%)

η : 처리효율(%)

C_o : 방지시설의 출구 농도(g/m^3, ppm)

C_i : 방지시설의 입구 농도(g/m^3, ppm)

먼지 부하량 $= Q(m^3/\min) \times C(mg/m^3)$ 일 때

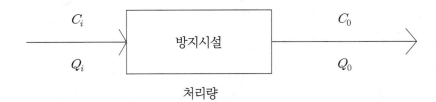

처리량

$$\eta \, (\,처리효율\,) = 1 - \frac{C_0}{C_i}$$

$$P \, (\,통과율\,) = \frac{C_0}{C_i}$$

계산문제

예제 1 어떤 집진장치에서 입구 농도가 $2\,g/m^3$, 출구 농도가 $50\,mg/m^3$ 일 때 이 집진장치의 처리효율은 얼마인가?

▌풀이

$$\eta = \frac{C_i - C_0}{C_i} \times 100 \text{에서}$$

$$\eta = \frac{2,000 - 50}{2,000} \times 100$$

$$= 97.5\,\%$$

만약 입구 농도가 $5\,g/m^3$으로 높으면 동일한 출구 농도 $50\,mg/m^3$에서 처리효율은 증가함.

$$\eta = \frac{5,000 - 50}{5,000} \times 100$$

$$= 99.0\,\%$$

예제 2 어떤 집진장치에서 출구 가스의 함진농도가 $20\,mg/m^3$, 먼지 통과율이 1%일 때 입구 가스의 함진농도는 몇 g/m^3 인가?

▌풀이

$$P(\%)\text{통과율} = \left(\frac{\text{출구농도}}{\text{입구농도}}\right) \times 100$$

$$\text{입구 농도}\,(C_i) = \text{출구농도}(C_o) \times \frac{1}{P} = 20 \times \frac{1}{0.01} = 2000\,(mg/m^3)$$

예제 3 Bag filter의 입구 가스량이 $110\,Am^3/\min(\text{at }20℃)$, 입구 농도는 $3.0\,g/Am^3$, 출구 가스량은 $110\,Nm^3/\min$, 출구 농도는 $20\,mg/Nm^3$이었다면 처리효율은 몇 %인가?

▌풀이

$$\eta = \left(1 - \frac{Q_o \times C_o}{Q_i \times C_i}\right) \times 100 \text{에서}$$

$$110 \, Am^3/\text{min} \times \frac{273 \, Nm^3}{(273+20) \, Am^3} = 102.49 \, Nm^3/\text{min}$$

$$3 \, g/Am^3 \times \frac{(273+20) \, Am^3}{273 \, Nm^3} = 3.22 \, g/Nm^3$$

입구 부하량 $= Q_i \times C_i = 330 \, \text{g/min}$

출구 부하량 $= Q_o \times C_o = 2.2 \, \text{g/min}$

$$\therefore \eta = (\frac{330-2.2}{330}) \times 100 = 99.33(\%)$$

예제 4 배출가스량 1000 m^3/min, 가스 온도 100℃, 압력이 650 mmHg, 농도 4 g/m^3를 처리하는 집진장치의 출구 함진농도가 30 mg/Sm^3이라면 집진장치의 처리효율(%)은?

▮풀이

$$\eta = (\frac{C_i - C_o}{C_i}) \times 100$$

㉠ $C_i = \dfrac{4 \, g}{m^3} \left| \dfrac{273+100}{273} \right| \dfrac{760}{650} = 6.39 \, (g/Sm^3)$

㉡ $C_o = 0.03 \, (g/Sm^3)$

$$\therefore \eta = (\frac{6.39-0.03}{6.39}) \times 100 = 99.53(\%)$$

나. 대기방지시설의 직렬 운전시 총 집진효율

먼지의 농도가 크고 입경범위가 넓은 먼지를 집진할 경우는 굵은 입자를 대상으로 하는 집진장치와 미세한 입자를 대상으로 하는 고성능 집진장치를 직렬로 설치하여 경제적으로 처리하고 있다. 이때 전처리를 1차 집진, 후처리를 2차 집진이라 하며, 이의 계산법은 다음과 같다.

$$\eta_t = \eta_1 + \eta_2(1-\eta_1)$$

여기서 η_t : 총 집진율(%)

η_1, η_2 : 1차, 2차 집진장치의 집진효율(%)

즉, 2대의 집진기가 직렬로 연결 시

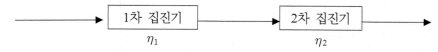

예제 5 입구 농도가 10 g/Nm³인 분진을 집진율 60%인 원심력집진기로 1차 처리하고 후단에 2차로 전기집진장치로 처리한 출구 분진농도가 20 mg/Nm³ 일 때 전기집진기의 집진 효율은 얼마인가?

▌풀이

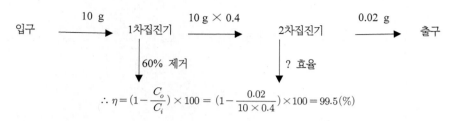

$$\therefore \eta = (1 - \frac{C_o}{C_i}) \times 100 = (1 - \frac{0.02}{10 \times 0.4}) \times 100 = 99.5(\%)$$

예제 6 여과집진기의 입구와 출구의 분진농도를 측정한 결과 각각 10 g/Nm³와 10 mg/Nm³ 이었다. 이때 입구와 출구에서 채취한 분진시료 중에 함유되어 있는 0 ~ 5 μm의 입경에 대한 중량비율은 각각 20% 및 50%이었다. 이 입경범위에 대한 부분 집진 효율은 몇 %인가?

▌풀이

입구 부하량 = 10 g/Nm³ × 0.2 = 2 g/Nm³
출구 부하량 = 0.01 g/Nm³ × 0.5 = 0.005 g/Nm³

$$\eta = (\frac{2 - 0.005}{2}) \times 100 = 99.75(\%)$$

예제 7 10,000 Nm³/min 용량의 전기집진기의 입구 분진농도는 3 g/Nm³이고 처리효율이 98%이다.
1) 대기 중으로 배출되는 분진량은 몇 Kg/day인가?

▌풀이

$$\eta = 1 - \frac{C_o}{C_i} \quad \text{에서} \qquad 0.98 = 1 - \frac{C_o}{3}$$

Co = 0.06 g/m³ = 60 mg/m³
출구 부하량 = 10,000 m³/min × 60 mg/m³
        = 864 kg/day

2) 전기집진기에서 포집된 분진을 10 Ton 트럭으로 처리할 경우 하루에 몇 대가 필요한가?

▌풀이

포집 분진량 = 10,000 Nm³/min × 3 g/m³ × 0.98
        = 42.336 Ton/day

$$\therefore \text{소요 트럭} = \frac{42.336 \, Ton/day}{10 \, Ton/\text{대}} = 4.23 \, \text{대/day}$$

예제 8 A공장 설비에 2대의 집진장치가 직렬로 설치되어 있는데 총 집진율이 99%이었다. 2차 집진장치의 집진율이 95%라면 1차 집진장치에서의 집진율은 몇 %인가?

▌풀이1

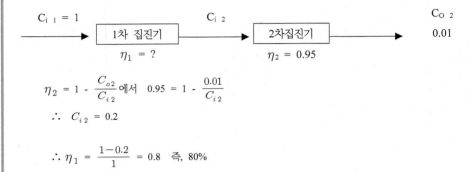

$$\eta_2 = 1 - \frac{C_{o2}}{C_{i\,2}} \text{에서} \quad 0.95 = 1 - \frac{0.01}{C_{i\,2}}$$

$$\therefore \quad C_{i\,2} = 0.2$$

$$\therefore \quad \eta_1 = \frac{1-0.2}{1} = 0.8 \quad \text{즉, 80\%}$$

▌풀이2

: 총 집진율 $\eta_T = \eta_1 + \eta_2(1-\eta_1)$이므로

$$0.99 = \eta_1 + 0.95(1-\eta_1)$$

$$\therefore \eta_1 = \frac{0.99-0.95}{1-0.95} = 0.8 \quad \text{즉 80\%}$$

예제 9 B공장 설비에 2대의 집진장치가 직렬로 설치되어 있는데 1차 집진기 입구 농도가 12 g/Nm³, 집진율은 82%일 때, 최종 배출구의 먼지 농도를 200 mg/Nm³되게 하려면 2차 집진기의 집진율을 얼마로 해야 되겠는가?

▌풀이1

$C_{i\,1}$
$= 12 \text{ g/Nm}^3$ ───→ [1차 집진기 $\eta = 82\%$] ── $C_{i\,2}$ ── [2차집진기 $\eta_2 = ?$] ──── $C_{O2} = 200 \text{ mg/Nm}^3$

1차 집진기 효율 $\eta_1 = 1 - \dfrac{C_o}{C_i}$ 에서

$$0.82 = 1 - \frac{C_o}{12} \qquad C_o = 2.16 \text{ g/Nm}^3$$

2차 집진기 효율 $\eta_2 = 1 - \dfrac{200}{2160}$ 에서

$$= 90.74\%$$

▌풀이2

1차 집진 통과율 P = 100 - η(집진 효율)이므로 P = 100 - 82 = 18(%)
그러므로 통과되는 먼지 농도는

$$12,000\ mg/Nm^3 (= 12\ g/Nm^3) \times \frac{18}{100} = 2,160\ mg/Nm^3$$

그러므로 2차 집진율은

$$\eta = (1 - \frac{C_o}{C_i}) \times 100 \fallingdotseq (1 - \frac{200}{2,160}) \times 100 = 90.74(\%)$$

예제 10 전기집진기의 집진 효율이 99.5%였으나, 방전극의 뒤틀림현상으로 효율이 98%로 낮아지는 경우에 출구로 배출되는 분진의 농도는 몇 배로 증가하게 되는가?

▌풀이

집진율 $\eta = (1 - \frac{C_o}{C_i}) \times 100$에서

① 집진 효율이 99.5%인 경우의 출구 농도
= 1 - 0.995 = 0.005

② 집진 효율이 98%인 경우의 출구 농도
= 1 - 0.98 = 0.02

$$\therefore\ \frac{C_o{}'}{C_o} = \frac{0.02 \times C_i}{0.005 \times C_i} = 4(\text{배})$$

예제 11 P제철소에서 발생되는 분진을 사이클론으로 전처리하고 전기집진기로 제거하고 있다. 측정결과가 다음과 같았다면 이 두 장치의 전체 집진율은 얼마나 되는가?

구 분	사이클론	전기 집진기	
	입 구	입 구	출 구
가스량(Am³/hr)	50,000	60,000	60,000
먼지농도(g/Am³)	65.5	9.8	0.42
부하량	3,275 kg/hr		25.2 kg/hr

▌풀이1

$$\eta = (1 - \frac{C_o}{C_i}) \times 100$$에서

$$\eta_t = (1 - \frac{25.2}{3,275}) \times 100$$

$$= 99.23\%$$

▌풀이2

cyclone 집진기 → 전기집진기로 직렬연결이므로

사이클론 $\eta_1 = (1 - \frac{C_o \times Q_o}{C_i \times Q_i}) = (1 - \frac{60,000 \times 9.8}{50,000 \times 65.5}) = 0.8204$

전기집진기 $\eta_2 = (1 - \frac{C_o \times Q_o}{C_i \times Q_i}) = (1 - \frac{60,000 \times 0.42}{60,000 \times 9.8}) = 0.95718$

$\therefore \eta_T = \eta_1 + \eta_2(1 - \eta_1) = 0.8204 + 0.9571(1 - 0.8204) = 0.9923 = 99.23(\%)$

예제 12

분진농도가 20 g/Sm³인 함진가스를 직렬로 연결된 Cyclone과 전기집진기로 집진하고자 한다.
Cyclone과 전기집진기의 부분 집진율이 다음 표와 같을 때 전기집진기의 출구에서 분진농도를 구하시오

입경범위(μm)	0	5 ~ 10	10 ~ 20	20 ~ 40	40 ~ 60	60 ~ 100
Cyclone 입구에서 분진 분포율(%)	7	18	20	30	20	5
Cyclone의 부분 집진율(%)	0	1	5	50	90	95
전기집진기 입구 분진의 분포율(%)	28	45	13	8	4	2
전기집진기의 부분집진율(%)	85	95	97	99	99.5	99.9

▌풀이

Cyclone의 집진율 $\eta_c = \eta_{f_1} \times f_1 + \eta_{f_2} \times f_2 + \eta_{f_3} \times f_3 + \cdots + \eta_{f_n} \times f_n$

$\eta_c = 0.07 \times 0 + 0.18 \times 0.01 + 0.2 \times 0.05 + 0.3 \times 0.5 + 0.2 \times 0.9 + 0.05 \times 0.95 = 0.3893$

전기집진기의 집진율 $\eta_e = \eta_{f_1} \times f_1 + \eta_{f_2} \times f_2 + \eta_{f_3} \times f_3 + \cdots + \eta_{f_n} \times f_n$

$\eta_e = 0.28 \times 0.85 + 0.45 \times 0.95 + 0.13 \times 0.97 + 0.08 \times 0.99 + 0.04 \times 0.995 + 0.02 \times 0.9999 = 0.9306$

두 집진장치의 전체 집진율 η_t는

$\eta_t = 1 - (1 - \eta_c)(1 - \eta_e) = 1 - (1 - 0.3893)(1 - 0.9306) = 0.9576$

따라서, 출구에서 분진농도는 다음과 같이 구할 수 있다.

$$\eta_t = 1 - \frac{C_0}{C_i}$$

$$C_0 = (1 - \eta_t)C_i = (1 - 0.9576) \times 20 = 0.848 \ g/Sm^3$$

예제 13

Cyclone 집진기의 하부 Hopper에서 10%의 외부 공기가 새어들어 갈 때 집진율은 70%이었다. 이 때 먼지 통과율은 공기가 새지 않을 때의 1.5배에 상당한다고 하면 공기가 새지 않을 때의 집진율은 얼마나 되는가?

▌풀이

통과율$(P) = 100 - \eta$

① 10%의 공기가 유입될 때 : $P_1 = 1.5 P_2 = 100 - 70 = 30\%$

② 공기가 유입되지 않을 때 : $P_2 = \dfrac{30}{1.5} = 20\%$

$\therefore \eta = 100 - 20 = 80(\%)$

예제 14

유입구 농도가 3 g/Nm^3, 처리가스량이 2,000 Nm^3/min인 방지시설의 처리효율이 95%라면 하루에 포집된 먼지의 양(kg/day)은?

▌풀이

방지시설에서 포집된 먼지량$(S_i - S_o)$=유입되는 먼지량$(C_i \cdot Q_i)\times$집진 효율(η) 로 산출.
단위환산을 위해 1 hr = 60 min, 1 day = 24 hr, 1 kg = 1,000 g
$S_i - S_o = C_i \times Q_i \times \eta$

$\therefore 포집량 = \dfrac{3\,g}{Nm^3}\Big|\dfrac{2,000\,Nm^3}{min}\Big|\dfrac{95}{100}\Big|\dfrac{60min}{hr}\Big|\dfrac{24hr}{day}\Big|\dfrac{1\,kg}{10^3\,g} = 8,208\,kg/day$

예제 15

처리가스량이 300 m^3/min이고, 먼지 농도가 8.5g/m^3이다. 집진장치를 이용하여 1시간 동안 포집된 먼지량이 138kg이었다면 이 집진장치의 집진 효율(%)은?

▌풀이

집진장치로 유입되는 유입 먼지량(S_i)과 집진장치에서 포집된 포집 먼지량(S_c)을 사용.

$\eta = \dfrac{S_c}{S_i}\times 100$

$S_i = \dfrac{300\,m^3}{min}\Big|\dfrac{8.5\,g}{m^3}\Big|\dfrac{60min}{1hr}\Big|\dfrac{1\,kg}{1,000\,g} = 153\,kg/hr$

$S_c = 138\,kg/hr$

$\therefore \eta = \dfrac{138}{153}\times 100 = 90.2\%$

Chapter 02 중력집진기의 설계

1. 개요

중력을 이용하여 처리가스 중의 입자상 오염물질을 중력에 의한 자연 침강으로, 기체와 분리 포집하는 장치로 원리와 구조가 간단하며, 설치가동비가 저렴하고, 비교적 압력손실이 적어 오염물질 농도가 매우 높거나 불꽃 제거 등과 같이 전처리 설비로 많이 사용하는 집진설비로 고효율의 2차 방지시설의 효율을 증대시키는 역할을 한다.

2. 설계시 고려 사항

① 보통 처리가스의 속도는 Dust 입경 및 비중 등을 고려한 침강속도 이하로 설계한다.
② 공정별 분진 및 Gas에 대한 성질 및 성상을 필히 확인하여야 한다.

표 5.4 중력집진기의 장·단점

장 점	단 점
· 구조가 간단하여 설치 및 운전비가 저렴하다. · 압력손실이 작다(10 ~ 15 mmAq). · 고온에서 운전이 가능하다.	· 설치 공간이 크다. · 미세입자에 대한 처리효율이 낮다. 　(50 µm 이상인 조대입자 처리에 적용)

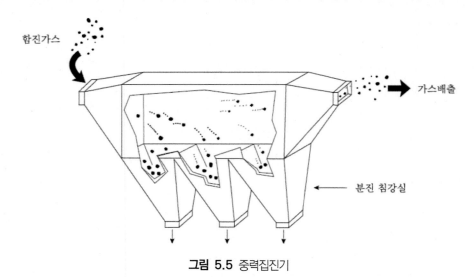

그림 5.5 중력집진기

3. 중력집진기의 성능효율에 영향을 미치는 요인

중력집진기 성능은 집진 효율, 집진 최소입경 및 압력손실 등으로 결정된다.

가. 중력집진기 효율

중력집진기에 유입되어 출구를 향하여 이동하는 분진의 총량은 $V \times H \times W$에 비례할 것이며 이중 침강 포집된 분진은 $V_s \times L \times W$에 비례한다. 따라서 집진 효율 η는

$$\eta = \frac{V_s \cdot L \cdot W}{V \cdot H \cdot W}$$

여기서, W = 집진기폭
V_s = 침강 속도
V = 수평 이동 속도
L = 길이
H = 높이

$$\eta = \frac{V_s}{V} \times \frac{L}{H} = \frac{d_p^2(\rho_p - \rho)g\,L}{18\,\mu\,V H} = \frac{d_p^2(\rho_p - \rho)g\,WL}{18\,\mu\,Q}$$

$*n$: 단수(바닥포함)
$$\eta = \frac{(n+1) \times V_s \times L}{V \times H}$$

나. 집진율을 향상시키기 위한 설계조건(Vs를 크게 함.)

1) 침강실의 높이 H는 작게, 길이 L은 가급적 길게 한다.
2) 침강실에 유입되는 함진 배출가스의 유속은 느리고 균일하게 유지해야 한다.

다. 집진 최소 입경

침강속도에서 중력집진기가 침강포집할 수 있는 분진의 최소입경을 예측할 수 있다. 이 때 최소입경이란 중력집진기가 100% 포집제거 할 수 있는 입경의 분진 중 제일 작은 분진의 입경을 말한다.

$$V_s(m/s) = \frac{d_p^2(\rho_p - \rho)g}{18\,\mu} \text{ 에서}$$

$$d_p(\mu m) = \left[\frac{18\,\mu\,VH}{(\rho_p-\rho)\,g\,L}\right]^{1/2} \times 10^6$$

$$= \left[\frac{18\,\mu\,Q}{(\rho_p-\rho)\,g\,WL}\right]^{1/2} \times 10^6$$

라. 분진 크기와 포집효율 결정

분진의 입경분포와 비중을 조사해서 대략적으로 중력집진기로 집진 가능한 입경을 정하고, 그 분진의 최소입경의 침강속도를 구한 후, 분진이 집진기 바닥까지 침강하는 소요 시간만큼 집진장치 길이를 결정하여 장치를 만들면 된다.

그러나 효율공식, 최소입경공식은 유체 흐름이 층류상태 또는 스토크스 영역에서 얻는 식이므로 입경이 100 μm 이하인 입자에 대해선 적합하지 않는 경우가 종종 있으므로 보정계수를 필히 고려하여 설계하여야 한다.

1) 100% 침전하는데 필요한 중력집진기의 길이

가스흐름이 층류일 때 입경 d_p인 입자가 100% 침강하는데 필요한 침강실의 길이는

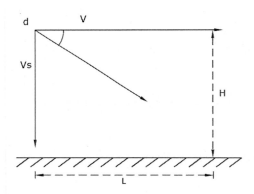

$$\tan\theta = \frac{V_s}{V} = \frac{H}{L}\text{에서}$$

$$\frac{L}{V} = \frac{H}{V_s} = t(\text{체류시간})\ (\because L = V\cdot t)$$

$$L = V \, \frac{H}{V_s}$$

$$\therefore Vs = V \, \frac{H}{L}$$

마. 기능의 판정

1) 집진실 내의 처리가스 속도가 적을수록 미세입자가 제거된다.

2) 일정 유속에서 집진실 높이가 낮을수록, 길이가 길수록 높은 효율을 낸다.

3) 정류판을 설치하여 집진실 내 흐름을 균일화하면 높은 효율을 낸다.

4) 50 ~ 100 μm 이상 입자 제거 가능, ΔP 10 ~ 15 mmH₂O, 집진율 40 ~ 50%, 기본유속 1 ~ 3 m/sec을 가진다.

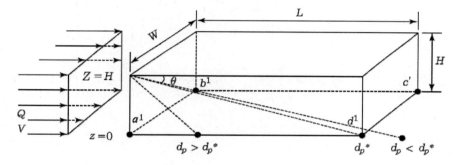

$d_p{}^*$: 거리 L에서 집진되는 최소 분진입경

그림 5.6 중력집진의 관계

계산문제

예제 1

중력집진기 size 높이 1 m, 폭 4 m, 길이 5 m이고 유량이 30 ㎥/min(at 30℃) 처리가스 내 10 ㎛ 분진의 침강효율? (단, 분진 비중 1.2, 가스점성계수 : 1.84×10⁻⁵ kg/m·sec, 가스흐름은 층류)

▌풀이

$$V = \frac{Q}{A} = \frac{30\,m^3/\min}{1\,m \times 4\,m} = 0.125\,m/\sec$$

$$V_s = \frac{g(\rho - \rho')d^2}{18\mu} = \frac{9.8(1200-1.16)(10\times10^{-6})^2)}{18\times1.84\times10^{-5}} = 3.551\times10^{-3}$$

$$\eta = \frac{V_s \cdot L \cdot W}{V \cdot H \cdot W} = \frac{3.551\times10^{-3}\times5}{0.125\times1}\times100 = 14.2\%$$

예제 2

높이 1 m, 폭 2 m, 길이 5.5 m인 중력집진기의 유량이 360 ㎥/min(at 20℃)일 때, 배출가스의 흐름이 층류라고 하면 집진되는 최소입경을 구하시오. (단, 배출가스의 점성계수 $\mu_g = 0.067\,kg/m\cdot hr$이고 입자의 밀도는 2.5 g/cm³이다.)

▌풀이

$$: d_p = \left[\frac{18 \times v_s\,\mu_g}{(\rho_p - \rho_g)\,g} \right]^{\frac{1}{2}}$$

$$V = \frac{Q}{A} = \frac{360\,m^3/\min}{1\,m \times 2\,m} = 3\,m/\sec$$

여기서, $V_s = V \times \left(\frac{H}{L}\right) = 3 \times \left(\frac{1}{5.5}\right) = 0.55(m/\sec)$

$$\mu_g = 0.067\,kg/m\cdot hr \times \frac{1\,hr}{3,600\,\sec} = 1.86 \times 10^{-5}\,kg/m\cdot\sec$$

$$\rho_p = 2.5\,g/cm^3 \times \frac{1,000\,kg/m^3}{1\,g/cm^3} = 2.5 \times 10^3\,kg/m^3$$

$$\rho_g = 1.293\,kg/Sm^3 \times \frac{273}{273+20} = 1.2\,kg/m^3$$

$$\therefore d_p = \left[\frac{18 \times 0.55 \times (1.86 \times 10^{-5})}{(2,500 - 1.2) \times 9.8} \right]^{\frac{1}{2}} = 8.67 \times 10^{-5}\,m = 86.7\,\mu m$$

예제 3

유량 1,000 m³/min, 입구 농도 50 g/m³를 η =70%인 중력집진기를 설치하여 처리하고 있다. 호퍼에 포집된 분진의 부피가 1 m³일 때 배출한다면 배출하는 시간 간격은? (단, 분진의 겉보기 비중은 0.70이다.)

▌풀이

포집 분진량 = $Q \times C_i \times \eta$

$= 1{,}000 \ \text{m}^3/\text{min} \times 50 \ \text{g/m}^3 \times 0.7$

$= 35 \ \text{kg/min}$

겉보기 비중이 0.7이므로 $\rho = 700 \ \text{kg/m}^3$

∴ 포집 분진량을 체적으로 바꾸면, ($\dfrac{35\,kg/\min}{700\,kg/m^3} = 0.05\ m^3/\min$)

1m³가 될 때 까지 소요시간은 ($\dfrac{1\,m^3}{0.05\,m^3/\min} = 20\min$)

예제 4

길이가 3 m, 높이가 6 m인 중력집진기에 등간격으로 침전판 2개를 설치하여 다단식으로 만들었다. 침강실의 수평유속이 0.5 m/sec이면 처리효율이 80%되는 입자의 침강속도를 구하시오.

▌풀이

$$\eta_d(\%) = \frac{V_s}{V} \times \frac{L}{H/n} \times 100$$

η_d : 부분집진율 $= 80(\%)$

V : 수평유속 $= 0.5(m/\sec)$

$H/n = h$: 침전높이 $= \dfrac{6}{3} = 2(m)$

$80(\%) = \dfrac{V_s}{0.5} \times \dfrac{3}{2} \times 100$ ∴ $V_s = 0.267(m/\sec)$

예제 5

높이 1 m, 폭 2 m, 길이 5.5 m인 중력집진기의 유량은 90,000 L/min이다. 입경 50 μm인 분진입자의 중력 침강속도를 구하고, 집진장치의 이론적 효율을 구하시오. (단, $\mu_g = 3 \times 10^{-2}\,g/cm \cdot \min$이고 입자의 밀도는 1.5 g/cm³)

▌풀이

(1) 침강속도 계산 $V_s = \dfrac{d_p^2(\rho_p - \rho)g}{18\mu}$

$V_s = \dfrac{d_p^2\,\rho_p\,g}{18\,\mu}$ (점성계수 단위 : 1kg/m · sec =1Pa · sec=1$N \cdot \sec/m^2$)

$\rho_p : \dfrac{1.5\,g}{cm^3} \Big| \dfrac{10^{-3}\,kg}{g} \Big| \dfrac{100^3\,cm^3}{1^3\,m^3} = 1500(kg/m^3)$

$$\mu \; : \; \frac{3 \times 10^{-2}\, g}{cm \cdot \min} \; \Big| \; \frac{10^{-3}\, kg}{g} \; \Big| \; \frac{100\, cm \cdot \min}{m \cdot 60 \sec} \; = 5 \times 10^{-5}\, (kg/m \cdot sec)$$

$$\therefore V_s = \frac{(50 \times 10^{-6})^2 \; \times \; 1500 \; \times \; 9.81}{18 \times 5 \times 10^{-5}} \; = 0.041\,(m/\sec)$$

(2) 이론적 효율 계산 $\eta(\%) \;\; = \dfrac{V_s \times W \times L}{Q} \; \times \; 100$

$$\therefore \eta = \frac{0.041 \; \times \; 2 \; \times \; 5.5 \; \times \; 60}{90,000 \; \times \; 10^{-3}} \; \times 100 \; = 30.1\,(\%)$$

Chapter 03 원심력집진기(Cyclone)의 설계

1. 원리

고체나 액체 상태의 입자상오염물질을 가스로부터 분리시키기 위하여 가스를 회전시킬 때 발생되는 원심력에 의해 입자상오염물질을 분리 제거시키는 장치이다.

접선 유입식 사이클론은 접선방향에 위치한 가스 유입구나 유입구 날개(Vane)에 의하여 가스에 회전운동이 가해진다.

함진가스가 하향으로 나사 운동을 함에 따라 입자상오염물질은 원심력으로 인해 원통 벽 쪽으로 이동한 다음 호퍼 하부로 침전하게 된다. 청정가스는 하향의 나선운동을 끝마치고 상향 나사 운동을 하게 되며 출구 내경을 통하여 배출된다.

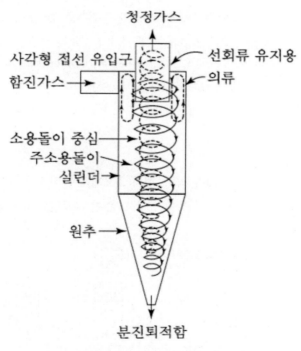

그림 5.7 접선형 사이클론

2. Cyclone 형식(Type)

원심력집진기는 가스의 유입 및 유출되는 형식에 따라서 접선유입식과 축류식이 있으며, 축류식에는 반전형과 직진형이 있다.

가. 접선 유입식

1) 입구유속은 7 ~ 15 m/sec로 집진 효율에 변화가 적다.
2) 멀티 사이클론을 적용하면 대단위 배기량을 처리할 수 있다.
3) 압력손실은 100 ~ 150 mm H_2O 전후이다.

나. 축류식 : 반전형과 직선형으로 구분되며 반전형이 많이 사용되고 있다.

1) 반전형

    가) 입구유속은 10 m/sec, 압력손실은 80 mm H_2O 전후로 접선유입식에 비해 낮다.

    나) 배기가 신속히 고르게 분포되며, 대용량 배기가스 처리에 적합하다.

    다) 블로다운(Blow down)이 필요치 않으며, 가이드 베인(Guide vane)의 설치 각도에 따라 집진율의 변화가 크다.(수평각 10^o에 가까울수록 양호)

    라) 축류식 반전형의 집진 효율은 일반적으로 접선유입식과 큰 차이가 없다.

2) 직진형

    가) 압력손실(40 ~ 50 mm H_2O)이 적고, 설치 소요면적이 적게 든다.

    나) 내압의 균형유지가 어려워 집진 효율이 낮고, 먼지 부착현상이 심하다.

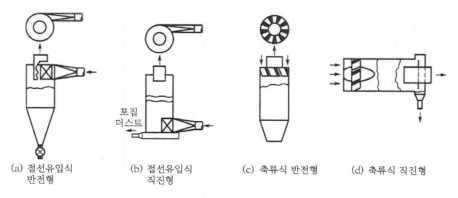

(a) 접선유입식   (b) 접선유입식   (c) 축류식 반전형   (d) 축류식 직진형
반전형   직진형

그림 5.8 각종 사이클론

3. 멀티 사이클론(Multi Cyclone)

가. 연결 형태 : 대부분 축류식 반전형을 병렬로 연결한다.

나. 특징

    1) 입구 유속의 대소에 크게 영향을 받지 않으면서 집진 효율을 증가시킬 수 있는 장점이 있으므로 고농도 대량가스를 고효율로 처리할 때 사용된다.

    2) 집진율은 70 ~ 95% 정도로 높으며, 단위 사이클론의 내경이 작을수록 작은 입자가 포집되고, Blow down 방식은 채용하지 않으나 점착성 있는 먼지 등으로 인하여 막히기 쉬운 결점이 있다.

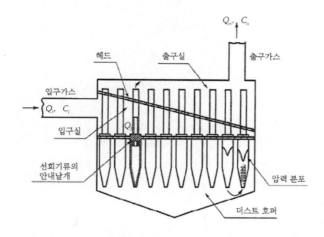

그림 5.9 멀티 사이클론

4. 멀티 스테이지 사이클론(Multi Stage Cyclone)

가. 연결 형태 : 동일한 크기의 사이클론을 직렬로 연결한 형식이다.

나. 특징 : 압력손실은 접속 단수에 배수로 증가하는 반면 집진 효율은 그만큼 상승되지 않으므로 3단 정도를 최대단수로 본다. 따라서 멀티 스테이지 사이클론은 응집효과를 기대할 수 있는 분진처리에 주로 이용된다.

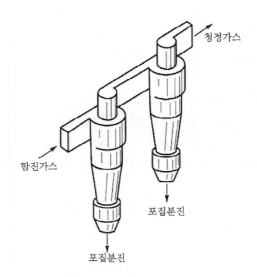

청정가스

함진가스

포집분진

포집분진

그림 5.10 멀티 스테이지 사이클론

5. 관련식

가. 원심력에 의한 분리속도

1) 원리

Cyclone에서 저항력(F_D)와 원심력(F_C)이 같을 때 분진이 분리 제거된다.

즉, $F_D = F_C$

가) (저)항력 (F_D)

$$F_D = 3\pi\mu d V_r$$

$$V_r = 원심 분리속도$$

나) 원심력(Centrifugal Force) (F_C)

구심력으로 생기는 관성력을 원심력이라 한다.

$$F_C = m \cdot \frac{V^2}{r} \qquad (\rho = \frac{m}{\nabla} \, \text{에서} \ m = \rho \cdot \nabla)$$

$$= \frac{\pi d^3}{6}(\rho_p - \rho_a) \times \frac{V^2}{r}$$

$$(m : \text{질량}, \ V : \text{가스유입속도(접선속도)}, \ r : \text{반지름})$$

$$3\pi \mu d \, V_r = \frac{\pi d^3}{6}(\rho_p - \rho_a) \times \frac{V^2}{r}$$

$$V_r = \frac{\frac{\pi d^3}{6}(\rho_p - \rho_a) \times \frac{V^2}{r}}{3\pi \mu d}$$

$$= \frac{V^2(\rho_p - \rho_a)d^2}{18\mu r}$$

여기서 $V_r = $ 입자의 원심분리속도

$V = $ 가스유입속도(선회 가스의 속도)

나. 분리계수

1) 원심효과

분진에 작용하는 중력(침강속도)와 원심력(원심분리속도)의 비가 분진의 분리 능력을 원심효과라
한다.

$$\text{분리계수}(S) = \frac{\text{원심력에 의한 분리속도}}{\text{중력에 의한 분리속도}}$$

$$S(\text{분리계수}) = \frac{V_r}{V_s} = \frac{V^2}{r \cdot g}$$

$$- V_r = \frac{V^2(\rho_p - \rho_a)d^2}{18\mu r}$$

$$- V_s = \frac{g(\rho_p - \rho)d^2}{18\mu}$$

$$S = \frac{\dfrac{V^2(\rho - \rho')d^2}{18\mu r}}{\dfrac{g(\rho - \rho')d^2}{18\mu}}$$

$$= \frac{V^2}{r \cdot g}$$

예제 1 사이클론의 외통 직경이 1000 mm, 유입 가스 속도가 12 m/sec라면 분리계수는?

┃풀이

$$S = \frac{V^2}{r \cdot g}$$

$$= \frac{12^2}{0.5 \times 9.81} = 29.35$$

다. 부분 집진율

$$\eta_d = \frac{\pi N_e V_i (\rho - \rho')d^2}{9\mu_g W_i}$$

라. 절단입경(Cut diameter) : 50% 처리효율로 제거되는 입자의 직경

$$D_{p\,50} = \sqrt{\frac{9\mu_g W_i}{2\pi N_e V_i(\rho_p - \rho_g)}}$$

μ_g : 가스의 점성계수$(\mathrm{kg}/\mathrm{m}\cdot\mathrm{sec})$

W_i : 유입구 폭 (m)

N_e : 회전수

V_i : 가스 유입속도 $(\mathrm{m}/\mathrm{sec})$

ρ_p : 입자밀도 $(\mathrm{kg}/\mathrm{m}^3)$

ρ_g : 가스밀도 $(\mathrm{kg}/\mathrm{m}^3)$

마. 한계입경(임계입경, Dc) : 100% 분리 분집되는 입자의 최소입경

$$D_p = \sqrt{\frac{9\mu_g W_i}{\pi N_e V_i(\rho_p - \rho_g)}}$$

예제 2

20℃, 유입폭이 40 cm, 유효회전수 6회, 입구 유입속도 12 m/sec인 cyclone에서 비중이 1.2인 10 μm 먼지 입자의 부분 집진 효율은 몇 %인가? (단, 가스 점성계수는 1.84×10^{-5} kg/m·sec)

▌풀이

$$< 계산식 > \quad \eta_d = \frac{d_p^2 (\rho_p - \rho) \cdot \pi \cdot V \cdot N_e}{9 \cdot \mu \cdot W_i}$$

① d_p : 분진입자의 직경 $= 10 \times 10^{-6} (m)$

② ρ_p : 분진입자의 밀도 $= 1.2 \times 10^3 = 1,200 (kg/m^3)$

$$\therefore \eta_d = \frac{(10 \times 10^{-6})^2 \times (1,200 - 1.2) \times 3.14 \times 12 \times 6}{9 \times 1.84 \times 10^{-5} \times 0.4}$$

$$= 0.40977 ≒ 40.98 (\%)$$

예제 3

처리가스 점성계수가 2.0×10^{-4}poise, 입구 농도가 3 g/m³일 때 사이클론시설에서 입자의 절단입경(Cut size)을 구하시오. (단, 와류수 : 5, 사이클론의 입구폭 : 70 cm, 입자의 비중 : 2.5, 공기밀도 : 1.2 kg/m³, 입구속도 : 15 m/sec 이다)

▌풀이

$$D_{pc}(cut\,size) = \sqrt{\frac{9 \mu_g W_i}{2 \pi N_e V_i (\rho_p - \rho_g)}}$$

$$= \sqrt{\frac{9 \times (2 \times 10^{-5}) \times 0.7}{2 \times 3.14 \times 5 \times 15 \times (2,500 - 1.2)}}$$

$$= 1.034 \times 10^{-5} \, m$$

$$= 10.34 \, \mu m$$

---

* $1\,poise = 1\,g/cm \cdot sec = 0.1\,kg/m \cdot sec$

표 5.5 원심력집진기의 형태 및 특징

구분	형 태	특 징
구 조	① 상부 접선 유입식 원심력집진기 (Top Inlet Cyclone)	① 가장 많이 사용하는 Type, 고효율 원심 집진기로 사용한다.
	② 하부 유입식 원심력집진기 (Low Inlet Cyclone)	② 세정식 원심 집진기 액적 제거에 사용
	③ 축상 유입식 원심력집진기 (Axial Inlet Cyclone)	–
효 율	① 고효율 원심 집진기 (High Efficiency Cyclone)	① 몸체 직경 30 cm 미만
	② 중효율 원심 집진기	② 몸체 직경 23 cm ~ 2 m 이내
	③ 저효율 원심 집진기	–

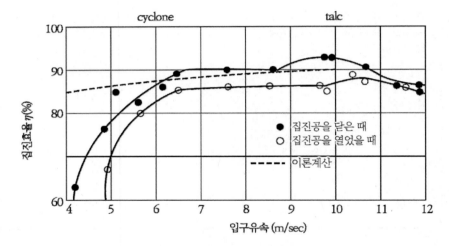

그림 5.11 입구유속과 집진 효율의 관계

표 5.6 절단입경별 집진 효율

절단입경	집진 효율(%)	
	일반 중효율 원심력집진기	고효율 원심력집진기
5 μm 이하	50 이하	50 ~ 60
5 ~ 20 μm	50 ~ 80	80 ~ 95
15 ~ 40 μm	80 ~ 95	95 ~ 99
40 μm 이상	95 ~ 99	95 ~ 99

6. 성능에 미치는 요인

가. 사이클론 효율 향상조건

① 배기관(출구관)경이 작을수록 집진 효율은 증가하고 압력손실은 높아진다.

② 입구유속이 적절히 빠를수록 유효원심력이 증가하여 효율은 증가한다.

③ 블로다운 방식을 사용함으로써 효율 증대에 기여할 수 있다.

④ 침강분진 및 미세한 분진의 재비산을 막기 위해 스키머(다공판, Skimmer), 회전 깃(Turning vane), 살수설비 등을 하여 집진 효율을 증대시킨다.

⑤ 프라그 효과(에디 발생)를 방지하기 위해 돌출핀 및 스키머(다공판)를 부착한다.

⑥ 분진박스와 모양은 적당한 크기와 형상을 갖춘다.

　　- 사이클론은 표준형이 절대적인 것이 아니라 표 5.6와 같이 조건에 따라 효율이 다양하게 변한다.

나. 블로다운(Blow-down)방식

1) 정의 : 사이클론 하부의 분진박스(Dust box)에서 유입유량의 일부(5 ~ 15%)를 배출시켜 주는 방식을 말한다.

2) 목적 : 사이클론의 원추 하부에 분진퇴적, 가교현상(Bridging)이 발생되면 반전기류가 생겨 집진율이 낮아진다. 이것의 방지대책이 블로다운 방식이다.

3) 적용 : 일반적으로 축류식 직진형, 접선유입식, 소구경 Multi cylone에 적용한다.

4) 효과

　　① 유효원심력을 증가시킨다.

　　② 분진의 재비산을 방지할 수 있다.

　　③ 집진 효율이 증가된다.

　　④ 원추 하부 또는 출구에 분진이 퇴적을 방지한다.

　　⑤ 내통의 분진 폐색을 방지한다.

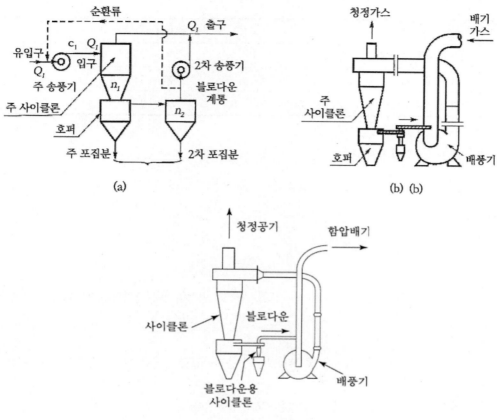

그림 5.12 블로다운

다. 압력손실

① 사이클론의 크기에 따라 압력손실은 큰 변화가 없다.

② 사이클론 내부 장애물이 있으면 저항이 증가하여 전체 압력손실은 저하된다. 즉, 저항 때문에 회전 기류속도가 저하하여 원심력이 감소하고 전체압력손실이 감소한다.

③ 유입속도의 제곱에 비례한다. ($\Delta P = F \dfrac{r V_2}{2g}$)

④ 유입구가 크면 압력손실은 줄고 출구경이 작아지면 증가한다.

⑤ 원통부와 원추부가 길면 압력손실은 작아진다.

⑥ 원심력집진기의 종류별 압력손실은 표 5.7과 같다.

표 5.7 종류별 압력손실

원심력집진기 종류	압력손실 mmAq
고효율 원심력집진기	200 ~ 250
중효율 원심력집진기	100 ~ 150
저효율 원심력집진기	50 ~ 100

라. 효율에 대한 영향인자

$$\eta_d = \frac{\pi N \rho_p d_p^2 V}{9 \mu W} \text{에서}$$

$$\eta_d = 100\% \text{이면} \quad d_p = \sqrt{\frac{9 \mu W}{\pi N \rho_p V}}$$

N이 많을수록 $H \cdot W$(단면적)이 적을수록 포집 가능한 한계입경이 작아져 집진 효율은 커진다.

1) 입구유속

입구유속이 크면 클수록 효율은 좋으나 ΔP가 증가하므로 입구유속은 12 ~ 15 m/sec로 한다.

2) Size 영향(Cyclone 크기의 영향)

한계입경이 커지기 때문에 집진 효율은 약간 떨어진다.

3) 출구경의 영향

출구경이 작아지면 d_p도 작아지므로 집진 효율은 증가한다.

4) 원통부 길이의 영향

원통부의 길이가 길면 집진 효율은 약간 저하한다. 그러나 실제로는 영향이 거의 없다.

5) 원통부 지름의 영향

원통부 지름이 커지면 한계입경은 약간 작아지고 집진 효율은 증가한다.

공업용 원심력집진기의 원통경은 1.2 ~ 3.6 m, 압력손실은 50 ~ 130 mmAq 정도이며, 고효율 원심력집진기의 원통경은 90 cm 이하, 압력손실은 50 ~ 150 mmAq 정도이다.

* 사이클론을 소형화(Muticlone)시 성능상 특성

- 대형 사이클론보다 ΔP가 커진다.
- 유입기류의 분배에 불균형이 생기기 쉽다.
- 제작 보수가 힘들고 적은 크기의 오차에도 큰 영향을 미칠 수 있다.

7. 사이클론의 성능상 장애현상과 그 대책

가. 분진 폐색, 막힘(Dust Plugging)

1) 원인 : 분진의 원심력이 아주 크거나 너무 작아 부착력이 증가되는 경우이다.
　　　　부착성 분진에 의해 발생된다.
　　　　* 사이클론이 소형일수록 분진 폐색이 생기기 쉽다.
2) 방지대책 : 집진 효율에 영향이 없으면 가능한 크게 사이클론을 제작한다.

나. 역기류, 백 플로(Back Flow)

1) 원인 : 멀티클론에서 각 사이클론의 유량이나 분진의 농도가 서로 다른 경우 각 사이클론 하부
　　　　에서 압력이 서로 다른 경우에는 백 플로(Back flow)나 단락류가 발생한다.
2) 방지대책 : 멀티 사이클론의 입구실 및 출구실의 크기 또는 호퍼(Hopper)의 크기를 충분하게
　　　　하고, 각 실의 정압이 균일(풍량 일정)하게 되도록 한다.

다. 재비산 현상

1) 원인 : 각 사이클론의 선회와류에 의해 발생된다.
2) 방지대책 : 사이클론 원추 하부(호퍼)에 분진이 퇴적되지 않게 한다.

라. 마모성 먼지의 영향 및 대책

1) 영향 : 마모로 인한 구멍 뚫림으로 외부 공기가 유입되면서 재비산 현상을 초래하여 집진 효율
　　　　이 저하된다.
2) 방지대책
　가) 내마모성 재료를 사용한다.
　나) 효율에 크게 영향을 미치지 않는 범위 내에서 유속을 느리게 한다.

마. 압력손실 감소와 효율 저하

1) 원인(마모로 Leak 발생 → 배기가스의 유입 및 누출 발생)
　가) 내통이 마모되어 구멍이 뚫려 함진배기가 우회할 때
　나) 외통의 접합부 불량 및 마모로 인하여 함진배기가 누출될 때
　다) 내통의 접합부 기밀 불량으로 인하여 함진배기가 누출될 때
　라) 분진에 의한 마모로 처리가스의 선회운동이 되지 않을 때

마) 호퍼 하단의 기밀이 불안전하여 그 부위에서 외기가 유입될 때

2) 방지대책

가) 설계시 마모성 먼지에 대한 충분한 고려를 한다. (내마모성 재질사용)

나) 분진 배출시 또는 호퍼에 외부공기 유입을 억제한다. (Sealing 장치)

다) 부식부위를 수시 점검하여 대책을 강구한다. (Leak 확인)

바. 효율이 감소되고 압력손실이 증가하는 경우

1) 원인

가) 불완전 연소(매연의 성상변화, 가스온도 저하, 정지시 배기가스의 치환이 불충분)

나) 분진의 퇴적으로 선회류로 난류가 심하게 발생하여 재비산하는 경우

2) 방지대책

가) 분진부하를 일정하게 유지되도록 연소조절 등의 조치를 강구한다.

나) 외통하부에 분진이 퇴적하지 않도록 한다.

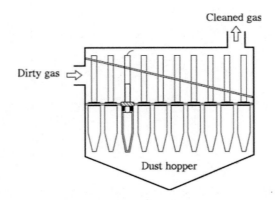

그림 5.13 멀티클론의 배치

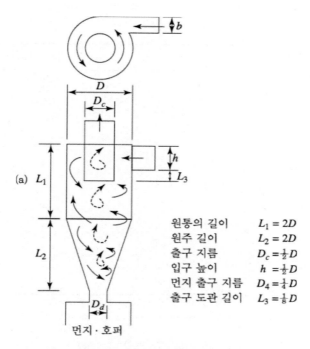

원통의 길이 $L_1 = 2D$
원주 길이 $L_2 = 2D$
출구 지름 $D_c = \frac{1}{2}D$
입구 높이 $h = \frac{1}{2}D$
먼지 출구 지름 $D_4 = \frac{1}{4}D$
출구 도관 길이 $L_3 = \frac{1}{8}D$

그림 5.14 일반형 원심력집진기

표 5.8 표준 사이클론의 크기

구 분	표준 사이클론 형태					
	고효율형 사이클론		일반형 사이클론		고용량형 사이클론	
	(1)	(2)	(3)	(4)	(5)	(6)
원통직경 D/D	1.0	1.0	1.0	1.0	1.0	1.0
입구 높이 h/D	0.5	0.44	0.5	0.5	0.75	0.8
입구 폭 b/D	0.2	0.21	0.25	0.25	0.375	0.35
집진 출구경 D_e/D	0.5	0.4	0.5	0.5	0.75	0.75
출구 돌출부 길이 S_C/D	0.5	0.5	0.625	0.6	0.875	0.85
몸통길이 L_1/D	1.5	1.4	2.0	1.75	1.5	1.7
원추의 길이 L_2/D	2.5	2.5	2.0	2.0	2.5	2.0
집진 출구직경 D_d/D	0.375	0.4	0.25	0.4	0.375	0.4

* 출처 : (1)과 (5) : Stairmand, 1951; (2), (4) 및 (6) : Swift, 1969; (3) : Lapple, 1951.
   - C. D. Cooper and F. C. Alley, Air pollution control : a design approach, 2008.

표 5.9 사이클론 효율에 영향을 주는 설계 및 공정요인

설계 및 공정요인	요인이 증가할 때 사이클론 효율
입자크기	증 가
입자밀도	증 가
분진부하량	증 가
가스의 유입속도	증 가
사이클론 원통직경	감 소
사이클론 원통길이 대비 직경	증 가
사이클론 내벽의 매끄러움 정도	증 가
가스 점성계수	감 소
가스밀도	감 소
가스 유입 덕트의 면적	감 소
가스 유출관의 직경	감 소

* 분진 부하량 및 가스의 유입속도는 어느 정도까지만 증가할 수 있으며, 그 이후 효율은 떨어진다.
출처: C. D. Cooper and F. C. Alley, Air pollution control : a design approach, 2008.

표 5.10 치수와 성능변화

원심력집진기 구조와 성능변화	압력손실	효 율	내 용
– 몸체직경(D) 증가	감 소	감 소	증 가
– 몸체길이(L_1)	다소감소	감 소	증 가
– 원추길이(L_2)	다소감소	다소감소	증 가
– 출구직경(D_e) 증가	감 소	감 소	감 소
– 유입속도 변화 없이 입구면적 증가	증 가	감 소	감 소
– 유입속도증가 입구면적증가	증 가	감 소	증가(유전비)
– 처리 분진농도증가	변동이 큰 감소	증 가	변화 없음
– 입경밀도/크기증가	변화 없음	증 가	변화 없음

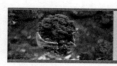

계산문제

예제 4 입구 Duct속도가 15 m/sec인 접선유입식 원심력집진기의 집진풍량이 100 ㎥/min일 때 표 5.8의 (3), Lapple의 표준 사이클론 크기를 참고하여 사이클론의 치수를 설계하시오.

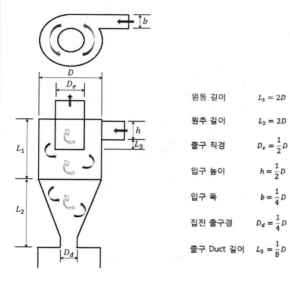

원통 길이	$L_1 = 2D$
원추 길이	$L_2 = 2D$
출구 직경	$D_e = \frac{1}{2}D$
입구 높이	$h = \frac{1}{2}D$
입구 폭	$b = \frac{1}{4}D$
집진 출구경	$D_d = \frac{1}{4}D$
출구 Duct 길이	$L_3 = \frac{1}{8}D$

〈표〉 접선유입식의 표준사이클론 크기

원통의 길이	$L_1 = 2\,D$	입구 폭	$b = \frac{1}{4}\,D$
원추의 길이	$L_2 = 2\,D$		
출구 직경	$D_e = \frac{1}{2}\,D$	집진 출구경	$D_d = \frac{1}{4}\,D$
입구 높이	$h = \frac{1}{2}\,D$	출구 Duct의 길이	$L_3 = \frac{1}{8}\,D$

▌풀이

1. 집진풍량 : 100 m³/min = 1.667 m³/sec
2. 입구 Dust 속도 : 15 m/sec
3. Size 결정

$Q = AV$, $A = Q/A$,

$$A = \frac{1.667 \, m^3/\sec}{15 \, m/s} = 0.111 \, m^2$$

A = b × h, $A = \frac{1}{4}D \times \frac{1}{2}D$,

$$D^2 = 8A, \quad D = \sqrt{8A},$$

$$D = 943 \, mm \text{이나 } 940 \, mm \text{로 결정}$$

D : 몸통의 직경 (D = $\sqrt{8A}$) : D = $\sqrt{8A}$ = $\sqrt{8 \times 0.111}$ = 942.3 mm

b : 입구 폭(b = 1/4D) : b = $\frac{1}{4D}$ = $\frac{1}{4} \times 940$ = 235 mm

h : 입구높이($h = 1/2D$) : h = $\frac{1}{2}D$ = $\frac{1}{2} \times 940$ = 470 mm

L1 : 몸통 길이($L_1 = 2D$) : L_1 = 2D = 2 × 940 = 1,880 mm

L2 : 원추 길이($L_2 = 2D$) : L_2 = 2D = 2 × 940 = 1,880 mm

D_e : 출구직경($De = \frac{1}{2}D$) $De = \frac{1}{2}D = \frac{1}{2} \times 940$ = 470 mm

S_c : 출구돌출부($Sc = \frac{5}{8}D$) $Sc = \frac{5}{8}D = \frac{5}{8} \times 940$ = 587.5 mm

D_d : 집진출구경($D_d = \frac{1}{4}D$) $D_d = \frac{1}{4}D = \frac{1}{4} \times 940$ = 235 mm

L_3 : 출구 $Duct$의 길이($L_3 = \frac{1}{8}D$) $L_3 = \frac{1}{8}D = \frac{1}{8} \times 940$ = 117.5 mm

예제 5 입구 Duct속도가 14 m/sec인 접선유입식 원심력집진기의 집진풍량이 120 ㎥/min일 때 표 5.8의 (3), Lapple의 표준 사이클론 크기를 참고하여 사이클론의 치수를 설계하시오.

▌풀이

1. 집진풍량 : 120 m³/min = 2.0 m³/sec
2. 입구 Dust 속도 : 14 m/sec
3. Size 결정

$Q = AV$, $A = Q/A$,

$$A = \frac{2.0 \, m^3/\sec}{14 \, m/s} = 0.143 \, m^2$$

$$A = b \times h, \quad A = \frac{1}{4}D \times \frac{1}{2}D,$$

$$D^2 = 8A, \quad D = \sqrt{8A}$$

$$D = 1,070 \ mm\text{이나} \ 1,080 \ mm\text{로 결정}$$

단위(mm)

D	
b	
h	
L_1	
L_2	
De	
Sc	
Dd	
L_3	

Chapter 04 세정집진기(흡수탑)의 설계

1. 개요

흡수탑은 가스상오염물질을 비롯한 흄(Fume), 미스트(Mist) 및 부유먼지를 제거하기 위한 습식 포집 장치로, 입자상 오염물질과 가스상 물질을 동시에 처리할 수 있고, 고온의 가스를 처리하는 것이 가능하며, 입자가 비산할 염려가 없고, 화재 및 폭발의 가능성이 있는 입자를 처리할 수 있는 장점이 있다. 흡수탑은 보통 습식 방지시설이라 하는데 액적(물방울), 액막, 기포 등에 의해 함진가스를 세정하여 입자에 부착, 입자 상호 간의 응집을 촉진시켜 직접 가스의 흐름으로부터 입자를 분리시키는 장치이다.

2. 흡수탑의 원리

대기오염방지시설 중 가스상 오염물질을 처리하는 방지시설은 입자상 오염물질만을 처리하는 방지시설에 비해 그 구조가 다양하고 복합적으로 이뤄져 있다.

흡수탑(Absorption tower)은 가스상 오염물질을 처리하기 위한 대기오염 방지시설로서, 오염물질을 세정수 혹은 흡수액에 용해시켜 제거한다. 기체 중의 특정 성분을 농축 혹은 제거할 목적에서 기체와 액체 또는 현탁액을 접촉시키는 장치를 말한다. 가스상 오염물질은 흡수액 표면에서 흡수액으로 녹아 들어가 이온 형태를 띠게 된다. 오랫동안 넓은 면적으로 서로 접촉하면 많은 양이 흡수되기 때문에 오염 가스의 오염물질 농도는 낮아지게 된다. 그러나 흡수액 중에 이온 농도가 어느 정도의 수준이 되면 더 이상 흡수되지 않기 때문에 흡수탑으로 물 또는 흡수액을 보충해 주거나, 흡수액 중의 오염물질 농도를 낮춰주기 위해 화학적 반응을 일으켜 오염물질을 제거하는 원리로서 가동된다.

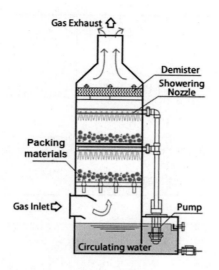

그림 5.15 흡수탑

흡수장치의 설계에 일반적으로 사용되는 변수로는 가스의 유량과 밀도, 운전압력 및 압력강하, 충전재 종류, 처리효율 등이다.

설계 시 결정하여야 할 구체적인 사항들은 흡수탑을 통과하는 가스의 공탑속도, 흡수장치의 높이 및 내부 충전물 높이, 흡수탑 입·출구에서의 유체의 온도 및 유량. 각 장치의 내부설계 등이다.

흡수탑은 Spray형, Tray, Packed, KAPAR, JBR형 등으로 구분된다. 도금시설에 설치된 흡수탑은 대부분 Packed type이며 표 5.11에 흡수탑의 장·단점을 서술하였다.

표 5.11 흡수탑의 장·단점

흡수탑 형 식	장 점	단 점
Spray	- Spray header 외에 내부장치가 거의 없어 압력손실이 낮음 - 현재 습식 석회석/석고 공정의 모든 흡수탑에 적용(80 ~ 90%)	- 장치가 다른 형태의 흡수탑에 비해 크기가 큼
Tray	- 기/액 접촉면적이 커서 SO_2 제거효율이 높음	- 안정적인 거품이 형성되기 위한 배기가스 속도영역이 매우 좁음
Packed	- 기/액 접촉면적이 커서 SO_2 제거효율이 높음 - 흡수탑의 크기가 작음	- 스케일 및 부식 발생 가능성이 많음 - Spray형이 적용되기 이전에 많이 사용되었음

흡수탑 형식	장 점	단 점

Kepar	- 단일단 다공판형 흡수탑으로 탈황효율이
	  높고, 순환 펌프를 사용하지 않는 자연순환
	  방식으로 운전비가 낮음
	- 기/액 접촉효율이 좋고 크기가 작음
		- 적용실적이 적음

Jbr	- 흡수, 산화, 중화 반응이 하나의 흡수탑에서 진행되므로 장치가 간편하다 - 흡수제 이용률이 높고 폐수농도가 낮음	- 대용량 발전소에 적용실적이 적음 - 가스압력 손실이 큼

> ※ 참고 : 흡수탑이나 세정집진기나 처리하는 방법은 비슷하다.
> 두 시설이 크게 다른 점은 세정집진기는 물로 먼지를 제거하는 장치이고, 흡수탑은 가성소다 등
> 의 세정액으로 유해가스(H_2S, HF등)을 제거하는 장치이다.
> 즉, 먼지만 제거하게 되면 세정집진기고, 먼지 외 유해가스를 동시에 제거하게 되면 흡수탑이다.

출처 : 대기오염물질 배출시설 인·허가업무 가이드라인(환경부)

흡수(Absorption)는 가스와 세정수의 접촉에 의한 물질전달(Mass transfer)현상으로, 각 성분의 농도 차이에 의한 확산(Diffusion)을 통해 가스는 가스 중심부(Bulk gas)로부터 기체-액체 접촉면(Gas-liquid interface), 액체 중심부(Bulk liquid)까지 전달된다. 확산을 일으키는 가장 보편적인 추진력(Driving force)은 확산 성분의 농도 차이로, 성분의 농도가 같아질 때까지 확산을 반복한다. 예를 들면, 도금조 표면에서 발생한 고농도의 황산 증기는 농도 차이에 의해 주변 공기 중으로 확산된다. 도금조 표면과 주변 공기의 농도 차이가 옅어질수록 확산속도는 느려지며, 도금조 표면과 주변 공기의 농도가 같아질 때까지 확산이 반복된다. 단, 주변 공기와 도금조 표면의 농도가 같아졌다고 해서 황산 기체 분자의 운동이 완전히 멈춘 것은 아니다.

확산을 일으키는 추진력은 농도 차이 이외에도 압력 차이, 온도 차이, 외력에 의해서도 확산이 일어나며, 온도 차이에 의한 확산은 열확산, 외력에 의한 강제확산이다. 또한, 주변 유체의 흐름에 의해 확산되기도 하는데 이를 난류 확산, 혹은 소용돌이 확산(Eddy diffusion)이라 한다.

3. 설비특징

- 협소한 장소에 설치 가능하다.
- 입자와 가스를 동시에 처리 가능하다.
- 비산분진의 염려가 없다.
- 고온 가스와 다습 가스가 처리 가능하다.

- 화재 및 폭발의 문제가 없다.   - 재질의 부식성을 고려해야 한다.
- 수분에 의한 백연이 발생한다.   - 동력 요구량 및 압력손실이 크다.
- 폐수처리를 해야 한다.   - 부산물 회수가 어렵다.

세정집진기는 설비종류에 관계없이 동력소모에 따라 효율이 좌우되며, 동력소모가 비슷하면 효율도 비슷하다. 따라서 사용이 간편하고, 유지관리가 용이하고, 비용이 적게 들도록 설계하여야 한다.

4. 흡수탑의 구조

일반적으로 흡수탑은 여러 가지의 부품들로 조합되어 이루어진다. 그 구성품은 다음과 같다.

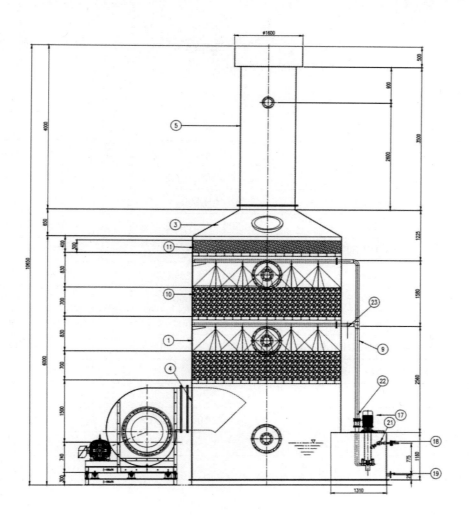

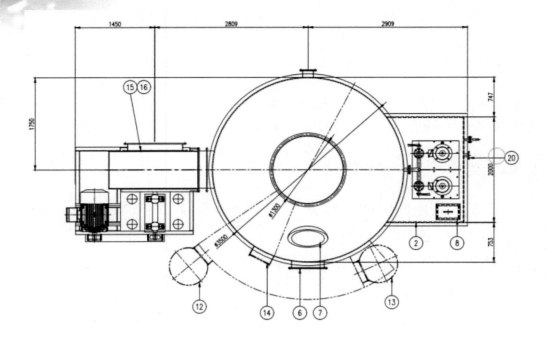

NO.	PARTS NAME	SPEC. &SIZE	MAT'L (KS)
1	BODY CASING	∅3,500 × 6,000 L	PVC + FRP
2	WATER TANK	1,310 × 1,800 × 1,160 H	PVC + FRP
3	CONE	∅3,500 × ∅1,300 × 650 H	PVC + FRP
4	GAS INLET	1,000 × 700	PVC + FRP
5	STACK	∅1,300 × 4,000 H	PVC + FRP
6	MANHOLE	∅600	PVC + FRP
7	점검구	∅600	PVC + FRP
8	W/TANK MANHOLE	300 × 400	PVC + FRP
9	MAIN SPRAY PIPE	SGP 80 A	PVC + FRP
10	PALL RING	2"	P.E
11	DEMISTER	∅3,500 × 300 t	P.P
12	WORK STAGE & LADDER	L 50 × 6 t	SS 400
13	WORK STAGE & LADDER	L 50 × 6 t	SS 400

NO.	PARTS NAME	SPEC. &SIZE	MAT'L (KS)
14	측정용 DECK	L 50 × 6 t	SS 400
15	TURBO FAN	700 CMM × 300 mmAq	F.R.P
16	FAN MOTOR	75 kW × 380 V × Φ3	VENDOR
17	SPRAY PUMP & MOTOR	1.4 m³/min × 15 mH × 7.5kW	F.R.P
18	MAKE-UP PIPE	SGP 25A	P.V.C
19	DRAIN PIPE	SGP 50A	P.V.C
20	OVER FLOW PIPE	SGP 50A	P.V.C
21	부력식 정수위 VALVE	25A	PUR'
22	BUTTER FLY VALVE	80A	P.V.C

그림 5.16 흡수탑 상세 구조

흡수탑은 용해성 가스를 흡수액에 녹여 제거하는 장치로, 흡수탑의 전체적인 형상 및 구조물은 그림 5.16에 나타내었다. 가스는 흡수탑 본체 아래쪽에서 유입되며, 유입된 가스는 가스 분배판(Gas distributor) 혹은 다공판(Perforated plate)을 통과하여 균일한 흐름을 갖도록 한다. 본체 상부에서는 노즐을 이용하여 흡수액을 충전재로 분사하며, 충전재에 골고루 흡수액이 분사되도록 넓은 분사 면적을 갖는 스프레이(Spray) 형태의 노즐을 사용한다. 흡수 효율을 높이기 위해 오염물질 극성(Polarity)에 맞는 흡수액을 사용하기도 하나, 일반적인 도금공정에서 발생되는 오염물질은 용해도가 높은 가스로, 물을 이용하여도 충분한 흡수가 가능하다. 충전층(Packing bed)은 충전재를 가득 쌓아놓은 곳으로, 충전층에서 충전재 표면에 분사된 흡수액과 흡수탑 본체 바닥에서 유입된 가스가 반응하여 오염물질이 흡수액으로 용해·제거된다. 충전물의 충전 형태에 따라 흡수 효율이 크게 달라지므로, 흡수탑에서 오염물질을 효과적으로 제거하기 위해서는 적절한 충전재를 선택하는 것이 매우 중요하다. 대표적으로 사용되는 충전재의 크기는 0.5 ~ 2 inch 이며, 충전재 소재 및 형상에 따라 Berl saddle, Intalox saddls, Raschig ring, Pall ring 등으로 구분된다. 그림 5.17에는 대표적인 상용 충전재를 나타내었다.

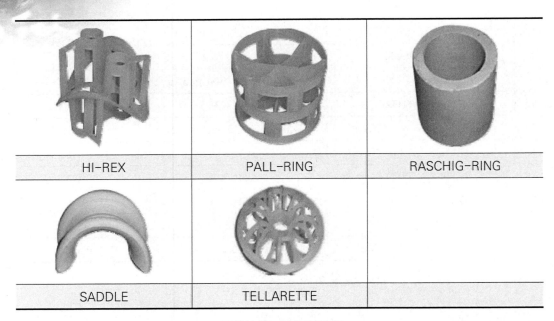

| HI-REX | PALL-RING | RASCHIG-RING |
| SADDLE | TELLARETTE | |

그림 5.17 충전물의 종류

충전층에서 물질전달에 의해 오염물질은 가스에서 흡수액으로 이동하였으나, 충전층을 통과한 가스는 다량의 수분(흡수액)을 포함하게 되며, 습도가 높은 가스가 송풍기로 유입될 경우 수분이 응축되어 송풍기 및 덕트 부식의 원인이 된다. 수분에 의한 부식을 방지하기 위해 흡수액 분사 노즐 상부에 수분을 제거하기 위한 데미스터(Demister)가 설치되어 있으며, 이후 출구 연돌을 통해 배출된다. 노즐에서 분사된 흡수액은 중력에 의해 충전층을 통과하여 흡수탑 하부에 집수되며, 세정수 펌프를 통해 노즐로 재순환 사용된다.

흡수액(세정수)을 계속 재순환 사용하면 가스상 오염물질이 흡수액에 포화상태가 되어 더 이상 흡수되지 않기 때문에 흡수액(세정수)을 보충해 주거나, 흡수액의 포화농도를 낮추어 주어야 한다.

5. 포집 원리

흡수에 의한 시설의 일반적인 포집 원리는 다음과 같다.

① 액적에 입자가 충돌하여 부착 제거.
② 미립자 확산에 의한 입자간 응집제거.
③ 배기가스의 증습에 의한 입자간 응집제거.
④ 입자를 핵으로 증기의 응결 및 응집성 촉진.

⑤ 액막, 기포에 입자가 접촉하여 부착 제거.

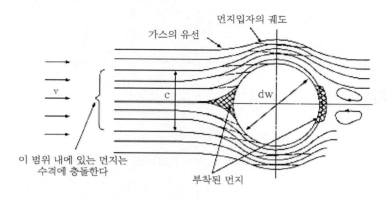

그림 5.18 흡수탑의 포집 원리

흡수탑은 관성 충돌, 확산, 직접차단(흡수), 응집작용이 주요 포집 원리이며, 1 ㎛ 이상 입자는 응집작용 및 관성력이, 0.1 ㎛ 이하 입자는 확산의 효과가 지배적이다.

표 5.12 흡수탑의 포집원리

관성 충돌		함진가스와 액적이 혼합하여 흐를 때 발생한다. 큰 입자들은 자체의 관성으로 인해 이동 경로를 계속 유지하려는 경향이 있어 액적 위에 충돌하여 제거된다. 관성 충돌은 입자 직경이 1 ㎛ 이상일 때에 지배적으로 발생한다.
확산		관성 충돌 효과가 없는 0.1 ㎛ 이하 미세먼지는 브라운운동을 하여 액적, 액막 등의 표면에 확산 부착되어 가스로부터 분리 포집된다. 확산작용은 접촉면적, 확산계수, 입자의 농도에 비례하며, 세정수 표면의 경막이 두꺼울수록 반비례한다. 따라서 확산속도는 확산에 필요한 공간 크기에 영향을 받게 되므로 높은 제거효율을 위해서는 높은 표면적을 가진 작은 액적이 필요하게 된다. (접촉 표면적의 증가)
직접 차단 (흡수)		입자가 가진 크기에 의하여 액적 가까이 통과하다가 경계면에 차단(흡수)된다.

응집 작용	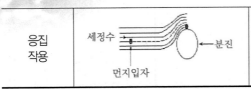	가스상 오염물질에는 수증기, SO_2, 유기물 등을 함유하는 경우가 많고 세정수에 의해 가스 온도가 내려가면 응축 성분이 분진 표면에 부착 또는 세정수에 흡수되어 제거된다.

6. 설계상 영향을 주는 주요 인자

가. 처리풍량

세정집진기의 설계에서 처리풍량이 가장 기본적인 설계 인자이다. 처리풍량의 결정은 발생원, 배출시설, 후드 등이 기존에 설치되어 있으면 실측 또는 설치되어 있는 송풍기의 사양을 참고하여 결정한다. 신설되는 설비는 이론적인 계산값과 유사한 설비에서의 경험을 토대로 결정한다. 설계 풍량에서 공탑속도를 증가시키면 체류시간이 짧아지게 되고 홍수 현상이 발생하며 여러 문제점이 발생하는 비율이 높아진다.

나. 공탑속도

Eckert의 홍수곡선으로 X축은 가스와 흡수액의 유량, 밀도에 관한 변수, Y축은 가스의 유량과 충전재 특성, 흡수액 점성계수 및 가스와 흡수액의 밀도에 관한 변수로 홍수점 가스 질량 플럭스 G'을 계산하고, 흡수탑에서 홍수 현상을 방지하고 안정적으로 운전하기 위해서는 여유율을 고려하여 보정계수 0.4 ~ 0.7을 곱하여 흡수탑 질량 플럭스를 재산정한다.

Eckert의 홍수곡선의 Flooding line은 초기 상관관계에는 $\triangle P$ = 1.5 inch H_2O/ft·packing 선 위에 있었지만, 최근의 연구결과에 의하면 2 ~ 3 inch 충전물의 경우 Flooding line이 0.7 ~ 1.5 inch H_2O/ft·packing 압력강하에 있음이 밝혀졌다. (단위조작, 2005)

일반적으로 세정수를 재사용하면 충분한 체류시간 확보 및 처리효율 향상을 위해서 흡수탑 직경은 홍수점 질량 플럭스의 40% 수준으로 설계하여야 한다. 안정적인 가스 흡수를 위해서는 액·가스비, 체류시간 등을 고려하여 흡수탑의 공탑속도를 1.2 m/sec 전후로 한다.

다. 체류시간

Jafari, Liangliang 등의 연구결과에 따르면 충전층에서의 흡수 효율은 공탑속도, 충전층 높이, 액·가스비와 관계있으며, 충분한 반응을 위해 적절한 체류시간을 결정하는 것이 매우 중요하다고 보고하였고, 가스의 종류와 관계없이 체류시간 0.6 초/충전층 1단 이상 조건에서는 가스가 완전히 흡수되는 것으로 나타났다. 충전층에서 가스를 충분히 흡수시키기 위해서는 0.6 초/충전층 1단 이상의 체류시간이 필요하므로, 탑 직경을 조절하여 공탑속도를 낮추어 체류 시간을 확보하거나 충전층의 높이를 늘려 체류시간을 충분히 확보해야 한다.

예제 1 공탑속도 1.2 m/sec, 충전층 높이를 700 mm × 2단 = 1,400 mm로 설계할 때, 체류시간은?

▌풀이

$$t(체류시간) = \frac{충진층\ 높이}{공탑속도} = \frac{1.4\ m}{1.2\ m/\sec} = 1.17\ \sec$$

여유율(20%)를 고려하면 1.4 sec 임.

체류시간은 1.17초, 세정수를 재사용하므로 체류시간은 1.4초(여유율 20%)이상으로 한다.

라. 액·가스비

도금시설에서 배출되는 가스상 오염물질은 농도가 높아도 수천 ppm 정도이고, 통상 수십 ~ 수백 ppm 정도이다. 흡수탑 설계에서 중요한 설계 인자는 처리 가스와 흡수액의 부피비인 액·가스비는 여러 연구에서 2 ~ 3 L/m³ 을 설계기준으로 제시하고 있으며, 저농도 입구 조건에서는 2 L/m³의 액·가스비로도 80% 이상의 처리효율 달성이 가능하다. (Flagiello 등, 2018)

도금시설에서 액·가스비는 2 L/m³가 적정하고, 특정대기유해물질과 크롬도금 등 세정액의 점성이 높은 가스처리는 액·가스비를 2.5 L/m³ 이상으로 설계해야 한다. (서 등, 2021)

고농도(10% 이상) 가스처리나 일반적인 가스처리는 액·가스비와 가스 유량, 홍수곡선을 이용하여 흡수탑을 설계하나, 충전층의 기상 물질전달계수와 액상 물질전달계수를 알고 있는 경우 물질전달계수를 이용하여 더욱 정밀한 흡수탑 설계가 가능하다.

물질전달계수를 알고 있는 경우 흡수탑의 최적 액·가스비를 계산하기 위해 우선적으로 처리 가스와 흡수액의 평형선을 작성하고, 평형성 기울기를 이용하여 최소 조작선의 기울기의 1.5배로 액·가스비를 산출한다.

마. 충진층의 높이

충전층 높이, 즉 흡수탑의 이동단위는 기상 이동단위(H_g)와 액상 이동단위(H_l)로 구분되며, 이들을 합하여 총괄 이동단위(H_{og})라 한다.

$$H_{og} = H_g + m \frac{G^{''}}{L^{''}} H_l$$

여기서 m은 흡수액의 농도 기울기로 평형선의 기울기를 말한다. 평형선의 기울기는 흡수탑으로 유입되는 가스의 입구, 출구 농도를 통해 계산할 수 있다.

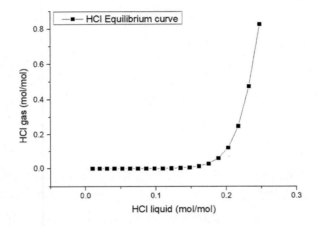

그림 5.19. 30℃에서의 염산가스 평형선(전체 농도)

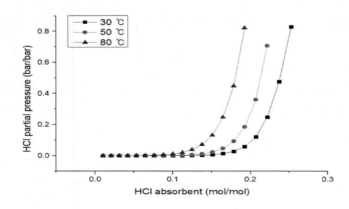

그림 5.20 온도에 따른 염산가스 평형선(저농도)

표 5.13 30℃에서의 염산가스 분압 및 평형농도

HCl
T=30degree

%HCl	P HCl(mmhg)	HCl 분압	흡수액 질량	HCl 질량	물 질량	HCl 분자량	물 분자량	HCl 몰수	물 몰수	HCl 몰분율	HCl 기상 농도(ppm)
2	0.000151	0.0000001987	100	2	98	36.5	18	0.054794521	5.444444444	0.009964019	0.198684211
4	0.00077	0.0000010132	100	4	96	36.5	18	0.109589041	5.333333333	0.020134228	1.013157895
6	0.00225	0.0000029605	100	6	94	36.5	18	0.164383562	5.222222222	0.030517095	2.960526316
8	0.00515	0.0000067763	100	8	92	36.5	18	0.219178082	5.111111111	0.04111936	6.776315789
10	0.0111	0.0000146053	100	10	90	36.5	18	0.273972603	5	0.051948052	14.60526316
12	0.0234	0.0000307895	100	12	88	36.5	18	0.328767123	4.888888889	0.063010502	30.78947368
14	0.05	0.0000657895	100	14	86	36.5	18	0.383561644	4.777777778	0.074314362	65.78947368
16	0.106	0.0001394737	100	16	84	36.5	18	0.438356164	4.666666667	0.085867621	139.4736842
18	0.228	0.0003000000	100	18	82	36.5	18	0.493150685	4.555555556	0.097678625	300
20	0.48	0.0006315789	100	20	80	36.5	18	0.547945205	4.444444444	0.109756098	631.5789474
22	1.02	0.0013421053	100	22	78	36.5	18	0.602739726	4.333333333	0.122109158	1342.105263
24	2.17	0.0028552632	100	24	76	36.5	18	0.657534247	4.222222222	0.134747349	2855.263158
26	4.56	0.0060000000	100	26	74	36.5	18	0.712328767	4.111111111	0.147680656	6000
28	9.9	0.0130263158	100	28	72	36.5	18	0.767123288	4	0.16091954	13026.31579
30	21	0.0276315789	100	30	70	36.5	18	0.821917808	3.888888889	0.17447496	27631.57895
32	44.5	0.0585526316	100	32	68	36.5	18	0.876712329	3.777777778	0.188358404	58552.63158
34	92	0.1210526316	100	34	66	36.5	18	0.931506849	3.666666667	0.202581927	121052.6316
36	188	0.2473684211	100	36	64	36.5	18	0.98630137	3.555555556	0.217158177	247368.4211
38	360	0.4736842105	100	38	62	36.5	18	1.04109589	3.444444444	0.232100441	473684.2105
40	627	0.8250000000	100	40	60	36.5	18	1.095890411	3.333333333	0.24742268	825000

그림 5.19는 30℃에서의 염산가스 평형선(전체농도)을 나타내었고, 그림 5.20은 온도에 따른 염산가스 평형선(저농도)이다. 표 5.13은 30℃에서의 염산가스 분압 및 평형농도를 나타내었다.

예제 2　표 5.13을 이용하여 입구 농도 300 ppm 일 때의 평형선 기울기(m)는 얼마인가?

▌풀이

$$m = \frac{(Y_2 - Y_1)}{(X_2 - X_1)} = \frac{3.0 \times 10^{-4} - 1.987 \times 10^{-7}}{9.768 \times 10^{-2} - 9.964 \times 10^{-3}}$$

$$= 3.418 \times 10^{-3}$$

여기서, (X_1, X_2)는 HCl 몰분율이고 (Y_1, Y_2)는 HCl 기상 농도(ppm)다.

따라서 저농도의 희박가스 조건에서 평형선 기울기는 3.418×10⁻³으로 액상 이동단위 높이는 평형선의 기울기에 지배적인 영향을 받기 때문에 기상 이동단위 높이(H_g)가 총괄 이동단위 높이(H_{og})가 된다. 즉, 저농도 조건에서는 액상 이동단위 높이와 관계없이 흡수탑의 총괄 이동단위 높이는 기상이동단위 높이와 같다.

바. 압력손실

흡수탑의 압력손실은 홍수곡선을 이용한 방법과 Leva 실험식을 이용하여 충전층 압력손실을 계산할 수 있다.

 예제 3 어떤 도금시설의 가스 유량이 800 m³/min, 온도가 30℃ 이고, 흡수액의 밀도가 1,000 kg/m³, 액·가스비가 2.0 L/m³일 때, 홍수 현상과 압력손실의 상관관계를 이용한 압력손실은 얼마인가?

▌풀이

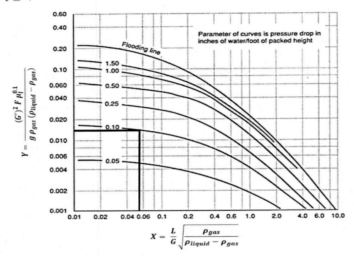

$$\Delta P = kZ$$

$$G' = \frac{G}{A'} = \frac{55,920 \, kg/hr \times (1 \, hr/3600 \, \sec)}{11.341 m^2} = 1.3697 \, kg/m^2/s$$

$$Y = \frac{(G')^2 F \mu_l^{0.1}}{g \rho_{gas} (\rho_{liquid} - \rho_{gas})} = \frac{(1.3697 \, kg/m^2/s)^2 \times 80 \times 1^{0.1}}{9.81 \, m/s^2 \times 1.165 \, kg/m^3 \times (1000 \, kg/m^3 - 1.165 \, kg/m^3)}$$

$$= 0.013$$

$$X = 0.0583$$

흡수탑에서 홍수현상과 압력손실의 상관관계를 이용하여 X=0.0583, Y=0.013에서는 압력손실 계수 k는 0.1 inch H₂O/ft (8.33 mmH₂O/m), 충전층 전체 높이 Z는 1.4 m로 충전층의 압력손실은 약 11.66 mmH₂O 이다. 통상 집진기 본체 상부에 설치된 데미스트는 제외된 압력손실이다.

예제 4

예제 3의 조건에서 Leva 경험식을 이용하여 압력손실을 계산하시오.

┃풀이

$$\Delta P = m\,(10^{-8})\,(10^{nL/\rho_l})\,\frac{G^2}{\rho_g}\,Z$$

$$\Delta P/Z = 11.13 \times 10^{-8} \times 10^{0.00295 \times 1,731.91/62.428} \times \frac{(1,008.84)^2}{0.073665}$$

$$= 1.857\ (lb/ft^2/ft-packing)$$

$$\Delta P = 1.857\,lb/ft^2/ft \times (2단 \times 2.3\,ft) = 8.54\,lb/ft^2$$

$$= 8.54\,lb/ft^2 \times 9.81\,m/s^2 \times 0.454\,kg/lb \times (1\,ft/0.3048\,m)^2$$

$$= 409.40\,Pa$$

$$= 41.73\,mmH_2O$$

Leva 경험식에 사용되는 단위계는 US 단위계로 사용된 값은 표를 참고하였다. Leva 경험식을 통해 계산된 압력손실은 약 41.73 mmH2O 이다.

홍수곡선을 이용한 흡수탑 압력손실과 Leva 경험식을 통한 압력손실 값이 크게 차이가 난다. 이러한 압력손실 차이에 대해 Cooper 등은 실험 설비와 실제 흡수탑의 크기가 달라서 충전층에서의 경계 면적이 다르고, 실험 설비에서는 유입구 효과에 대한 보정이 어렵고 일정한 가동 조건을 장기간 유지하기 어려워 실험으로 얻은 물질전달계수와 전달 단위는 실제 흡수탑에서의 물질전달계수, 전달 단위와 다르기 때문이다. (Cooper 등, 2011)

사. 슈미트(Sc)수

간편 설계에서는 흡수탑의 총괄 이동 높이를 산정하기 위해 슈미트(Sc)수를 이용한다. 일반적으로 처리 가스의 성분은 처리대상 오염물질(암모니아, 염산 등)이 공기에 희석된 형태로 기상 이동단위를 산정함에 있어서는 대상오염물질의 기체상태 슈미트(Sc)수를 이용해야 한다.

액상 이동단위 산정을 위한 액상 슈미트(Sc) 수는 대상 오염물질의 종류와 흡수액에 의해 결정된다. 일반적으로 소규모 도금시설(4종, 5종 사업장)에서 사용되는 흡수액의 종류는 물로, 흡수액을 물로 사용하는 경우 액상 슈미트수를 표 5.23을 이용하며, 흡수액이 아민류나 알코올류, 기타 유기 용매인 경우 별도의 실험을 통해 얻어진 슈미트(Sc)수를 사용해야 한다.

슈미트 수(Schmidt number)

물질확산과 운동량 확산에 대한 상대적이 크기를 나타내는 무차원 계수 물질 이동에서 농도 경계층과 속도 경계층의 상대적 크기에 관계되는 무차원수. Sc로 표기한다.

- 동점성계수와 확산계수의 비율로 물질 이동에 관계되는 중요한 물성 상수

$$Sc = \frac{\nu}{D} = \frac{\mu}{\rho \cdot D} = \frac{운동량\ 계수}{물질전달\ 계수}$$

$$\therefore \nu = \frac{\mu}{\rho}$$

ρ : 밀도 (kg/m^3) $\qquad$ μ : 점성계수(점도) $(kg/m \cdot sec)$

ν : 동점성계수(동점도) (m^2/sec) $\qquad$ D : 확산계수 (m^2/sec)

아. 흡수탑 수분손실

흡수액은 증발 등으로 인해 그 양이 지속적으로 감소하기 때문에, 액·가스비를 일정하게 유지시키기 위해서는 흡수액을 지속적으로 보충해 주어야 한다. 흡수탑으로 유입되는 가스는 30 ~ 80℃의 건조한 가스에 흡수액이 분사되면 흡수액 중 일부는 가스에 녹아 기체상태가 되고 가스는 포화 상태가 된다. 흡수탑 상부에서 데미스터를 이용하여 수분을 제거하나, 데미스터에서 제거되는 수분은 흡수탑에서 냉각으로 인해 응축된 수분과 노즐에서 분사된 흡수액 중 가스의 상승기류로 인해 역류된 흡수액으로, 데미스터에서 수분의 상당량이 제거된다 하더라도, 흡수액에 의해 건조 가스는 포화 상태가 되기 때문에 흡수액의 손실이 발생된다.

그림 5.21에는 물의 증기압 곡선 나타내었다.

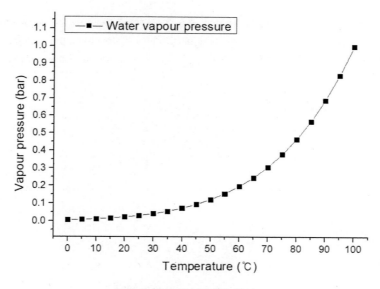

그림 5.21 물의 증기압 곡선

예제 5 도금공장 내부의 온도는 20℃이고, 환기설비가 잘 갖추어져 있기 때문에 실내 상대 습도는 약 50%로 유지되며, 흡수탑 출구 가스 온도는 30℃, 상대 습도는 약 70% 정도이다. 도금공장 내부와 흡수탑 출구에서 공기 중의 수분량은 얼마인가?

▌풀이

① 도금공장 내부

$$P_{sat\,20} = 2.34\ kPa$$

$$\chi_{H_2O} = \frac{2.34\ kPa}{101.3\ kPa} \times 0.5 = 0.0115$$

$$m_{H_2O} = \frac{0.0115\ m^3}{1.0\ m^3} = \frac{0.0115\ m^3}{22.4\ L \times (273+20)/273} \times \frac{18\ g}{1.0\ m^3} = 8.6\ g/m^3$$

20 ℃에서의 포화 수증기압은 2.34 kPa이며, 상대 습도는 50%로 공기 중의 수분량을 계산하면 약 8.6 g/m³이다.

② 흡수탑 출구

$$P_{sat\,30} = 4.248\ kPa$$

$$\chi_{H_2O} = \frac{4.248\ kPa}{101.3\ kPa} \times 0.7 = 0.02935$$

$$m_{H_2O} = \frac{0.02935\ m^3}{1.0\ m^3} = \frac{0.02935\ m^3}{22.4\ L \times (273+30)/273} \times \frac{18\ g}{1.0\ m^3} = 21.25\ g/m^3$$

30℃에서의 포화 수증기압은 4.248 kPa이며, 상대 습도는 70%로 공기 중의 수분량을 계산하면 21.25 g/m³이다. 즉, 배기가스 1 m³ 당 12.65 g(21.25g − 8.6g)의 흡수액이 손실된다. 오염물질의 발생량이 800 m³/min (집진기 용량), 일일 평균 가동 시간을 8시간으로 설정하면, 하루에 4.86 ton의 세정수를 보충해 주어야 한다.

7. 저농도 흡수탑의 간편 설계

가. 저농도 소규모 사업장의 도금시설 흡수탑의 설계

소규모 도금시설(4종, 5종 사업장) 산업현장에서 발생하는 가스농도는 수십 ~ 수백 ppm 이하로 가스농도가 10% 미만인 희박가스 조건에 해당된다. 희박가스 조건에서는 조작선과 평형선이 직선 형태로 나타나기 때문에 작도(Curve)법을 이용하지 않아도 간편하게 설계가 가능하다.

표 5.14 도금공장 오염물질 배출 특성과 처리 가스 및 흡수액의 특성

구 분	내 용	비 고
처리 가스	산성 가스(HCl)	
흡수액	물(H_2O)	
충전재 종류	2 inch Pall ring P.P (폴리프로필렌/플라스틱)	충전재 계수 (F) (표 5.19 참조)
유입 가스 농도	140 ppm	
출구 가스 농도	3 ppm	
가스 유량 (Vgas)	900 m³/min	
가스 온도	30 ℃	
가스 밀도 (ρgas)	1.165 kg/m³	
흡수액 밀도 (ρliquid)	1,000 kg/m³	
흡수액 점성계수 (μl)	1 cP	
액·가스비	2 ~ 3 L/m³	가스 농도 10% 이상 Curve 작성. 가스 농도 10% 미만 간편 설계 (액·가스비 2 ~ 3 L/m³)
가스 질량 유량 (G)	62,910 kg/hr	밀도 × 유량
흡수액 질량 유량 (L)	108,000 kg/hr	액가스비 × 유량
홍수점 유량 보정계수	0.4 ~ 0.7	흡수액을 재사용하므로 0.4 적용

표 5.14는 도금공장 오염물질 배출 특성과 처리 가스 및 흡수액의 특성을 나타내었다. 처리 가스의 발생 유량과 밀도를 곱하여 가스 질량 유량을 계산한 뒤, 액·가스비를 이용하여 흡수액의 질량 유량을 결정한다. 흡수탑 용량 900 m³/min (액·가스비 2 L/m³)을 설계하는 과정은 다음과 같다.

나. 흡수탑 직경 설계(홍수곡선 이용)

가스 질량 유량과 흡수액 질량 유량 및 흡수액 물성치를 이용하여 흡수탑의 직경을 결정할 수 있다. 아래에는 자세한 흡수탑 직경 설계 과정을 나타내었다.

1) 처리 가스, 흡수액 유량 결정

처리 가스의 유량과 밀도를 곱하여 가스 질량 유량을 산정한다. 대기오염방지시설에 유입되는 가스 농도는 10% 미만으로 간편 설계를 할 수 있으며 여러 연구에서 제시된 액·가스비는 2 ~ 3 L/m³을 적용하여 가스 질량 유량 및 흡수액 질량 유량을 산정한다.

$$G = \rho_{gas} \times V_{gas}$$

$$= 1.165 \ kg/m^3 \times 900 \ m^3/\min \times 60 \min/hr = 62,910 \ kg/hr$$

$$L = \rho_{liquid} \times V_{gas} \times 액 \cdot 가스비$$

$$= 1,000 \ kg/m^3 \times 900 \ m^3/\min \times 2 \ L/m^3 \times 60 \min/hr \times 1 \ m^3/1000 \ L$$

$$= 108,000 \ kg/hr$$

2) 홍수곡선

가스 질량 유량과 흡수액 질량 유량 및 밀도를 이용하여 충전탑에서 홍수현상과 압력손실의 상관관계 X를 계산하여 그림 5.22를 이용하여 홍수점에서의 가스 흐름계수 Y를 결정할 수 있다. 가스의 유량 플럭스가 홍수점 유량 플럭스 이상으로 상승하게 되면, 가스가 흡수액을 강하게 밀어내어 흡수액이 흡수탑 아래로 내려가지 못하고 외부로 유출되는 범람(Flooding) 현상이 발생한다. 흡수액의 범람이 발생할 경우, 가스가 흡수되지 못하고 세정수가 외부로 유출되기 때문에 가스의 유속을 낮추어 주어야 한다. 최근의 연구결과에 의하면 2 ~ 3 inch 충전물의 경우 Flooding line이 0.7 ~ 1.5 inch H₂O/ft·packing 압력강하에 있음이 밝혀졌다. (단위조작, 2005)

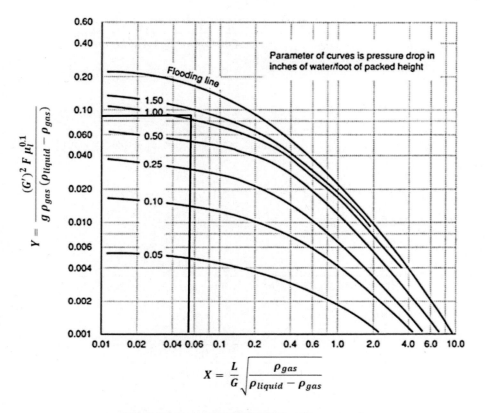

그림 5.22 Eckert의 홍수곡선(Flooding curve)

$$X = \frac{L}{G} \times \sqrt{\frac{\rho_{gas}}{\rho_{liquid} - \rho_{gas}}}$$

$$X = \frac{108,000 \, kg/hr}{62,910 \, kg/hr} \times \sqrt{\frac{1.165 \, kg/m^3}{1,000 \, kg/m^3 - 1.165 \, kg/m^3}}$$

$$= 0.0586$$

$$Y = \frac{(G')^2 F \mu_l^{0.1}}{g \, \rho_{gas} (\rho_{liuqid} - \rho_{gas})}$$

$$Y = \frac{(G')^2 \times F(1/m) \times 1^{0.1}}{9.81\,m/s^2 \times 1.165\,kg/m^3 \times (1000\,kg/m^3 - 1.165kg/m^3)}$$

$$= 0.0891$$

3) 홍수점 유량 보정

홍수점에서의 흡수액 계수, 충전재 종류에 따른 충전재 계수를 이용하여 가스 질량 플럭스(G')를 계산한다.

$$Y = \frac{(G')^2 F \mu_l^{0.1}}{g\,\rho_{gas}\,(\rho_{liuqid} - \rho_{gas})}$$

$$Y = \frac{(G')^2 \times 80(1/m) \times 1^{0.1}}{9.81\,m/s^2 \times 1.165\,kg/m^3 \times (1000\,kg/m^3 - 1.165kg/m^3)}$$

$$= 0.0891$$

$$G' = \sqrt{\frac{0.0891 \times 9.81\,m/s^2 \times 1.165\,kg/m^3 \times (1000\,kg/m^3 - 1.165\,kg/m^3)}{80(1/m) \times 1^{0.1}}}$$

$$= 3.565\,kg/m^2/\sec$$

4) 흡수탑 직경 설계

홍수점 가스 질량 플럭스와 홍수점유량 보정계수(f)를 이용하여 흡수탑 질량 플럭스를 결정한다. 충전탑에서 홍수 현상으로 배출되는 흡수액의 외부 누출 방지를 위해서 일반적으로 홍수점유량 보정계수는 0.4 ~ 0.7을 적용하여 충전탑의 직경을 결정한다. 일반적으로 세정수를 pH 조정없이 재사용하면 충분한 체류 시간 확보 및 처리효율 향상을 위한 공탑속도를 결정해야함으로 0.4를 적용한다.

$$A = \frac{G}{G' \times f} = \frac{62,910\,kg/hr}{3.565\,kg/m^2/\sec \times 3600\,\sec/hr \times 0.4} = 12.254\,m^2$$

$$D = \sqrt{\frac{4A}{\pi}} = \sqrt{\frac{4 \times 12.254}{\pi}} = 3.95\,m \rightarrow 4.0\,m \text{로 결정}$$

$$A' = \pi(\frac{4.0\,m}{2})^2 = 12.566\,m^2$$

$$U = \frac{Q}{A'} = \frac{900\ m^3/\min \times (1\min/60\sec)}{12.566\ m^2} = 1.194\ m/s$$

따라서 보정계수 f를 40%로 적용하여 흡수탑 직경을 4.0 m로 최종결정하였으며, 이때의 흡수탑 가스 유량 플럭스는 1.426 kg/m²/sec이다. 흡수탑 단면적과 가스 유량을 통해 가스의 상승속도, 즉 공탑속도를 계산하면 1.194 m/sec가 된다.

다. 흡수탑 높이 설계

흡수탑의 직경과 단면적이 결정되었으면, 가스와 흡수액의 질량 유량 플럭스를 이용하여 충전층 높이, 즉 흡수탑 단(Stage) 높이를 계산하여야 한다. 흡수탑의 이동단위는 기상 이동단위(H_g)와 액상 이동단위(H_ℓ)로 구분되며, 이들을 합하여 총괄 이동단위(H_{og})라 한다. 특히 이동단위 계산에서는 기존의 kg, m 등의 SI 단위계가 아닌 lb, ft 등의 US 단위계를 이용하기 때문에 단위 환산에 주의하여야 한다.

$$H_{og} = H_g + m\frac{G''}{L''}H_l$$

1) 기상 이동단위 높이(H_g)

결정된 설계 가스 유량과 흡수액 유량에 따른 충전재의 기상 이동단위 높이 계수(표 5.20 참조), 가스 슈미트(Sc)수를 이용하여(표 5.21 참조) 기상 이동단위 높이를 산정할 수 있다.

$$H_g = \alpha\,\frac{(g')^\beta}{(l')^\gamma}\,\sqrt{Sc_{gas}}$$

기상 이동단위 높이 식에서 충전재 표면적 계수 α, β, γ는 계산하거나 측정하기 어려워 실험으로 얻어진 계수(표 5.19 참조)를 이용한다. 가스 슈미트(Sc)수도 기존의 실험으로 얻어진 수(표 5.21 참조)를 이용한다.

충전재 표면적 계수의 표 5.19는 2 inch pall ring에 대한 충전재 계수가 나타나 있지 않으나 Pall ring과 Raschig ring은 구조적으로 유사하여 기상이동단위 높이를 계산하기 위해서는 Pall ring 대신 같은 크기의 Rashing ring 계수를 이용해도 상관없다. 이 방법은 액상 이동단위 높이 계산에서도 유효하다. 따라서, 실험 계수 α, β, γ는 각각 3.82, 0.41, 0.45다.

가스 슈미트(Sc)수는 표 5.21을 참고하면, HCl(g)의 가스 슈미트(Scgas)수는 0.9다.

$$g' = \frac{G}{A'} = \frac{62,910\ kg/hr}{12.566\ m^2} = 5,006.366\ kg/m^2/hr = 1,024.272\ lb/ft^2/hr$$

$$l' = \frac{L}{A'} = \frac{108,000\ kg/hr}{12.566\ m^2} = 8,594.62\ kg/m^2/hr = 1,758.407\ lb/ft^2/hr$$

$$H_g = 3.82 \times \frac{(1,024.272\ lb/ft^2/hr)^{0.41}}{(1,758.407\ lb/ft^2/hr)^{0.45}} \times (0.9)^{0.5} = 2.154\ ft$$

위 경험식을 이용하기 위해서는 가스와 흡수액 질량 플럭스 단위 환산을 우선적으로 수행해야 한다. 경험식에 사용되는 요소들의 단위는 US 단위로 단위 환산에 매우 주의해야 한다. 단위 환산을 통해 가스의 질량 플럭스는 5,006.366 kg/m²/hr에서 1,024.272 lb/ft²/hr로, 흡수액의 질량 플럭스는 8,594.62 kg/m²/hr에서 1,758.407 lb/ft²/hr로 변환되었다.

$$1\,lb = 0.454\ kg$$

$$1\,ft = 0.3048\ m$$

$$1\ kg/m^2/hr = 0.2046\ lb/ft^2/hr$$

계산된 기상이동단위 높이는 2.154 ft (657 mm) 이나 여유율을 고려하여 700 mm로 결정한다.

2) 액상 이동단위 높이(H_ℓ)

흡수액 유량과 점성계수, 흡수액 유량에 따른 충전재의 액상 이동단위 높이 계수(표 5.22 참조), 액상 슈미트(Sc)수를 이용하여(표 5.23 참조) 액상 이동단위 높이를 산정할 수 있다.

기체 염화수소 가스가 경계면을 통해 액체 물(흡수액) 속으로 확산되기 때문에, 표 5.23을 참조하면 액상 슈미트(Scliquid)수는 381이다. 경험식을 활용하기 위해 표 5.22의 액상 이동단위 높이 계수를 참조하면, $\varnothing$는 0.0125, η는 0.22다. 액상 이동단위 높이 계산에 있어서 주의해야 할 점은 흡수액의 점성계수 또한 lb, ft 단위로 환산해주어야 한다. 환산 결과 흡수액의 점성계수는 1 cP (0.001 kg/m/s)

에서, 2.417 lb/ft/hr로 변환하여 계산한다.

$$H_L = \phi \, (\frac{l^{'}}{\mu_l})^{\eta} \, \sqrt{Sc_{liquid}}$$

$$H_L = 0.0125 \times (\frac{1,758.407 \, lb/ft^2/hr}{2.417 \, lb/ft/hr})^{0.22} \times (381)^{0.5} = 1.04 \, ft$$

$$1 \, \mu_l = 1 \, cP = 1 \times 10^{-3} \, kg/m/s = 2.417 \, lb/ft/hr$$

계산 결과 액상 이동단위 높이는 1.04 ft(317 mm)다.

3) 평형선 기울기 결정

평형선 기울기(m)는 흡수액의 농도 기울기로 평형선 기울기는 흡수탑으로 유입되는 가스의 입구, 출구 농도를 통해 계산할 수 있다.

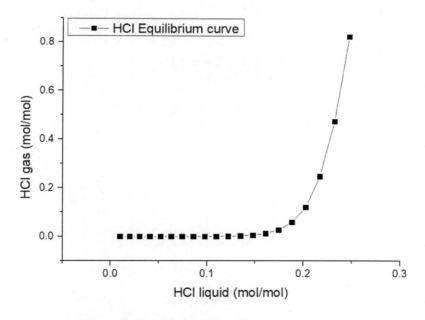

그림 5.23 30℃에서의 염산가스 평형선(전체 농도)

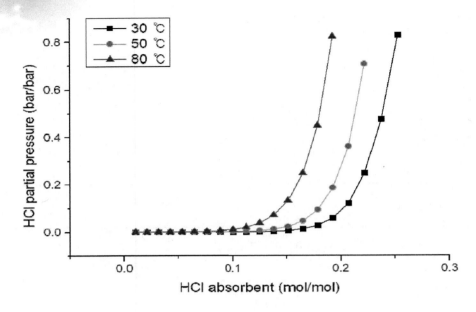

그림 5.24 온도에 따른 염산가스 평형선(저농도)

표 5.15 30℃에서의 염산가스 분압 및 평형농도

HCl
T=30degree

%HCl	P HCl(mmhg)	HCl 분압	흡수액 질량	HCl 질량	물 질량	HCl 분자량	물 분자량	HCl 몰수	물 몰수	HCl 몰분율	HCl 기상 농도(ppm)
2	0.000151	0.0000001987	100	2	98	36.5	18	0.054794521	5.444444444	0.009964019	0.198684211
4	0.00077	0.0000010132	100	4	96	36.5	18	0.109589041	5.333333333	0.020134228	1.013157895
6	0.00225	0.0000029605	100	6	94	36.5	18	0.164383562	5.222222222	0.030517095	2.960526316
8	0.00515	0.0000067763	100	8	92	36.5	18	0.219178082	5.111111111	0.04111936	6.776315789
10	0.0111	0.0000146053	100	10	90	36.5	18	0.273972603	5	0.051948052	14.60526316
12	0.0234	0.0000307895	100	12	88	36.5	18	0.328767123	4.888888889	0.063010502	30.78947368
14	0.05	0.0000657895	100	14	86	36.5	18	0.383561644	4.777777778	0.074314362	65.78947368
16	0.106	0.0001394737	100	16	84	36.5	18	0.438356164	4.666666666	0.085867621	139.4736842
18	0.228	0.0003000000	100	18	82	36.5	18	0.493150685	4.555555556	0.097678625	300
20	0.48	0.0006315789	100	20	80	36.5	18	0.547945205	4.444444444	0.109756098	631.5789474
22	1.02	0.0013421053	100	22	78	36.5	18	0.602739726	4.333333333	0.122109158	1342.105263
24	2.17	0.0028552632	100	24	76	36.5	18	0.657534247	4.222222222	0.134747349	2855.263158
26	4.56	0.0060000000	100	26	74	36.5	18	0.712328767	4.111111111	0.147680656	6000
28	9.9	0.0130263158	100	28	72	36.5	18	0.767123288	4	0.16091954	13026.31579
30	21	0.0276315789	100	30	70	36.5	18	0.821917808	3.888888889	0.17447496	27631.57895
32	44.5	0.0585526316	100	32	68	36.5	18	0.876712329	3.777777778	0.188358404	58552.63158
34	92	0.1210526316	100	34	66	36.5	18	0.931506849	3.666666667	0.202581927	121052.6316
36	188	0.2473684211	100	36	64	36.5	18	0.98630137	3.555555556	0.217158177	247368.4211
38	360	0.4736842105	100	38	62	36.5	18	1.04109589	3.444444444	0.232100441	473684.2105
40	627	0.8250000000	100	40	60	36.5	18	1.095890411	3.333333333	0.24742268	825000

그림 5.23은 30℃에서의 염산가스 평형선(전체농도)을 나타내었고, 그림 5.24는 온도에 따른 염산 가스 평형선(저농도)을 나타내었다. 표 5.15는 30℃에서의 염산가스 분압 및 평형농도를 나타내었다. 표 5.15를 이용하여 입구 농도 140 pm일 때, 평형선 기울기를 계산하면 1.842×10^{-3}이다.

$$m = \frac{(Y_2 - Y_1)}{(X_2 - X_1)} = \frac{1.4 \times 10^{-4} - 1.987 \times 10^{-7}}{8.587 \times 10^{-2} - 9.964 \times 10^{-3}}$$

$$= 1.842 \times 10^{-3}$$

기상 이동단위 높이(H_g)와 액상 이동단위 높이(H_ℓ), 평형선 기울기(m)를 이용하여 총괄 이동단위 높이(H_{og})를 산정한다.

$$H_{og} = H_g + m\frac{G''}{L''}H_l$$

$$22.4 \ m^3/kg \cdot mol \times \frac{(273.15 + 30)K}{273.15\ K} = 24.86 \ m^3/kg \cdot mol$$

$$G'' = \frac{900 \ m^3/\min \times 60 \min/hr}{24.86 \ m^3/kg \cdot mol} = 2{,}172.148 \ kg \cdot mol/hr$$

$$L'' = \frac{108{,}000 \ kg/hr}{18 \ kg/kg \cdot mol} = 6{,}000 \ kg \cdot mol/hr$$

G'' : 가스 몰 유량($kg \cdot mol/hr$)

L'' : 흡수액 몰 유량($kg \cdot mol/hr$)

$$H_{og} = 2.154 \ ft + (1.842 \times 10^{-3}) \times \frac{2{,}172.148 \ kg \cdot mol/hr}{6{,}000 \ kg \cdot mol/hr} \times 1.04 \ ft$$

$$= 2.155 \ ft(0.657 \ m)$$

$$= 657 \ mm \ 이나 \ 여유율을 \ 고려하여 \ 700 \ mm로 \ 결정$$

위 식에서도 단위 환산을 하여야 한다. 다행히도 US 단위계로의 환산이 아닌, 단순히 가스와 흡수액 질량의 mole 수로의 환산이다. 이상기체 상태방정식을 이용하여 30℃ 가스 1 kg·mol의 부피를 환산하면 가스 종류와 관계없이 24.86 m³이며, 이를 이용하여 가스의 질량을 mole 수로 환산하면 2,172.148 kg·mol/hr가 된다. 물의 분자량은 18 g/mole로 같은 방법으로 환산하면 흡수액의 몰 유량은 6,000 kg·mol/hr가 된다.

일반적인 흡수 조건에서 흡수탑으로 유입되는 흡수액의 몰 유량비는 가스의 1 ~ 10배다. 반면, 농도 10% 이하의 희박가스 조건에서 평형선 기울기는 1.0×10^{-7} ~ 1.0×10^{-3} 수준으로 액상 이동단위 높이는 평형선 기울기에 지배적인 영향을 받는다. 따라서, 대부분의 희박가스 조건에서는 액상 이동단위 높이와 관계없이 흡수탑의 총괄 이동단위 높이는 기상이동단위 높이와 같고 계산된 총괄 이동단위 높이는 2.155 ft, 즉, 657 mm 이나 여유율을 고려하여 700 mm로 결정하면 된다.

그러나 흡수탑에서 액상 이동단위 높이가 무시된다고 설명하기는 매우 조심스럽다. 이는 희박가스 조건에서 평형선 기울기가 매우 작기 때문에 나타나는 현상으로, 재생이나 교체 없이 흡수액을 장기간 사용하게 될 경우, 흡수액은 포화상태가 된다. 그림 5.24 온도에 따른 염산가스 평형선(저농도)과 같이 저농도 조건에서 흡수액을 장기간 사용할 경우 흡수액과 가스의 농도 차이가 감소하기 때문에 흡수 효율이 지속적으로 감소하여 조작선 최종 기울기가 감소하기 시작한다. 조작선의 기울기가 감소하여 흡수탑 입구 농도 이하에서 평형선과 조작선이 만나게 되면 더 이상 가스의 흡수가 이루어지지 않는다. 이외에도 농도 10% 이상의 농후 가스 조건이 되면, 그림 5.23 30℃에서의 염산가스 평형선(전체 농도)과 같이 입구 농도가 상승함에 따라 평형선 기울기 또한 급격하게 상승하기 때문에 액상 이동단위 높이가 0이 아닌 값을 가지게 된다. 요약하면 일반 도금시설 산업현장과 같이 수백 ppm 농도의 희박가스 조건에서는 흡수액이 충분히 재생될 때 액상 이동단위 높이를 무시할 수 있을 정도로 작게 계산되는 것이며, 흡수액이 장기간 교체나 재생 없이 흡수액을 사용하여 흡수액의 농도가 진해지면 가스를 흡수하기 위한 충전재 층의 높이가 늘어나게 된다.

대부분의 국내 참고 서적들은 평형선 기울기(m)를 헨리 상수와 같게 취급하는데, 물에 잘 녹지 않는 가스의 용해를 다루는 경우 흡수액의 농도와 가스의 압력 혹은 분압이 선형적(1차)으로 비례하여 헨리 상수를 이용해도 상관없지만, 암모니아나 염화수소 등의 용해성 가스의 경우 흡수액의 농도와 가스의 분압이 선형적으로 비례하지 않고 지수함수 형태로 나타나기 때문에 헨리 상수를 사용하면 안 된다. 가스의 분압이 수십 bar 이상으로 높다면 물에 잘 녹는 기체도 평형선 기울기와 헨리 상수가 유사하게 될 수 있으나 이미 해당 조건에서 과포화상태로 헨리의 법칙이 적용되지 않는다.

라. 흡수탑 단수 설계

흡수탑의 목표 처리효율을 이용하여 총괄 전달 단위 수 산정 후, 총괄 이동단위 높이와 곱하여 흡수탑 전체높이를 결정한다.

목표 처리효율(η)을 이용하여 총괄 전달 단위 수를 계산한다.

$$N_{og} = \ln\left(\frac{1}{1-\eta}\right)$$

흡수탑의 효율을 80%로 설계하였다면,

$$N_{og} = \ln\left(\frac{1}{1-0.8}\right) = 1.61 \rightarrow 2\text{단으로 결정.}$$

따라서 목표 처리효율을 이용하여 흡수탑 단수를 결정할 수 있으며, 위 방법은 작도(Curve)법을 이용한 방법이 아니라 올림하여 설계한다.

마. 흡수탑 전체높이 산정

총괄 전달 단위 수(N_{og})와 총괄 이동단위 높이(H_{og})를 이용하여 흡수탑 전체높이를 산정한다.

$$N_{og} = \ln\left(\frac{1}{1-0.8}\right) = 1.61 \rightarrow 2\text{단으로 결정}$$

$$N_{og} \times H_{og} = 2 \times 0.7\,m = 1.4\,m$$

즉, 1단의 높이를 $700\,mm$로 2단으로 설치하면 된다.

총괄 전달 단위 수(N_{og})와 총괄이동단위 높이(H_{og})를 곱하여 충전층 전체 높이를 계산하며, 총괄 이동단위 높이는 700 mm, 단수는 2단으로 충전층의 전체 높이는 1,400 mm이다.

바. 충전층 압력손실

충전층의 압력손실은 홍수곡선을 이용한 방법과 Leva 실험식을 이용하여 충전층 압력손실을 계산할 수 있다.
1) 홍수곡선을 이용한 압력손실

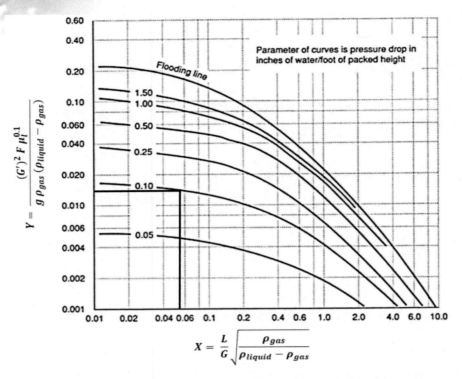

그림 5.25 Eckert의 홍수곡선(Flooding curve)

$$\Delta P = kZ$$

$$G' = \frac{G}{A} = \frac{62{,}910 \ kg/hr \times (1 \ hr/3600 \sec)}{12.566 \ m^2} = 1.3907 \ kg/m^2/s$$

$$Y = \frac{(G')^2 \, F \, \mu_l^{0.1}}{g \, \rho_{gas} \, (\rho_{liquid} - \rho_{gas})} = \frac{(1.3907 \ kg/m^2/s)^2 \times 80 \times 1^{0.1}}{9.81 \ m/s^2 \times 1.165 \ kg/m^3 \times (1000 \ kg/m^3 - 1.165 \ kg/m^3)}$$

$$= 0.0136$$

$$X = 0.0586$$

그림 5.25를 이용하여 흡수탑에서 홍수 현상과 압력손실의 상관관계에서 X=0.0586, Y=0.0136에서는 압력손실 계수 k는 0.1 inch H_2O/ft (8.33 mmH_2O/m), 충전층 전체높이 Z는 1.4 m로 충전층의 압력손실은 약 11.66 mmH_2O이다. 통상 집진기 본체 상부에 설치된 데미스트는 제외된 압력손실이다.

2) Leva 경험식을 이용한 압력손실

$$\Delta P = m \, (10^{-8}) \, (10^{nL/\rho_l}) \, \frac{G^2}{\rho_g} \, Z$$

$$\Delta P/Z = 11.13 \times 10^{-8} \times 10^{0.00295 \times 1,758.407/62.428} \times \frac{(1,024.272)^2}{0.073665}$$

$$= 1.944 \; lb/ft^2/ft - packing$$

$$\boxed{\rho_g = 1 \; kg/m^3 = 0.062427961 \; lb/ft^3}$$

$$\Delta P = 1.944 \; lb/ft^2/ft \times (2단 \times 2.134 \, ft) = 8.297 \; lb/ft^2$$

$$= 8.297 \; lb/ft^2 \times 9.81 \; m/s^2 \times 0.454 \; kg/lb \times (1 \, ft/0.3048 \, m)^2$$

$$= 397.755 \; Pa$$

$$= 43.598 \; mmH_2O$$

Leva 경험식에 사용되는 단위계는 US 단위계로 사용된 값은 표 5.24를 참고하였다. Leva 경험식을 통해 계산된 압력손실은 약 43.598 mmH$_2$O이다.

홍수곡선을 이용한 흡수탑 압력손실과 Leva 경험식을 통한 압력손실 값이 크게 차이가 난다. 이러한 압력손실 차이에 대해 Cooper 등은 실험 설비와 실제 흡수탑의 크기가 달라서 충전층에서 경계면적이 다르고, 실험 설비에서는 유입구 효과에 대한 보정이 어렵고 일정한 가동 조건을 장기간 유지하기 어려워 실험으로 얻은 물질전달계수와 전달 단위는 실제 흡수탑에서의 물질전달계수, 전달 단위와 다르기 때문이다. (대기오염제어설계공학, Cooper 등)

8. 고농도 흡수탑의 설계

가. 고농도 암모니아 처리시설 흡수탑의 설계

표 5.16 암모니아 가스 및 흡수액의 특성

구 분	내 용	비 고
처리 가스	염기성 가스(NH_3)	
흡수액	물(H_2O)	
충전재 종류	2 inch Pall ring P.P (폴리프로필렌/플라스틱)	충전재 계수(F) (표 5.19 참조)
유입 가스 농도	1,000 ppm	
출구 가스 농도	12 ppm	
가스 유량 (Vgas)	800 Nm^3/min (1,005 m^3/min)	
가스 온도	70 ℃ (160 ℉)	
가스 밀도 (ρ_{gas})	1.03 kg/m^3	
흡수액 밀도 (ρ_{liquid})	1,000 kg/m^3	
흡수액 점성계수 (μ_ℓ)	1 cP	
액·가스비	-	최소 조작선 기울기의 1.5배 이상으로 액·가스비 결정
가스 질량 유량 (G)	62,109 kg/hr	밀도 × 유량
흡수액 질량 유량 (L)	-	액·가스비 결정 후 흡수액 질량 유량 계산
홍수점 유량 보정계수	0.4 ~ 0.7	흡수탑 직경 및 공탑속도에 따라 조절
기상 물질전달계수 ($k_y a$)	15 lb·mol(ft^2/ft^3)/ft^2/hr	실험에 의해 결정
액상 물질전달계수 ($k_x a$)	60 lb·mol(ft^2/ft^3)/ft^2/hr	실험에 의해 결정

흡수탑으로 유입되는 암모니아 가스의 농도는 1,000 ppm, 온도는 70℃(160℉), 유량은 800 Nm^3/min이고, 배출허용 기준을 만족하기 위해 흡수탑 출구 농도는 12 ppm 이다.

1) 평형선 작성

일반적으로는 액·가스비와 가스 유량, 홍수곡선을 이용하여 흡수탑을 설계하나, 충전층의 기상 물질 전달계수와 액상 물질 전달 계수를 알고 있는 경우 물질전달계수를 이용하여 더욱 정밀한 흡수탑 설계가 가능하다.

물질전달계수를 알고 있는 경우 흡수탑의 최적 액·가스비를 계산하기 위해 우선적으로 처리가스와 흡수액의 평형선을 작성해야 하며, 표 5.17은 물에 대한 암모니아 가스의 평형 농도를, 그림 5.26은 물에 대한 70℃(160℉) 암모니아 가스의 평형선을 나타내었다.

표 5.17 암모니아 가스 평형농도

TABLE 2-25 Partial Pressures of NH₃ over Aqueous Solutions of NH₃ (psia)

t, °F	0	5	10	15	20	25	30	35	40	45	50	55	60	65	70	75	80	85	90	95	100
	(0)	(4.74)	(9.5)	(14.29)	(19.1)	(23.94)	(28.81)	(33.71)	(38.64)	(43.59)	(48.57)	(53.58)	(58.62)	(63.69)	(68.79)	(73.91)	(79.07)	(84.26)	(89.47)	(94.72)	(100)
32	0	0.177	0.468	0.901	1.533	2.456	3.797	5.710	8.358	11.868	16.279	21.480	27.206	33.057	38.745	43.900	48.431	52.368	55.846	59.055	62.277
40	0	0.230	0.600	1.143	1.932	3.078	4.730	7.066	10.267	14.467	19.691	25.798	32.478	39.307	45.860	51.828	57.082	61.665	65.731	69.506	73.322
50	0	0.316	0.808	1.522	2.552	4.036	6.154	9.117	13.129	18.328	24.721	32.120	40.150	48.315	56.125	63.243	69.520	75.020	79.931	84.523	89.205
60	0	0.426	1.074	2.002	3.330	5.225	7.912	11.625	16.593	22.959	30.702	39.581	49.149	58.831	68.074	76.489	83.933	90.486	96.376	101.93	107.63
70	0	0.568	1.410	2.603	4.296	6.696	10.056	14.656	20.742	28.456	37.744	48.307	59.615	71.008	81.861	91.745	100.51	108.26	115.29	121.94	128.65
80	0	0.748	1.831	3.348	5.483	8.483	12.645	18.283	25.664	34.922	45.966	58.428	71.689	84.998	97.654	109.19	119.45	128.56	136.88	144.83	153.13
90	0	0.973	2.351	4.261	6.926	10.639	15.741	22.582	31.447	42.460	55.485	70.073	85.514	100.96	115.62	128.99	140.93	151.60	161.39	170.82	180.76
100	0	1.250	2.987	5.368	8.663	13.213	19.406	27.630	38.185	51.177	66.416	83.375	101.23	119.04	135.93	151.34	165.15	177.57	189.05	200.19	212.01
110	0	1.590	3.758	6.700	10.735	16.258	23.709	33.509	45.971	61.177	78.881	98.461	118.98	139.39	158.73	176.40	192.30	206.69	220.07	233.16	247.19
120	0	2.001	4.683	8.285	13.184	19.832	28.718	40.300	54.899	72.569	92.996	115.45	138.90	162.15	184.19	204.35	222.57	239.16	254.71	270.03	286.60
130	0	2.494	5.784	10.158	16.055	23.989	34.503	48.086	65.064	85.455	108.87	134.49	161.13	187.48	212.44	235.36	256.14	275.20	293.18	311.05	330.54
140	0	3.082	7.084	12.352	19.395	28.791	41.135	56.949	76.558	99.944	126.62	155.67	185.77	215.50	243.66	269.56	293.19	314.99	335.72	356.45	379.36
150	0	3.774	8.604	14.902	23.750	34.295	48.685	66.970	89.472	116.19	146.35	179.11	212.96	246.33	277.95	307.13	333.57	358.75	382.56	406.60	433.38
160	0	4.585	10.371	17.844	27.669	40.562	57.222	78.230	103.89	134.09	168.16	204.93	242.79	280.08	315.46	348.18	378.36	406.62	433.89	461.65	492.95
170	0	5.527	12.408	21.216	32.700	47.649	66.816	90.803	119.90	153.93	192.14	233.19	275.37	316.51	356.26	392.53	426.79	458.52	489.95	521.92	558.45
180	0	6.612	14.741	25.053	38.390	55.614	77.532	104.77	137.57	175.73	218.35	263.99	310.76	356.75	400.47	441.24	479.30	515.48	550.92	587.67	630.24
190	0	7.856	17.395	29.393	44.786	64.514	89.432	120.18	156.99	199.56	246.89	297.40	349.06	399.82	448.16	493.43	535.98	576.75	616.99	659.12	708.74
200	0	9.270	20.397	34.270	51.933	74.401	102.58	137.11	178.21	225.47	277.81	333.47	390.30	446.12	499.38	549.49	596.94	642.74	688.31	736.52	794.38
210	0	10.869	23.769	39.721	59.876	85.326	117.02	155.62	201.28	253.53	311.15	372.25	434.50	495.68	554.15	609.47	662.22	713.55	765.01	820.08	887.64
220	0	12.666	27.538	45.779	68.655	97.335	132.92	175.75	226.25	283.77	346.95	413.74	481.70	548.49	612.50	673.37	731.88	789.23	847.19	909.98	989.03
230	0	14.673	31.727	52.477	78.310	110.47	150.00	197.54	253.17	316.23	385.23	457.98	531.89	604.55	674.39	741.21	805.90	869.79	934.86	1006.3	1099.1
240	0	16.905	36.356	59.843	88.872	124.76	168.62	221.04	282.06	350.91	425.98	504.92	585.01	663.80	739.77	812.89	884.22	955.18	1025.0	1109.2	1218.7
250	0	19.371	41.449	67.906	100.38	140.28	188.70	246.26	312.93	387.82	469.20	554.55	641.05	726.18	808.55	888.35	966.75	1045.3	1126.5	1218.3	1348.5

Liquid mole percent NH₃
(liquid weight percent NH₃)

표 5.18 70℃(160℉)에서의 암모니아

NH₃ T=70℃ (160℉) 흡수액 암모니아 농도/몰비율 (mol/mol)	암모니아 가스 압력 (Psi)	암모니아 가스 분압/농도 (bar/bar)	암모니아 가스 농도 (ppm)
0	0	0	0
0.05	4.585	0.311904762	311904.7619
0.1	10.371	0.705510204	705510.2041
0.15	17.844	1.213877551	1213877.551
0.2	27.669	1.882244898	1882244.898
0.25	40.562	2.759319728	2759319.728
0.3	57.222	3.892653061	3892653.061
0.35	78.23	5.321768707	5321768.707
0.4	103.89	7.067346939	7067346.939
0.45	134.09	9.121768707	9121768.707
0.5	168.16	11.43945578	11439455.78
0.55	204.93	13.94081633	13940816.33
0.6	242.79	16.51632653	16516326.53
0.65	280.08	19.05306122	19053061.22
0.7	315.46	21.45986395	21459863.95
0.75	348.18	23.68571429	23685714.29
0.8	378.36	25.73877551	25738775.51
0.85	406.62	27.66122449	27661224.49
0.9	433.89	29.51632653	29516326.53
0.95	461.65	31.4047619	31404761.9
1	492.95	33.53401361	33534013.61

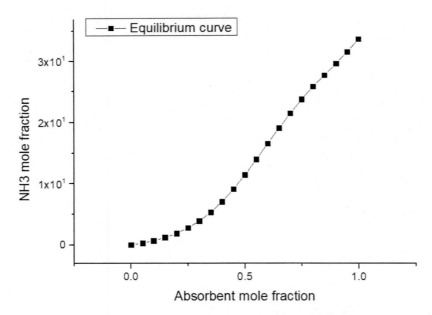

그림 5.26 70℃(160℉)에서의 암모니아 평형선(전체 농도)

그림 5.26은 70℃(160℉)에서의 암모니아 평형선(전체 농도)을 나타내었다. 표 5.18의 70℃(160℉)에서의 암모니아 분압 및 평형농도를 이용하여 입구 농도 1,000 ppm 일 때 평형선 기울기를 계산하면 6.24이다. 평형선 기울기를 이용하여 최소 조작선 기울기를 계산하면 6.163이고, 조작선의 기울기는 최소 조작선 기울기의 1.5배로 9.245이다.

암모니아 1,000 ppm 흡수를 위한 액·가스비는 $9.245\,mol - H_2O/mol - NH_3$, 부피로 환산하면 5.910 L/m³으로, 암모니아 흡수를 위한 액·가스비는 약 6.0 L/m³로 설계하면 된다.

나. 흡수탑 직경 설계(홍수곡선)

$$G = \rho_{gas} \times V_{gas}$$

$$= 1.03\,kg/m^3 \times 1,005\,m^3/\min \times 60\min/hr = 62,109\,kg/hr$$

$$L = \rho_{liquid} \times V_{gas} \times \Phi$$

$$= 1,000\,kg/m^3 \times 1,005\,m^3/\min \times 60\min/hr \times 5.910\,L/m^3 \times 1\,m^3/1,000\,L$$

$$= 356,373\,kg/hr$$

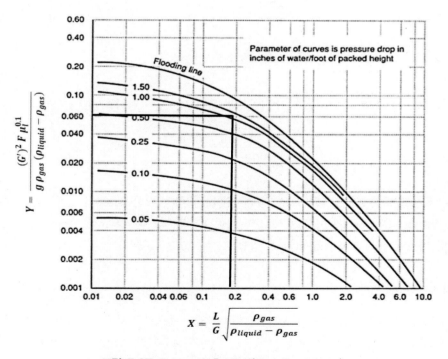

그림 5.27 Eckert의 홍수곡선(Flooding curve)

앞에서 설명한 방법과 동일하게 그림 5.27. Eckert의 홍수곡선(Flooding curve)을 이용하여 흡수탑 직경을 결정한다.

$$X = \frac{356,373 \ kg/hr}{62,109 \ kg/hr} \times \sqrt{\frac{1.03 \ kg/m^3}{1,000 \ kg/m^3 - 1.03 \ kg/m^3}} = 0.1842$$

$$Y = \frac{(G')^2 \times 80 \times 1^{0.1}}{9.81 \ m/s^2 \times 1.03 \ kg/m^3 \times (1,000 \ kg/m^3 - 1.03 \ kg/m^3)} = 0.105$$

$$G' = \sqrt{\frac{0.105 \times 9.81 \ m/s^2 \times 1.03 \ kg/m^3 \times (1,000 \ kg/m^3 - 1.03 \ kg/m^3)}{80 \times 1^{0.1}}}$$

$$= 2.751 \ kg/m^2/\sec$$

$$A = \frac{G}{G' \times f} = \frac{62,109 \ kg/hr}{3.640 \ kg/m^2/\sec \times 3,600 \sec/hr \times 0.4} = 15.678 \ m^2$$

$$D = \sqrt{\frac{4A}{\pi}} = \sqrt{\frac{4 \times 15.678}{\pi}} = 4.468 \, (m) \ \to \ 4.5 \ m \text{로 결정}$$

$$A' = \pi(\frac{4.5 \ m}{2})^2 = 15.90 \ m^2$$

$$G = \frac{G}{A'} = \frac{62,109 \ kg/hr}{15.90 \ m^2} \times 1 \, hr/3,600 \sec = 1.085 \ kg/m^2/\sec$$

$$U = \frac{Q}{A'} = \frac{1,005 \ m^3/\min \times (1 \min/60 \sec)}{15.90 \ m^2} = 1.053 \ m/s$$

계산된 유량 밀도비 X는 0.1842으로, 홍수곡선에 대입하면 Y는 0.105이며, 홍수점 가스 유량은 3.640 kg/m²/sec, 유량 보정계수 f는 0.4로 계산하여 흡수탑 직경을 4.5 m로 최종결정하였으며, 이때의 흡수탑 가스 유량은 1.085 kg/m²/sec, 공탑속도는 1.053 m/s이다.

다. 흡수탑 높이 설계

일반적으로는 충전층의 기상, 액상 물질전달계수를 알지 못하기 때문에 충전재 특성 계수를 이용하여 충전재 종류에 따른 기상, 액상 물질전달계수를 별도로 계산하여 흡수탑을 설계한다. 반면, 표 5.20, 표 5.22와 같이 실험 등을 통해 충전층의 기상, 액상 물질전달계수가 주어질 경우, 충전층의 높이를 쉽게 계산할 수 있다. 식(1)와 식(2)에서 평형선의 기울기와 기상, 액상 물질전달 계수를 이용하여 총괄 물질전달 계수를 계산한 후, 흡수탑 농도 구배 즉 입구 농도와 출구 농도 혹은 흡수탑 효율을 이용하여 충전층의 전체 높이를 계산한다.

$$\frac{1}{K_y a} = \frac{1}{k_y a} + \frac{m}{k_x a} = \frac{1}{15} + \frac{6.24}{60} = 0.1707\,(ft^2\,hr/lb\,mol/(ft^2/ft^3)) \tag{1}$$

$$H_{og} = \frac{1}{K_y a} \times \frac{V}{S}\,(\,=\frac{G}{A'}) \tag{2}$$

$$= H_g + m\,\frac{G_m}{L_m}\,H_l$$

여기서, $G_m = V/S =$ 가스 $mole\,flux$

$\quad\quad\quad L_m = L/S =$ 흡수액 $mole\,flux$

$\quad\quad\quad H_g =$ 기상 전달단위 높이

$\quad\quad\quad H_l =$ 액상 전달단위 높이

$\quad\quad\quad S\,(A') =$ 흡수탑 단면적

$$\frac{G}{A'}\,(=\frac{V}{S}\,) = \frac{62,109\,kg/hr}{15.90\,m^2} = 3,906.23\,kg/m^2/hr = 27.76\,lb\,mol/ft^2/hr$$

$$\boxed{\begin{array}{l} kg \cdot mole = \dfrac{kg}{MW} \quad (MW = 28.8\,(\text{공기 평균 분자량})\\[2mm] 1\,ft = 0.3048\,m \\[2mm] 1\,lb \cdot mol = 0.454\,kg \cdot mol \end{array}}$$

$$\frac{G/A'}{K_y a} = 27.76 \times 0.1707 = 4.739\,ft = 1,444\,mm$$

$$\int_a^b \frac{1}{y - y^*}\,dy = \ln\,(\frac{1}{1-\eta}\,) = \ln\,(\frac{1}{1-\dfrac{1,000-12}{1,000}}) = 4.423 \rightarrow 5\,\text{단}$$

즉, 1,000 ppm 암모니아 흡수를 위한 흡수탑의 각 충전층 높이는 1,444 mm, 5단으로 전체 충전층 높이는 7,220 mm이다.

라. 충전층 압력손실

홍수곡선을 이용하여 충전층의 압력손실을 계산할 수 있다.

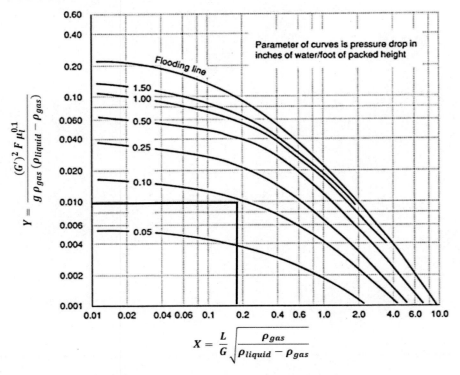

그림 5.28 Eckert의 홍수곡선(Flooding curve)

$$G_f = \frac{G}{A'} = \frac{62,109\,kg/hr \times (1\,hr/3,600\,\sec)}{15.90m^2} = 1.085\,kg/m^2/s$$

$$Y = \frac{(G_f)^2 F \mu_l^{0.1}}{g\,\rho_{gas}(\rho_{liquid} - \rho_{gas})} = \frac{(1.085\,kg/m^2/s)^2 \times 80 \times 1^{0.1}}{9.81\,m/s^2 \times 1.03kg/m^3 \times (1,000\,kg/m^3 - 1.03\,kg/m^3)}$$

$$= 0.0093$$

$$X = 0.1842$$

그림 5.28을 이용하여 흡수탑에서 홍수현상과 압력손실의 상관관계에서 X = 0.1842, Y = 0.0093 에서의 압력손실 계수 k는 0.09 inch H_2O/ft (7.5 mmH_2O/m), 충전층 전체높이 Z는 7.22 m로 충전층의 압력손실은 약 54.15 mmH_2O이다.

표 5.19 충전재 계수(홍수곡선)참조

충전재 종류	충전재 소재	충전재 크기	충전재 계수 F_p (1/m)	충전재 계수 F_p (1/ft)
Raschig rings	Ceramic	0.5 inch	1903	580
		1 inch	509	155
		1.5 inch	312	95
Pall rings	Metal	2 inch	213	65
		1 inch	184	56
		1.5 inch	131	40
		2 inch	89	27
	Plastic	1 inch	180	55
		1.5 inch	131	40
		2 inch	80	24
Berl saddles	Ceramic	0.5 inch	787	240
		1 inch	361	110
		1.5 inch	213	65
Intalox saddles	Ceramic	0.5 inch	656	200
		1 inch	302	92
		1.5 inch	171	52
		2 inch	131	40
		3 inch	72	22
Supper intalox saddles	Ceramic	1 inch	197	60
		2 inch	98	30
IMTP	Metal	1 inch	135	41
		1.5 inch	79	24
		2 inch	59	18
Hy-pak	Metal	1 inch	148	45
		1.5 inch	95	29
		2 inch	85	26
Tri-pak	Plastic	1 inch	92	28
		2 inch	52	16

* Don W. Green, and Robert H. Perry, Perry's chemical engineers' handbook 8th ed., McGraw Hill, New york, 2007.
* Wiley Barbour, Roy Oommen, and Gunsili Sagun Shareef, EPA/452/B-02-001 Wet scrubbers for acid gas, U.S. Environmental Protection Agency (EPA), 1995.

표 5.20 기상이동단위 높이 계수

충전재	α	β	γ	g' (lb/ft²/hr)	l' (lb/ft²/hr)	g'(kg/m²/hr)	l' (kg/m²/hr)
Raschig ring							
3/8 inch	2.32	0.45	0.47	200 ~ 500	500 ~ 1500	977 ~ 2443	2443 ~ 7330
1 inch	7	0.39	0.58	200 ~ 800	400 ~ 500	977 ~ 3909	1955 ~ 2443
	6.41	0.32	0.51	200 ~ 600	500 ~ 4500	977 ~ 2932	2443 ~ 21991
1.5 inch	17.3	0.38	0.66	200 ~ 700	500 ~ 1500	977 ~ 3421	2443 ~ 7330
	2.58	0.38	0.4	200 ~ 700	1500 ~ 4500	977 ~ 3421	7330 ~ 21991
2 inch	3.82	0.41	0.45	200 ~ 800	500 ~ 4500	977 ~ 3909	2443 ~ 21991
Berl saddles							
0.5 inch	32.4	0.3	0.74	200 ~ 700	500 ~ 1500	977 ~ 3421	2443 ~ 7330
	0.81	0.3	0.24	200 ~ 700	1500 ~ 4500	977 ~ 3421	7330 ~ 21991
1 inch	1.97	0.36	0.4	200 ~ 800	400 ~ 4500	977 ~ 3909	1955 ~ 21991
1.5 inch	5.05	0.32	0.45	200 ~ 1000	400 ~ 4500	977 ~ 4887	1955 ~ 21991
partitions ring 3 inch	6.5	0.58	1.06	150 ~ 900	3000 ~ 10000	733 ~ 4398	14660 ~ 48868
Spiral rings							
3 inch single	2.38	0.35	0.29	130 ~ 700	3000 ~ 10000	635 ~ 3421	14660 ~ 48868
3 inch triple	15.6	0.38	0.6	200 ~ 1000	500 ~ 3000	977 ~ 4887	2443 ~ 14660
Drip point grids							
No. 6146	3.91	0.37	0.39	130 ~ 1000	3000 ~ 6500	635 ~ 4887	14660 ~ 31764
No. 6925	4.56	0.27	0.27	100 ~ 1000	2000 ~ 11500	489 ~ 4887	9774 ~ 56198

* Warren L. Mccabe, Julian C. Smith, and Peter Harriott, Unit operation of chemical engineering 7th ed., McGraw Hill, New york, 2005.
* Wiley Barbour, Roy Oommen, and Gunsili Sagun Shareef, EPA/452/B-02-001 Wet scrubbers for acid gas, U.S. Environmental Protection Agency (EPA), 1995.

표 5.21 가스 슈미트 수(공기 중에서 가스 입자의 확산)

물질	확산속도 D (cm²/s)	Schmidt number ($\mu/\rho D$)
Ammonia, NH_3 (암모니아)	0.216	0.61
Carbon dioxide, CO_2 (이산화탄소)	0.138	0.96
Carbon tetracholoride, CCl_4 (사염화탄소)	0.067	1.97
Hydrogen, H_2 (수소)	0.612	0.22
Oxygen, O(산소)	0.178	0.74
Water Vapour, H_2O(수증기)	0.256	0.60
Carbon disulfide, CS_2 (이황화탄소)	0.107	1.45
Ethyl ether, $C_4H_{10}O$(에틸에테르)	0.078	1.70
Methane, CH_4 (메테인)	0.191	0.69
Methanol, CH_3OH(메탄올)	0.133	1.0
Ethane, C_2H_6(에테인)	0.126	1.04
Ethyl acetate, $C_4H_8O_2$ (아세트산에틸)	0.072	1.84
Ethanol, C_2H_5OH(에탄올)	0.102	1.30
Propyl alcohol, C_3H_7OH(프로판올)	0.1	1.55
n-Butyl alcohol, C_4H_9OH(부탄올)	0.07	1.88
Formic acid, CH_2O_2 (포름산, 개미산)	0.159	0.97
Acetic acid, CH_3COOH(아세트산, 초산)	0.107	1.24
Acetone, C_3H_6O(아세톤)	0.083	1.60
Propane, C_3H_8(프로페인)	0.093	1.42
Propionic acid, $C_3H_6O_2$ (프로피온산)	0.099	1.56
Hydrogen chloride, HCl(염화수소)	0.178	0.9
Hydrogen fluoride, HF(불화수소)	0.219	0.711
Hydrogen sulfide, H_2S(황화수소)	0.092	1.693
Nitrogen, N(질소)	0.181	0.73
Nitrogen dioxide, NO_2 (이산화질소)	0.120	1.298
Sulfur dioxide, SO_2 (이산화황)	0.114	1.16
Hydrogen chromium(크롬수소화물)	0.091	1.712
Butyric acid, $C_4H_8O_2$ (부티르산)	0.081	1.91
Di-ethyl amine, $(CH_3CH_2)_2NH$(다이에틸아민)	0.105	1.47

물질	확산속도 D (cm²/s)	Schmidt number ($\mu/\rho D$)
Butyl amine, $CH_3 (CH_2)_3 NH_2$ (부틸아민)	0.101	1.53
Chlorine, Cl(염소)	0.111	1.19
Chloro benzene, C_6H_5Cl(클로로벤젠)	0.062	2.13
Chloro toluene, C_7H_7Cl(클로로톨루엔)	0.065	2.38
Naphthalene, $C_{10}H_8$(나프탈렌)	0.051	2.57
Benzene, C_6H_6(벤젠)	0.077	1.71
Toluene, C_7H_8(톨루엔)	0.071	1.86
Xylene, C_8H_{10}(자일렌)	0.071	2.18
n-Octane, C_8H_{18}(옥테인)	0.051	2.62
Ethyl benzene, $C_6H_5CH_2 CH_3$ (에틸벤젠)	0.077	2.01
Phosgene, $COCl_2$ (포스젠)	0.08	1.65

* Don W. Green, and Robert H. Perry, Perry's chemical engineers' handbook 8th ed., McGraw Hill, New york, 2007.

* By Permission, from T. K. Sherwood and R. L. Pigford, Absorption and Extraction, 2nd ed., p.20. Copyright 1952, McGraw-Hill Book Company, New York.

표 5.22 액상이동단위 높이 계수

충전재	Φ	η	l' (lb/ft²/hr)	l' (kg/m²/hr)
Raschig ring				
3/8 inch	0.00182	0.46	400 ~ 15000	1955 ~ 73302
0.5 inch	0.00357	0.35	400 ~ 15000	1955 ~ 73302
1 inch	0.01	0.22	400 ~ 15000	1955 ~ 73302
1.5 inch	0.0111	0.22	400 ~ 15000	1955 ~ 73302
2 inch	0.0125	0.22	400 ~ 15000	1955 ~ 73302
Berl saddles				
0.5 inch	0.00666	0.28	400 ~ 15000	1955 ~ 73302
1 inch	0.00588	0.28	400 ~ 15000	1955 ~ 73302
1.5 inch	0.00625	0.28	400 ~ 15000	1955 ~ 73302
3 inch	0.0625	0.09	3000 ~ 14000	14660 ~ 68415
Spiral ring				

충전재	Φ	η	l' (lb/ft²/hr)	l' (kg/m²/hr)
3 inch single	0.00909	0.28	400 ~ 15000	1955 ~ 73302
3 inch triple	0.0116	0.28	3000 ~ 14000	14660 ~ 68415
Drip point grids				
No. 6146	0.0154	0.23	3500 ~ 30000	17104 ~ 146604
No. 6925	0.00725	0.31	2500 ~ 22000	12217 ~ 107510

* Warren L. Mccabe, Julian C. Smith, and Peter Harriott, Unit operation of chemical engineering 7th ed., McGraw Hill, New york, 2005.
* Walter L. Badger, and Julius T. Banchero, Introduction to chemical engineering, McGraw Hill, New york, 1957.
* Wiley Barbour, Roy Oommen, and Gunsili Sagun Shareef, EPA/452/B-02-001 Wet scrubbers for acid gas, U.S. Environmental Protection Agency (EPA), 1995.

표 5.23 액상 슈미트 수(가스 입자의 물 내부 확산)

물질	확산속도 D × 10^5 (cm²/s) × 10	Schmidt number ($\mu/\rho D$)
O_2	1.80	558
CO_2	1.77	559
N_2O	1.51	665
NH_3	1.76	570
Cl_2	1.22	824
Br_2	1.20	840
H_2	5.13	196
N_2	1.64	613
HCl	2.64	381
H_2S	1.41	712
H_2SO_4	1.73	580
HNO_3	2.60	390
Acetylene	1.56	645
Acetic acid	0.88	1140
Methanol	1.28	785
Ethanol	1	1.005
Propanol	0.87	1150

물질	확산속도 D × 10^5 (cm^2/s) × 10	Schmidt number ($\mu/\rho D$)
Butanol	0.77	1310
Phenol	0.84	1200
Glycerol	0.72	1400
Urea	1.06	946
NaCl	1.35	745
NaOH	1.51	665

* Don W. Green, and Robert H. Perry, Perry's chemical engineers' handbook 8th ed., McGraw Hill, New york, 2007.

표 5.24 충전재 종류에 따른 Leva 경험 상수

충전재	Size (Inch)	m	n	흡수액 유량 (lb/ft^2/hr)
Raschig rings	1/2	139	0.00720	300 ~ 8,600
	3/4	32.90	0.00450	1,800 ~ 10,800
	1	32.10	0.00434	360 ~ 27,000
	1.5	12.08	0.00398	720 ~ 18,000
	2	11.13	0.00295	720 ~ 21,000
Berl saddles	1/2	60.40	0.00340	300 ~ 14,100
	3/4	24.10	0.00295	360 ~ 14,400
	1	16.01	0.00295	720 ~ 78,800
	1.5	8.01	0.00225	720 ~ 21,600
Intalox saddles	1	12.44	0.00277	2,520 ~ 14,400
	1.5	5.66	0.00225	2,520 ~ 14,400
Drip-point grid tiles	No. 6145 (Continuous)	1.045	0.00214	3,000 ~ 17,000
	No. 6145 (Cross)	1.218	0.00227	300 ~ 17,500
	No. 6295 (Continuous)	1.088	0.00224	850 ~ 12,500
	No. 6295 (Cross)	1.435	0.00167	900 ~ 12,500

* 천만영 외, 대기오염 방지기술(air pollution prevention technology), 신광문화사, 2016.

Chapter 05 여과집진기의 설계

1. 개요 및 집진 원리

가. 개요

여과집진기는 함진가스에 함유되어 있는 입자상 오염물질인 분진을 여러 개 설치된 여과포(Filter bag)에 통과시키면 여과포 표면에 부착된 분진을 기계적 방법 및 압축공기 등을 이용하여 탈진·포집하는 건식 집진설비로 처리율이 99% 이상이며 폐수발생이 전혀 없는 고성능 집진장치이다. 여과포 섬유 자체도 분진을 여과하지만, 운전 초기 여과포에 부착된 분진층을 여과층으로 하는 초층형성이 분진을 포집하는데 중요한 역할을 한다. 미세분진은 초층형성에 의해 더욱 효율적으로 포집된다.

일반적으로 집진장치는 처리 가스의 유량, 분진의 입경분포, 온도, 압력, 입구 농도, 출구 농도, 압력 손실, 분진(Dust) 배출방법, 여과속도, 탈진 방법 등을 충분히 고려하지 않으면 설치 후에 성능부족 및 기타 여러 문제점으로 각가지 트러블(Trouble)을 유발하여 여과집진기를 설치한 목적을 이루지 못하는 결과를 초래하게 된다.

본 교재에서는 현장에 가장 많이 설치되어 있는 충격기류식(Pulse air jet) 여과집진기를 중심으로 설명하고자 한다.

일반적인 충격기류식 여과집진기는 현장에서 비산된 분진(Dust) 및 공정상에서 발생된 분진을 후드(Hood)로 포집하여 덕트(Duct)로 이송된 분진은 여과집진기 본체에서 여과포에 부착된 후 압축공기로 탈진되어 본체 호퍼(Hopper) 하부에 포집되면 슬라이드 게이트(Slide gate), 로터리 밸브, 스크류 콘베어, 플로우 콘베어(Flow conveyor)를 거쳐 버켓 엘리베이터로 분진이 저장탱크(Dust silo)에 저장된다. 저장탱크에서는 운반이 용이하도록 퍼그밀(Pug mill)로 반죽 처리된 후 트럭으로 운반하기도 한다.

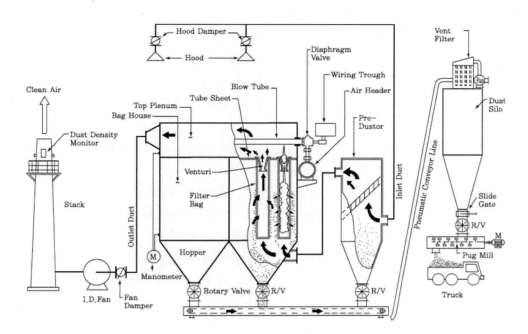

그림 5.29 충격기류식 여과집진기 처리도

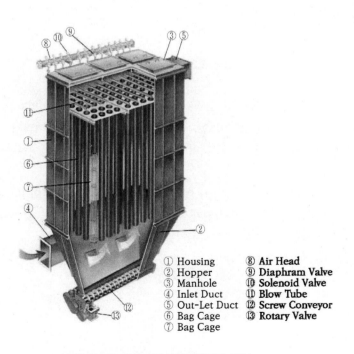

① Housing	⑧ Air Head
② Hopper	⑨ Diaphram Valve
③ Manhole	⑩ Solenoid Valve
④ Inlet Duct	⑪ Blow Tube
⑤ Out-Let Duct	⑫ Screw Conveyor
⑥ Bag Cage	⑬ Rotary Valve
⑦ Bag Cage	

그림 5.30 충격기류식 여과집진기 내부

나. 집진원리

여과집진기의 미세입자에 대한 주요 포집 메커니즘은 관성충돌(Inertial impaction), 직접차단 (Direct interception), 확산(Diffusion) 작용이다. 그리고 큰 입자는 중력침강(Gravitational settling) 으로, 또한 일부는 정전기력(Electrical forces)에 의해 여과포에 부착되어 제거되기도 한다.

1) 관성충돌 : 분진의 입경(질량)이 커서 충분한 관성력이 있으면 유선의 발산에 관계없이 관성에 의해 분진은 여과포에 충돌 부착된다.
2) 직접차단 : 분진의 입경이 작으면(가벼워) 관성도 상대적으로 작아져 유선을 따라 여과포 섬유에 접근하게 되며 그 결과 유선과 같이 이동한다. 이때 분진의 직경이 여과포 섬유 공 극보다 크면 이 분진은 여과포에 걸려져 제거된다.
3) 확산 : 1 μm 이상의 분진은 관성충돌과 직접차단에 의해 99%가 처리되며 분진 입경이 0.1 μm 이하인 아주 작은 입자는 유선을 따라 운동하지 않고 브라운운동 즉, 무작위 운동을 통한 확산에 의하여 포집된다.

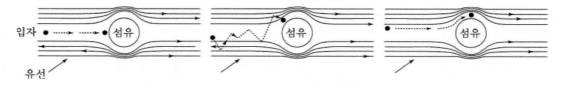

그림 5.31 여과집진기 집진원리

중력, 응집력 및 정전흡수력에 의한 집진기능은 여과 집진의 경우 큰 영향을 미치지 않는다. 물론 분진이 응집되면 보다 쉽게 집진된다. 또한, 실제로 여과포를 구성하는 여과재 섬유는 다소의 전기를 띠고 있으며 처리가스 내의 분진이 대전되어 있을 때는 적합한 여과포를 사용하면 집진 효율을 증가시킬 수 있다.

대부분 산업용 충격기류식(Pulse air jet) 여과 집진장치는 보통 부직포의 Filter를 사용한다. 여과집진기는 집진 실에 여과포를 설치하고 함진가스를 보내면 가스는 여과포를 통과하여 출구 측으로 나간다. 여과포에 분진 부착량이 증가하면 압축공기를 사용하여 털어내고 반복사용하며 초기 분진층은 대부분 잔류하므로 1 ㎛ 이하의 미세입자도 포집이 가능하다.

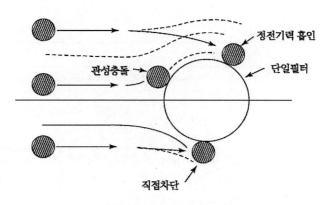

그림 5.32 여과포의 집진원리

2. 여과집진기의 종류

가. 흡인식과 압인식(송풍기 위치에 따라)

1) 압인식 : 여과 집진장치 앞에 송풍기가 있는 방식으로 처리가스는 집진장치 본체 상부에서 직접 배출할 수 있으므로 연돌이 필요 없고, 기밀구조로 할 필요가 없으므로 흡인식에 비해 가격이 20 ~ 30% 정도 저렴하다. 함진가스에 의해 송풍기의 마모나 부착에 의한 사고 우려가 있고 온도가 높은 가스는 외기의 영향을 받아 응축되기 쉬우므로 주의를 요한다.

2) 흡인식 : 여과 집진장치 뒤에 송풍기가 위치하고 있으며, 송풍기에 청정가스가 흡인되므로 임펠러(Impeller) 등이 분진에 의한 마모나 부착으로 인한 진동사고 발생률이 낮다. 집진장치 본체가 기밀구조이므로 고가이긴 하나 보온 등을 하기 쉽고 높은 온도의 응축성 가스에 적합하며, 송풍기에서 대기로 가스를 직접 배출하므로 소음대책이 필요하다.

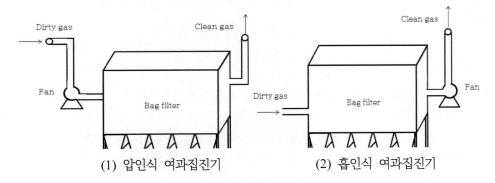

(1) 압인식 여과집진기   (2) 흡인식 여과집진기

그림 5.33 송풍기 위치에 따른 여과집진기 종류

표 5.25 Blower 위치에 따른 분류

명 칭	압인식(개방형)	흡인식(Suction식)
송풍기 위치	흡인 후드와 여과집진기 사이에 송풍기가 있다.	흡인 후드와 송풍기 사이에 여과집진기가 있다.
송풍기	분진이 함유된 공기가 통과하므로 내마모성, 내부착성이 요구된다. 따라서 송풍기 효율을 높이는 형식은 선정이 곤란하다.	분진이 함유되지 않으므로 고효율 송풍기를 선정할 수 있다.
본체	송풍기로 함진 공기를 불어 넣기 때문에 본체 외피는 그다지 밀폐성을 필요로 하지 않는다.	흡인으로 여과가 이루어지므로 본체 외피는 밀폐성과 정압에 의한 내압성이 필요하다.
유지성	운전 중(고온여과 포함)에도 내부에 들어갈 수 있다. 송풍기의 마모, 부착 등의 정비가 정기적으로 필요하다.	운전 중에는 내부 정비가 불가능하다.
건설비	여과집진기 본체는 저렴, 송풍기는 내마모성이므로 비싸고, 모터도 송풍기 효율로 용량이 크게 된다.	본체는 값이 비싸고, 송풍기 모터는 비교적 저렴하다.

나. 탈진방식에 따른 분류

1) 진동형(Shaking Type)

여과포를 기계적인 진동으로 분진을 털어내는 방식이다. 진동형은 분진입경이 크고, 비교적 털기 쉬운 분진에 적당하다. 흄(fume) 등 미세분진은 부적당하므로, 진폭을 크게 하고, 진동수를 크게 하면 다소 효과를 볼 수 있다. 미세분진 및 흡수성, 부착성 분진은 진폭을 크게 해야 하므로, 유연한 여과포를 사용한 간이형 집진기에 많이 이용된다.

여과포는 직포가 사용되고, 여과속도는 0.5 ~ 2 m/min정도이고, 형상은 원통형이 많으며, 진동형은 내면여과가 적당하다.

2) 역기류형(Reverse Air Type)

여과기류를 차단하고 반대방향으로 기류를 통과시켜 분진을 탈진한다. 이 때, 여과포면이 변형하여 분진이 떨어지므로, 내면여과의 경우 여과포는 Collapse되므로 Collapse type이라고도 한다. 이 경우는 기계적 자극이 적으므로 여과포의 손상이 적어서 고온용 유리섬유도 여과포로 사용된다. 원통형 여과포의 경우는 중간에 링(Ring)을 넣어서 사용할 수 있으므로 여과포 원통을 길게 할 수 있다. 보통 여과속도는 0.5 ~ 2 m/sec정도로, 진동형과 비슷하다.

3) 충격기류식(Pulse Air Jet Type)

충격기류식 여과집진기는 함진가스를 외면 여과하므로 분진은 여과포의 외면에서 집진된다. 그러므로 여과포를 지지하는 케이지(Cage)가 필요하다. 여과포의 상부에는 각각 벤츄리와 Blow tube가 설치되어 있으며 압축공기를 격막 밸브에서 일정 시간마다 순간적으로(0.1초 정도) 분사하여 여과포에 부착된 분진을 탈진한다.

여과포는 부직포를 사용하며, 다른 여과집진기 보다 여과속도를 2 ~ 3배 높일 수 있어 소형화가 가능하며 여과포는 원통형을 주로 사용한다. 입자상 오염물질에 대한 배출기준이 강화되고 있어서 산업현장에서 가장 많이 사용하는 여과집진기 형식이다.

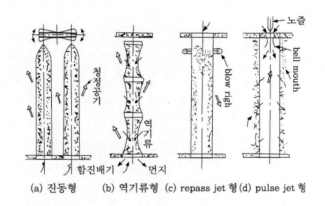

(a) 진동형 (b) 역기류형 (c) repass jet 형 (d) pulse jet 형

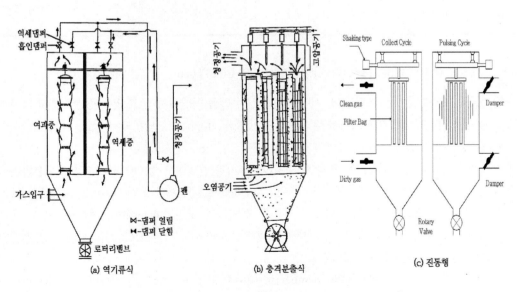

(a) 역기류식   (b) 충격분출식   (c) 진동형

그림 5.34 여과집진기의 종류

표 5.26 여과집진기의 형식과 특징

탈진 형식	여 포	여과속도(m/min)	여과포의 형상	특 징
기계진동(Shaking)	직포	0.5 ~ 2 내면	원통	털기 양호
역기류(Reverse Air)	직포 부직포	0.5 ~ 2 내면 2 ~ 4 외면	원통 봉투	유리 여과포 가능 면적축소 가능
충격기류(Pulse Jet)	부직포	0.8 ~ 4.3 외면	원통	소형화 가능

표 5.27 터는 방식에 의한 비교

	기계진동형	역기류형	충격기류식
원리	송풍기, 또는 댐퍼(Damper)에 의하여 기류를 정지하여 여과포를 기계적인 진동으로 분진을 탈진한다.	댐퍼(Damper)의 전환으로 기류를 역전시켜 분진을 탈진한다.	압축공기를 분사하여 Venturi에 의하여 2차공기를 유입하여 충격을 수반하는 압축공기로 탈진한다.
효과	분진입경이 큰, 비교적 털기 쉬운 분진에 적당하다.	보통이다.	고농도에 대하여도 적당
단점	Fume등 미립자에게는 부적당, 기계설비 고장이 나기 쉽다.	송풍기의 정압에 따라서는 역기류형이 필요, 풍량의 변동이 있다.	탈진용 압축공기가 필요
특징	간이형 집진기에 많이 사용되고 있다.	구조가 간단하므로 유지가 쉽다.	여과 속도가 빠르므로 소형화 시킬 수 있다.

다. 연속탈진형(On Line Type)과 간헐탈진형(Off Line Type)

충격기류식 여과집진기는 분진 탈진 시에 함진가스 유입을 차단하지 않고 압축공기로 분진 탈진과 여과가 동시에 진행됨으로 여과포에서 탈진된 분진이 호퍼(Hopper)로 낙하되지 않고, 다시 여과포면에 부착할 가능성이 있다.

따라서 충격기류식 여과집진기는 연속 탈진형(On line)과 간헐 탈진형(Off line)으로도 구분하는데 간헐 탈진형(Off line type)는 본체를 여러 챔버(Chamber)로 나누어서 탈진(Pulsing) 효율을 높이는 방법으로 각 챔버(Chamber) 출구 덕트에 댐퍼를 설치하여 탈진(Pulsing)하는 챔버는 출구 댐퍼(Out-let damper)를 닫고 집진이 정지된 상태에서 탈진(Pulsing)하는 방법으로 처리용량이 큰 집진기(통상 4,000 m³/min이상)에 사용된다.

연속 탈진형(On line type)은 챔버(Chamber)로 나누지 않고 집진이 되는 상태에서 탈진(Pulsing)하는 방식으로 용량이 적은 집진기에 사용된다.

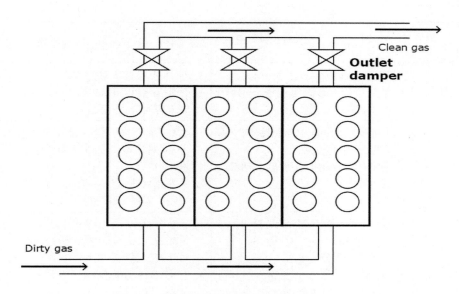

<Off-line type>

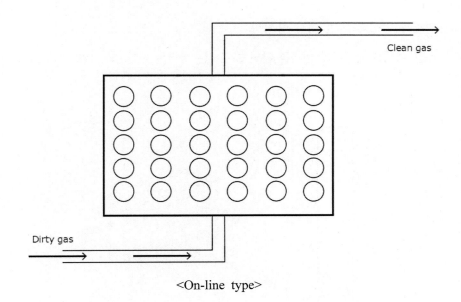

<On-line type>

그림 5.35 On-line type 및 Off-line type

표 5.28 On-Line Type 및 Off-Line Type의 비교

구 분 \ Type	On-Line Type(연속 탈진형)	Off-Line Type(간헐 탈진형)	비 고
분진성상	• 재 비산 우려가 없는 분진 • 분진 입자가 크고 입구 농도 부하가 적은 분진	• 재 비산 우려가 높은 분진 • 분진 입경이 10 ㎛이하 이고, 입구 농도 부하가 큰 분진	
유지, 보수	• 본체내부 정비 및 점검은 집진기 가동 중에는 불가능하다. • 설비가 간단하여 운전 및 정비가 용이하다.	• 본체내부 정비, 점검시에 집진기를 가동하면서 각 Chamber별로 정비가 가능하다. • 부대 설비가 많아 운전 및 정비 비용이 많이 소요된다.	
탈진효과	• 탈진주기는 2 ~ 3분으로 짧다. • 여과포(Filter bag) 길이는 3 m 이내로 선정하여야 함. • 압축공기 사용 횟수는 많으나 1회 사용량이 적어 Compressor 용량을 줄일 수 있다.	• 탈진주기는 5 ~ 10분으로 길다. • 여과포(Filter bag) 길이를 3.5 m 이상으로 설계가 가능하다. • 간헐적으로 압축공기를 사용하나 1회 용량이 많아 Compressor 용량이 커진다.	

라. 내면여과 방식과 외면 여과 방식

함진가스를 여재로 통과시켜 입자를 분리 포집하는 방법은 내면여과, 외면여과으로도 구분된다.

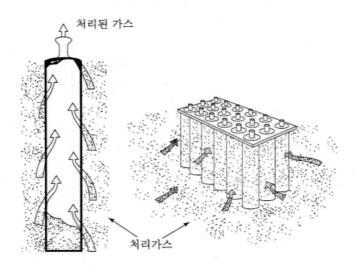

그림 5.36 내면여과와 외면여과

3. 충격기류식 여과집진기의 구조와 구성요소

가. 후드(Hood)

국부적으로 발생하는 분진 혹은 가스가 대기중으로 확산, 희석되기 전에 포집하여 환경을 오염시키지 않는 것이 후드(Hood)의 목적이다. 따라서 확산염려가 있는 분진이나 모든 가스를 되도록 적은 풍량으로 포집해야 한다. 이를 위해서는 후드(Hood)를 발생원 가까이에 설치하고 후드(Hood)주위를 밀폐시켜 개구부를 작게 하는 것이 좋다. 여과집진기의 설계비는 처리풍량에 비례하므로 풍량을 결정하는 후드(Hood)의 설계는 매우 중요하다.

나. 덕트(Duct)

1) 관내유속

여과집진기의 경우 덕트(Duct) 내의 유속은 함유 되어 있는 분진이 퇴적되지 않는 유속 이상으로 해야 한다. 분진이 덕트(Duct) 내에 퇴적되지 않고 이송되는 속도는 분진의 성질과 분진 크기에 의해 대부분 결정된다.

표 5.29 오염물질별 권장 덕트 속도

물 질	적용 분진	덕트속도(m/sec)
가스상 오염물질	가스만 함유(응축수 발생 무)	12 ~ 14
극히 가벼운 물질 (가스, 증기, 퓨움)	가스, 증기, 아연 및 알루미늄 등의 흄, 면섬유	16 ~ 18
중 정도 비중의 건조 분진	목재, 곡물, 고무, 베이클 라이트 등의 분말	17 ~ 19
일반 공업분진	산업체 발생 입자상오염물질	19 ~ 21
무거운 분진(비중이 크고, 물 등으로 젖은 분진)	주조작업, 선박작업, 젖은 철분 등	23 이하

가스상 오염물질은 덕트 속도를 12 ~ 14 m/sec로 설계하면 된다. 그러나 대부분 가스에도 미량의 입자상오염물질이 함유되어 있고, 또한 연소가스가 시간이 경과하면 Fume 등으로 입자화되므로 16 ~ 18 m/sec로 설계하는 것이 장기적인 관리측면에서 덕트 내 퇴적문제를 해결할 수 있다. 일반적으로 산업체에서 발생하는 입자상 오염물질은 19 ~ 21 m/sec로 설계하면 무난하다. 특히 비중이 큰 분진이라고 덕트 반송속도를 23 m/sec 이상으로 설계하면 덕트 곡관부 및 합류부에 마모 대책을 필히 수립하여야 하고, 발생 공정에서 프리 더스트 등의 전처리 설비로 제거하는 것이 경제적인 설계라 할 수 있다.

2) 압력손실

덕트의 압력손실은 이송관(Duct) 벽면의 마찰 또는 기류변화, 관의 수축 및 확대로 발생하게 된다. 마찰에 의한 손실은 기체의 속도 또는 이송관 내면의 성질에 따라 다르며 곡관부, 합류부 등으로 인한 손실은 그때 생기는 난류속도의 증감에 기인되는데 이것들을 총칭하여 압력손실이라 하고 이송관 내의 기류는 일반적으로 난류로서 압력손실은 속도의 제곱에 비례한다.

$$\Delta P = \lambda \cdot \frac{L}{D} \cdot \frac{r}{2g} \cdot V^2$$

ΔP : 압력손실
λ : 마찰계수
L : 관의 길이
D : 관의 직경
r : 비중량
g : 중력가속도
V : 반송속도

다. Pre-Duster

여과집진기의 출구 함진농도는 일반적인 사용조건에서는 입구 함진농도에 크게 영향을 받지 않는다. 따라서 Pre-duster를 사용하는 목적은 여과집진기의 출구함진농도를 내리기 위해서가 아니고 입구 함진농도를 여과집진기의 사용 가능한 함진농도까지 내리고 여과집진기의 마모방지, 불티 등이 여과집진기에 유입되는 것을 방지하기 위한 전처리 설비이다.

라. 송풍기

송풍기는 기계적 에너지를 이용하여 유체에 에너지를 공급하는 장치로, 송풍기 통과 전·후의 압력차이를 이용하여 유체의 일정량을 이송한다. 일반적으로 송풍기 통과 전·후에는 정압의 차이만 발생되며, 송풍기에 사용되는 압력은 전압력(Total pressure)와 정압력(Static pressure)로, 송풍기 정압은 송풍기 통과 전·후의 정압력 차이, 송풍기 전압은 송풍기 통과 전후의 전압력 차이를 말한다. 송풍기는 익근차의 회전운동에 의해서 기체를 송풍하게 되는 토출정압과 흡입 절대압의 비 즉, 압력비가 1.1 미만 또는 토출압력 1 mH$_2$O미만의 것을 팬(Fan)이라 하고 압축비가 1.1 이상을 블로워(Blower)라 한다. 원심송풍기는 익근의 출구각도로 구별하며 다익 송풍기, 터보 송풍기, 평판 송풍기로 구분된다. 송풍기를 운전할 때 설계 풍량에 과부족이 발생하면 풍량을 조절해야 한다. 풍량 조절의 방법으로는 송풍기의 운동 작동점의 특성 곡선상 모양 또는 위치를 바꾸는 회전수(RPM) 변화법과 Vane control 법이 있고 저항 곡선의 모양을 조정해서 그 교차점을 조정하는 방법으로는 토출측 또는 흡인측의 Damper를 부착시키는 방법이 있다. 여과집진기는 운전 및 정비가 용이한 Damper 부착 방법을 가장 많이 사용하는데 압력손실이 크므로 자주 작동시키면 운전효율을 나쁘게 하는 결과를 초래한다.

마. 여과포(Bag)

충격기류식 여과집진기의 여과포(Filter bag)는 부직포를 사용하며 처리 분진의 형상, 입도분포, 사용온도 및 물리·화학적 성질에 따라 사양이 결정된다. 주로 원통형(혹은 사각형)모양으로 평부직포를 재단, 봉제하여 만들며 내부에 여과포 지지대(Bag cage, Retainer)를 삽입하여 조립한다.

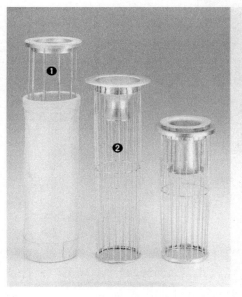
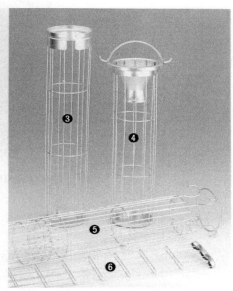

① SNAP TYPE	② FLANGE TYPE(VENTURI 결합형)
③ BAND TYPE	④ GROOVER SNAP WITH CLIP
⑤ TWO PIECE TYPE(2단 분리형)	⑥ SQUARE TYPE

그림 5.37 여과포 지지대

바. 여과포 지지대(Bag cage, Retainer)

충격기류식 여과집진기에서는 외면 여과를 하므로 여과포 내부 보강 및 지지 역할을 하는 여과포 지지대가 있다. 여과포와 같은 모양으로 철선(혹은 SUS선)으로 제작된다. 풍량 및 용도에 따라 형상은 다양하며 하부는 완전히 밀폐되어 있고 상부에는 Venturi가 설치되어 있다.

사. 격막밸브(Diaphragm valve)

격막밸브(Diaphragm valve)는 솔레노이드 밸브(Solenoid valve)의 순간 작동으로 콤프레서(Compressor)에서 공급된 고압 공기를 Blow tube에 순간적으로 많은 양의 압축공기를 공급해 주는 역할을 하며 내부에 격막(diaphragm)이 내장되어 있으며 처리용량에 따라 여러 종류가 있으며 에어 헤드(Air header)와 연결되어 있다.

그림 5.38 격막 밸브

아. 솔레노이드 밸브(Solenoid valve)

펄스 타이머(Pulse timer)에서 순간적인 전원을 받아 솔레노이드 밸브(Solenoid valve)가 작동되며, 솔레노이드 밸브의 작동으로 격막 밸브(diaphragm valve)가 작동되어 압축공기를 여과포에 분사시키게 된다. 펄스 타이머와 연계되는 설비이며, 솔레노이드 밸브의 위치는 통상 에어 헤드(Air header)상부에 설치한다.

그림 5.39 솔레노이드 밸브(출처: 조일기업)

자. 블로우 튜브(Blow tube)

블로우 튜브(Blow tube)는 격막 밸브(Diaphragm valve)에서 생산된 압축공기를 노즐(Nozzle)까지 공급해 주는 Pipe 설비이다. 벤츄리(Venturi)나 여과포 상부에 설치되어 있으며 노즐의 크기는 여과포 크기에 맞추어 설계된다. 조립시 유의할 점은 노즐이 벤츄리나 여과포 중심과 일치하여야 하며 보통 편차는 ±3mm 이내로 설치하여야 한다.

1) Blow tube nipple

Blow tube nipple 역할은 Diaphragm valve와 Blow tube를 연결시키는 기계가공품이며 내부에는 탈진시 Air의 누출을 방지하기 위하여 O-Ring이 삽입되어 있고 Plenum에 Hole을 만들어 조립하며 거리를 조정할 수 있도록 나사식으로 되어있다.

차. 벤츄리(Venturi)

벤츄리는 알루미늄 함금 다이캐스팅(Die-casting) 제품으로서 튜브 시트(Tube sheet)와 벤츄리 푸셔(Pusher)나 스냅 링(Snap ring)으로 고정된다. 탈진시 여과포상부에 설치된 Blow tube로부터 공급된 고압공기(5 ~ 7 kg/cm^2)를 순간적(0.1sec)으로 공급되면 벤츄리(Venturi) 효과에 의해 분사 공기량의 5 ~ 7배의 2차 공기를 여과포로 넣어주는 역할을 한다. 순간 맥동 충격에 의한 진동과 여과포 외부로 역류하는 공기로 부착된 분진을 효과적으로 탈진하기 위한 설비이다. 그러나 대용량의 여과집진기에는 벤츄리 설치 없이 운전 가동을 하기도 하는데, 최근 연구결과에 따르면 벤츄리 설치가 탈진 효과가 높은 것으로 나타났다. (정문섭 박사논문, 2020)

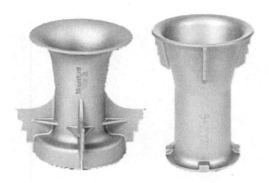

그림 5.40 다이캐스팅 벤츄리(Die-casting venturi)

카. 에어 헤더(Air header)

콤프레서(Compressor)에서 생산된 압축공기를 저장하는 설비로 격막 밸브(diaphragm valve)에 순간 대유량으로 여과포를 탈진할 수 있도록 고압력(5 ~ 7 kg/cm²)의 압축공기를 저장하는 탱크이다. 탈진시에 공급되는 압축공기의 헌팅(Hunting)을 최소화하기 위해 본체 상부에 격막 밸브와 같이 설치한다. 재질은 배관용 탄소 강관을 주로 사용하며 주요 부속품은 공기압축으로 발생되는 응축수 배출용 Drain valve와 압력게이지(Pressure gauge) 등이 부착되어 있다. 응축수 배출용 Drain valve는 지상에 설치하여야 점검이 용이하고 관리 및 정비가 수월하다.

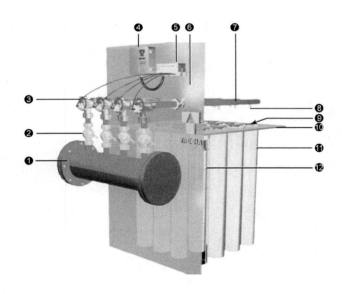

① Air Header	② Ball Valve	③ Pulse Valve

④ Timer	⑤ Solenoid Enclosure	⑥ Bulkhead Connector
⑦ Blow Tube	⑧ Injection Nozzle	⑨ Venturi
⑩ Tube Sheet	⑪ Filter Bag	⑫ Bag Cage

그림 5.41 에어 헤더(Air header)

타. 기타 부속설비

1) 차압계(Manometer)

차압계는 여과포(Filter Bag)의 내면과 외면과의 압력손실을 측정하는 계기이다. 정기적인 점검으로 여과포의 수명상태를 파악할 수 있고 Pulsing time을 조정하여 여과포의 압력손실을 설계치 이하로 운전하여 집진기 효율을 높게 유지시켜 여과포 수명을 연장시키는 역할을 한다. 지상에 설치하여야 점검이 용이하고 관리 및 정비가 수월하다. 여과포를 보호하기 위한 방식으로 전자 접점에 의한 자동 제어방식을 많이 사용한다.

그림 5.42 차압계(Manometer)

2) Air Service Unit(Air Filter & Regulator)

Air service unit는 공기압축기에서 제조된 고압의 공기를 집진기 Air header에 저장하기 전에 단열 압축으로 발생하는 응축수와 공기압축기 피스톤에서 발생하는 유분과 이물질 제거 및 탈진압력을 설정하여 주는 기기이다. 압축 공기량 및 콤프레서와 집진기와의 거리에 따라 용량(크기)이 결정되며 설치위치는 집진기 본체 하부에 점검이 용이한 위치에 설치한다.

3) 펄스 타이머(Pulse Timer)

펄스 타이머(Pulse timer)는 초정밀 전자 제품으로서 Timer board는 Steel box(Casing)로 보호되어 있으며 집진기에서 가장 중요한 부품이므로 운반 및 취급 과정에서 세심한 주의가 필요하다. 펄스 타이머(Timer)는 순차적으로 여과포를 탈진하기 위하여 전기신호로 솔레노이드 밸브(Solenoid valve)를 동작시켜는 역할을 하고 Solenoid valve와 연계되는 부품이다.

타이머(Timer)의 매 탈진(Pulse)의 동작시간(On-time)은 0.05 ~ 0.5초까지 조정이 가능하다.

탈진(Pulse) 간격은 수동으로 조정하며 주기를 짧게 하면 압축공기의 소비증가뿐 아니라 여과포의 마모를 촉진시킬 수 있다. 주기를 길게 하면 여과포의 탈진효율이 감소되어 효율적인 집진을 하지 못한다. 적절하고 효과적인 시간 설정이 바람직하다. Pulse interval(탈진간격) 설정은 분진 특성에 따라 차이를 보이나 대개 15 ~ 30초 범위 내에서 운전되며 차압계의 압력이 올라가면 그 이하로 조정하여 주어야 한다. 압축공기 생산 소요 시간 및 기기의 특성상 10초 이하로는 조정하지 않는 것이 좋다.

4. 충격기류식 여과집진기의 주요 설계 인자

가. 처리풍량

여과집진기의 설계에서 처리풍량이 가장 기본적인 설계 인자이다. 처리풍량의 결정은 발생원, 배출시설, 후드 등이 기존에 설치되어 있으면 실측 또는 설치되어 있는 송풍기의 사양을 참고하여 결정한다. 신설되는 설비는 이론적인 계산값과 유사한 설비에서의 경험을 토대로 결정한다. 설계 풍량에서 적정 여과속도보다 높게 설계하면 압력손실이 상승하게 되어 여과포의 눈 막힘으로 포집 효율의 저하와 여러 문제점이 발생하는 비율이 높아진다.

풍량의 단위는 Nm³/min, Nm³/hr을 사용하며 표준상태가 아닐 경우는 반드시 처리 온도를 표시하여야 한다.

나. 처리 온도

여과집진기의 여과포는 열과 수분에 매우 민감하므로 처리온도는 여과포의 재질에 따라 정해지는 사용 가능한 온도 이하에서 선정하여야 하며, 수분이 응축되지 않도록 가스의 노점 이상에서 운전하여야 한다. 여과포 재질에 의한 최고 사용온도는 일반적으로 유리섬유 250℃, 노맥스(Nomex) 210℃, 테프론(폴리에스테르 계열) 150℃, 나이론(폴리아미드 계열) 110℃, 양모 80℃ 등이다. 처리해야 할 함진가스의 온도가 높을 경우에는 여과포의 사용온도 이하까지 가스를 냉각시켜야 한다.

다. 입구 함진농도

입구 함진농도가 높으면 동일한 여과 면적에서 압력손실이 증가하며, 탈진간격 및 탈진주기를 짧게 하여야 한다. 또한, 입구 농도가 매우 높거나, 마모성이 강한 분진의 경우에는 여과포 및 본체외피 (Housing)의 마모를 가져오므로 Pre-duster 등의 전처리 설비 설치를 고려하여야 한다.

라. 압력손실

여과집진기 본체의 압력손실은 보통 100 ~ 250 mmAq로 운전되고 있으며 본체는 그 형식에 따라서 정해진 압력손실의 범위 내에서 운전하는 것이 성능면이나 경제적으로 가장 효율적이다.

일반적으로 여과포 자체의 초기 압력손실은 20 ~ 30 mmAq 전후이며, 초층형성이 완료된 운전초기 압력손실은 60 ~ 80 mmAq 전후이고, 200 ~ 300 mmAq가 되면 여과포를 교체하여야 한다.

마. 분진(Dust) 성질

처리할 분진의 성상 및 성분은 여과집진기의 중요한 설계인자다. 분진은 입경분포, 온도 영향, 입자의 표면 하전, 브라운운동, 부착성, 응집성, 겉보기비중(부피비중), 흡습성, 조해성, 마모성, 대전성, 폭발성 등을 유발하는 성질을 갖고 있으며, 이들 성질이 복합적으로 작용함으로 이론적으로 규명하기는 거의 불가능하다.

바. 여과포 선정

최적의 여과포를 선정하기 위하여 가스와 분진의 성질 및 장치의 구조, 설계조건, 운전 조건에 대하여 철저히 조사, 검토한 후 여과포의 재질, 중량, 두께, 통기도, 기계적 강도 및 기공의 크기, 기공률, 기타 물리적, 화학적 가공 방법 등을 고려하여 가장 알맞은 특성의 제품을 선정하여야 한다. 위와 같은 내용을 검토하는 과정에서 여과포만으로 도저히 해결할 수 없는 문제가 발견될 시에는 집진장치의 구조, 설계조건, 운전방법 등을 개선 또는 변경하여야 여과집진기의 원활한 운전이 가능할 수 있으며, 또 문제의 발생을 최소화할 수 있다.

1) 선정방법

    가) 선정 조건
        - 강도가 충분할 것
          * 물리적 강도 : 인장강도, 파열강도, 마모강도 등
          * 화학적 강도 : 내약품성, 내열성 등
        - 집진 효율이 좋은 것

- 압력손실이 낮은 것
- 가격이 저렴하고 공급이 안정된 것

나) 선정시 고려사항

- 처리 가스의 온도
- 처리 가스의 성분
- 처리 가스의 함수율
- 처리 가스의 부착성
- 처리 분진의 입경분포 등
- 여과속도
- 송풍기 정압
- 집진방식(분진 탈락방식 중심)
- 처리 분진의 마모성, 대전성

2) 관리 및 수명

가) 파손의 주원인

- 고온으로 인하여 여과포가 파손되거나, 분진탈진을 위한 압축공기로 파손되는 경우
- 여과포의 설치불량으로 장력이 과하거나 이완된 경우에 장기간 운전으로 여과포가 파손되는 경우
- 집진실 외벽 및 여과포의 간격이 좁아서 탈진시 여과포가 외벽 및 여과포 상호간의 마모에 인한 여과포 파손
- 여과포 설치 작업 시 또는 운전 시, 인위적인 기물에 의하여 파손되는 경우

나) 운전시 주의점

- 노점온도 이하에서 운전하여야 한다.
- 여과포 재질에 따른 사용 한계온도를 준수하여야 한다.
- 송풍기 정압 이하의 압력손실로 운전하여야 한다.
- 여과포의 설치시 장력이 적절하여야 한다.
- 입구 분진량은 15 g/Nm³ 이하로 운전하는 것이 좋다.
- 분진 탈진간격(Pulse interval)은 15초 ~ 30초 전후, 탈진주기(Pulse cycle)는 120초 전·후에서 운전하는 것이 좋다.
- 파손된 여과포는 즉시 교환하여야 한다.

사. 운전 조건

아무리 좋은 자재와 설비라도 운전을 잘못되면 문제가 발생될 수밖에 없다. 집진설비를 설치 후 몇 달 동안은 여과집진기의 운전 상태를 철저히 점검 조사하여 가장 합리적인 운전방안을 모색하여야

한다. 대부분 설계값과 실제 운전결과는 다르므로 초기 운전시의 성급한 판단은 장기적으로 보면 사용자 측에 상당한 경제적 손실이 초래될 수도 있다. 즉, 방지시설업체는 성능 보증치만 만족시키면 대부분 철수한다. 그러나 초기 시운전의 성능보장조건 만족이 그 설비의 적합한 값은 아니므로 사용자는 집진설비에 대한 최적의 운전조건을 찾을 필요가 있는 것이다.

1) 입구 함진농도

입구 함진농도는 여과집진기 운전 조건에 중요한 인자로 다음과 같은 사항에 영향을 끼친다.

가) 압력손실과 분진 탈진주기

입구 함진농도가 높으면 동일 여과면적에서는 압력손실이 증가한다. 분진 탈진주기를 빠르게 하면 잦은 작동으로 여과포의 수명이 단축되고 집진설비에도 여러 문제를 야기시키기도 한다.

나) 여과포 또는 본체 Casing

마모성이 큰 분진은 입구 함진농도에 비례하여 여과포 및 본체 Casing의 마모가 진행되는 것으로 알려져 있다.

다) 전처리 설비(Pre-duster)의 설치 여부

분진 종류 및 성상에 따라 다르겠지만 어떤 경우에는 입구 함진농도가 2,000 g/m³ 정도까지도 Pre-duster없이 처리할 수도 있다. 그러나 일반적으로 경도가 높고 조대입자의 함량이 많은 경우에는 전처리 설비로 Pre-duster를 설치하여 입구분진 농도의 부하를 줄인 후 여과집진기에 유입시키는 것이 경제적이다.

2) 배출농도

배출농도는 배출허용기준 이하로 배출하여야 한다. 여과집진기의 배출농도는 집진율과는 다른 개념으로서 여과집진기의 형식, 여과포, 분진의 종류 등에 따라서 달라지는데 수 g/Nm³에서 수 mg/Nm³ 정도로 다양하게 제어 될 수 있다.

배출농도는 여과포만으로 배출농도를 현저히 줄일 수 있으므로 여과포 선정 및 운전에 충분한 검토가 필요하다.

3) 결로점

고온의 함진가스가 집진설비 시스템에서 냉각되어 응축 현상이 발생하는 것이 결로현상이다. 일반적인 결로현상과 SOx 성분이 가스 중에 포함되어 있을 때 발생되는 산결로(산노점)와는 매우 큰 차이가 있다. 또 결로로 인하여 발생되는 여과포와 본체 외피의 부식현상도 산노점인 경우에 매우 심각한 결과를 초래하므로 가볍게 취급해서는 안 된다.

4) 분진 탈진간격 및 탈진주기

필요 이상으로 분진 탈진간격 및 탈진주기를 바르게 하면 분진이 누출될 수도 있으며, 늦게하면 압력손실 상승은 물론 여과포 표면에 분진이 고착되어 기공이 폐쇄된다.

분진 탈진주기의 설정은 압력손실, 분진 부착량, 배출농도 등을 종합적으로 검토하여 시운전시 설정하고 3 ~ 6개월간 현상을 검토하여 재조정하는 것이 좋다.

5) 분진 부착량

분진 부착량은 탈진간격 및 탈진주기와 밀접한 관계가 있다. 여과포 표면에 어떤 종류의 분진이 어느 정도 부착되었을 때 압력손실이 얼마나 되고 여과포에 부착된 분진을 언제 털어 주어야 하는가는 정확히 규명, 정립되어 있지 않으므로 부착성, 비중, 벌키성, 여과면적, 배출허용기준 등 여러 가지 인자를 검토하여 종합적으로 결정할 수밖에 없다.

6) 연속운전 또는 단속운전

24시간 연속운전인 경우는 운전 중이라도 여과포의 교환, 보수, 점검이 용이하도록 하여야 하며, 가스온도, 분진 농도 등이 주기적으로 변할 때는 최고 부하를 기준으로 운전해야 한다. 또한, 여과집진기의 여과포 파손사고는 계속적인 운전시에는 거의 발생하지 않으며 대개가 운전을 중단하였다가 재가동 후 2 ~ 10일 내에 발견되고 있다. 이와 같은 현상은 여과집진기의 운전조건을 정확히 파악하지 않은 상태에서 통상적인 운전으로 운전조건 변화에 대하여 충분히 대처하지 못하였기 때문이다.

위와 같이 여과포가 재가동 후 갑자기 파손되는 것은 대개 결로현상에 의한 가수분해 또는 산분해가 된 것으로 여과집진기에 응축되었던 수분 또는 산성 물질과 열작용에 의한 부식현상 때문이다. 재가동 후 급격한 압력상승도 결로에 의한 분진 부착으로 기공이 폐쇄된 경우가 대부분이다. 따라서 위와 같은 사고가 방지 될 수 있도록 연속운전에서는 운전 개시와 중단 시에 여과집진기 내에 결로가 발생되지 않도록 집진기 본체에 충분히 공기 치환을 하고, 단속운전인 경우는 결로 방지대책인 본체 보온이 필요하다.

아. 설치환경

옥내설치 또는 옥외설치, 부식성이 있는 환경 등 설치 위치에 따른 여러 조건 등을 고려하여야 한다. 여과집진기의 설치장소가 옥외인 경우에는 강우, 강풍에 의한 피해가 발생될 수 있다. 강우·강풍에 의한 가스의 냉각으로 결노점이 낮아질 수 있으며 본체 외피의 밀폐성 불량으로 누수가 생겨 문제가 될 수 있다. 고온가스를 처리하는 여과집진기에서 정상적으로 운전되던 여과포가 갑자기 파손되는 경우가 있는데 이 원인은 외부기온의 강하, 강우, 눈, 강풍 등이 대부분이다.

5. 충격기류식 여과집진기 설계의 기본

충격기류식 여과집진기 설치의 최종목적은 배출시설에서 발생되는 오염물질을 방지시설에서 처리하고, 경제성 있는 분진 회수를 위하여 거의 완벽하게 포집하는데 있다. 따라서 "어떻게 하면 최저의 비용으로 배출농도를 최소화할 것인가!"가 설계의 기본이다.

여과집진기를 경제적으로 설계하기 위해서는 작은 규모의 설비(設備)로서 최대의 가스량을 처리할 수 있어야 하며, 고장 등이 없이 안정적으로 배출 함진농도가 설계치 이하로 배출되어야 한다.

이를 위해서는

① 기본조사가 정확해야 하며
② 설계가 완벽해야 하고
③ 제작이 정밀해야 하고
④ 적합한 여과포가 사용되어야 하며
⑤ 운전이 합리적이어야 한다.

가. 처리 가스 유량의 극대화

작은 여과면적으로 처리풍량을 크게 할 수 있으면 집진장치는 소형이 되어 설치비와 운전비가 절감될 수 있다. 여과면적과 처리 유량과의 균형은 여러 가지 조건을 경험적으로 검토하여 결정하여야 한다. 여과면적이 작으면, 즉 여과속도가 증가하면 여과포가 파손되거나 여과포 기공이 빨리 폐쇄되어 운전이 불가능하게 된다.

일반적으로 충격기류식 여과집진기의 여과속도는 부직포(Felt)인 경우에 0.8 ~ 2.0 m/min 정도로 설계하는데, 이 값은 참고적인 것이며 모든 분진 및 조건에 적용되는 것이 아니므로 여과집진기를 설계할 때에는 분진과 가스의 부착성, 수분함량, 입도분포, 마모성, 응집성, 가연성 등을 고려하여 가장 경제적인 여과속도로 설계하여야 한다.

나. 압력손실의 최소화

압력손실은 송풍기 동력에 비례하므로 운전비에 직접적인 영향을 주는 중요한 설계 인자이다.

후드 타입, 덕트 유속, 곡관부 덕트의 곡율 반경, 가지 덕트의 연결부 설치 각도에 따라 압력손실 차이가 많으므로 설계시 주의하여야 한다. 여과포 자체는 25 mmH$_2$O 전후의 압력손실이 발생하며 함진가스의 성상 및 성분 농도, 설계값, 운전조건에 따라 큰 차이가 발생한다.

다. 배출농도의 최소화

포집율 또는 부분 포집율이 중요하긴 하나 최종적으로는 배출농도가 낮으면 목적은 달성되는 것이다. 배출농도는 여과포의 사양, 여과속도, 여과포 탈진간격 및 탈진주기에 따라서 큰 차이가 난다. 또, 평균농도와 순간농도로 구별하여 관리할 필요가 있다.

여과포의 선정이 적합하고, Tube sheet에서 Leak 발생이 없고, 운전이 합리적이라면 배출허용기준 농도 $10\,mg/m^3$ 정도는 달성할 수 있으므로 집진기 설계시에 면밀한 검토가 필요하다.

라. 여과포 수명의 최장화

일반적으로 여과포는 1년 정도 사용하는 것이 정상적인 수명으로 보고 있다. 1년 이내 교환은 문제가 있는 것이며 2년 이상 사용할 경우는 매우 양호한 것이다.

여과포의 수명은 분진 및 가스의 종류와 온도, 수분, 노점, 입도분포 등을 기본으로 하여 탈진주기, 여과속도, 분진농도와 운전상태, 점검보수 등에 크게 영향을 받는다.

또한, 여과포의 수명은 여과속도에 크게 영향을 받는다. 여과속도가 빠르면 압력손실도 증가하고 탈진간격 및 탈진주기도 증가하므로 당연히 여과포의 기공이 빨리 폐쇄되고 파손도 쉽게 되어 수명이 짧아진다. 여과포의 수명을 간단히 정의한다는 것은 매우 어려운 일이며 운전조건과 조업여건에 따라 경험적으로 결정할 수밖에 없다.

한 가지 방법은 여과포의 기공 폐쇄로 인하여 압력손실이 상승되어 풍량이 10% 이상 감소했을 때를 평균수명으로 하는 방법과 전체 여과포 수량중 파손된 여과포 비율로 평균수명을 정하는 방법이 있다.

최적의 여과포를 선정하기 위해서는 장치의 구조와 설계 값을 검토할 필요가 있다.

1) 여과속도

여과속도가 크면 압력손실이 크게 되어 전력비가 상승하며, 여과포의 기공 폐쇄가 급격히 일어나고 또 분진이 유출(통과)되기도 한다.

2) 압력손실

여과포의 압력손실은 초기 청정상태에서 25 mmAq 전후이고, 초층형성이 완료된 운전초기 압력손실은 60 ~ 80 mmAq 전후이고, 부하 운전시에는 여과속도, 가스의 성질, 분진의 조건 및 배출 목표 농도, 여과포의 사양에 따라 천차만별이다. 정상값은 100 ~ 200 mmAq이며 비정상적으로 높게 되면 원인조사가 필요한데 주요 원인은 탈진불량에 의한 것과 여과포의 기공폐쇄로 인한 문제가 대부분이다. 위의 2가지 원인 제거는 근본적으로 전반적인 시스템의 조건을 조사하여 장치적인 문제인지 여과포가 부적합한 것인지를 판단하여 해결하여야 한다.

3) 풍량

집진풍량이 설계풍량보다 많거나 적어도 집진기능에 문제가 발생한다. 집진풍량이 적으면 가스가 흡입되지 않아 문제를 쉽게 해결할 수 있으나, 집진 풍량이 설계 풍량을 초과하면 동일여과 면적에서 불필요한 압력손실 상승이 생겨 분진 누출은 물론 동력비의 상승, 빈번한 여과포 교체 등 운전 및 정비 비용이 증가한다.

4) 정압

정압은 Process 문제로서 여과기능과는 직접적인 관계는 없으나 정압이 낮으면 함진가스가 후드로 흡인이 잘 안되고, 정압이 높으면 압력손실이 증가하여 동력비가 많아져 경제적인 손실이 생긴다.

5) Pre-Duster의 유 · 무

집진기 본체로 과대한 분진 유입방지, 불티 혼입방지, 조대입자로 인한 마모방지 등을 위한 Per-duster 설치를 검토하여야 한다.

6) 압축공기 압력

충격기류식 여과집진기는 분진 탈진용 압축공기의 압력이 낮으면 분진 탈진기능이 저하되는 원인이 된다. 탈진용 압축공기의 압력은 5 ~ 7 kg/cm²에서 운전되고 있다.

7) 여과포(Bag)의 직경과 길이

여과포의 직경에 대하여 길이가 너무 길면 여과포에서 Hopper까지의 분진 침강시간이 길게 필요하게 된다. 또한, 압축공기가 여과포 하단부까지 도달하지 않아 여과포 탈진에 문제가 생기므로 직경과 길이의 비는 1 : 20 전·후로 하는 것이 좋다.

8) 여과포(Bag)의 설치간격

충격기류식(Pulse air jet type) 에서는 여과포 간격이 좁을 경우에 비중이 낮은 분진 또는 미세분진은 호퍼 하부로 포집이 안되고 재비산하여 여과포에 다시 부착되어 압력이 상승하므로 이를 방지하기 위하여 여과포간 설치 간격 확보가 필요하다. 또한, 여과포 길이가 길고, 설치 간격이 좁을 경우는 여과포 하부에서 탈진시 서로 마찰되어 파손되는 경우도 발생한다.

충격기류식(Pulse air jet type)에서는 여과속도, 분진의 물리, 화학적 성질 등에 따라 다르겠으나 여과포 길이가 3,000 mm 이상이면 여과포 설치간격을 최소한 80 mm 이상 이격하여 설치하여야 한다.

9) 부속기기의 검토

충격기류식(Pulse air jet type)에서 벤츄리(Venturi)와 같은 부속설비가 불량한 것을 사용하면 분진 탈진이 안 되는 원인이 되기도 한다.

그 외에 압축공기(Pulse jet air)가 분출되어 여과포까지의 분사거리도 조사하여야 한다.

6. 충격기류식 여과집진기의 설계기준

충격기류식 여과집진기의 구조는 개략적으로 그림 5.43에 나타나 있으며,
- 분진을 포집하기 위한 여과장치
- 포집된 분진을 제거하기 위한 배출장치로 구별된다. 각 구성 부품들은 장치를 어떤 형식으로 설계할 것인가에 따라 크기나 종류가 달라지나, 일반적인 각 장치의 설계기준은 다음과 같다.

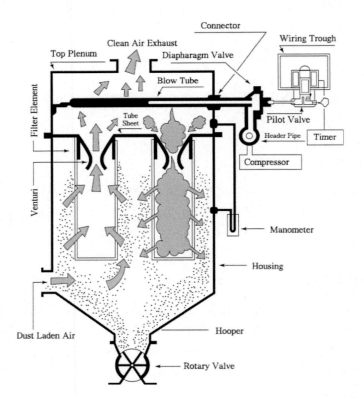

그림 5.43 충격기류식 여과집진기

가. 속도 설계기준

1) 여과속도(Filtering Velocity)

처리풍량(m^3/min)과 전체 여과면적(m^2)의 비율을 여재비(m^3/m^2/min) 혹은 여과속도(m/min)라한다. 예를 들어 풍량이 1,000 m^3/min 이고 여과면적의 합계(여과포 전체표면적)가 900 m^2이라면 여과속도(Filtering Velocity)는 1,000/900 = 1.11 m/min가 된다. 어느 정도가 가장 적정한 여과속도인지는 분진의 종류 및 함수율 등과 관계가 있지만, 산업현장에서는 대체적으로 0.8 ~ 2.0 m/min 이하로 하는 것이 일반적이다. 그러므로 여과속도(Filter velocity)가 결정되면 전체 여과면적을 구할 수 있다.

표 5.30 주요 공정의 여과속도

분진 또는 공정	여 과 속 도	비 고
소각로 분진	0.8 m/min 전·후	생활 쓰레기 소각장
반사로, 용해로, 전기로	1.0 m/min 이하	알미늄 공정, 제강공정
비산재 분진	0.9 ~ 1.2 m/min 전·후	연소, 파쇄 발생 미세분진
고로, 유분함유 분진	1.2 m/min 전·후	제철소
일반 공업용 분진	1.2 ~ 1.5 m/min 전·후	유분 성분이 없는 분진
곡물, 톱밥 등	2.0 m/min 이하	건조하고 입경이 큰 분진

2) 상승속도(Lifting Velocity)

이는 집진기의 평면크기(가로 × 세로)를 설계(Design)하는 기본적인 자료이다. 즉, 여과포 중심에서 다음 여과포 중심 간의 거리를 규명하고 있다. 상승속도 (Lifting velocity)는 함진가스가 집진기 본체 내에서 상부 벤츄리 방향으로 가는 속도로서 상승속도가 빠를 경우 분진이 여과포에 부착하기 어려우며, 탈진된 분진이 빠른 기류 속도로 호퍼 하부로의 하강을 방해한다. 상승속도는 전체 풍량과 상승할 수 있는 집진기 내부 면적의 비율이다. 예를 들어 풍량이 1,000 m^3/min이고 집진기 평면 크기가 7 m×3.5 m, 여과포 크기가 ∅150 ~ 500개라고 하면

$$\frac{1,000 \text{ m}^3/\text{min}}{7\text{m} \times 3.5 \text{ m} - (0.15/2)^2 \times \pi \times 500} = 63.84 \, m/min$$

가 된다. 다시 말해서 여과포 설치 간격으로 Tube sheet 면적에 따라 상승기류 속도는 달라진다.

충격기류식(Pulse air jet typee) 여과집진기에서는 여과속도, 분진의 물리, 화학적 성질 등에 따라

다르겠으나 여과포 길이가 3,000 mm이상이면 최소한 80 mm 이상 이격하여 설치하여야 한다. 상승 속도는 분진의 비중, 입자경 및 제반성질 등과 관계가 있지만 대체적으로 상승 기류속도는 60 ~ 80 m/min 이하로 설계하여야 한다.

3) 유입속도(Inlet Velocity)

이는 집진기의 입구 덕트 크기를 결정을 위한 기본적인 설계 자료로서 전체 풍량과 덕트크기의 비율이다. 유입속도는 집진기 본체로 유입되기 전의 속도로 덕트속도와는 구별되어야 한다.

예를 들어 풍량이 1,000 m³/min이고 덕트 크기를 ø 1,300 mm로 설계하면

$$\frac{1,000 \text{ m}^3/\text{min}}{\frac{\pi}{4}(1.3^2)\text{m}^2} \div 60\frac{\text{sec}}{\text{min}} = 12.56 \, m/\text{sec}$$

유입속도가 빠르면 여과포의 수명에 직접적인 영향을 주게 되며, 그 영향을 감소시키기 위해 배플 등을 설치하기도 한다. 대체적으로 유입속도는 10 ~ 15 m/sec로 하는 것이 좋다.

유입속도는 출구덕트에도 적용되며, 덕트에서의 압력손실을 줄이기 위해 가능한 한 속도를 적게 하는 것이 좋다.

나. 격막 밸브(Diaphragm Valve)

1) 격막 밸브(Diaphragm Valve)수량 산출

충격기류식 여과집진기의 격막밸브 수량 계산은 여과포의 크기와 배열에 의해 수량이 결정된다. 처리할 함진가스량과 여과속도가 결정되면 여과포 면적을 계산 할 수 있다.

여과포 크기와 수량으로 여과포 면적이 결정되면 집진기의 설치장소와 여러 여건을 고려하여 여과포를 배열한다. 여과포 배열에 의하여 밸브용량과 수량이 결정된다.

예제 1 ┃ 유량 1,000 m³/min, 여과속도 1.2 m/min 일 때 여과포를 Ø150×3,000 L를 사용하면 여과포는 몇 개 필요한가?

┃풀이

$A = \dfrac{Q}{V}$ 에서

$A = \dfrac{1,000 \, m^3/\text{min}}{1.2 \, \text{m/min}} = 833.333 \text{ m}^2$

여과포 1개 면적 (m²) $= \pi \cdot D \cdot L$

$\qquad\qquad\qquad = \pi \times 0.15 \times 3$

$\qquad\qquad\qquad = 1.414 \, (\text{m}^2/\text{개})$

$$\therefore \text{여과포 수량} = \frac{833.333 \ \text{m}^2}{1.414 \ \text{m}^2/\text{개}}$$

$$= 589.344 \text{개지만 여과포 배열을 고려하여}$$

$$= 600 \text{개로 결정}$$

위 계산에서 여과포 수량 계산은 589.344개지만 배열을 고려하여 여과포를 600개 이상으로 결정하면 된다. 집진기 설치 여건을 고려하여 설계자가 여과포를 배열하면 된다.

한 열당 1개의 격막 밸브가 필요하므로, 한 열당 여과포 설치 수량을 결정할 때는 밸브의 용량을 고려하여 설계하면 된다.

① 한 열당 8개의 여과포를 설치할 경우

$$\text{격막 밸브 수} = \frac{\text{전체 여과포수량}}{\text{한열당 여과포 설치수량}}$$

$$= \frac{600 \text{개}}{8 \text{개}/\text{열}}$$

$$= 75 \text{개로 결정하면 된다.}$$

② 한 열당 20개의 여과포를 설치할 경우

$$\text{격막 밸브 수} = \frac{\text{전체 여과포수량}}{\text{한열당 여과포 설치수량}}$$

$$= \frac{600 \text{개}}{20 \text{개}/\text{열}}$$

$$= 30 \text{개로 결정하면 된다.}$$

2) Diaphragm Valve 용량 계산

- 충격기류식 여과집진기의 On line type에서는 격막밸브(Diaphragm valve)의 용량결정은 1개의 밸브가 탈진할 여과면적에 의해 결정된다.

여과포 1 m^2면적당 통상 5 L ~ 7 L의 압축 공기량이 소요되므로 여과포 면적을 계산하여 격막밸브 용량을 선정하면 된다.

표 5.31 Diaphragm valve의 통과유량/노즐경 비교표

구분	압력 (kg$_f$/cm^2)	토출유량 및 유속			노즐설계			적정 범위
		0.1sec	면적	유속 (m/sec)	정보	면적	유속	60 ~ 90%
JISI20	2	14.2	366.4	38.7	구경	301.6	47.0	82.3%
	3	18.9	366.4	51.5	8 mm	301.6	62.5	82.3%
	4	23.5	366.4	64.2	수량	301.6	78.0	82.3%
	5	28.2	366.4	77.0	6개	301.6	93.5	82.3%
	6	32.9	366.4	89.7		301.6	109.0	82.3%
	7	37.6	366.4	102.5		301.6	124.5	7
JISI25	2	24.1	598.3	40.3	구경	549.8	43.9	91.9%
	3	32.1	598.3	53.6	10 mm	549.8	58.3	91.9%
	4	40.0	598.3	66.9	수량	549.8	72.8	91.9%
	5	48.0	598.3	80.2	7개	549.8	87.3	91.9%
	6	55.9	598.3	93.5		549.8	101.7	91.9%
	7	63.9	598.3	106.8		549.8	116.2	91.9%
JISI40S	2	57.8	1359.2	42.5	구경	1357.2	42.6	99.9%
	3	76.8	1359.2	56.5	12 mm	1357.2	56.6	99.9%
	4	95.9	1359.2	70.5	수량	1357.2	70.6	99.9%
	5	114.9	1359.2	84.5	12개	1357.2	84.7	99.9%
	6	134.0	1359.2	98.6		1357.2	98.7	99.9%
	7	153.0	1359.2	112.6		1357.2	112.7	99.9%
JISI40D	2	58.6	1359.2	43.1	구경	1357.2	43.2	99.9%
	3	77.9	1359.2	57.3	12 mm	1357.2	57.4	99.9%
	4	97.3	1359.2	71.6	수량	1357.2	71.7	99.9%
	5	116.6	1359.2	85.8	12개	1357.2	85.9	99.9%
	6	135.9	1359.2	100.0		1357.2	100.2	99.9%
	7	155.3	1359.2	114.2)		1357.2	114.4	99.9%
JISI50	2	96.6	2197.9	43.9	구경	2155.1	44.8	98.1%

구분	압력 (kg_f/cm²)	토출유량 및 유속			노즐설계			적정 범위
		0.1sec	면적	유속 (m/sec)	정보	면적	유속	60 ~ 90%
	3	128.4	2197.9	58.4	14 mm	2155.1	59.6	98.1%
	4	160.3	2197.9	72.9	수량	2155.1	74.4	98.1%
	5	192.1	2197.9	87.4	14개	2155.1	89.2	98.1%
	6	224.0	2197.9	101.9		2155.1	103.9	98.1%
	7	255.8	2197.9	116.4		2155.1	118.7	98.1%
JISI65	2	143.9	3621.0	39.7	구경	3534.3	40.7	97.6%
	3	191.3	3621.0	52.8	15 mm	3534.3	54.1	97.6%
	4	238.7	3621.0	65.9	수량	3534.3	67.6	97.6%
	5	286.2	3621.0	79.0	20개	3534.3	81.0	97.6%
	6	333.6	3621.0	92.1		3534.3	94.4	97.6%
	7	381.0	3621.0	105.2		3534.3	107.8	97.6%

※ 구경 및 수량을 변경하면 적정범위를 조정할 수 있음. 모델명 중 "S"는 Single type, "D"는 Double type임. 출처: 조일기업

예제 2 여과포 크기가 Ø150 × 3,000 L이고 1개의 격막 밸브가 5 kg_f/cm² 압력으로 14개의 여과포를 탈진할 경우 격막 밸브 용량을 표 5.31에서 선정하시오.

▌풀이

$$1개의\ 여과포\ 면적(m^2)\ = \pi \cdot D \cdot L$$
$$= \pi \cdot 0.15 \cdot 3$$
$$= 1.414(m^2)$$
$$여과포\ 1개\ 소요\ 압축공기량(L/m^2)\ = 7\ L/m^2 \times 1.414\ m^2$$
$$= 9.898\ L/개$$
$$격막\ 밸브\ 용량(L)\ = 9.898\ L/개 \times 14개$$
$$= 138.57\ L$$

격막 밸브는 5 kgf/cm²에서 138.57 L 이상의 용량을 선정하면 표 5.31에서 JISI 50 모델을 선정하면 된다. 실제 설계시에는 10 ~ 20%의 안전율을 고려하여 밸브용량을 선정한다.

예제 3 Diaphragm Valve 수량 및 용량을 결정하시오.

– 설계내용: 충격기류식 여과집진기의 풍량이 800 m³/min, 여과속도는 1.2 m/min일 때 Diaphragm valve 1개

당 10개의 Bag(∅150 × 3000 L)을 설치 할 경우 표 5.31을 참고하여 Diaphragm valve(압력: 5kg$_f$/cm^2)를 선정하고, 그 때 D/Valve 설치 수량은 몇 개인가? 변경된 여과포 수량으로 인한 여과속도는 몇 m/min 인가?

(단, 여과 면적당 압축공기소요량은 7 L/min·m^{2}임)

▌풀이

$\varnothing 150 \times 3000\,L$ 여과포를 1열당 10개 설치하므로 $Diaphragm\ Valve$ 1개당 필요 압축공기량은

$1.414\,m^2/개 \times 10개/열 \times 7\,L/m^2 = 14.14 \times 7 = 98.98\,L$ 이상

$\therefore JISI\,40S$ 로 선정

* 전체 소요 여과면적

$$A = \frac{800\,m^3/\min}{1.2\,m/\min} = 666.667\,m^2$$

여과포가 $\varnothing 150 \times 3000\,L$ 이므로

$$Bag수량 = \frac{666.667\,m^2}{1.414\,m^2/개} = 471.476개이나$$

480개로 결정

$Diaphragm\ Valve$ 1개당 여과포를 10개 설치하므로

$$\therefore D/valve\ 수량 = \frac{480개}{10개/D.V} = 48D.V$$

따라서 48개의 Diaphragm Valve를 설치한다.

표 5.32 Bag Size 別 소요 압축 공기량

Size	여과면적 (m^2)	소요 압축 공기량 (L/ea)	BAG 1 別 당 소요 압축 공기량 (Litter)				
			8 ea/列	10 ea/列	15 ea/列	16 ea/列	20 ea/列
ø130 × 3,000 L	1.22	8.54	68.32	85.4	128.1	136.64	170.8
ø150 × 3,000 L	1.414	9.898	79.18	98.98	148.47	158.37	197.96
ø150 × 3,500 L	1.65	11.55	92.4	115.5	173.25	184.8	231
ø150 × 4,050 L	1.9	13.3	106.4	133	199.5	212.8	266
ø160 × 5,200 L	2.61	18.27					
ø130 × 2,500 L							
ø150 × 4,000 L							

단, 여과 면적당 압축공기소요량은 $7\ L/m^2 \cdot min$을 적용

3) 탈진시간 선정

충격기류식 여과집진기에서 탈진시간 설정방법에는 Pulse time, Pulse interval (Dwell time), Poppet time 3가지가 있다.

이를 효과적으로 운영하기 위해 Drop time, Elapse time 등이 중요한 요소로 작용하기도 한다.

가) Pulse Time

격막 밸브가 열려있는 시간을 말하며 여과포에 압축공기를 공급하는 순간적인 시간을 말한다. 이는 0.05 ~ 0.5초 사이의 설정 범위를 가지며 함수율 및 입자형상, 크기에 따라, 그리고 격막 밸브의 형식에 따라 차이가 있다. 충격파일 경우 Pulse time은 0.05 ~ 0.15초이면 충분하나 팽창 수축에 의할 경우는 0.5초까지도 Pulse time을 설정하기도 한다. 일반적으로 Pulse time은 0.1초로 설정한다.

나) Pulse Interval(Dwell Time)

Pulse interval(탈진간격)은 n번째 격막 밸브가 작동한 후 (n+1)번째 격막밸브가 작동하기까지 걸리는 시간으로 10초 ~ 60초 범위에서 설정한다. 통상 현장에서는 15초 ~ 30초 범위에서 설정하여 운전되고 있다. Pulse interval은 주로 입구부하량에 따라 좌우되는 것으로서 초층형성이 완료된 초기 운전시 압력손실이 60 ~ 80mmAq가 되도록 Interval 시간을 설정하면 된다.

n번째 격막 밸브가 작동한 후 다시 n번째 밸브가 작동하는데 걸리는 시간을 Pulse cycle(탈진 주기)이라 한다. Pulse cycle time 설정은 압력손실 변화가 없는 범위 내에서 설정하여야 한다. 통상 120초 전후로 설정하여 사용한다.

다) Poppet, Drop, Elapse Time

간헐 탈진 방식(Off line type)일 경우 각 챔버마다 댐퍼를 설치하는 데 댐퍼(Damper)작동 시간과 탈진주기(Pulse cycle)시작 및 끝 전후의 시간을 말한다.

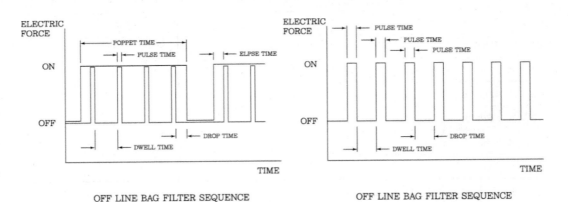

그림 5.44 탈진주기

다. 압축공기량 산정

충격기류식 여과집진기의 여과포에 부착된 분진을 탈진하기 위한 소요 압축공기량은 연속 탈진방식(On line type)에서는 간이식으로 여과포 1 m² 면적당 5L ~ 7 L로 계산하여 콤프레서를 선정하여도 큰 문제는 없지만 정확한 용량을 산정하기 위해서는 탈진시간 계획에 의해 산출하여야 한다. 간헐 탈진방식(Off line type)은 격막 밸브수량 및 탈진시간을 계산하여 소요 압축공기량을 산정하여야 한다.

라. 여과포 직경비에 따른 압축공기 도달거리

충격기류식 여과집진기의 탈진 매커니즘은 여과포 상부에서 격막 밸브를 통해 공급된 압축공기가 여과포에 강한 충격기류와 압축공기의 팽창으로 인한 진동에 의해 탈진이 이루어지고, 압축공기가 여과포 하부 75%까지 도달하면 하부는 충격기류 및 여과포의 파동진동으로 부착된 분진이 탈진된다. (Xavier 등, 2017) 노즐 직경 10 mm, 여과속도 1.5 m/min, 탈진압력 5 bar에서 충격기류의 도달거리는 2,285 mm로 여과포 하부 76.2%까지 도달하여 여과포에 부착된 분진이 충분히 제거되고, 노즐 직경 12 mm 조건에서는 유효 탈진거리가 2,550 mm로 나타난다. 연속탈진형 충격기류식 여과집진기 여과포의 효율적인 탈진을 위해서는 탈진압력은 5 bar 이상, 노즐 직경은 10 mm 이상으로 설계하여야 한다. (서정민 등, 2021)

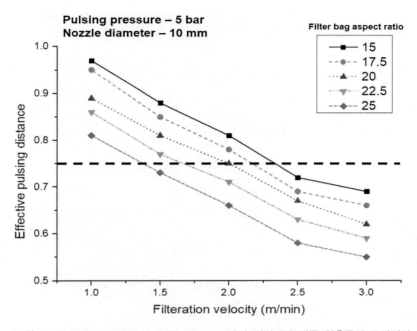

그림 5.45 탈진압력 5 bar, 노즐 10 mm에서 직경비에 따른 압축공기 도달거리

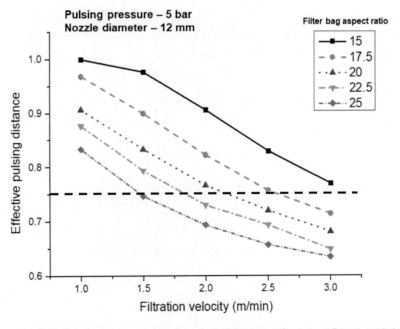

그림 5.46 탈진압력 5 bar, 노즐 12 mm에서 직경비에 따른 압축공기 도달거리

예제 4 충격기류식 여과집진기의 연속 탈진방식(On line type)에서 Ø150×3,000 L 여과포 1,184개가 설치되었을 때 필요한 압축공기량을 간이식으로 계산하라.

┃풀이

$$Ø150×3,000 \text{ L 여과포 1개 면적} = \pi \cdot D \cdot L$$
$$= \pi \times 0.15 \times 3$$
$$= 1.414 (\text{m}^2/\text{개})$$

$$\text{전체 여과포 면적} = 1.414 \text{ m}^2/\text{개} \times 1,184\text{개}$$
$$= 1,674.176 \text{ m}^2$$

$$\text{소요 압축공기량} = 7 \text{ L/m}^2 \cdot \text{min} \times 1,674.176 \text{ m}^2$$
$$= 11,719.232 \text{ L/min}$$
$$= 11.719 \text{ m}^3/\text{min}$$

∴ 소요 압축 공기량은 11.719 m³/min 이상의 콤프레셔를 선정하면 된다.

예제 5 아래 조건에서 연속 탈진방식(On line type) 충격기류식 여과집진기의 소요 압축공기량을 계산하시오.
 - 조건 -
  · Pulsing Interval : 15 sec
  · Pulsing Cycle : 150 sec
  · 총 격막밸브 수량 : 74개
  · 격막 밸브 용량 : 134 L/개 ($at\ 6kg_f/cm^2$)

┃풀이

Pulsing cycle이 150초이고 Pulsing interval이 15초 이므로 Pulsing cycle동안 10회 탈진하게 된다. 격막밸브의 수량이 74개 이므로 1회 탈진시 7.4개의 격막밸브가 작동하게 되고, 격막밸브 1개의 용량이 134 L(0.134 m³)이므로

  · 1회 Pulsing시 압축 공기량
    $$= 7.4\text{개}/\text{회} \times 0.134 \text{ m}^3/\text{개}$$
    $$= 0.992 \text{ m}^3/\text{회}$$

Pulsing interval이 15초이므로 1분 동안 4회 작동 하므로
  · 분당 소요 압축 공기량
    $$= 1\text{회 Pulsing시 압축 공기량} \times 4\text{회}/\text{min}$$
    $$= 0.992 \text{ m}^3/\text{회} \times 4\text{회}/\text{min}$$
    $$= 3.968 \text{ m}^3/\text{min}$$

∴ 소요 압축 공기량은 3.968 m³/min 이상의 콤프레셔를 선정하면 된다.

예제 6 아래 조건에서 간헐 탈진방식(Off line type) 충격기류식 여과집진기의 소요 압축공기량을 계산하시오.
 - 조건 -

· 1회 탈진시 작동 밸브 수량 : 5개
· 격막밸브용량 : 134 L/개
· 챔버(Chamber)수 : 6개
· 탈진주기 : 300초
· 챔버당 탈진주기(Pulsing cycle) : 50초
· 평균 탈진간격(Pulsing interval) : 12초
· 챔버당 탈진 횟수 : 4회

▌풀이

챔버당 Pulsing Cycle 50초 동안 4번 탈진하므로 분당 평균 탈진회수는

· 분당 평균 탈진회수

= 4회/50초 × 60초/min

= 4.8 회/min

한번 Pulsing시 5개의 격막밸브가 동시에 작동하고 그 용량이 134 L(0.134 m³)이므로

· 1회 Pulsing시 압축 공기량

= 5개/회 × 0.134 m³/개

= 0.67 m³/회

· 분당 소요 압축 공기량

= 1회 Pulsing 압축 공기량 × 4.8회/min

= 0.67 m³/회 × 4.8회/min

= 3.216 m³/min

예제 7

충격기류식 여과집진기의 풍량이 1,000 ㎥/min, 여과속도는 1.3 m/min일 때

① 표 5.31을 참고하여 JISI 40D, 7bar 격막밸브를 설치 할 경우 Diaphragm valve 1개당 여과포(ø150 × 3000 L) 설치 수량 및 D/Valve 수량은 몇 개인가?

② 표 5.31을 참고하여 JISI 50, 6bar 밸브를 설치 할 경우 Diaphragm valve 수량 및 그때의 여과속도는 얼마인가?

③ 또한, 압축공기소요량은 몇 ㎥/min인가? (압축공기소요량은 7 L/min·㎡임)

· Pulsing Interval : 20 sec
· Pulsing Cycle : 160 sec
· 총 격막밸브 수량 : 28개
· 격막 밸브 용량 : 224 L/개$(at\ 6kg_f/cm^2)$

▌풀이

① 표 5.31 중 JISI 40D, 7bar 격막밸브 용량은 155.3 L이므로

$\varnothing 150 \times 3000 l$ 여과포 1개 소요 공기량 $= 1.414\,m^2/$개$\times 7\,L/m^2 = 9.896\,L/$개

$$\therefore D/V \text{당 여과포 수량} = \frac{155.3\,L}{9.896\,L/\text{개}} = 15.7\text{개}$$

D/V당 15개의 Bag설치할 수 있다.

여과포 수량은

$\varnothing 150 \times 3000\,L = 1.414\,m^2/$개

$V = 1.3\,m/\min$ 이므로

$$A = \frac{1,000\,m^3/\min}{1.3\,m/\min} = 769.231\,m^2\,(\text{총 여과면적})$$

$$Bag \text{ 총 수량} = \frac{769.231\,m^2}{1.414\,m^2/\text{개}} = 544.011\text{개 이나}$$

$$= 555\text{개로 결정}$$

$$\therefore D/V \text{수량} = \frac{555\,\text{개}}{15\text{개}/DV\text{당}} = 37\,D.V$$

② 표 5.31 중 JISI 50, 6bar Valve의 용량은 224 L이므로

$$\varnothing 150 \times 3000\,L = 1.414\,m^2/\text{개} \times 7\,L/m^2 = 9.898\,L/\text{개}$$

$$D/V \text{당 여과포 수량} = \frac{224\,L}{9.898\,L/\text{개}} = 22.631\text{개 이나}$$

여유율을 고려하여 20개로 결정

$$D/V \text{수량} = \frac{544.011}{20\text{개}/D \cdot V} = 27.201\text{개} \rightarrow 28\text{개로 결정}$$

$$Bag \text{수량} = 20 \times 28 = 560\text{개로 결정}$$

③ 압축공기소요량

Pulsing cycle이 160초이고 Pulsing interval이 20초 이므로 Pulsing cycle동안 8회 탈진하게 된다. 격막밸브의 수량이 28개 이므로 1회 탈진시 3.5개/회(28개/8회)의 격막밸브가 작동하게 되고, 격막밸브 1개의 용량이 224 ℓ (0.224 m³)이므로

· 1회 Pulsing시 압축 공기량

    = 3.5개/회 × 0.224 m³/개

    = 0.784 m³/회

Pulsing interval이 20초이므로 1분 동안 3회 작동 하므로

· 분당 소요 압축 공기량

    = 1회 Pulsing시 압축 공기량 × 3회/min

    = 0.784 m³/회 × 3회/min

    = 2.352 m³/min

예제 8 아래 조건에서 연속 탈진방식(On line type) 충격기류식 여과집진기의 압축공기량을 계산하시오.
- 조건 -
  ·Pulsing interval : 20sec
  ·Pulsing cycle : 120sec
  ·총 격막밸브 수량 : 50개
  ·격막 밸브 용량 : 80 L(at 5 kg/cm²)

┃풀이

  ·1회 Pulsing시 압축 공기량
  =   개/회 ×   m³/개
  =   m³/회
  ·분당 소요 압축 공기량
  = 1회 Pulsing시 압축 공기량 ×   회/min
  =   m³/회 ×   회/min
  =   m³/min

예제 9 아래 조건에서 Off line type 여과집진기의 압축공기량을 계산하시오.
- 조건 -
  ·1회 탈진시 작동 밸브 수량 : 6개
  ·밸브용량 : 200 L/개
  ·챔버(Chamber)수 : 8개
  ·탈진주기 : 300초
  ·챔버당 탈진주기 : 60초
  ·평균 탈진간격(Pulsing interval) : 15초
  ·챔버당 탈진 회수 : 5회

마. Air Header Size 결정

Air header는 여과포 탈진용 압축공기를 저장하는 설비로 격막 밸브(Diaphragm valve)에 순간 대유량으로 여과포를 탈진할 수 있도록 고압력(5 ~ 7 kg/cm²)의 압축공기를 저장하는 탱크이다. 따라서 Pulse time(0.1 초) 동안에 격막 밸브 용량보다 많은 압축공기를 공급해 주어야 하므로 격막 밸브 용량보다 크게 에어헤드 크기를 결정하여야 한다.

- Air Header 용량 검토

$$\varnothing 125 \times 2,000\,L : \frac{\pi}{4}(0.125)^2\,m^2 \times 2m(길이) = 0.0245m^3 \ : \ 24.5\,\ell/2m$$

$$\varnothing 150 \times 2,000\,L : \frac{\pi}{4}(0.15)^2\,m^2 \times 2m(길이) = 0.0354m^3 \ : \ 35.4\,\ell/2m$$

$$\oslash\, 200 \times 2,000\, L : \frac{\pi}{4}\,(0.2)^2\, m^2 \times 2m\,(길이) = 0.0628m^3 \;:\; 62.8\,\ell/2m$$

$$\oslash\, 250 \times 2,000\, L : \frac{\pi}{4}\,(0.25)^2\, m^2 \times 2m\,(길이) = 0.098m^3 \;:\; 98.2\,\ell/2m$$

바. 분사 거리

제철소 코크스 분진은 충격기류식 여과집진기에서 압력손실이 최소화되는 Blow tube에서 여과포까지의 최적 분사거리(h)는 110mm 전후이다. (서정민 등, 2011)

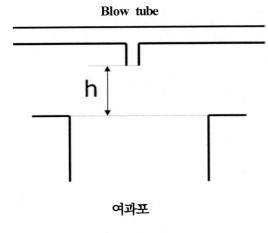

Blow tube

h

여과포

그림 5.47 분사거리

사. 여과포 선정

1) 여과포 설계시 검토사항

충격기류식 여과집진기를 계획, 설계할 때에는 목적에 따라 설비비, 운전비는 물론 형식, 운영방법 등을 조사, 검토하지 않으면 안 된다. 여과집진기에서 중요하지 않은 부속품은 없으나 그 중에서도 가장 중요한 것이 여과포(Filter bag)이다. 다른 시스템이 최적으로 설계되어도 인체의 심장과 같은 여과포가 잘못 선정되면 여과집진에서 목적 달성은 불가능하게 된다.

가) 운전온도와 여과포의 내열성

여과집진기에서는 여과포의 재질에 따라서 사용온도에 제약을 크게 받으므로 일반적으로 고온가스를 냉각하여 처리하여야 하는데 온도, 여과포 단위면적당 중량(g/㎡)에 따른 경제성, 기술적인 문제들을 고려하여 가장 경제적인 처리온도를 설정하게 된다. 고온 가스는 대부분 다량의 수분과 황산화물을 함유하고 있으므로 최고 280℃에서 100℃ 범위 내로 냉각하고 있다.

반대로 가스가 고습도이며 온도가 노점에 가깝고 조해성이 강한 분진인 경우에는 상대습도를 올리기 위하여 뜨거운 공기를 혼입하여 처리가스 온도를 올릴 때도 있다. 또 온도를 검토할 때에는 평균 입구온도와 순간 최고온도를 조사하여 대책을 세워 놓아야 운전시에도 문제가 생기지 않는다.

여과포 재질별 사용온도는 일반적으로 다음과 같다.

표 5.33 여과포 사용온도

순위	재 질	상용온도(℃)	순간 최고온도(℃)
1	금속섬유(stainless fiber)	400	
2	Glass fiber	250	280
3	Teflon	230	250
4	Teflon+Glass fiber (Tefaire)	230	250
5	내열 Nylon(Nomex, Conex)	190	205
6	Poly phenylene Sulfide (PPS)	180	190
7	Polyester(건열)	130	150
	Polyester(습열)	80	–
8	Nylon	80	105
9	면	80	100
10	양모	80	100
11	Poly propylene	70	90

주의) 위의 내열성은 온도에 따라 1년 ~ 2년 사용하여 분해, 수축이 발생되지 않는 온도이나 여과포는 단순히 내열성만으로 수명이 결정되는 것이 아니므로 주의가 필요하다.

나) 가스의 조성

여과포를 검토할 때에는 온도 이외에 가스의 성질에 따른 대책도 필요하다.

① 함수량

건조기, 소각로 등의 배기가스에는 다량의 수분이 포함되어 있다. 가스 성상에 영향을 줄 만큼 함수량이 높을 때는 여과집진기의 압력손실, Fan 동력 등이 수분 때문에 변화한다.

가스 중의 함수량은 처리 가스온도에 따라서 달라지나 소량 함유되어 있어도 결로점(이슬점)과 관계가 있으므로 여과집진기의 계획 및 운전에 매우 중요한 인자이다.

수분량이 소량이라도 결로로 인하여 분진부착, 여과포의 가수분해의 원인이 되므로 철저한 조사가 필요하다. 기존 가동 중인 여과집진기는 측정으로 가스 중의 수분량을 알 수 있다. 일반적으로 냉각이나 연소에 의해서 발생하는 것은 물질수지로서 계산할 수 있다. 가스 중에 수분이 있으면 이에 대한 대책으로 여과포에 내수성 가공을 하여야 하고 더욱이 수분이 있는 고온가스에는 내가수분해성 재질의 여과포를 사용해야 한다.

② 부식성 가스

배기가스 중에는 황산화물, 질소산화물, 염소, 염소가스, 불소가스, 불화수소가스 및 인(P)함유, 암모니아 가스 등이 함유되어 있는 경우가 많다. 위의 가스들은 여과포와 여과집진기에 심한 부식을 일으키므로 이에 대한 대책이 필요하다.

예를 들면 내열 Nylon(Nomex, Conex)은 사용온도가 190 ~ 205℃이나 이 온도에서 인 함유 가스에 접하면 심하게 분해된다. 또 수분이 있고 SO₂, SO₃ 성분이 있는 가스에 사용하면 순식간에 부식되어 파괴된다.

일반적인 여과포 재질별 내약품성 순위는 다음과 같다.

표 5.34 여과포의 내약품성

순위	내 산성	내 알칼리성
1	Stainless Fiber	Stainless Fiber
2	Teflon	Teflon
3	Teflon+Glass Fiber	Teflon+Glass Fiber
4	Polyphenylene Sulfide(PPS)	Polyphenylene Sulfide(PPS)
5	Polypropylene	Polypropylene
6	Glass Fiber	Glass Fiber
7	Acryl	내열 Nylon(Nomex,Conex)
8	Polyester	Nylon
9	내열 Nylon(Nomex, Conex)	면
10	Nylon	Polyester, Acryl
11	면, 양모	양모

주의> 위의 내약품성 서열은 일반적인 성질로서 재질에 따라 특정물질에 쉽게 부식되는 것도 있으므로 주의를 요한다. 예를 들면, Polypropylene은 납산화물과 금속산화물이 존재하는 60 ~ 70℃ 이상에서 분해되어 파괴된다.

③ 가연성 및 폭발성

폭발범위 내의 일산화탄소(CO) 및 기타 가연성 가스와 산소가 공존하면 폭발할 가능성이 있다. 이와 같은 조건에서는 여과집진기에 화재 및 폭발에 대한 안전장치가 필요하며 여과포도 정전기로 인한 Spark 방전이 일어나지 않도록 대전 방지대책이 필요하다.

다) 분진의 성질

여과포의 물리적, 화학적 내구성 증대와 분진의 탈진성 증대 및 기타 발생될 수 있는 사고를 방지하기 위해서는 분진의 여러 특성을 파악하여 대처해야 한다. 분진의 특성은 여과집진기의 설계와 운전에 큰 영향을 끼치는데 각각 갖고 있는 여러 성질들은 설계와 운전에 어떤 결과를 나타내는가는 이론적으로 정립되어 있지는 않다.

그러나 분진의 성질을 파악하여 이들에 의하여 제기되는 문제들에 대한 대책을 세워놓지 않으면 실제 운전시에 매우 많은 문제들이 발생한다.

① 분진의 종류

분진의 종류를 알면 전체적인 대략의 성질을 파악할 수 있는데 설계와 운전상의 문제점들을 정밀하게 검토하기 전에 예비 자료를 사용할 수 있다.

② 부식성, 응집성

분진의 부식성과 응집성은 여과포의 분진 탈진성이나 누출량에 매우 큰 인자로 작용한다. 부착성이 큰 분진은 여과포 표면에 물리, 화학적 가공을 하지 않으면 기공이 쉽게 폐쇄되어 압력 손실 상승이 빠르게 진행되고, 응집성이 큰 분진은 여과포의 기공 폐쇄의 원인도 되나 반면에 분진탈진성에 도움이 되는 경우도 있다.

그러나 부착성, 응집성은 어떤 값으로 표시할 수는 없고 분진별, 용도 별로 경험에 의거하여 여과포의 표면에 물리적 가공을 하던가 분진부착을 완화시키는 화학적 가공을 하여 성능을 향상시킨다. 또 부착의 원인이 정전기일 경우에는 여과포에 카본 화이버, 금속 화이버와 같은 제진 섬유를 혼입하여 분진부착의 원인을 제거하기도 한다.

③ 입도분포

여과포를 설계할 때 가장 중요하게 다루는 인자로서 일반적으로는 미세입자가 많을 때에는 여과포 표면의 기공을 작게 하고 조립자가 많을 때에는 기공이 크고 벌킹성이 있는 여과포를 선정한다. 그러나 이 방법은 어디까지나 일반적인 사항으로, 여과포 검토항목 중의 한 인자일 뿐이다. 경험적으로 여과포의 최대 기공보다 큰 입자가 처리분진 중에 5% 이상만 있으면 가교

(Bridge)현상으로 인하여 여과에 지장이 없다고 하나 이것도 결정적인 것은 아니고 참고 사항일 뿐이다. 또 입도분포는 여과집진기의 압력손실과 마모에 큰 영향을 준다. 전체 입경 중 미세입자는 압력손실에 영향을 끼치며 조대입자는 마모에 관계한다.

따라서 입도분포를 표시할 때에 미세입자의 양과 분포를 알 수 있도록 하는 것이 설계와 운전상에 도움을 준다. 예를 들면 200 Mesh 이하 몇 %라고 하는 것보다 1 μm 몇 % 등과 같이 상세하게 표시하는 것이 좋다.

분진의 입도분포는 배출농도에 영향이 있으나 부착성, 응집성이 이보다 훨씬 더 지배적 이다. 부직포(Felt) 여과포의 일반적인 제품은 2D(데니어) 굵기의 섬유를 사용하여 중량 500 g/m², 두께 2.0 mm 정도일 때 표면 기공의 크기가 30 ~ 35 μm 정도이다. 또 미국 Gore-Tex 멤브레인 여과포는 3 μm 정도이다.

만약 미세분진이 많고 부착성이 없는 분진에 일반적인 여과포를 사용한다면 누출량이 크게 되어 목표하는 배출허용농도 이하로 제어가 불가능하게 된다. 그러므로 분진의 성질에 따라서 이에 알맞은 크기의 표면 기공을 갖는 여과포를 사용하여야 한다.

④ 분진형상

침상결정 분진과 박편상 분진은 여과포의 기공이 막히기 쉽고 포집율도 나쁘다고 흔히들 말하나 실제로는 어느 정도의 영향이 있는가는 분명치 않다. 따라서 여과집진기 설계에 있어서는 특별한 경우 이외에는 대개 고려하지 않고 있다. 그러나 섬유소성 분진, 예를 들면 양모 분진이나 종이 분진과 같은 것은 여과속도는 크게 할 수 있으나 낙하가 잘 안되어 여과포에 재부착되는 경우가 많아 여과속도 결정에 신중을 기해야 하며 여과포(Bag)의 설치간격도 크게 하여야 한다.

⑤ 분진 비중

여과집진기에서는 분진의 비중은 크게 문제되지 않으며 분진 탈진성에 어느 정도의 영향을 주는 것으로 알려져 있다. 비중이 작은 미세분진의 경우 여과포 표면에서 탈진된 후 재부착하는 경우가 있다. 이런 경우에는 여과속도를 작게 하면 처리효율을 높일 수 있다.

⑥ 벌킹성

벌킹성이 큰 분진은 그 자체가 통기성이 좋아 압력손실 감소에 도움이 된다.
반대로 Bridge 형성이 불량하여 누출의 염려가 있다. 이때에는 여과포 표면에 분진이 잘 부착되도록 물리 화학적 가공을 할 필요가 있다.

⑦ 흡수성, 조해성

흡수성, 조해성 분진은 여과 면에서 고체화되거나 조해된 후 부착되어 탈진이 어려워 압력손실이 증대하여 운전불능이 되는 경우가 있다. 염화칼슘, 염화마그네슘, 염화암모늄과 같은 조해성이 강한 분진은 그 정도에 따라 여과 면을 가공처리를 하여 분진 탈진성을 높여 문제가 발생되지 않도록 하여야 한다.

⑧ 마모성

알미나 분진, 규산분진과 같이 경도가 높은 물질에 조대입자가 많을 때는 여과포(Bag)의 하단이 심하게 마모되는 수가 있다. 이런 경우에는 근본적으로 Pre-Duster를 설치하던가 여과집진기의 구조를 변경하여 큰 입자가 직접 여과포(Bag)에 충돌하지 않도록 해야 한다.
여과포에 대하여는 하단부를 보강한다든가, 표면에 내마모성 가공을 하는 방법이 있으나 근본적인 해결방법은 아니다.

⑨ 수분

제품분쇄기, 수송 장치용 여과집진기에서는 저장장소, 취급조건, 날씨 등에 따라 분진의 부착 수분량이 증가할 수 있다. 분진에 수분량이 순간적이지만 증가하면 부착문제, 또 고온가스인 경우에는 여과포의 가수분해가 유발될 수 있으므로 이에 대한 대책이 필요하게 된다.

⑩ 대전성

대전하기 쉬운 분진은 여과포와의 충돌, 마찰 등에 의하여 발생된 정전기로 인하여 탈진이 잘 안 되는 경향이 있다. 정전기로 인한 분진의 탈진 불량은 정량적인 값이 없으므로 경험적으로 대책을 세운다. 분진이 폭발할 가능성이 있을 때는 정전기로 인한 스파크 방전이 폭발의 원인이 될 수 있으므로 대전방지 가공이 된 여과포를 사용한다.

⑪ 가연성, 폭발성

유기질 분진은 물론 무기질 분진도 종류에 따라서는 대기 중에서 최적 폭발농도 이상이고 필요한 산소가 존재하였을 때 최소 점화에너지 이상이 가해지면 폭발한다.

표 5.35 분체의 폭발특성

분체 종류	분진의 점화온도 (°C)	전기스파크에 의한 최소 착화에너지 (mj)	하부폭발한계 (g/m³)	폭발 최대압력 (atm)	압력상승속도 (atm/sec)		스파크 점화 경우 폭발에 필요한 O_2의 최소량(%)
					평균	최대	
Zirconium	a	15	40	3.4	99	340	b
Magnesium	520	20	20	4.9	300	320	b
Aluminium	645	20	35	6.1	146	390	3
Yitanium	480	···	45	3.5	51	142	b
Rosin	390	10	15	3.8	85	200	14
Phenolic resin	500	10	25	4.2	92	210	14
Polyethylene	450	80	25	5.6	27	85	15
Allyl alcohol resin	500	20	35	4.6	119	240	···
Cellulose Propionate	460	60	25	4.5	92	160	···
p Oxyaenzaldehyde	430	15	20	3.9	146	210	···
Hard rubber, Crude	330	50	25	3.9	58	230	15
Coal	510	40	35	3.1	24	540	16
Sulpher	190	15	35	2.8	48	133	11
Phenothiazine	540	···	15	2.9	41	99	16
Cornstarch, modified	470	40	45	4.9	71	146	···
Soap	430	60	45	4.1	45	88	···
aluminium stearate	400	15	15	4.2	51	143	···

a. Zirconium powder를 실온의 공기 중에 산란시키면 어느 조건에서는 입자간의 정전기 방전 때문에 점화된다.

b. O_2 감량시험은 공기－CO_2 혼합기 중에서 행한다. Zirconium, Magnesium 및 어떤 종류의 Magnesium-Aluminium Alloy에서는 순수한 CO_2 중에서도 점화가 생긴다.

분진이 폭발하는 원인은 여러 가지가 있다. 그 중 정전기로 인한 분진과 여과포의 대전에 의한 것이 많으며 국내에서도 지난 수년간 여과집진기에서 화재, 폭발이 발생한 경우가 여러번 있었다.

가연성, 폭발성 분진의 포집 시에는 사고에 대한 대책을 미리 세워 놓는 것이 안전하다. 여과포에서의 정전기 사고 대책은 가스와 분진이 여과포 표면에 충돌, 마찰되어 발생되는 정전기가 모여 있다가 스파크 방전으로 문제가 발생한다. 대책으로는 카본 화이버나 스테인리스 화이버를 0.5 ~ 3% 혼입하여 여과포의 마찰 대전압이 상대습도 40%에서 100 volt 이하인 제품을 사용하는 것이 안전하다.

2) 여과포 선정시 조사항목표

여과포 선정시 조사항목표

회사명 :   크 기 :   조사일 :

Project :   수 량 :   조사자 :

가스와 분진		
온도	입구평균(°C)	
	순간최대(°C)	
가스의성질	가스의 조성	
	수분(%)	
	부식성	
	가연성	
	기타	
분진의성질	종류	
	입도분포	
	입자형상	
	비중	
	부피 비중	
	수분(%)	
	부착성	
	응집성	
	흡습성	
	조해성	
	마모성	
	대전성	
	가연폭발성	
	기타	

장치의 구조와 설계조건		
집진기 형식		
여과속도(m/min)		
여과면적(m²)		
압력손실(mmH₂O)		
풍량(Nm³/min)	설계 :	
	운전 :	
정압(mmH₂O)		
Pre-duster 유무		
여과포 직경 – 길이비		
여과포의 설치간격		
압축공기압(kg/cm²)		
벤츄리 설치여부		
가스 냉각방법		
보온여부 및 설치장소		
기타		

기 타 사 항	
투입원료와 반응과정	
사용연료와 조성	
온도 제어방법	
PROCESS FLOW	

운 전 조 건	
입구 농도(mg/Nm³)	
배출목표농도(mg/Nm³)	
현재배출농도(mg/Nm³)	
결로점(°C)	
탈진간격(sec)	
탈진주기(min)	
운전조건, 기타	

여과포 검토 및 설계표

회사명 :   SIZE :   검토일 :

PROJECT :   수량 :   검토자 :

검 토 내 용	
여과포 종류	
여과포 재질	
수분대책	
유분대책	
부착대책	
부식대책	
마모대책	
정전기대책	
압력손실대책	
배출농도문제	
분진누출문제	
기타 검토 내용 :	

여 과 포 설 계		
종 류		
재 질		
통기도(cc/cm^2/sec)		
밀도(g/m^3)		
중량(g/m^2)	표면	
	기포	
	후면	
두께(mm)		
인장강도(kg/cm^2)		
마모강도(회)		
표면기공크기(μm)		
기공률(%)	표면	
	내부	
섬유조직	표면	
	후면	
펀칭방법 · 회수		
기포		
제전가공		
표면가공		
화학가공		
Snap ring		
기타		

아. 여과포 재질별 사용온도와 내약품성

표 5.36에 여과포 재질별 사용온도와 내약품 특성을 기재하였다.

표 5.36 여과포 재질별 사용온도와 내약품성

재질		Polyester	Polypropylene	Polyacrilonitryl	Polyamide	Aromatic polyamide	Polyphenylene Sulfide (PPS)	Glass fiber	Polytetra fluorethylene	Teflon+Glass	금속섬유 Stainless	면
상품명		Tetron Telyene	파이렌	카시미론 엑시란	나이론	NOMEX CONEX	PPS	·	Teflon	Tefaiire	나스론	·
사용온도 (℃)	상용	130	70	100	80	190	180	250	230	230	·	·
	최고	150	90	110	105	205	190	280	250	250	400	400
내산성		2	1	2	4	2	1	2	1	1	1	5
내알카리성		5	1	5	2	2	1	3	1	1	1	3
내가수분해성		5	1	2	3	2	1	1	1	1	1	4
내유기용제성		3	1	3	4	1	1	1	1	1	1	4
흡수율 (%)		0.4 ~ 0.5	0	1.2 ~ 2.0	4.0 ~ 5.0			0	0	0	0	8
비교		수분이 많은 80℃ 이상 사용 불가	금속산화물에 부식됨	溫아세톤산에서 연화 (軟化)	페놀류에 용해	SO_x함유 가스에 사용 불가	SO_x함유 가스에서 저항성이 있음	수분이 많은 조건 사용 불가	통기성 나쁨		최고 온도임	

7. 여과집진기에서 발생되는 문제점 및 대책

가. 여과집진기의 고장진단

사고내용		원인
여과포의 파손	여과포의 마모	1) 인접한 여과포와의 마찰 2) 케이싱과 마찰 3) 조분에 의한 마찰(여과포 하부의 잔털이 닳아서 얇아진다.) 4) 인접한 여과포의 파손에 의한 분진 분사로 마모
	여과포의 소손	1) 불티의 혼입 2) 정전기 대전에 의한 화재 또는 폭발 3) 분진의 발열
	여과포의 노화	1) 가수분해 2) 산 또는 알칼리에 의한 부식 3) 가스 함유 성분에 의한 부식
여과포의 압력손실상승	여과포의 기공 폐쇄	여과포의 문제
		1) 여과포의 선정불량 2) 수명이 다됨
		가스 또는 분진의 문제
		1) 가스중의 수분 2) 분진의 부착 수분 3) 부착성이 큰 분진 4) 분진의 입도가 미세함 5) 정전기 대전에 의한 분진 부착
		운전 및 장치적인 문제
		1) 결로(結露) 현상 2) 본체의 Leak 발생 3) 과대한 여과속도 4) 운전 또는 장치의 결함
	분진 탈진 불량	여과포의 문제
		1) 여과포의 선정불량 2) 정전기 대전에 의한 분진 부착 3) 여과포의 과다 긴장 4) 여과포의 이완 5) 과대한 여과포의 길이
	분진 탈진 불량	가스 및 분진의 문제

사고내용		원인
여과포의 압력손실상승		1) 가스중의 수분량 2) 분진의 부착 수분 3) 부착성이 큰 분진 4) 분진의 입도가 미세함 5) 정전기 대전에 의한 분진 부착
		운전 및 설비 문제
		1) 결로현상 발생 2) 본체의 Leak 발생 3) Diaphragm Valve 고장 4) 압축공기의 압력 부족 5) 벤츄리와 여과포 Centering 불량 6) 여과속도가 큼 7) 탈진간격 및 탈진주기 설정 불량 8) Damper 등의 고장 9) Hopper내 분진의 배출 불량
Damper의 작동 불량	Air Cylinder	1) Air Cylinder의 작동 불량 2) 전자 밸브의 작동 불량 3) Damper Bearing에 분진 부착 4) Set 볼트의 절단 또는 탈락
	전동식	1) Motor의 과부하 2) Motor의 소손 3) Motor 용량 부족 4) Set 볼트의 절단 또는 탈락
Air Cylinder 작동 불량		1) 전자 밸브의 작동 불량 2) Air 누출 3) Cylinder 롯드의 부식 4) 스트로크 부족 5) 배관의 파손 6) 배관의 이탈 7) 압축공기의 압력 부족 8) Rod부의 오일 부족 9) Packing 불량
Diaphragm Valve의 작동 불량		1) 전기회로의 고장 2) Diaphragm의 손상 3) 핀 스프링의 절단 4) Packing의 팽창에 의한 마찰 증대 5) 압축공기 누출

사고내용		원인
		6) 밸브에 이물질이 들어갔음
분진배출 불량		1) Hopper 하부의 분진 가교현상 발생 2) Screw conveyor의 작동불량 3) Rotary valve의 작동불량 4) 배출구의 막힘 5) 작동부위 분진 고착 또는 부착
분진배출 장치의 고장		1) Geard motor의 체인 절단 2) Geard motor의 작동불량 3) Screw conveyor의 작동불량 　- 구동부 오일 부족, 연결핀의 절단, Screw 파손, Casing내 　　분진고착, 구동 Chain의 장력과대 4) Rotary Valve의 작동불량 　- Valve 날개 파손, Casing내 분진 또는 이물 끼임, 구동 　　Chain의 장력과대, 배출구 막힘 5) Hopper 하부의 분진 가교현상 발생
냉각수의 이상온도 상승		1) 냉각수량 부족 2) 단수 3) 냉각수의 순환 불량 4) 용접부의 균열로 인한 누수
송풍기의 고장	이상 진동	1) Impeller의 마모 또는 절단 2) Impeller에 분진 부착 3) Shaft의 편심발생 4) 로우터와 Casing의 접촉 5) Grand Packing의 쏠림 6) 써어징 현상 발생 7) Base 고정 Bolt 불량 8) 방진장치 불량
송풍기의 고장	성능저하	1) 전원주파수 저하 (회전수 저하) 2) Impeller의 마모 또는 절단 3) Damper의 작동불량 4) 여과포의 압력손실 과대 5) V-Belt 처짐현상 발생
	Bearing 온도상승	1) 구리스의 열화 2) 구리스의 공급부족 3) Bearing에 냉각수 혼입 및 냉각수 부족 4) Shaft의 편심 5) Bearing의 소손

나. 고장의 원인 및 대책

1) 압력손실이 높은 경우

현상	원인과 대책
Manometer의 지시값이 큼 (통상 사용압 : 100 ~ 250 mmAq)	1. 풍량이 과다 　◦ 송풍기 댐퍼로 설계 풍량으로 조정한다. 　　(Fan 전류 Ampere를 확인) 2. 여과포의 오염이 심할 때 　◦ Pulse interval time을 조절한다. 　　(10초 이내로는 조절하지 말 것) 　◦ Pulse interval time을 조절하여도 압력 강하가 되지 않을 때는 여과포를 교환한다. 　◦ 여과포 교환시에는 일부분만 교환하지 말고 전체를 교환하여야 한다. 　　(일부를 교환하였을 때에는 새 여과포쪽으로 여과속도가 빨라지므로 교환한 여과포가 쉽게 손상이 된다.) 3. Pulse time의 고장 　◦ 새 Timer kit로 교환하고 고장부품은 수리하여 보관한다. 4. Manometer 연결관 막힘 또는 Air 누출. 　◦ 연결관(Air hose) 내부 또는 Socket 접속구의 분진 또는 물을 제거한다. 　◦ 연결관 파손시는 새 연결관으로 교환한다. 5. 여과포에 수분에 의한 Dust 층이 형성되었을 때(Cake 현상) 　◦ Gas를 가열한다. 　◦ 본체 외면을 보온한다. 　◦ 집진 개시전에 10 ~ 20 분간 송풍기 및 Pluse timer를 가동시킨다. 　◦ 집진 종료 후 건조 Gas로 건조시킨다. 　◦ 옥외 Duct로부터 빗물의 유입을 확인한다. 　◦ 제습기에 수분이 배출되었는지 확인한다. 6. 압축공기의 누출로 인한 압축공기의 압력부족 (5 kg/cm^2 이하) 　◦ 배관 Line을 점검하여 Air의 누출이 없나 확인하여 조치한다. 　◦ Solenoid valve 및 Diaphragm valve에 이물질이 있어 Air가 누출되고 있나 확인한다. 　　(Air가 누출되면 Valve에서 "쉬" 하는 소리가 난다. 집진기를 가동시키는 상태에서는 소리를 감지하기가 어려움으로 집진기를 정지시키고 점검한다.) 　◦ Air compressor가 정상 가동되고 있나 확인한다. 　◦ 압력조절밸브의 압력이 정상으로 조절되어 있나 확인한다. 7. 호퍼 내 포집 분진의 비산에 의한 것. 　◦ 분진을 연속 배출하고 본체 Leak 부위를 확인한다.

현상	원인과 대책
	◦ 배출장치를 점검하고 호퍼내에 Dust가 쌓이지 않게 한다.

2) 압력 손실이 낮은 경우

현 상	원인과 대책
Manometer 지시값이 적음 (20 ~ 30 mmAq 이하)	1. Pulse 압력이 높고 탈진 회수가 빈번함 　◦ Pulse 압력을 낮춘다. 6 → 5 → 4 kg/cm² 　◦ 탈진간격을 길게 한다. 2. 여과포의 파손, 탈락 또는 취부 불량에 의한 누출이 있음 　◦ 점검구를 열고 점검한다. 　◦ 여과포를 똑바로 설치한다. 　◦ 새로운 여과포로 교체한다. 3. Manometer 연결관 (Air Hose)의 막힘 　◦ 연결관 내부, 소켓 및 니플 접속부의 분진 또는 이물질을 제거한다 4. 풍량이 적게나옴 　◦ 송풍기 V-Belt 처짐현상을 확인한다. 　◦ 입구 덕트의 분진 막힘, 폐쇄를 청소한다. 　◦ 송풍기의 전류(Ampere)를 확인한다.

3) 분진 누출 경우

현 상	원인과 대책
1. 연돌에서 연속적으로 분진이 관찰될 경우	1. 여과포 탈락 또는 취부 상태 불량 　◦ 여과포를 똑바로 설치한다. 2. 여과포가 노후화되었을 경우 　◦ 신품으로 교체한다. 3. 처리풍량의 과대 　◦ 설계 풍량으로 조정한다. 4. 정규 사양 이외의 여과포 설치 　◦ 사양에 맞는 여과포로 교환한다. 5. Tube sheet의 손상 　◦ Tube sheet를 보수한다.
2. 분진 탈진시 누출	1. Pulse 압력과 탈진간격이 매우 빠름 　◦ 탈진 압력을 약하게 한다.
3. 특정 여과포의 파손	1. 분진의 편파적 흐름으로 인함 　◦ 함진기류 입구부에 분산판(Baffle plate)등을 설치한다.

	2. Bag cage(Retainer)의 편형, 돌기에 의함
	  ◦ Bag cage의 수정 또는 교체
	3. 일시적인 불티 유입 또는 부식물질의 유입에 의함
	  ◦ 근본적 개선 공사를 행한다. (前 처리 설비설치)
	4. 여과포끼리의 접촉 또는 여과포와 Housing내 보강부의 접촉에 의함
	  ◦ Bag cage의 교정
	  ◦ 접촉하지 않도록 대책을 세운다.

4) 탈진 작동 불량의 경우

현 상	원인과 대책

1. 탈진신호가 발생하지
   않거나 불규칙 할 때
	1. Switch를 점검한다.
	2. Control box 내 휴즈가 끊어져 있음
	  ◦ 원인을 조사하여 교체하여 준다.
	3. 접속단자의 흔들림
	  ◦ 충분하게 조인다. (Control box, Solenoid 등)

2. 탈진신호는 나타나나
   기기가 미작동 할 때
	1. 압축 공기가 공급되지 않음
	  ◦ Air line을 점검한다.
	  ◦ 공급 Valve를 연다.
	  ◦ Air filter element를 점검한다.

3. 특정기기가 작동하지
   않거나 불완전 할 때
	1. Solenoid의 손상 또는 작동 불량
	  ◦ 분해청소를 하던가 신품으로 교체한다.
	2. Solenoid의 결선 접촉이 불충분
	  ◦ 충분하게 체결한다.
	3. Solenoid의 고무봉 노화
	  ◦ Solenoid 고무봉을 교환한다.
	4. Diaphragm valve의 파손, 변좌에 이물 침입 또는 부착
	  ◦ 분해청소 또는 Spare diaphragm으로 교체한다.

4. 압축공기가 누출되고 있고
   또 압력이 상승 (Air
   header의 압력이
   낮아지고 마노메타의
   압력이 높아질 때)
	1. Valve packing이 파손되어 있음
	  (Solenoid 및 Diaphragm)
	  ◦ 신품으로 교체한다.
	2. Air hose가 파손되어 있음
	  ◦ 신품으로 교체한다.
	3. Air hose의 체결 Nipple 조임의 불량(공기누출)
	  ◦ Nipple을 교환하거나 재조임을 한다.
	4. Diaphragm valve 및 Solenoid의 파손, 변좌에 이물질침입 또는 부착
	  ◦ 분해청소 또는 신품으로 교체한다.

5) 기타사항

현 상	원인과 대책
1. 여과포 및 분진이 습함	1. 흡인 덕트, Housing 접속부 및 점검 Door 패킹 불량으로 인한 빗물이 침입 ◦ Leak 부분을 완전 Seal 보수 2. 다습 가스에 의한 결로 발생

2. 분진 배출구로 분진이 배출되지 않을 때	1. 흡인측 덕트의 압손 과대에 의함
	  ◦ 원인을 배제하고 풍량을 조정한다.
	2. 배출구에 이물질 침입 또는 부착물 성장
	  ◦ 분해, 청소, 정비한다.

3. Hood 흡입이 나쁠 때	1. 송풍기 밸트의 이완으로 풍량 부족
	  ◦ 밸트를 조정한다.(Tension 조정)
	2. 여과포의 막힘
	  ◦ 종합적으로 점검하여 조치한다.
	3. 본체 및 덕트의 Leak 발생
	  ◦ 누출부를 보수정비
	4. 분진 배출, 댐퍼에 의한 누출
	  ◦ 누출부를 보수정비
	5. 덕트 내 분진 퇴적
	  ◦ 덕트를 청소한다.
	  ◦ 덕트내 이송속도를 조정한다.

다. 점검표

여과집진기의 효율을 극대화하고 장치 수명을 길게 하여 정상으로 운전하기 위해서는 일상 정비 및 정기적인 보수점검이 중요하다.

집진기 점검표를 소개하면 다음과 같다.

표 5.37 일상점검 List

No	점 검 사 항	점검 주기						
		일일	주간	월간	분기	반기	년간	휴지
1	Compressor 작동상태 및 압력상태 확인	O						
2	Air V/V 및 배관 Leak 상태 확인	O						

No	점 검 사 항	점검 주기						
		일일	주간	월간	분기	반기	년간	휴지
3	배관 Line 응축수 발생여부 확인 및 Drain (Tank, Filter, Air header 부 등)	O						
4	Pressure gauge 작동여부 및 Setting 치 확인		O					
5	Air header 압력 확인 (5 kg/cm² 이상)	O						
6	Diaphragm V/V 작동상태 및 Leak 확인		O					
7	각 배관 Line V/V On-Off 상태 확인		O					
8	Air unit 작동상태 확인		O					
9	Air cylinder 작업상태 및 Limit switch 작동 여부 확인			O				
10	Solenoid 작동여부 확인		O					
11	Manometer 압력손실 확인	O						
12	Manometer의 연결 배관 상태 확인		O					
13	점검 Door leak 상태 확인		O					
14	Plenum 내부 점검(빗물 유입 및 Dust 퇴적 여부)			O				
15	Bag 탈락여부 및 Bag 마모 확인							O
16	In-Outlet damper open 및 Setting 상태 확인			O				
17	본체 Hopper내(R/V 상부) 이물질 존재 여부			O				
18	Casing 마모상태 확인			O				
19	본체 Baffle plate 마모상태 확인				O			
20	Inlet duct부 plate 마모상태 확인			O				
21	Pulsing time 및 상태 확인		O					
22	Dust stack으로 비산여부 확인(Dust monitor 배출농도 확인)		O					
23	각 Motor 정격치 이하 운전상태 확인		O					
24	각 Motor E. O. C. R setting치 확인		O					
25	Dust tank level gauge 작동상태 확인		O					
26	Oil unit 주입량 및 작동상태 확인		O					
27	Pug mill water line 및 V/V 작동상태 확인	O						
28	Pug mill blade dust 부착여부 및 제거		O					

표 5.38 집진기 주요부품 Check List

품 명	마모 및 파손	원 인	추정수명	비고
F/Con'용 chain	Roller 마모	분진과의 마모	10개월 ~ 1년	
B/E용 chain	Roller 마모	분진과의 마모	10개월 ~ 1년	
Diaphragm V/V	파손 및 작동불능	이물질투입, Air 중 유분투입. 격막 노화	2.5년	
Solenoid V/V	파손 및 작동불능	이물질투입, 코일소손, 절연파손	2년	
Rotary valve	Casing 마모 및 Rotor 마모 Leak 발생	마모	1 ~ 1.5년	
S/Con' 및 R/V용 Bearing	파손	급유불량 및 Centering 이탈	2년	
Air filter	압력저하, 성능저하	Air중 유분 및 녹 등으로 인하여 막힘현상	6개월	
Air regulator	압력저하, 성능저하	Air중 수분투입으로 Diaphragm 막 손상	8 ~ 10개월	
Air lubricator	성능불능	급유불량	8 ~ 10개월	
Auto drain V/V	성능불능	관내, 이 물질 투입 및 Drain 작동 불능으로 겨울철 동파	1년	
Manometer	오동작 및 작동불능	호스내 분진유입, 수분 침투	1.5년	
고압 Hose	파열	재질의 노화로 파열	1.5년	
Double damper	작동불능, Leak 발생	Air cylinder 및 Sol V/V 작동불능으로 오동작 및 Leak (패킹불량)	2년	
Door packing	Air leak	노화로 인한 탄성손실	2년	
S/C conveyor	Blade 마모로 배출능력저하	Blade 마모	2년	
Pug mill(Blade)	Blade 마모로 배출능력저하	Blade 마모	2년	

표 5.39 Check List Model

O : 운전시 점검
△ : 정수시 정비

점 검 개 소		점 검 시 기							비 고
		적시	매일	주간	1개월	3개월	6개월	1년	
Manometer 지시치			O						표준치 70 ~ 250 mmAq 분진에 따라 상이함
Manometer 연결 호스					O	△			수분 침투 점검 및 소켓부 배관청소
Air pressure		O							설정치 5 ~ 7 kg/cm^2
압력공 Drain		O				△			Drain 배출
Diaphragm valve 작동		O							Pulse 음에서 확인
여과포의 열화, 손상유무					O			△	Top cover, Man hole 개방점검 배기구에서 관찰
Air 누출 (Hose 부)						O			배관 계통 점검
Control box 또는 Timer의 작동		O							배전반내 Stapping 표시등의 확인 작동부분의 동작확인
배구기의 Dust 누출		O							육안 관찰로 확인
Bag filter seal 부의 Air 누출						O			본체 Seal 부 점검
Compressor 운전		O			O	△			Drain 배출 및 급유 Piston ring 교환, Belt의 처짐상태 확인
이송 및 분출 설비	Screw conveyor	O					△		이상음, 소음진동, 원활운동
	Flow conveyor								급유상태 점검
	Rotary valve								Bolt의 조임
	Double damper								구동부의 이상유무 확인
	Bucket elevator								
Fan 운전					O			△	이상음, 진동점검, 전류, 전압 확인
도장, 방청, 부식, 마모						O		△	도장의 상태. 판두께 측정, Leak 유무
Bolt, Nut의 풀림				O		O			보충 조임을 한다.
Hopper 부					O	△			부착 및 퇴적물의 확인

점 검 개 소	점 검 시 기							비 고
	적시	매일	주간	1개월	3개월	6개월	1년	
급유 및 Grease-Up			O	△				구동장치의 축수
빗물의 침입					O	△		점검 Door, Man hole, 접속부의 Seal 성질확인, Housing 내 점검

※ 충격기류식 여과집진기 기본설계 "예"

1. 기본설계 계산서

- Condition

$Q = 8,000 \ m^3/min(at \ 20°C)$

가. 여과속도(Filtering Velocity) 결정

기존 설비 및 참고문헌 등과 경험적인 Know-how로 여과속도를 결정함

여과속도 = 1.27 m/min (Off line type)

- 1개 Chamber 탈진시 7개 Chamber에서의 여과속도 : 1.45 m/min

여과속도 = Q /(Bag개당 여과면적 × 여과포 수량)

= 1.27 m/min

* Bag 1개당 여과면적

- 직경(øm) = 0.15
- Bag길이(m) = 4
- 여과면적(m^2) = 0.15 × 4 × π = 1.88

나. Bag 본수 산출

N = 풍량/여과속도/Bag 개당 여과 면적

= 8,000 ÷ 1.27 ÷ 1.88

= 3,351개이나 BAG배열 관계를 고려하여

= 3,360개로 결정(20 Diaphragm valve × 21 Bag/D.V × 8 Chamber)

다. 여과 면적 계산(Filtering Area)

여과면적 = Bag 본수 × Bag 개당 여과면적

= 3360 × 1.88

$$= 6316.8 \text{ m}^2$$

라. Diaphragm & Solenoid Valve 산출

Bag 1ea당 소요 압축공기량 = 7 L/m² × 1.88 m²/ea = 13.2 L/ea, 50A valve 용량은 286 L(5 kg$_f$/cm², JISI 65)이므로 21.6ea까지 탈진 가능하나 Bag 배열 및 효율을 고려하여 21개(q = 13.6 L/m²)로 배열함.

Diaphragm valve 수량

= Total Bag 본수 ÷ Bag 수량/Diaphragm valve 당

= 3360 ÷ 21

= 160개로 결정함

표 5.40 Diaphragm valve의 통과유량/노즐경 비교표

구분	압력 (kg$_f$/cm²)	토출유량 및 유속			노즐설계			적정 범위
		0.1sec	면적	유속 (m/sec)	정보	면적	유속	60 ~ 90%
JISI20	2	14.2	366.4	38.7	구경	301.6	47.0	82.3%
	3	18.9	366.4	51.5	8 mm	301.6	62.5	82.3%
	4	23.5	366.4	64.2	수량	301.6	78.0	82.3%
	5	28.2	366.4	77.0	6개	301.6	93.5	82.3%
	6	32.9	366.4	89.7		301.6	109.0	82.3%
	7	37.6	366.4	102.5		301.6	124.5	7
JISI25	2	24.1	598.3	40.3	구경	549.8	43.9	91.9%
	3	32.1	598.3	53.6	10 mm	549.8	58.3	91.9%
	4	40.0	598.3	66.9	수량	549.8	72.8	91.9%
	5	48.0	598.3	80.2	7개	549.8	87.3	91.9%
	6	55.9	598.3	93.5		549.8	101.7	91.9%
	7	63.9	598.3	106.8		549.8	116.2	91.9%
JISI40S	2	57.8	1359.2	42.5	구경	1357.2	42.6	99.9%
	3	76.8	1359.2	56.5	12 mm	1357.2	56.6	99.9%
	4	95.9	1359.2	70.5	수량	1357.2	70.6	99.9%

구분	압력 (kgf/cm²)	토출유량 및 유속			노즐설계			적정 범위
		0.1sec	면적	유속 (m/sec)	정보	면적	유속	60 ~ 90%
	5	114.9	1359.2	84.5	12개	1357.2	84.7	99.9%
	6	134.0	1359.2	98.6		1357.2	98.7	99.9%
	7	153.0	1359.2	112.6		1357.2	112.7	99.9%
JISI40D	2	58.6	1359.2	43.1	구경	1357.2	43.2	99.9%
	3	77.9	1359.2	57.3	12 mm	1357.2	57.4	99.9%
	4	97.3	1359.2	71.6	수량	1357.2	71.7	99.9%
	5	116.6	1359.2	85.8	12개	1357.2	85.9	99.9%
	6	135.9	1359.2	100.0		1357.2	100.2	99.9%
	7	155.3	1359.2	114.2		1357.2	114.4	99.9%
JISI50	2	96.6	2197.9	43.9	구경	2155.1	44.8	98.1%
	3	128.4	2197.9	58.4	14 mm	2155.1	59.6	98.1%
	4	160.3	2197.9	72.9	수량	2155.1	74.4	98.1%
	5	192.1	2197.9	87.4	14개	2155.1	89.2	98.1%
	6	224.0	2197.9	101.9		2155.1	103.9	98.1%
	7	255.8	2197.9	116.4		2155.1	118.7	98.1%
JISI65	2	143.9	3621.0	39.7	구경	3534.3	40.7	97.6%
	3	191.3	3621.0	52.8	15 mm	3534.3	54.1	97.6%
	4	238.7	3621.0	65.9	수량	3534.3	67.6	97.6%
	5	286.2	3621.0	79.0	20개	3534.3	81.0	97.6%
	6	333.6	3621.0	92.1		3534.3	94.4	97.6%
	7	381.0	3621.0	105.2		3534.3	107.8	97.6%

※ 구경 및 수량을 변경하면 적정범위를 조정할 수 있음. 모델명 중 "S"는 Single type, "D"는 Double type임. 출처: 조일기업

표 5.41 Bag Size 別 소요 압축 공기량

Size	여과면적 (M²)	소요 압축 공기량 (L/ea)	BAG 1 別 당 소요 압축 공기량 (Litter)				
			8 ea/別	10 ea/別	15 ea/別	16 ea/別	20 ea/別
ø130 × 3000L	1.22	8.54	68.32	85.4	128.1	136.64	170.8
ø150 × 3000L	1.414	9.898	79.18	98.98	148.47	158.37	197.96
ø150 × 3500L	1.65	11.55	92.4	115.5	173.25	184.8	231
ø150 × 4050L	1.9	13.3	106.4	133	199.5	212.8	266
ø160 × 5200L	2.61	18.27					
ø130 × 3500L							
ø150 × 4000L							

단, 여과 면적당 압축공기소요량은 7 L/m² · min을 적용함

마. 자동청소용 압축공기량 산출

Pulsing interval : 12 sec

Settling time : 50 sec(Chamber 당)

Diaphragm 밸브 수량 : 160개(20개/CH × 8 Chamber)

Chamber당 탈진회수 : 4회

65 A Valve 용량 : 286.2 L(5 kg$_f$/cm²)

소요 압축공기소요량 : 286.2 L/개 × 5개/회 × 4회/ 50 sec × 60 sec/min ÷ 1000

= 6.87 m³/min(5 kg$_f$/cm²)

바. 압력손실 계산

1) 직관 압력손실

$$\Delta Ps = \lambda \times \frac{L}{D} \times \frac{\gamma v^2}{2g}$$

λ : 관마찰 계수

L : Duct 직관 길이(m)

V : 관내 유속(m/sec)

ζ : 곡관 및 분지관 손실계수

γ : 비중량(kg/m³)

2) 곡관 및 분지관 압력손실

$$\Delta Pb = \zeta \times Vp$$

* 총 압력손실 $= \Delta Ps + \Delta Pb +$ 본체 $+$ Stack & Silencer

$$= mmAq \times 10\%(여유율)$$

$$= mmAq$$

사. Fan Motor 용량 계산

1) Operation Condition

풍 량 : 8,000 m³/min(at 20°C)

정 압 : 620 mmAq

효 율 : 80%(여유율 20%)

2) Fan Shaft Power(Ls)

Ls $= 8,000 \times 620 \div (6,120 \times 0.8) \times 1.2 = 1,215.7$ kW (at 20°C)

→ 여유율 고려 : 1,400 kW(at 20°C)로 결정.

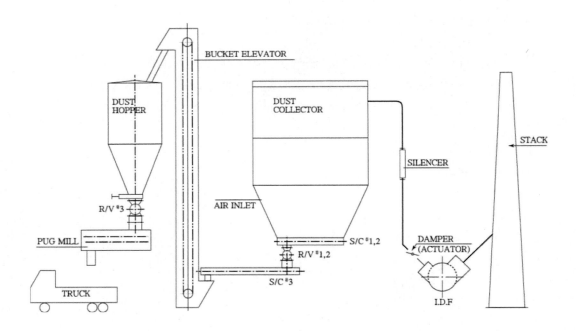

그림 5.48 이송설비 처리도

아. 이송, 불출 및 저장 설비 용량 검토

1) Operation Condition

가) 분진 농도 : 20 g/Nm^3(MAX)

나) 집진 풍량 : 8,000 m^3/min at 20°C(7,454 Nm^3/min)

다) DUST량 = 7,454 Nm^3/min × 20 g/Nm^3 × 60 min/hr ÷ 1,000,000 g/ton
   = 8.9 ton/hr(MAX)

* 처리계통도

Preduster Rotary V/V(2대 설치) → 본체 Rotary V/V(8대 설치) → 본체 Hopper Conv'(2대 설치) → Common Conv'(1대 설치) → Bucket Elev'(1대 설치) :

2) 이송, 불출 설비 용량검토

가) Preduster Dust 포집량 : 1.3 ton/hr으로 결정

① Rotary V/V(2대 설치) : 1.3 ÷ 2sets = 0.65 ton/hr이나

   본체 Rotary V/V 사양을 고려하여 2 ton/hr × 2sets로 결정

나) 본체 Dust 포집량 : 7.6 ton/hr

① Rotary V/V(8대 설치) : 7.6 ton/hr ÷ 8 sets = 0.95 ton/hr

   여유율을 고려하여 2 ton/hr × 8sets

② Hopper Conv'(2대 설치) : 8 ton/hr × 2sets

   → 8 ton/hr × 2sets

③ Common Conv'(1대 설치) : 8 ton/hr × 1set

   → 16 ton/hr × 1set

④ Bucket Elev'(1대 설치) : 16 ton/hr × 1set

   → 16 ton/hr × 1set

다) Dust Silo Volume

1) Operation Condition

① 분진 농도 : 15 g/Nm³(평균)

② 처리 기간 : 2회/1day

③ 비   중 : 1.21(충만율 80%)

④ 처리 용량 : 15 g/Nm³ × 7,454 Nm³/min ×60 min/hr × 12 hr/day÷1,000,000
= 80 ton/day

2) Dust Silo Volume

= Dust 중량 ÷ 비중 ÷ 충만율

= 80 ton/day ÷ 1.21 ÷ 0.8

= 83 m³

→ 여유율 고려 100 m³으로 결정함.

2. 이송, 불출 설비 및 저장설비 계산 "예"

가. 분진농도에 의한 포집 분진량 계산

1) 분진농도 : 8 g/Nm³(집진기 입구)

2) 집진풍량 : 1,200 m³/min(온도 20°C)

3) Dust량 = 풍량 × 분진농도 × 60 ÷ 1,000,000

$\quad\quad\quad$ = 1,118.09 Nm³/min × 8 g/Nm³ × 60 min/hr ÷ 1,000,000 g/ton

$\quad\quad\quad$ = 0.537 ton/hr

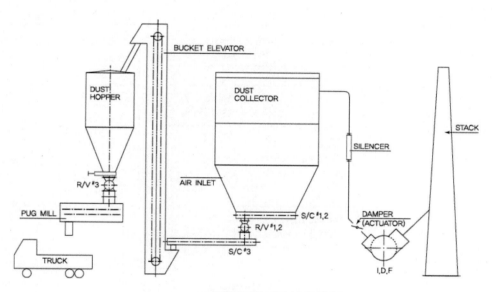

그림 5.49 이송설비 처리도

4) Flow Chart

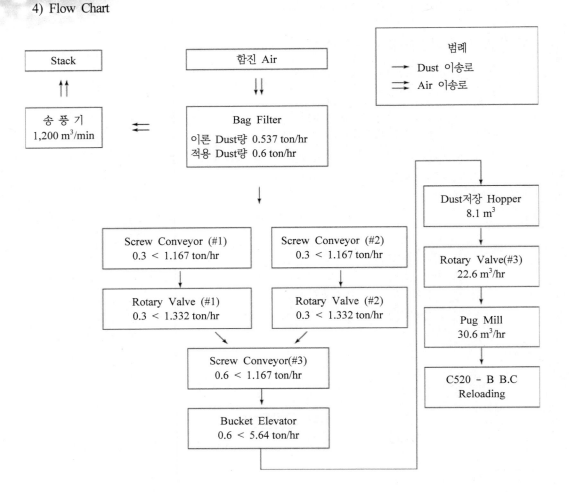

나. Screw Conveyor

1) Screw Conveyor (#1) (#2)

가) 사양(S/C - 250)

구 분	사 양 치	구 분	사 양 치
Screw 외경(Ø D)	Ø 0.25 m	Screw r.p.m(N)	20 r.p.m
Screw 내경(Ø d)	Ø 0.114 m	겉보기비중(r)	1.0 ton/m^3
Screw Pitch(P)	0.1 m	충만율(η)	25%
길 이(L)	3.3 m		

나) 수송능력

· 충만율 100%시 이론체적

$$V = \frac{\pi(D^2 - d^2)}{4} \times P \times N \times 60$$

$$= \frac{\pi(0.25^2 - 0.114^2)}{4} \times 0.1 \times 20 \times 60 = 4.666 \, \text{m}^3/\text{hr}$$

· 수송량 W = 이론체적 × 충만율 × 비중(ton/hr)

  = 4.666 × 0.25 × 1.0 = 1.167(ton/hr)(설계처리량) > 0.3 ton/hr(이론처리량)

다) 동력계산

A : 무부하 계수(3.86) L : 길이 N : 회전수

F : 운송물의 동력계수(270) H : 양정 V : 수송 능력(이론체적)

· 축동력 (Pd)

$$Pd = \frac{ALN + VLF}{10,000} + \frac{VH}{367}$$

$$= \frac{(3.86 \times 3.3 \times 20) + (4.666 \times 3.3 \times 270)}{10,000} + 0 = 0.441 \, \text{kW}$$

· 전동기 동력(Pm)

Pd : 축동력 (kW) ρ : 기계효율(70%) G : 부하계수(2)

$$Pm = \frac{PdG}{\rho} = \frac{0.441 \times 2.0}{0.7} = 1.26 \, \text{kW}$$

※ 1.26 kW로 계산되나 생산되는 Motor 규격을 고려하여 1.5 kW로 결정함.

2) Screw Conveyor(#3)

가) 사양(S/C - 350)

구 분	사 양 치	구 분	사 양 치
Screw 외경(Ø D)	Ø 0.25 m	SCREW r.p.m(N)	20 r.p.m
Screw 내경(Ø d)	Ø 0.114 m	겉보기비중(r)	1.0 ton/m³
Screw Pitch(P)	0.1 m	충만율(η)	25%
길 이(L)	7.85 m		

나) 수송능력

· 충만율 100%시 이론체적

$$V = \frac{\pi(D^2 - d^2)}{4} \times P \times N \times 60\,(\mathrm{m^3/hr})$$

$$= \frac{\pi(0.25^2 - 0.114^2)}{4} \times 0.1 \times 20 \times 60\,(\mathrm{m^3/hr}) = 4.666\,\mathrm{m^3/hr}$$

· 수송량 W = 이론체적 × 충만율 × 비중(ton/hr)

$\qquad$ = 4.666 × 0.25 × 1.0 = 1.167(ton/hr)(설계처리량) > 0.6(ton/hr)

$\qquad$ (이론처리량)

다) 동력계산

A : 무부하 계수 $\qquad$ L : 길이 $\qquad$ N : 회전수

F : 운송물의 동력계수 $\qquad$ H : 양정 $\qquad$ V : 수송 능력(이론체적)

· 축동력(Pd)

$$Pd = \frac{ALN + VLF}{10,000}$$

$$= \frac{(3.86 \times 7.85 \times 20) + (4.666 \times 7.85 \times 270)}{10,000} = 1.05\,\mathrm{kW}$$

· 전동기 출력(Pm)

Pd : 축동력 (kW) $\qquad$ ρ : 기계효율(%) $\qquad$ G : 부하계수

$$Pm = \frac{PdG}{\rho} = \frac{1.05 \times 1.5}{0.7} = 2.25\,\mathrm{kW}$$

※ **2.25 kW로 계산되나 생산되는 Motor 규격을 고려하여 3.7 kW로 결정함.**

다. Rotary Valve

1) Rotary Valve (#1) (#2)

가) 사양(RV - 200)

구 분	사 양 치	구 분	사 양 치
1회전당 용량(q)	0.0037 m³	회 전 수(N)	20 r.p.m
Casing 내경(Ø D)	0.195 m	겉보기비중(r)	1.0 ton/m³
충 만 율(η)	30%		

나) 배출능력

· 충만율 100%시 이론체적

$$V = 60 \times q \times N = 60 \times 0.0037 \times 20 = 4.44 \, \text{m}^3/\text{hr}$$

·배출량 = 이론체적 × 충만율 × 비중

$$Q = V \times \eta \times r = 4.44 \times 0.3 \times 1.0$$
$$= 1.332(\text{ton/hr})(설계처리량) > 0.3(\text{ton/hr})(이론처리량)$$

다) 동력계산

$$kW = \frac{W \cdot V}{102 \times 0.7}$$
$$= \frac{107.9 \times 0.204}{102 \times 0.7} = 0.308(\text{kW})$$

※ 0.308 kW로 계산되나 생산되는 Motor 규격을 고려하여 0.75 kW로 결정함

여기서, $W = (W_1 + W_2 + W_3) \times f$

W_1 : Rotor Weight   33 kg

W_2 : Volume   12 kg

W_3 : Packing   38 kg

f : 마찰계수   1.3

W(무게) = 83 × 1.3 = 107.9 kg

V(선속도) = π × 0.195 × 20/60 = 0.204(m/sec)

2) Rotary Valve (#3)

가) 사양(RV - 350)

구 분	사 양 치	구 분	사 양 치
1회전당 용량(q)	0.0314 m³	회 전 수(N)	20 r.p.m
Casing 내경(Ø D)	0.325 m	겉보기비중(r)	1.0 ton/m³
충 만 율(η)	60%		

나) 배출능력

· 충만율 100%시 이론체적

$$V = 60 \times q \times N$$
$$= 60 \times 0.0314 \times 20$$
$$= 37.68 \text{ m}^3/\text{hr}$$

· 배출량 = 이론체적 × 충만율 × 비중

$$Q = V \times \eta \times r$$
$$= 37.68 \times 0.6 \times 1.0$$
$$= 22.6 \text{ m}^3/\text{hr}$$

다) 동력계산

$$kW = \frac{W \cdot V}{102 \times 0.7}$$
$$= \frac{188.5 \times 0.34}{102 \times 0.7}$$
$$= 0.897(kW)$$

※ 0.897 kW로 계산되나 생산되는 Motor 규격을 고려하여 1.5 kW로 결정함

여기서, $W = (W_1 + W_2 + W_3) \times f$

$\quad W_1$: Rotor Weight　　　54 kg

$\quad W_2$: Volume　　　24 kg

$\quad W_3$: Packing　　　67 kg

$\quad f$: 마찰계수　　　1.3

$$W = 83 \times 1.3 = 188.5 \text{ kg}$$
$$V = \pi \times 0.325 \times 20/60 = 0.34(\text{m/sec})$$

라. Bucket Elevator

1) 사양

구 분	사 양 치	구 분	사 양 치
Bucket Cap(V)	$0.0026 \, m^3$	겉보기비중(r)	$1.0 \, ton/m^3$
Speed(S)	14.7 m/min	충만율(η)	50%
Bucket Pitch(P)	0.203 m	Height	13.9 m

2) 수송 능력

$$Q = \frac{V \cdot S \cdot r \cdot \eta \cdot 60}{P}$$

$$= \frac{0.0026 \times 14.7 \times 1.0 \times 0.5 \times 60}{0.203}$$

$$= 5.64 (ton/hr) > 0.6 (ton/hr)$$

3) 동력 계산

$$(kW) = \frac{1.1 \times T_3 \times S}{6,000 \times \rho}$$

$$= \frac{1.1 \times 354.3 \times 19.7}{6,000 \times 0.7}$$

$$= 1.83 \, kW$$

※ 1.83 kW로 계산되나 생산되는 Motor 규격을 고려하여 2.2 kW로 결정함

여기서, S = Safety factor of chain = $\dfrac{Chain \, 파단강도}{TI}$ = $\dfrac{14,500}{736.17}$ = 19.7

T_3 = 운반물 중량(부하계수 - 무부하 계수) = 354.3 kg

마. Pug Mill

1) 사양

구 분	사 양 치	구 분	사 양 치
Dia(Ø D)	Ø0.35 m	겉보기비중(r)	1.0 ton/m³
Pitch(P)	0.34 m	충만율(η)	30%
회 전 수(N)	30 r.p.m	효율	92%

2) 배출능력

· 충만율 100%시 이론체적

$$V = (\frac{\pi \cdot (D^2)}{4} - \frac{\pi \cdot (d^2)}{4}) \times P \times N \times 60 (\text{m}^3/\text{hr})$$

$$= (\frac{\pi 0.35^2}{4} - \frac{\pi 0.075^2}{4}) \times 0.34 \times 30 \times 60 (\text{m}^3/\text{hr})$$

$$= 55.4 (\text{m}^3/\text{hr}) \times 2$$

$$= 110.87 (\text{m}^3/\text{hr})$$

· 단면효율 $\eta = \dfrac{\text{Paddle·단면적}}{\text{Screw·단면적}} \times 100$

$$= \frac{(0.155 \times 0.135 \times 4)}{\frac{\pi \cdot (0.035^2)}{4} - \frac{\pi 0.075^2}{4})} \times 100$$

$$= 92\%$$

$$\therefore 110.87 \times 0.92 = 102 (\text{m}^3/\text{hr})$$

· 배출량 = 이론적 × 충만율 × 비중

$$= 102 \times 0.3 \times 1.0 = 30.6 (\text{ton/hr}) \ (30.6 \, \text{m}^3/\text{hr})$$

3) 동력계산

A : 부하계수 N : 회전수

F : 운송물의 동력계수 L : 길이

Q : 수송능력 = Dust 배출량의 20인 주수량을 합한 36.7(ton/hr)을 적용

· 축동력 $pd = \dfrac{ALN + QLF}{10,000} = \dfrac{(8.5 \times 4 \times 30) + (36.7 \times 4 \times 270)}{10,000} = 4.06\ kW$

· 전동력 출력 Pm

Pd : 축동력 (kW)   　　η : 효율   　　G : 부하계수

$Pm = \dfrac{pd \times G}{\eta} = \dfrac{4.06 \times 1}{0.6} = 6.77\ kW$로 계산되나 11 kW로 결정함

바. Dust 저장 Hopper의 용량 계산

1) Dust Capacity (WD)

　가) Bag Filter 본체 이론 Dust 포집량 : 0.537(ton/hr)

2) 저장 Hopper Volume

　　가) 처리 기간 : 2회 / 1day
　　나) 겉보기비중 : 1.0(ton/m³)(충만율 80%)
　　다) Weight : 0.537(ton/hr) × 12 hr = 6.44 ton
　　라) Volume : 0.537(ton/hr) × 12 hr ÷ 0.8 = 8.055 m³(8.1 m³)

그림 5.50 실험용 충격기류식 여과집진기

Chapter 06 전기집진기의 설계

1. 전기집진기의 개요

가. 개요(Introduction) 및 특징

1) 전기집진기 발달개요

전기집진기는 정전기력을 사용하여 미세입자를 포집하는 장치로서 화력발전소, 제철소의 소결공정, 시멘트 소성로 펄프공장의 흑액 연소공정 등 주로 다량의 분진 배출시설에 효율적으로 사용되며, 입경이 작은 미세입자 처리에 효과적이다.

최초로 산업용으로 전기집진 장치의 개발에 성공한 사람은 미국 캘리포니아 대학의 물리학 교수인 Cottrell이며, 1907년에 Detroit edison 화력발전소의 Acid mist를 전기집진 장치를 이용하여 집진하는데 성공하였다. 그래서 전기집진 장치를 Cottrell식 집진기라고 부르는 것도 이 때문이다. 그러나 실험실에서 결과를 산업현장에 시도하여 성공을 거둔 것으로 이론적 고찰이 충분히 이루어지지 않았으며, 그 후에 연구발전의 계기가 된 것을 살펴보면 다음과 같다.

1919년 : Anderson이 실험적으로 전기집진기의 집진율이 지수법칙에 따른다는 사실을 발견하여 이론적 고찰에 단서를 만들었다.

1922년 : Deutsch, Schmidt 등이 Anderson의 실험에 이론을 붙여 집진율(η)과 하전시간(t)의 관계를 다음 식으로 표시하였다.

$$\eta = 1 - \exp^{\{-ko \cdot t\}}$$

(ko : 전기, 연무의 성질 및 형상에 관한 정수)

2) 전기집진기의 특징

전기집진기는 다음과 같은 특징이 있어서 산업용, 생활환경용 등 광범위하게 활용하고 있다.

① 미세 먼지에 대한 처리효율이 높다.
② 낮은 압력손실(20 mmAq)로 동력비가 적다. (그림 5.51 참조)
③ 고온의 배기가스 처리와 습식, 건식 모두 처리 가능하다.
④ 초기 투자비가 높지만 처리 Gas량이 커지면 경제성이 있어서 일반적으로 대용량, 고성능 집진장치에 사용된다.

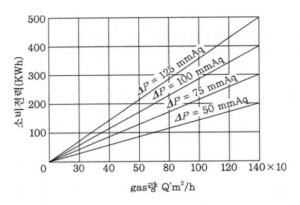

그림 5.51 압력손실과 소비전력량

이상과 같이 여러 가지 장점이 있지만, 다음과 같은 단점이 있다.

① 소용량 가스처리는 다른 방지시설에 비하여 고전압 등의 전기설비로 설치비용이 많다.

② 전기 비저항이 매우 낮거나 높은 분진에 대해서는 집진 효율의 향상을 위해 Gas 개량이 필요하다.

③ 운전조건 변화(농도 부하, 가스량 변화)에 유동성이 적다.

④ 고전압 인가로 인한 방전극의 변형으로 집진 효율이 서서히 저하된다.

나. 전기집진기의 형식 및 구조

1) 포집 방법에 따른 분류

가) 1단 하전형 : 입자에 하전을 주는 하전작용과 대전입자의 집진작용 등이 동일 전계에서 행하여지는 방식으로 그림 5.52에 나타냈다.

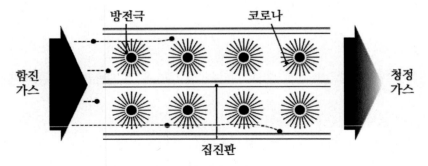

그림 5.52 1단 하전형 전기집진기

나) 2단 하전형 : 입자에 하전을 주는 하전작용과 대전입자의 집진작용이 다른 전계에서 행하여지
는 방식으로 그림 5.53에 나타냈다.

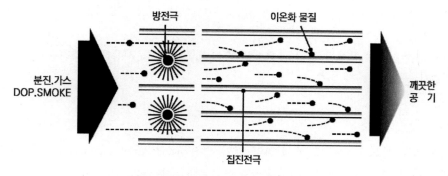

그림 5.53 1단 하전형 전기집진기

표 5.42 1단 하전형과 2단 하전형 전기집진기 비교

구분	1단 하전형	2단 하전형
처리 입경	비교적 큰 입자경에서 부터 미립자까지 가능하며, 함진 농도가 높은 것으로부터 낮은 것까지 대상.	비교적 미세입자에 적당
처리용량	소용량에서 대용량까지 가능.	소, 중용량의 것에 한정.
경제성	대용량으로 2단 하전형에 비해 경제적.	1단 하전형에 비해 다소 비경제적
하전 조건	방전극과 집진극이 동일 전극에서 형성되므로 하전조건의 설정이 어렵다.	방전극과 집진극이 분리되어 하전조건을 설정하기가 쉽다.

2) 분진 제거방식에 의한 분류

집진기의 내부 집진판 및 방전극에 부착된 분진은 일정시간이 지나면 부착된 분진을 제거해줘야
한다. 이렇게 분진을 제거하는 방법에 따라 건식 전기집진기(DRY electrostatic precipitators)와 습식
전기집진기(WET electrostatic precipitators)로 구분된다.

가) 건식 전기집진기(DRY electrostatic precipitators)

건식 전기집진기는 입자상 오염물질 제거에 주로 이용되고 있으며, 탈진방법으로는 전동 기계식
(Moter-Driven swing hammer), 전자 추타식(MIGI Rapper or magnetic rapper), 진동식(Vibrator)
방법이 있다.

나) 습식 전기집진기(WET Electrostatic Precipitators)

습식 전기집진기는 배출가스의 온도가 낮거나 유입 가스가 수분을 많이 함유하고 있어 분진이 집진판 및 방전극에 부착되어 탈진이 힘들거나 입자상 오염물질과 가스상 오염물질을 동시에 처리할 경우 사용하고 있다.

집진판 및 방전극에 부착된 분진을 제거할 때 Spray water를 사용해서 부착된 분진을 제거하는 방식을 습식 전기집진기라 한다.

3) 구조

전기집진기의 주요 구성은 그림 5.54와 같이 방전극(Discharge electrode), 집진판(Collection electrode), 추타장치(Rapping device), 고전압 하전장치(High voltage rectifier transformer), 가스정류장치(Gas distribution device), 애자장치(Insulator) 및 호퍼(Hopper)로 구성되어 있다.

일반적으로 방전극은 선(Wire) 또는 방전 특성이 좋은 날카로운 형태로 되어 있어 코로나 방전이 쉽게 발생되며, 처리가스를 이온화하여 분진을 충전시키는 한편 전장(Electric field)을 만든다. 집진판은 보통 원통 또는 평판으로 설치하며, 방전극은 음극(-)으로 하전하고 양극(+)인 집진판에서 분진을 포집하는 역할을 한다. 추타장치(Rapping device)는 집진판과 방전극에 충격 또는 진동을 주어 전극에 부착된 분진을 털어내는 것이 주기능이다. 추타장치는 방전극과 집진극 모두에 작용하여 이들 전극에 분진이 고착되는 것을 방지한다. 전기집진기 하부에 경사지게 설치된 면을 호퍼(Hopper)라 하고 탈진후 분진을 하부로 모으는 역할을 한다.

① 방전극 : 코로나방전이 발생되는 전극으로 처리가스 중의 입자가 대전되도록 하고 집진극과 함께 집진 전계를 형성한다.
② 집진극 : 방전극과 함께 집진 전계를 형성하여 대전된 입자를 포집하는 역할을 한다.
③ 집진실 : 집진극과 방전극을 지지하며 집진기 본체의 외함이다.
④ 가스 정류장치(다공판) : 집진실 내에서의 가스유속을 균일하게 분포시키는 장치이다.
⑤ 추타장치 : 집진극 및 방전극 그리고 전기집진기 입구 가스 정류장치에 부착된 먼지를 제거시키기 위하여 충격 또는 진동을 주는 장치이다.
⑥ 하전설비 : 고전압인가 장치이다.
⑦ 애자 및 애자실 : 방전극을 외부로부터 전기를 절연시키고 그것을 보호하는 공간이다.
⑧ 먼지 배출장치 : 방전극 및 집진극에 부착 포집된 분진입자를 추타장치에 의해 탈진되면 집진실 하부 Hopper에 모여 Chain conv' 및 Rotary V/V등 부대설비에 의해 포집분진을 배출시키는 장치이다.

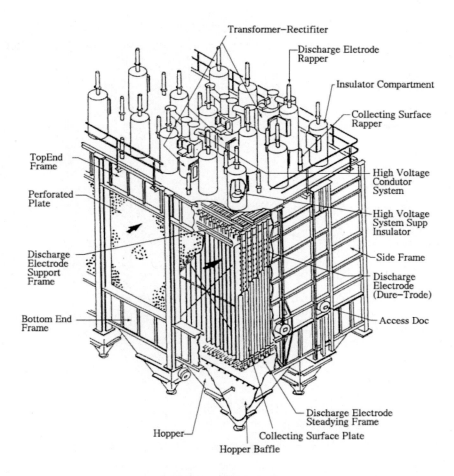

그림 5.54 전기집진기의 구조

다. 전기 집진원리 및 효율

1) 코로나(Corona) 방전 및 집진원리

전기집진기는 직류 고전압을 사용하며, 집진극을 양극(+극), 방전극을 음극(-극)으로 적당한 불평등 전계를 형성하고 이 전계에 있어서 코로나 방전을 이용하여 가스 중의 Dust에 전하를 주어 대전된 Dust를 쿨롱의 힘으로 집진극에 분리 포집하는 장치이다.

코로나 방전에는 정(+)코로나 방전과 부(-)코로나 방전이 있으며 부코로나 방전은 정코로나 방전에 비해 코로나 방전개시 전압이 낮고, 불꽃 방전개시 전압이 높아 안전성이 있으므로 보다 많은 코로나 전류를 발생시킬 수 있고 보다 큰 전계 강도를 얻을 수 있다. 따라서, 일반적인 공업용 전기집진기에서는 부코로나 방전을 이용한다.

그림 5.55와 같이 방전극을 음극으로 집진극을 양극으로 하여 직류 고전압을 인가하면 두 전극 사이의 전계강도는 방전극(－극) 부근에서 전계강도가 크고 진진극(＋)에 가까워질수록 약해진다.

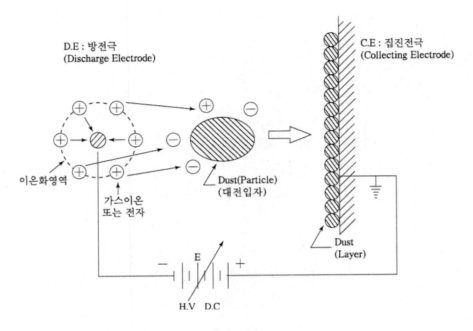

그림 5.55 E.P의 원리

보통의 공기 또는 집진기로 처리하는 가스 중에는 우주선 혹은 방사선으로 전자 혹은 이온이 발생한다. 이러한 공기나 가스에 전압을 가하면, 그 전압이 낮을 경우, 전극 사이에는 측정이 불가능할 정도의 미세전류가 흐른다.

이 상태에서는 공기 또는 가스가 절연 상태를 유지하고 있다고 말할 수 있다. 점차 전극 사이의 인가전압을 증가시키면 전계 강도가 커지고 전극 사이에 전류가 증가하기 시작한다. 이 상태에서는 공기 또는 가스 중에 존재하는 전자가 전계에 의해 운동 에너지를 얻어 기체분자가 충돌하여 기체분자는 양이온과 전자로 전리된다. 이때 분자가 전리될 수 있는 최소의 전압을 전리 전압이라 한다.

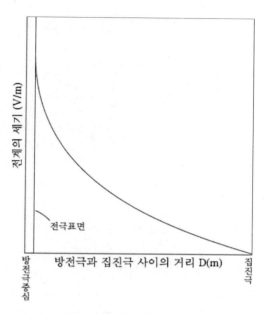

그림 5.56 전계강도

전극 사이에 인가된 전압을 더욱 상승시키면 기체(공기 또는 가스)의 중성분자 M은 먼저 전리된 분자의 전자와 충돌 전리되어 양이온 M와 전자 M^+로 전리된다. 즉, M^-, M^+, $-e$의 변화가 일어나며 이러한 전리로 생긴 전자로 인하여 중성분자는 핵분열 반응에서 마찬가지 모양으로 차례로 전리되고 전자 상태로 도달한다.

기체의 중성분자를 전리시킬 수 있는 에너지를 주는 전계는 그림 5.56에서 알 수 있듯이 방전극 가까이에 국한된다.

충동 전리에 의해 생긴 전자는 전리 영역을 벗어나 양극(집진극)으로 향하다가 중성분자가 되어 중성분자를 음이온 M^-로 되게 한다. 한편 전리로 생긴 양이온은 음극인 방전극을 향하여 이동하여 음극에 충돌 흡수된다. 이때 충돌 에너지에 의해 음극 표면에서 새로운 전자가 튀어 나온다. 이러한 2차 전자의 방출로 방전은 자속방전이 된다. 이와 같은 자속방전을 부(-)코로나 방전이라고 일컫는다.

그림 5.57은 부코로나의 발생 자속 메카니즘을 나타낸 것이다. 부코로나 방전으로 생긴 양이온과 음이온은 서로 이극성의 전극을 향해 이동하게 된다. 이때 전리 영역인 방전극 즉, 음극 근방에 국한되어 있어 양이온은 단거리 행정을, 음이온은 장거리 행정을 갖게 되므로 분진입자의 거의 대부분은 음이온으로 대전되어 양극으로 이동되며, 양(+)극인 평판 전극 또는 원통 전극을 집진극이라 한다. 또한, 음극인 방전극은 지속방전을 위한 전자를 방출한다는 의미이다.

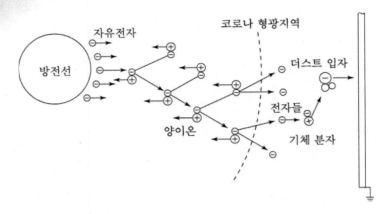

그림 5.57 부 코로나에 의한 제전기구 원리도

그리고 분진 입자의 대전 방법으로는 이온이 전계에 의해 에너지를 얻어 분진 입자와 충돌하여 대전시키는 충돌대전(Field charge)과 기체중의 이온이 기체 분자 운동론의 법칙으로 불규칙한 열운동을 하게 되어 확산하게 되므로 이러한 확산으로 분진입자에 부착하여 대전시키는 확산 대전(Diffusion charge)이 있다.

전극으로 이동된 분진 입자는 전극 표면에 부착 포집되고, 이는 다시 탈진 또는 세정으로 제거된다.

2) 집진 효율

가) 이동속도(Migration Velocity)

입자가 대전되면 대전된 입자는 집진극을 향해서 이동해 간다. 이때의 속도를 이동속도(Migration velocity)라 한다.

구형 입자의 이론적 포화 전하량은 다음과 같다.

$$q = \pi\, d_p^2\, \epsilon\, K E_{ch}$$

여기서, q : 이론적 포화 전하량

d_p : 입자경(m)

ϵ : 자유공간의 유전율(8.85×10^{-12} C/V-m)

K : 절연 계수($1.5 \sim 2.4$)

E_{ch} : 대전부의 전계 강도

이동속도(Migration vlocity)를 다음과 같이 계산할 수 있다.

$$\omega = \frac{C \, d_p \, \epsilon \, K \, E_{ch} \, E_{co}}{3 \, \mu}$$

여기서, ω : 이동속도(m/sec)

E_{ch} : 대전부의 전계강도

E_{co} : 집진극부의 전계강도

C : Cunningham의 보정계수($C > 1$이며 입자경이 작을수록 값이 커진다)

μ : 점성계수(kg/m-sec)

입자의 이동속도는 입자경에 비례하고, 가스의 점성계수에 반비례한다. 또한, 대전부의 전계강도 및 집진극부의 전계강도는 인가 직류전압에 비례하므로 입자의 이동속도는 인가전압의 제곱에 비례한다. 즉, 이동속도식으로부터 전압에 의한 영향이 매우 크다는 것을 알 수 있다.

따라서 전기집진기에서 최대효율을 얻기 위해서는 최대 전계강도를 얻을 수 있도록 설계해야 한다. 이동속도는 또한 입자의 크기에도 관계된다.

표 5.43 공정별 분진의 이동속도

공정(Application)	이동속도(Migration Velocity)	
	cm/sec	ft/sec
열공급시설 후라이 애쉬(Fly Ah)	4.0 ~ 20.4	0.13 ~ 0.67
미분탄 후라이 애쉬	10.1 ~ 13.4	0.33 ~ 0.44
펄프 및 제지(Pulp)	6.4 ~ 9.5	0.21 ~ 0.31
황산 미스트(Sulfur Mist)	6.0 ~ 8.0	0.20 ~ 0.26
습식 시멘트(Wet Proves)	10.1 ~ 11.3	0.33 ~ 0.37
건식 시멘트(Dry Proves)	6.4 ~ 7.0	0.19 ~ 0.23
석고(Gypsum)	15.8 ~ 19.5	0.52 ~ 0.64
제련(Smelter)	1.8	0.06
평조(Open Hearth Furnace)	4.9 ~ 5.8	0.16 ~ 0.19
용광로(Blast Furnace)	6.1 ~ 14.0	0.20 ~ 0.46
건식 인산 제조	2.7	0.09
소둔로(Flash Roaster)	7.6	0.25
다단 소둔로	7.9	0.26

공정(Application)	이동속도(Migration Velocity)	
	cm/sec	ft/sec
촉매분진(Catalyst Dust)	7.6	0.25
용선로(Cupola)	3.0 ~ 3.7	0.1 ~ 0.12

표 5.44 공정별 조업 조건 및 배출먼지 특성

산업공정	분진 발생시설	배가스온도($℃$)	먼지농도(g/Sm^3)	평균입경(μm)	먼지비저항(Ωcm)
Power Plant	유연탄 전소 Boiler	120 ~ 150	5 ~ 20	10 ~ 30	$10^{11} ~ 10^{13}$
	Oil 전소 Boiler	140 ~ 170	0.1 ~ 0.3	5 ~ 10	$10^3 ~ 10^4$
	국내 무연탄 Boiler	120 ~ 150	50 ~ 80	10 ~ 30	$10^{11} ~ 10^{12}$
	중유연소 내연 발전	250 ~ 400	0.05 ~ 0.2	1 ~ 5	$10^{11} ~ 10^{13}$
산업용 열병합 발전소	석탄전소 P/C Boiler	130 ~ 200	5 ~ 20	10 ~ 30	$10^{12} ~ 10^{13}$
	석탄전소 FBC Boiler	130 ~ 200	30 ~ 50	5 ~ 20	$10^{12} ~ 10^{12}$
	Oil 전소 Boiler	150 ~ 250	0.2 ~ 0.5	10 ~ 20	$10^2 ~ 10^4$
Pulp&Paper Plant	SODA Recovery Boiler	140 ~ 180	5 ~ 20	0.5 ~ 2	$10^8 ~ 10^{10}$
	Lime Kiln	100 ~ 350	10 ~ 70		$10^8 ~ 10^9$
	Paper 폐기물	140 ~ 180	10 ~ 20	15 ~ 30	$10^{12} ~ 10^{13}$
Cement Plant	S/P Kiln&Raw Mill	300 ~ 400	50 ~ 150	10 ~ 20	$10^{12} ~ 10^{13}$
	석회석 Dryer	80 ~ 150	50 ~ 150	5 ~ 15	$10^{10} ~ 10^{12}$
	Clay Dryer	80 ~ 150	50 ~ 150	30 ~ 50	$10^{10} ~ 10^{12}$
	Clinker Cooler	250 ~ 350	20 ~ 40	50 ~ 80	$10^{11} ~ 10^{12}$
	Finish Mill	80 ~ 120	150 ~ 300	15 ~ 25	$10^{11} ~ 10^{12}$
제철, 제강 Plant	고로(Main)	30 ~ 50	5 ~ 15	15 ~ 25	
	고로(원료조)	20 ~ 40	1 ~ 10	5 ~ 15	$10^6 ~ 10^9$
	코크스로(환경)	10 ~ 50	0.5 ~ 2	5 ~ 15	$10^9 ~ 10^{11}$
	C.O.G Tar 제거	10 ~ 50	0.3 ~ 1	5 ~ 15	$10^9 ~ 10^{11}$
	소결기(Main)	110 ~ 160	0.5 ~ 2.5	5 ~ 10	$10^{12} ~ 10^{13}$
	소결기(환경)	50 ~ 80	10 ~ 20	15 ~ 25	$10^{11} ~ 10^{12}$
	LD 전로	180 ~ 240	15 ~ 30	1 ~ 10	$10^9 ~ 10^{11}$
	평로	250 ~ 350	2 ~ 10	1 ~ 10	$10^6 ~ 10^8$
	Scrafer	20 ~ 60	1 ~ 4	0.1 ~ 1	$10^9 ~ 10^{11}$

산업공정	분진 발생시설	배가스온도(℃)	먼지농도(g/Sm³)	평균입경(μm)	먼지비저항(Ωcm)
	Slab gas torching matching	30 ~ 60	1 ~ 2	0.1 ~ 1	$10^9 ~ 10^{11}$
	압연 Mill	20 ~ 40	0.1 ~ 0.3	0.5 ~ 2	$10^9 ~ 10^{11}$
	TLC 배제장	60 ~ 90	3 ~ 10	5 ~ 20	$10^9 ~ 10^{11}$
비금속 제련 Plant	동 자용로	300 ~ 400	15 ~ 30	1 ~ 5	$10^9 ~ 10^{10}$
	유화철 배소로	300 ~ 400	5 ~ 30	1 ~ 5	$10^9 ~ 10^{10}$
	아연광 배소로	300 ~ 350	5 ~ 30	1 ~ 5	$10^9 ~ 10^{10}$
	Alumina 소성 Kiln	50 ~ 100	0.5 ~ 1	40 ~ 60	$10^{12} ~ 10^{14}$
	황산제조 Mist 제거	30 ~ 50	20 ~ 50	Mist	
폐기물 처리	도시쓰레기 소각로	250 ~ 350	10 ~ 30	10 ~ 20	$10^8 ~ 10^{10}$
	산업폐기물 소각로			5 ~ 15	
	오니 소각로			1 ~ 5	
Glass Plant	Glass 용해로	250 ~ 450	1 ~ 3	0.5 ~ 3	$10^9 ~ 10^{11}$
화학 Gas Plant	BaSO₄ Kiln	350 ~ 450	5 ~ 20	10 ~ 20	$10^8 ~ 10^9$
	Mg(OH)₂ Kiln	300 ~ 400	5 ~ 30	5 ~ 15	$10^9 ~ 10^{11}$
	카프로락탐 SODA 회수 보일러	180 ~ 250	10 ~ 30	0.5 ~ 2	$10^8 ~ 10^9$

나) Deutsch-Anderson식

Deutsch-Anderson식은 이상적인 조건에 있는 전기집진기의 효율을 추정하는 이론적인 식으로 다음과 같다.

$$\eta = 1 - e^{\left(-\frac{A\,\omega}{Q}\right)}$$

여기서, η : 집진 효율
A : 소요 집진면적
Q : 처리 가스량
ω : 이동속도

이 식을 유도하기 위하여 Deutsch는 전기집진기의 형식을 단순한 원통형식으로 하고 다음의 사항들의 가정하에 성능식을 도출하였다.

① 집진기 내의 가스의 진행방향에 수직인 임의의 단면에 있어서 분진입자는 항상 균일하게 분포되어 있다.

② 집진극 가까이의 경계층을 제외하고 가스의 평균유속은 균일하며 일정하다.

③ 집진극 가까이에서의 분진입자 이동속도는 일정하고 가스의 평균유속보다 작다.

④ 전기집진기 내의 이상 현상인 입자의 재비산, 역전리, 입자의 응집(凝集), Corona의 불균일, Ion풍에 의한 가스흐름의 흩어짐 등이 존재하지 않는다. 또한, 이들의 여러 조건에서 분진 입자경은 모두 동일하고 재비산, 바이패스효과(Sneakage) 등의 무효류(無效流)는 존재하지 않는 것 등을 가정한 조건이다.

Deutsch-Anderson식에서 전기집진기의 소요 집진면적과 입자의 이동속도가 증가하면 집진 효율은 좋아지고 처리가스량이 많아지면 집진 효율은 나빠진다.

그러므로 전기집진기의 집진 효율은

① 입자경이 클수록

② 가스의 점성계수가 작을수록

③ 인가전압이 높을수록

④ 전기집진기의 집진 면적이 넓을수록

⑤ 처리 가스량이 적을수록 집진 효율은 높아지게 됨을 알 수 있다.

그러나 전기집진기의 성능에 대하여 집진 효율에 관한 이론식을 W.Deutsch가 발표한 이래 수십년간 많은 실험과 연구가 이루어져 왔다. 그러나 집진기 내부에서 전기적으로 규명하지 못한 현상이 많고 집진 효율을 지배하는 많은 인자가 서로 복잡하게 영향을 미치고 있어 현재까지도 완전한 이론적 해석은 완성되지 못한 상황으로 실무현장에서도 전기집진기를 설계 및 운전하는 경우 경험적인 요소가 많이 가미된다.

2. 전기집진기 효율에 영향을 주는 인자

가. 함진 농도의 영향

함진 농도가 높아지면 인가전압이 일정한 경우 코로나 전류는 감소한다. 따라서 일정한 코로나 전류를 흐르게 하기 위해서는 인가전압을 높게 할 필요가 있다.

또한, 단위 용적당에 포함된 분진의 비표면적이 커지게 되면 집진 영역 내에서의 전계강도가 증가하므로 동일한 코로나 전류를 인가하면 분진농도에 의해 집진 효율은 상승하나 전계강도가 일정한 영역 이상이 되면 스파크가 발생되어 안정된 하전이 되지 않을 수 있다.

나. 입자경과 물리적 성질의 영향

입자경이 작으면 대전 전하량이 작아져 집진판으로의 이동속도가 느리게 되므로 집진 효율이 감소하며 기계적 부착력과 전기력 부착력은 강해진다. 전기적 부착력이 강해지는 것은 분진의 입자경이 작아질수록 분진 입자의 비표면적이 증가하여 대전량이 증가하기 때문이다. 입자경이 작으면 전기집진기의 성능 향상 역할을 하나, 미세한 입자는 부착력이 강하므로 집진판에서의 고착 등의 문제가 발생할 우려가 있어 전기집진기의 성능 저하 원인이 된다.

다. 분진 입자의 전기비저항

건식 전기집진기의 경우 집진극에 분진입자가 부착되어 퇴적되면 분진층의 전기 저항으로 인하여 방전극과 집진극 사이의 전계형성에 영향을 준다. 집진극에 부착된 분진층의 두께를 a(cm), 분진 입자의 전기 비저항을 B(Ω - cm), 집진극 단위 면적당 방전 전류를 I(A/cm^2)라 하면, 분진층 내에서의 강하 Vd (Volt)는 정상 상태에서 다음과 같이 된다.

$$Vd = a \cdot B \cdot I$$

예를 들어서 일반적인 전기집진기의 경우 $I = 0.2$ mA/m$^2 = 2 \times 10^{-8}$ A/cm^2, $a = 1$ cm의 경우 $B = 10^9$ Ω - cm 정도에서는 $Vd = 20$ V이므로 문제가 되지 않지만, $B = 10^{11}$ Ω - cm의 경우에는 $Vd = 20$ kv가 되어 상당히 높은 전압이 된다. 분진층의 전압강하가 크면 동일 인가전압에서 운전되는 경우 그만큼의 유효 전압(방전극과 집진극사이의 공간 전압 장치)이 작아져서 방전전류가 감소하고 집진 효율이 떨어진다. 그리고, 분진층에서 전계강도 Ed는

$$Ed = Vd/a = B \cdot I$$

이고 분진의 부착두께와 관계없이 $I = 2 \times 10^{-8}$ A/cm^2, $B = 10^{12}$ Ω - cm의 경우는

$$Ed = 20 \text{ kv/cm}$$

라는 대단히 큰 값이 된다.

보통 부착 분진층 내의 가스부분의 전계강도는 가스와 분진의 유전율이 달라 분진의 형상 및 부착 상태 등에 의해 평균 전계보다 훨씬 크게 된다. 따라서 분진층 내의 가스는 방전극의 코로나 방전개시

전계 강도보다 매우 낮은 값에서 전리하기 시작한다. 높은 전계강도에서는 집진극의 분진층 내부 또는 표면에 있어서 가스가 전리하면 그림 5.58과 같이 집진극에서 방전을 개시하여 역으로 방전극 쪽으로 향하려 하게 된다. 이와 같이 분진층의 영향으로 방전극 및 집진극이 함께 방전하는 현상을 역전리 현상 또는 Back corona 현상이라고 한다. Back corona 현상이 발생한 상태에서는 양극 간의 방전전류는 증가하지만, 불꽃 발생 개시 전압이 낮아지고 양극으로부터의 이온에 의한 분진의 대전량이 증가하므로 집진 효율은 현저히 저하하며, 일반적으로 분진의 전기 비저항이 10^{11} Ω - cm 이상의 고저항이면 역전리 현상이 발생한다. 또한, 역으로 분진의 전기 비저항이 지나치게 작으면 전계 내에서 대전된 분진입자는 집진극에 도달하자마자 대전된 전하를 집진극으로 쉽게 방전하여 분진 입자가 집진극 표면에 퇴적될 수 있는 부착력(전기력 부착력)을 잃는다. 따라서 분진 입자는 다시 가스 흐름에 의해 재비산되었다가 재대전되어 다시 집진극에 부착되지만, 다시 쉽게 전하를 방출하여 재비산되고 그 현상이 거듭되므로 집진 효율은 크게 저하한다. 이 현상을 재비산 현상 또는 Puffing 현상이라 하며 분진 입자의 전기 비저항이 약 10^4 Ω - cm 이하에서 나타난다. 비저항이 작은 분진의 재비산시 이를 방지하기 위해서 집진극에 배플(Baffle)를 설치하기도 한다.

그러므로 정상적인 집진을 위해서는 분진 입자의 전기 비저항이 10^5 ~ 10^{11} Ω - cm 범위에 있어야 하며, 이 범위를 초과하면 가스를 조절하여 분진 입자의 전기 비저항을 상기 범위 내로 유도한다.

최근에는 이와 같이 비저항이 낮은 분진을 암모니아로 코디셔닝(Conditioning)하여 정상적인 전기 비저항이 되도록 하는 방법이 많이 사용되고 있다. 이는 암모니아(NH_3)가 황산(H_2SO_4)과 반응하여 황산암모늄을 형성하고 이 황산암모늄이 저항을 증가시키는 역할을 하기 때문이다.

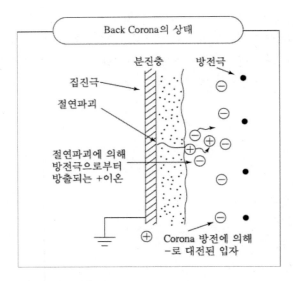

그림 5.58 Back Corona 현상

분진의 높은 전기저항은 처리가스의 수분 함유량이나 온도 조절을 통해서 조절할 수 있다. 처리가스 내의 수분 함유량도 분진 전기저항에 영향을 미친다. 처리 가스 내의 수분 함유량을 증가시키면 전기저항을 감소시킬 수 있다. 이와 같이 온도를 올리거나 수분을 가하여 전기저항을 조절하려고 할 경우는 처리가스 온도가 노점 온도 이상이 되도록 하지 않으면 응축수에 의한 부식이 일어난다.

즉, 분진이 전기 전기저항이 10^{11} Ω - cm보다 크면 물이나 수증기 또는 SO_3를 처리가스 중에 주입하여 전기 비저항을 낮추고 10^4 Ω - cm보다 작으면 NH_3 가스 등을 처리 가스 중에 주입하여 전기 비저항을 높인다.

분진의 전기저항과 집진 효율 관계는 그림 5.59과 같다.

즉, 분진의 전기저항이

① 10^4 Ω - cm 이하 : 재비산에 의해 집진 효율이 저하한다.

② 10^4 ~ 10^{11} Ω - cm : 정상영역으로 불꽃 방전이 간헐적으로 발생하며 집진 효율은 양호하다.

③ 10^{11} ~ 10^{13} Ω - cm 이상 : 역전리(Back corona)현상에 의해 집진 효율이 현저히 저하한다.

라. 가스중 수분량 및 온도

그림 5.60에서 일반적으로 가스 중 수분량이 증가할수록 분진 입자의 전기저항이 낮아져 집진 효율이 증가한다는 것을 알 수 있다. 또한, 처리가스 온도가 150℃ 이하이거나 약 250℃ 이상에서 분진 입자의 전기 비저항이 10^{11} Ω - cm 이하로 된다.

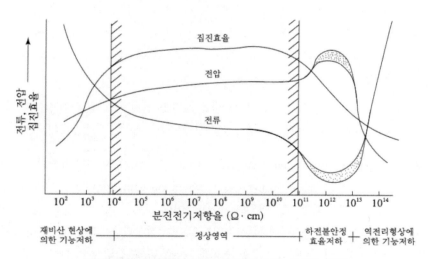

그림 5.59 분진입자의 전기비저항과 집진 효율의 관계

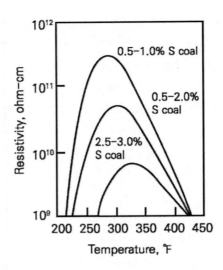

그림 5.60 가스 온도 및 습도변화에 따른 비산재 전기비저항과의 관계

온도가 150℃ 이하의 경우는 온도가 낮아질수록 가스의 상대습도가 높아져 분진입자 표면에 수분의 응축으로 인해 전하의 전도도가 증가되어 전기 비저항이 낮아지는 것으로 생각되며, 250℃ 이상의 경우는 분진입자 내의 분자가 반도체적 물성을 띠게 되어 전기 전도도 증가(체적 전도의 증가)에 의한 것으로 추정된다.

따라서 장치 처리가스 온도는 150℃ 정도 이하이거나 250℃ 정도 이상이 집진 전기집진 작용에 유리함을 알 수 있다.

마. 함진 농도의 영향

특정한 두 위치에서의 전위차 혹은 전기적 포텐셜 차이를 전계 강도라 하며, 전기집진기에 서는 집진극과 방전극의 전위차를 나타낸다. 즉, 방전극의 인가전압을 집진극과 방전극의 거리로 나눈 값이다. 전기집진기의 효율을 결정하는 Deutsch 식 $\eta = 1 - e^{-\frac{A\,w}{Q}}$ 에서, 인가전압(전계 강도)이 직접적으로 영향을 미치는 요소는 Migration velocity이다. Migration velocity는 인가 전압(인가전압보다는 실제로 분진의 비저항에 따라 대전되는 전류의 세기)와 어느 정도 비례한다. 일반적으로 인가전압이 증가할수록 대전되는 전류 또한 증가하기 때문에 집진 효율이 향상된다. 그림 5.61에 방전극에서 집진극간의 길이(S_X)와 전계강도에 따른 집진 효율 변화를 나타냈다. 분진의 물리·화학적 특성 및 전기저항에 따라 다르겠지만, 일반적으로 90% 이상의 우수한 집진 효율을 얻기 위해서는 3.5 ~ 7 kV/cm의 전계 강도가 필요하다.

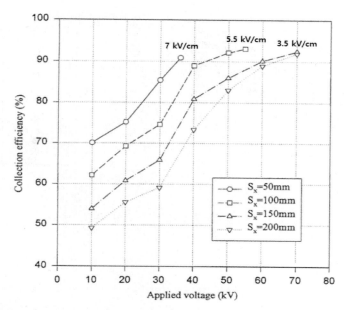

그림 5.61 방전극에서 집진극간 길이 및 전압(전계 강도)에 따른 집진 효율변화(S. H. Kim 등, 1999)

바. 가스유속

일반적으로 처리가스량이 증가하면 집진 효율은 감소하는 것으로 알려져 있다. 실제로 동일 전기집진기 내의 처리가스량이 증가하면 가스의 유속이 증가하게 되며, 가스유속이 어느 정도 이상으로 증가하면 분진입자의 재비산으로 인하여 집진 효율은 현저히 감소한다.

대형 전기집진기(4,000 m^3/min 이상)의 처리 가스 속도는 일반적으로 0.6 ~ 2.4 m/sec로 설계하고 있으나 유입시의 가스속도는 성능을 최대한 유지시킬 수 있는 속도로 조절되어야 한다.

또한, 염색, 식품 등의 소형 전기집진기(700 m^3/min 이하)는 흡수탑, 사이클론 등으로 전처리와 최근 개발된 집진극 및 방전극 타입과 고효율 펄스 하전장치 개발로 가스유속을 최대 6 m/sec까지도 현장에서 설치 운전하고 있다.

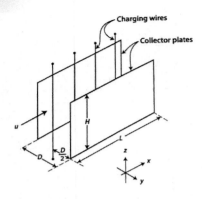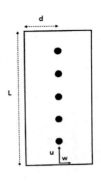

그림 5.62 전기집진기 내부 구조

$$\eta = 1 - e^{-\frac{A\,w}{Q}}$$

$$Q = 2\,d\,h\,u$$

$$A = 2\,h\,L$$

$$\therefore \eta = 1 - e^{-\frac{2\,h\,L\,w}{2\,d\,h\,u}} = 1 - e^{-\frac{w}{d}\times\frac{L}{u}}$$

$$\frac{L}{u} \geq \frac{d}{w} \qquad L_D \geq u\,\frac{d}{w}$$

여기서, η : 집진 효율

  Q : 가스 유량 (m³/s)

  A : 집진 면적 (m²)

  w : 분진 이동속도(Migration velocity) (m/s)

  u : 가스 속도 (m/s)

  L : 집진극 길이 (m)

  h : 집진극 높이 (m)

  d : 방전극 거리 (m)

  L_D : 집진극 최소 길이 (m)

집진 효율은 집진극 길이와 방전극 거리, 분진 이동속도, 가스 속도에 관한 식으로 나타낼 수 있으며, 효과적인 집진을 위해서는 L_D 이상의 집진극 길이가 필요하다. 즉, 집진기 내부의 가스 체류 시간

$\dfrac{L}{u}$는 집진에 필요한 시간 $\dfrac{d}{w}$ 보다 길면 가스유속을 높여도 집진 효율에는 큰 변화가 없다. (L. M. Dumitran 등, 2000)

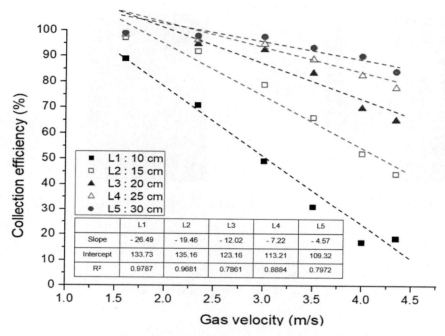

그림 5.63 가스유속, 집진극 길이에 따른 집진 효율 변화

그림 5.63에 집진극 길이와 가스유속에 따른 집진 효율변화를 나타내었는데, 집진기 내부의 가스 체류 시간이 충분한 집진극 길이인 30 cm로 늘어날 경우, 유속이 4.5 m/s로 빨라도 집진 효율은 85% 까지 비교적 높게 나타난다. (Y. Zhu 등, 2021)

사. 가스 흐름분포

전기집진기 내의 유량이 집진극에 균일하게 분배되어야 집진 효율을 최대화 할 수 있으며, 가스유속의 분포가 균일하게 되지 않으면 집진 효율은 감소한다. 따라서 전기집진기 내에서 처리가스의 흐름은 균일하게 분포되어야 한다. 그림 5.64와 그림 5.65는 가스 정류장치의 설치 "예"와 가스 정류장치 설치 후의 가스 흐름을 나타낸 것이다.

전기집진기 내에서 처리가스의 속도 및 흐름을 균일하게 분포시키는 가스정류장치는 전기집진기의 입구(Inlet plenum 또는 Inlet nozzle) 및 출구에 설치한다.

대형 전기집진기는 처리가스 유량분포를 일정하게 하기 위해 Air flow 시험을 실시하는데 요령은 다음과 같다.

그림 5.64 가스정류장치

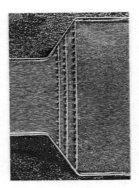

그림 5.65 가스정류장치 설치후의 가스 흐름도

1) 시험 준비
  ① 집진기 본체, Duct 및 Fan 설치 완료 여부 확인
  ② 집진기 본체 내부 조명시설과 시험을 위한 Access설비 확인
  ③ Anemometer(열선 풍속계)준비
  ④ 시험인원 : 최소 4명

2) 시험순서
  ① 측정점의 확인 – 가스 정류장치 단면을 등분포시켜 측정점으로 선정(최대 측정점 : 높이 방향 10 Points, 폭방향 Gas 통로당 1 Point선정)한다.
  ② Fan 가동을 계획된 풍량으로 조정(운전압력이 대기압과 차이가 큰 경우 측정자가 Manhole 출입시 풍량을 줄일 것)한다.
  ③ 측정자가 E/P 내부에 투입 후 Manhole 차단(1명은 Manhole 밖에서 대기)한다.
  ④ 각 측정점에서 Anemometer로 유속 측정, 기록한다.
  ⑤ 유속편차 (σ_{EP}) 계산

$$\sigma_{EP} = \frac{1}{V_g} \sqrt{\frac{1}{n} \sum_{1-n} (V_g - V_n)^2}$$

여기서, η : 측정점수

V_g : 평균유속(m/sec)

V_n : 각 측정점의 유속(m/sec)

⑥ 유속편차 불량시 분포판 조절 후 재시험

3) 판정기준

① 유속편차와 집진 효율의 관계

유속편차가 높을수록 집진 효율은 떨어지며 $\sigma_{EP} = 0.3$ 이상에서는 급격히 나빠짐

② 통상적인 유속편차 설계치 : 0.2 ~ 0.3

아. 형상비

형상비(A,R)는 집진기의 높이와 길이의 비를 말하며, 다음과 같이 주어진다.

$$형상비\,(A,R) = \frac{실집진 길이\,(L)}{실집진 높이\,(H)}$$

그림 5.66에 표시한 집진진장치 본체의 처리가스 방향에 따라 길이 L, 장치 높이 H와 장치폭 D의 각 치수비는 가스유속, 가스통과 시간(처리시간), 건식 전기집진기에서는 재비산의 문제, 집진 효율, 장치 내 처리가스 온도 분포 등에 영향을 주는 중요한 인자이다. 전기집진실에서 높이보다 길이를 크게 해주는 것이 이상적이나 실제로는 설치부지와 비용 때문에 곤란하다. 건설 예정지의 설치 공간의 제약에 따라 결정하는 경우도 있으나 수평 가스유속을 결정하는 치수비가 여러 가지 영향을 준다. 예를 들면, 장치 폭 D에 대하여 높이 H가 극단으로 크면 처리 가스의 유속 분포가 불균일하게 되어 방전극과 집진극의 사이를 항상 균일하게 유지하기가 곤란하게 된다. 또한, 장치 높이 H에 대해 처리 가스 방향의 길이 L이 매우 짧으면 건식 전기집진기에서는 재비산을 일으키기 쉽고 함진가스 처리시간이 짧아 집진 효율이 낮아진다. 일반적으로 전기집진기 형상비는 1보다 커야 한다.

이와 같이 전기집진기의 효율에 영향을 주는 인자는 집진기 내부에서 규명하지 못한 현상이 많다. 또한, 인자가 서로 복잡하게 영향을 미치고 상기의 내용들 외에도 여러 가지 인자들이 전기집진기 효율에 영향을 줄 것으로 사료된다.

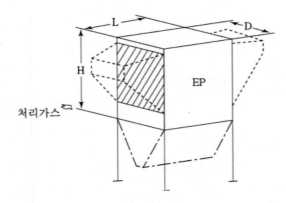

그림 5.66 장치 치수비

3. 전기집진기의 장치 및 기능

가. 집진실

전기집진기의 주요 구성은 방전극과 집진극이며 그 전극 사이에 전계가 형성되며 방전극과 집진극을 구성하는 부분을 집진실이라 부른다.

이 집진실은 일반적으로 몇 개의 실(Chamber)과 구간(Section 또는 Field)으로 구분되는 단위집진실로 구성된다. 그림 5.67은 일반적인 집진실의 구성을 나타낸 것이다.

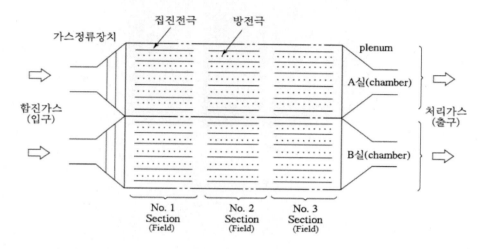

그림 5.67 집진실의 구성

나. 방전극(Discharge Electrode)

일반적으로 방전극은 Corona방전 특성이 좋은 선(Wire) 또는 날카로운 형태로 되어 있으며 부식이나 충격의 강도에 견딜 수 있어야 한다. 방전극의 크기와 모양은 전기집진기의 여러 조건에 따라 다르며 현재 사용되고 있는 방전극의 종류를 그림 5.68에 나타냈다.

다. 집진극(Collecting Electrode)

대부분 대형 전기집진기의 집진극은 처리가스량이 많고 높은 처리효율을 원하기 때문에 판상 집진극(Plate Collecting Electrode)을 많이 사용한다.

집진판의 모양은 포집된 분진이 가스흐름에 의해 다시 부유해 날아가는 것을 막고 높은 집진 효율을 얻기 위한 구조로 되어야 하며 그림 5.69는 집진극의 형상을 나타낸 것이다.

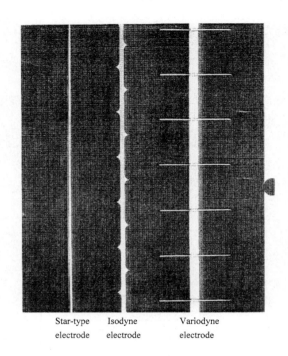

Star-type   Isodyne   Variodyne
electrode   electrode   electrode

그림 5.68 방전극의 종류

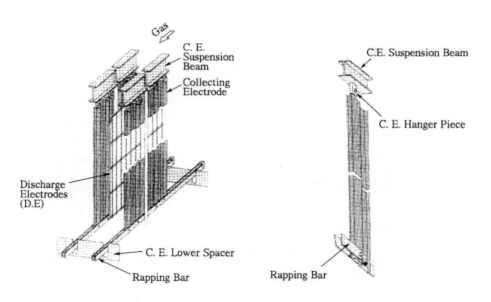

그림 5.69 집진극의 형상

라. 가스정류장치(Gas Distribution Device)

집진실 내에서의 가스유속을 균일하게 분포시키기 위한 장치이다. 가스정류장치에 대해서 앞에서 설명하였으며 그림 5.70은 가스정류장치의 종류를 나타낸 것이다.

그림 5.70 가스정류장치의 종류

마. 추타장치(Rapping Device)

건식 전기집진기의 집진극 및 방전극 그리고 전기집진기 입구 Gas 정류장치에 부착된 Dust를 제거시키기 위하여 충격 또는 진동을 주는 장치이다.

추타방법에는 여러 가지가 있으나 그림 5.72와 같이 회전축에 망치를 설치하여 이를 회전시켜 전극에 충격을 주는 기계적 추타방법과 전자식 추타방법이 있다. 기계적 추타는 회전축이 부착된 망치가 회전하면서 집진극에 붙어 있는 Rapping bar를 일정 간격으로 충격을 가하는 방식이다.

추타강도는 회전축에 설치된 망치의 무게와 길이로써 조절할 수 있으며 횟수는 회전축의 속도로 조절된다.

그림 5.71과 같이 전자식 추타는 일정한 무게를 갖는 추타봉을 전자석으로 끌어 올렸다가 놓으면 추타봉의 중량으로 집진극에 충격을 가해 집진된 분진을 털어낸다. 펄스전류를 이용하여 추타봉 상승, 추타횟수 조절, 추타봉의 중량을 조절하여 추타 강도를 조절한다. 추타봉의 무게는 보통 10 ~ 24 g이며 추타횟수는 수분에 한번부터 한시간에 한번까지 임의로 조절할 수 있다. 기계적인 회전 추타에 비해서 전자 추타방식은 추타 충격은 적으나 가볍고 많은 횟수의 충격을 줄 수 있다.

방전극에 분진이 부착되면 방전시 장해를 받기 때문에 코로나 방전극 역시 추타해 주어야 하며, 이 경우는 추타로 치는 것은 다소 곤란하기 때문에 방전극을 가볍게 진동시킬 수 있도록 공기 또는 전기 진동장치를 사용하기도 한다.

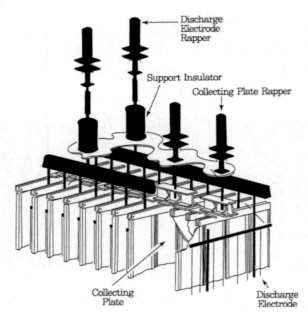

그림 5.71 전자식 추타장치

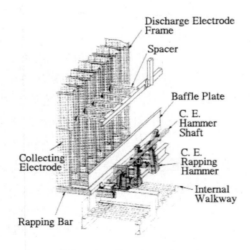

그림 5.72 기계식 회전 추타장치

바. 고압 하전장치(High Voltage Electrical Equipment)

전기집진기에서 가장 중요한 설비는 집진극과 방전극 사이의 전계강도를 조절하는 고압 하전장치이다. 즉, 방전극과 집진극 사이에 고전압을 인가하는 장치로서 실효 전압 방전전류의 충분한 공급, Spark arc에 대응 가능한 제어방식, 부하변동에 대한 전압, 전류 제어 효율 등 전기집진기 성능에 밀접한 관계가 있으며 구성으로는 변압기, 정류기 및 Voltage divider의 접지장치 그리고 제어장치로 이루어져 있다.

고압 하전장치는 교류를 직류로 변환시켜 그 전압을 400 ~ 480 Volt에서 15 kV ~ 130 kV까지 발생시킨다. 이와 같은 현대식 전압장치의 출현이 전기집진기의 발전에 획기적인 계기를 만들었다. 또한, 종전에는 전기집진기의 고압 하전제어 방식으로 연속하전을 하는 아날로그(Analog) 방식이었으나 '80년대 후반부터 전자 제어기술의 비약적인 발달로 고압 하전장치에 보다 많은 기능을 요구하게 되었다. 또한, 첨단의 Micro processor의 각종 기능을 이용하여 집진장치의 효율 극대화에 기여하여 왔으며 이러한 Micro computer를 이용한 제어방식은 고압 하전장치에서의 신뢰가 확보되어감에 따라 과거에 널리 이용되었던 Analog방식을 대체하게 되었다.

특히 고저항분진의 집진환경에서 과거에는 연속하전방식을 사용하였으나 Back-Corona 등의 악영향만을 야기하고 인가된 에너지의 상당부분을 소비하였으며 또한 집진장치에서의 기대효율에 미치치 못하였다. 따라서 고저항분진에 대하여 집진 효율 극대화와 에너지 절감을 위하여 간헐하전방식, 펄스하전방식을 많이 사용하고 있다.

표 5.45 하전방식 비교

항 목	기존 DC방식(Lurgi 및 K-T)	마이크로 하전식(MPS system)
DC	분진의 하전 및 집진이 한 개의 전원으로 동작. 고비저항 분지에 의한 백코로나, 스파크, 아크 현상 등이 평균 동작 전압의 하강 요인.	분진의 하전 및 집진이 두 개의 독립 전원으로 동작. DC 전원은 집진작용 만을 담당. 백코로나 현상 발생이 억제됨.
Semi Pulse	고비저항 분진에 의한 백코로나 방지책으로 개발된 전원 제어방식. 60 Hz의 반주기(약 8ms)를 간헐적으로 인가함. 평균전압이 낮다.	-
Micro Pulse	-	펄스전원은 하전작용 만을 담당. 펄스 반복주기의 조정으로 백코로나 현상 발생이 억제됨. 약 120 μs의 짧은 펄스 폭으로 고전압 인가가 가능.
소비전력	DC 운전시: ~ 100 kVA/unit	<10 kVA/unit(<10%)

* **코로나(Corona)**

　코로나란 강한 전장에서 고-에너지 전자에 의해서 가스분자가 이온화되는 현상이다. 코로나
에 의해 생성된 과잉전자는 산소나 SO_2 같은 음전자 가스에 쉽게 부착된다. 즉, 생성된 음이온
들은 입자에 부착되고 접지된 집진판(+)으로 이동한다. 일반적으로 Wire로된 방전극(Discharge
electrode)은 양극 또는 음극 코로나를 생성할 수 있다. 음극(-) 코로나는 양질의 전압/전류 특성
을 가지므로 산업현장의 전기집진기에 많이 사용되고 있다. 그러나 음극 코로나는 양극 코로나
보다 오존을 많이 생성시키므로 실내공기 청정장치는 비록 효율이 떨어지더라도 양극(+) 코로
나 방전을 사용하고 있다.

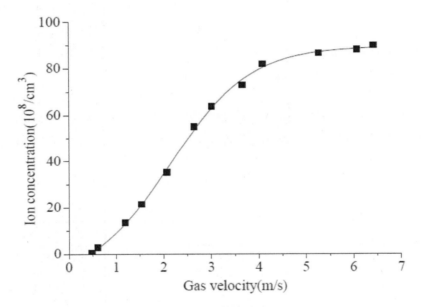

그림 5.73 전계 강도 18.2 kV 조건에서 가스유속에 따른 이온 농도 변화

　전기집진기 처리 가스유속이 4 ~ 5 m/s 정도로 빠를 경우, 코로나 방전에 의해 생성된 이온이 가스
유속에 의해 강제로 대류 확산되어 방전극 부근에 고농도로 축적되어 있지 않아 방전 효율이 상승하
므로 이온 생성량이 증가한다. 즉, 코로나 방전에 의해 방전극 근처에서 이온이 생겨나고(방전극 근처
의 이온 농도가 급격하게 증가) 가스유속에 의해 방전극 외부로 밀려나고(방전극 근처의 이온 농도가
다시 낮아지면서 낮은 전압에서도 안정적으로 코로나 방전이 진행됨)를 반복하여 동일한 에너지를 주
입하였을 때, 유속이 빠를수록 이온의 농도가 증가하므로 Migration velocity도 증가하여 집진 성능이
향상된다. 그림 5.73에서 전계 강도 18.2 kV 조건에서 가스 속도 4 m/s일 때가 가장 많은 이온농도를

생성하는 최적의 유속이다. (Y. Chengwu 등, 2010)

사. 부속장치

1) 애자(Insulator) 및 애자실(Insulator Chamber)

애자는 방전극의 중량을 지지할 충분한 기계적 강도와 아울러 방전극에 가압된 고전압을 전기적으로 절연하는데 적합한 재질과 구조로 되어야 하며, 또한 애자는 가스 흐름 밖에 설치되어야 가스에 의한 오염을 방지할 수 있어 애자실로 보호되어야 한다. 애자는 가열된 공기 또는 Heater로 가열하여 애자 표면에 노점이 생기지 않도록 하여야 한다.

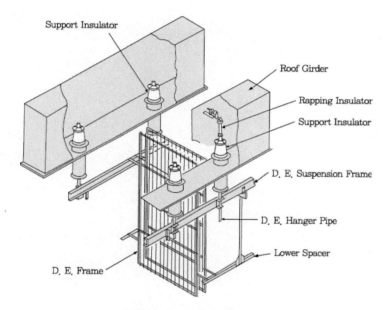

그림 5.74 애자 및 애자실 구성

2) 먼지 배출 장치

집진극 등에 부착, 포집된 분진입자가 추타장치 등에 의해 탈진되면 집진실 하부 호퍼(Hopper)에 모아져 Chain conveyor 및 Rotary valve 등의 부대설비로 외부로 먼지를 배출시키는 장치이다. 또한 포집된 분진이 호퍼에 부착되는 것을 방지하기 위한 Vibrator 설치와 집진기 외함을 스팀이나 전열기 등으로 보온하여 응축수의 생성을 방지하여야 한다.

3) Key Interlock System

이 장치는 집진기 내부의 점검 정비·보수시 고전압으로부터 안전하게 보호하기 위해 모든 비상출입구에 Key lock을 설치하여야 하며 이 System에는 여분(Spare)의 Key가 있어서는 절대로 안된다. 이 System은 전기 판넬에서 전원을 차단한 상태에서 출입구를 열 수 있게 되어 있으며 Main key의 보관은 반드시 내부의 작업자가 휴대하고 내부 작업이 종료된 후 역순에 의하여 Inter lock 시켜야 한다. Key interlock system은 집진기에 전기 에너지가 가해지는 동안 전기집진기 모든 입구를 보호함으로써 고전압으로 인한 전기 안전사고를 예방하는 안전 통제장치이다.

전기집진기의 고전압 전원을 차단해도 고압의 전류가 분진에 다량 잔류할 수 있으므로, 전기집진기 Access door에 들어가기 전에 반드시 T/R 본체에 장치된 접지 Switch를 Earth 위치로 전환하여 방전시켜야 한다.

4. 전기집진기 설계법의 특징

전기집진기의 설계는 입자가 집진극으로 이동하는 속도를 기본으로 한다.
이동속도(Migration velocity)를 다음과 같이 계산할 수 있다.

$$\omega = \frac{C \, d_p \, \epsilon \, K \, E_{ch} \, E_{co}}{3 \, \mu}$$

여기서 ω : 이동속도(m/sec)

E_{ch} : 대전부의 전계강도

E_{co} : 집진극부의 전계강도

C : Cunningham의 보정계수($C > 1$이며 입자경이 작을수록 값이 커진다)

μ : 점성계수(kg/m-sec)

d_p : 입자경(m)

ϵ : 자유공간의 유전율(8.85×10^{-12} C/V-m)

K : 절연 계수($1.5 \sim 2.4$)

입자의 이동속도는 입자경에 비례하고, 가스의 점성계수에 반비례한다. 또한, 대전부의 전계강도 및 집진극부의 전계강도는 인가 직류전압에 비례하므로 입자의 이동속도는 인가전압의 제곱에 비례한다.
즉, 이동속도식으로부터 전압에 의한 영향이 매우 크다는 것을 알 수 있다.
따라서 전기집진기에서 최대효율을 얻기 위해서는 최대 전계강도를 얻을 수 있도록 설계해야 한다.

그러나 이 식은 다음의 가정하에 성립한다.
  ① 입자는 항상 구형일 것
  ② 입자는 모두 같은 입경일 것
  ③ 전계는 균일할 것 등으로 가정하여 식을 수립했다.

그런데 실제 전기집진기와 산업체에서 발생하는 대기오염 물질은
  ① 일반 전기집진기에서는 하전 전계력과 집진 전계력이 정확히 구분되지 않는다.
  ② 산업체에서 발생하는 대기오염물질의 입자는 로그 정규 분포에 가까운 입경분포를 하고 있고, 입경은 모두 동일하지 않다.
  ③ 입자의 모형 또한 모두 구형이 아니다.
  ④ 입자의 이동속도는 전기 저항값, 물리적 성질 등에 관계한다.

따라서 위의 가정은 성립하지 않는다.

일반적으로 설계에 사용되는 것은 Deutsch-Anderson의 식이다.

이 식은 1912년 Anderson이 실험적으로 Deutsch가 이론적으로 각각 도출한 집진율 η에 관한 식이다.

$$\eta = 1 - e^{-\frac{A}{Q}\omega} \quad\text{..}\quad (5.1)$$

이 식은 다음의 여러 가지 가정하에 성립된다.

① 입자는 전기집진기에 넣으면 곧 코로나 방전에 의해 대전되어 정전화를 띤다.
② 하전과 확산에 의해 입자는 어떤 단면에 있어서도 균일하게 확산되어 있다.
③ 가스유속은 입자의 이동속도에 영향받지 않는다.
④ 입자의 거동은 Stoke의 법칙이 적용되는 점성력에 지배된다.
⑤ 입자는 항상 전기적인 최종 속도로 움직이는 것으로 한다.
⑥ 입자는 서로 반발력을 무시할 수 있을 만큼 충분히 떨어져 있다.
⑦ 이온과 중성 가스 분자의 충돌 효과는 무시할 수 있다.
⑧ 재비산, 불균일한 가스 분포, 역코로나 등의 영향은 없다.

따라서, Deutsch의 식은 산업계에서 발생하는 배기가스에는 적용할 수 없는 것이었다. 그렇지만 이 식은 집진율과 처리 가스량을 측정하면, 기존 설치된 집진장치에 있어서는 집진극 면적을 알 수 있으므로 입자의 이동속도를 산출할 수 있다.

이와 같이 경험적으로 도출된 입자의 이동속도는 위에서 설명한 입자의 물리적, 이론적인 이동속도와는 다른 뜻을 갖게 된다.

즉, 이 경우 입자의 이동속도는 전기집진기의 성능에 관한 여러 조건을 조합하고 있는 경험적 상수이므로 이러한 입자의 이동속도를 겉보기 입자 이동속도라 한다.

겉보기 입자 이동속도는 이론적 이동속도와는 다르며 실제 설계에 사용되는 설계인자이다.

겉보기 입자 이동속도(Migration velocity) ω는 하전전계, 집진전계, 배가스의 점성계수, 입자의 입경분포, 전극형상, 배기가스의 종류 등 여러 인자의 대부분은 전기집진기 내부에서 항상 변화하는 변동인자로 시간적으로 변화하는 확률밀도 함수로 되어 있다.

따라서, 전기집진기를 설계하는데 있어서 기본이 되는 설계 인자인 겉보기 입자 이동속도가 여러 요인에 의해 지배되는 확률 밀도 함수이므로 전기집진기의 설계는 경험 및 확률적 요소가 많이 작용한다.

가. 설계 요소

전기집진기의 설계에는 여러 인자가 있어, 그들이 유기적으로 연결되어 총합해서 하나의 시스템을 구성하고 있다. 개별 인자의 선정이 설계시에 집진율과 제작·시공비에 영향을 준다.

전기집진기를 구성하는 설계 인자는 다음과 같다.

① 분진의 물리, 화학적 특성 및 분진의 전기 저항값
② 처리효율 예측과 산정(집진 면적, 이동속도, 풍량)
③ 가스 처리속도 설정 및 집진극 길이 산정
④ 집진극, 방전극의 형상, 전극배치
⑤ 하전설비용량 선정 및 집진실 구분(하전 Field 구분)
⑥ 가스 체류시간 검토
⑦ 애자와 애자실 송풍량 산정
⑧ 가스 정류장치 검토 및 탈진 장치 형식 선정
⑨ 분진 후처리설비 Flow 구성
⑩ 분진 전처리 설비(Preduster) 설치 여부
⑪ Hood 및 Duct 설비 검토
⑫ 송풍기 정압 및 Type 결정
⑬ 기타

이들 여러 인자 중 전기집진기 설계의 기본은 집진극의 면적이고, 집진면적의 산정이 전기집진기 본체의 치수를 결정하는 요소이기도 하며, 집진율과 전기집진기의 제작, 시공비를 좌우하는 것이다.

5. 기본설계

가. 집진 면적의 계산

Deutsch-Anderson의 식

$$\eta = 1 - e^{-\omega f}$$ ··· (5.2)

여기서, η : 집진율(%)

ω : 입자 이동속도(m/sec)

f : 비집진 면적(sec/m)

비집진 면적 f는 단위 처리 가스량에 대한 집진 면적을 의미하며, 처리 가스량 Q(m³/sec), 집진 면적을 A(m²)라 하면

$$f = \frac{A}{Q} \text{ (sec/m)}$$ ··· (5.3)

로 표시된다.

설계 조건에서 처리 가스량 Q와 집진율 η을 계산하고 겉보기 이동속도 ω가 결정되면 미지수 A가 구해지고 집진면적이 결정된다.

$$\eta = 1 - e^{\frac{A w}{Q}} \text{ 에서} \qquad A = -\frac{Q}{\omega} \ln(1-\eta)$$

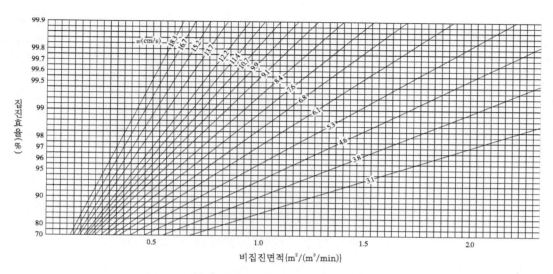

그림 5.75 입자의 이동속도에 따른 집진 효율과 비집진면적

그림 5.75는 집진 효율 η과 비집전 면적 f의 관계를 입자 이동속도 ω를 파라미터로 나타낸 것이다. 이 그림을 사용하면 입자 이동속도(ω)와 집진 효율(η)에서 구하는 비집진면적(f)을 용이하게 계산 할 수 있으며 비집진면적(f)에 풍량(Q)를 곱하면 집진면적(A)가 결정된다.

예제 1 　미분탄 보일러용 전기집진 장치에서 다음과 같은 설계 조건에서의 집진 면적을 구하여라.

　　　처리 가스량 : 300,000 Nm³/hr
　　　처리 가스온도 : 150°C
　　　처리 가스 압력 : −500 mmAq
　　겉보기 고유 저항 : 4×10¹⁰ Ω·cm
　　　　입구 농도 : 20 g/Nm³
　　　　출구 농도 : 0.16 g/Nm³

단, 겉보기 고유 저항과 겉보기 입자 이동속도의 관계는 그림 5.76에 표시한 것과 같은 특성으로 한다.

▌풀이

집진율 η은 입구 농도 C_i, 출구 농도를 C_o라 하면,

$$\eta = \frac{C_i - C_o}{C_i} \times 100$$

$$\eta = \left(1 - \frac{0.16}{20}\right) \times 100 = 99.2 \ (\%)$$

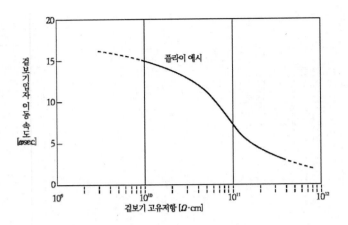

그림 5.76 겉보기 이동속도와 겉보기 고유저항 특성

처리 가스량 300,000(Nm³/hr)을 실제로 운전되는 처리 가스량 Q(m³/sec)으로 환산한다.

$$Q = \frac{300,000}{3600} \times \frac{273+150}{273} \times \frac{10,330^*}{10,330-500}$$

$$\fallingdotseq 135(\text{m}^3/\text{sec})$$

겉보기 입자 이동속도 ω는 그림 5.76의 특성에 따라 겉보기 고유 저항
$\rho = 4 \times 10^{10}(\Omega \cdot \text{cm})$일 때, $\omega = 12(\text{cm/sec})$를 취한다.

그림 5.75에서 $\eta = 99.2(\%)$, $\omega = 12(\text{cm/sec})$일 때 비집진 면적 f는

$$f = 0.665(\text{min/sec}) = 40(\text{sec/m})$$

따라서, 식 (5.3)에서 구하는 집진 면적 A는

$$A = f \cdot Q = 40(\text{sec/m}) \times 135(\text{m}^3/\text{sec})$$
$$= 5400(\text{m}^2)$$

여기서 구한 값이 주어진 설계조건에서 필요로 하는 최소 집진극의 총면적이다.

나. 가스 통로(Gas Passage)계산

전기집진기의 집진실은 방전극과 집진극으로 구성되어 있다. 집진극 사이의 폭을 W로 하고, 같은 전극 간격으로 집진극판이 N매로 집진실을 구성하고 있고

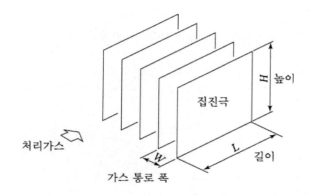

그림 5.77 가스통로(레인)

집진극 높이를 H, 집진극의 길이를 L이라 하면 가스처리 단면적 S는

$$S = W \cdot (N-1) \cdot H \quad\text{..} \quad (5.4)$$

로 된다.

여기서, 집진극 사이의 처리 공간을 가스통로(Gas passage) 또는 레인(Lane)이라 한다. 집진극의 수가 N개이면 (N-1)개의 가스통로(n)가 생기게 된다.

1개 가스통로(n)의 집진 면적은 $2LH$이므로 n개의 가스통로가 있을 때 전체집진 면적 A는

$$A = 2 \cdot n \cdot L \cdot H \quad\text{..} \quad (5.5)$$

로 된다.

또, 집진기 내부의 가스유속 V는 $Q = S \cdot V$에서

$$V = \frac{Q}{S} = \frac{Q}{W \cdot (N-1) \cdot H} \quad\text{...} \quad (5.6)$$

로 주어진다.

따라서, 집진극 사이의 폭 W 및 집진극의 높이 H와 길이 L을 결정하면 Deutsch-Anderson의 식에서 정해지는 집진 면적이 계산되었으므로 필요로 하는 가스통로수 n이 결정됨과 동시에 집진기 내부 가스유속 V도 정해진다.

예제 2 | 집진극의 높이 : 7.0(m)
집진극의 길이 : 7.5(m)

집진극간 거리 : 0.3(m)

로 할 때, 예제 1)의 전기집진기의 가스 통로수와 가스유속을 구하여라.

▌풀이

식 (5.4)에서 H = 7.0(m), L = 7.5(m), A = 5,400(m^2)이므로 레인수 n은

$$n = \frac{A}{2 \cdot LH} = \frac{5,400(\text{m}^2)}{2 \times 7.5(\text{m}) \times 7.0(\text{m})} = 51.4$$

로 되어 52 가스통로가 필요하게 된다.

또, 식 (5.6)에서 Q = 135(m^3/sec), W = 0.3(m)이므로 가스유속 V는

$$V = \frac{135(\text{m}^3/\text{sec})}{0.3(\text{m}) \times 52 \times 7.0(\text{m})} \fallingdotseq 1.2(\text{m/sec})$$

로 된다.

다. 집진실의 구분(Field의 구분)

일반적으로 단위 집진실의 처리 가스 방향의 집진극 길이는 열변형 방지를 위해 최대 3 m 전후로 설치한다. 함진가스가 전극 사이를 통과하는 체류시간(Treatment time) t는 집진율을 높이기 위해 어느 정도 이상의 시간이 필요하다.

따라서, 배출허용기준 이하의 집진 효율을 위해서는 체류시간에 필요한 가스 방향에 몇 개의 단위 집진실을 설치하여야 한다. 처리 가스량이 대용량일 경우에는 단위 집진실을 증가시켜 처리 가스량의 증대에 대처하여야 한다.

가령, 3필드(or 섹션)로 구성된 집진실이 있다면 그림 5.78에 표시한 바와 같이 No.1 섹션(필드)의 가스흐름 방향에 따른 길이를 L_1, No.2 섹션의 가스흐름 방향에 따른 길이를 L_2, No.3의 섹션의 길이를 L_3라 하면 처리 가스 방향에 따른 집진극 길이의 합 L은

$$L = L_1 + L_2 + L_3 \quad \cdots\cdots\cdots\cdots\cdots\cdots\cdots\cdots\cdots\cdots\cdots\cdots\cdots\cdots\cdots\cdots\cdots\cdots\cdots\cdots (5.7)$$

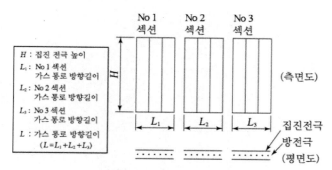

그림 5.78 3Field(Section) 전기집진기

처리 가스의 집진실을 통과하는 처리 가스유속을 V라 하면 체류시간 t는

$$t = \frac{L}{V}$$ .... (5.8)

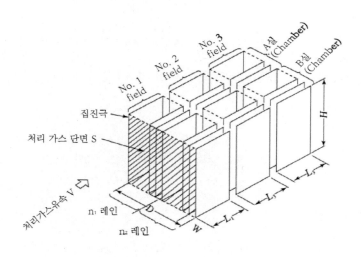

그림 5.79 2실(Chamber) 3필드(Field) 전기집진기

그림 5.79와 같이 2실(Chamber) 3필드(Field)의 전기집진기가 있다면, 처리가스량은 다음과 같이 구할 수 있다.

1개의 가스통로(레인)의 폭을 W라 하고 1실당 n개의 가스통로로 구성되어 있으므로 2실(Chamber)의 가스 통로수는 $2n$이므로 집진실의 폭 D는

$$D \ = \ 2 \cdot n \cdot W \ \text{..} (5.9)$$

처리 가스 단면적 A는

$$A \ = \ D \ \times \ H$$
$$= \ 2 \cdot n \cdot W \cdot H \ \text{..} (5.10)$$

로 주어지므로, 처리가스량 Q는 다음 식으로 구할 수 있다.

$$Q \ = A \cdot V$$
$$= 2 \, n \cdot W \cdot H \cdot V \ \text{..} (5.11)$$

예제 3 | 예제 2)에서 구한 전기집진기의 집진실을 구성하시오.

▌풀이

집진극의 총길이가 7.5 m이지만 1필드당 전극의 길이는 3 m가 한계치이므로 1필드당 길이는 7.5(m)/3(m) = 2.5(m)가 된다.
또한 가스 통로수가 52이고 집진극의 간격이 0.3(m) 이므로 집진실의 폭 D는

$$D \ = \ W \cdot n$$
$$= \ 0.3(m) \ \times \ 52 \ = \ 15.6(m)$$

전극 구성상 2실로 하는 것이 적절하므로 2실 3필드의 집진실 구성이 적절하다고 판단된다.

라. 하전 구분(Field화)

하전 전압을 높이면 그만큼 불꽃 발생 빈도가 증가한다. 하전 전압이 높아 불꽃 방전이 많이 발생하면, 전계의 세기를 높이는 것이 되어 집진 효율은 향상된다. 그렇지만 하전 전압이 너무 높으면 불꽃 발생이 많아져서 집진극 사이가 단락되므로, 집진 효율이 오히려 낮아지게 된다.

집진장치 전체를 1대의 하전 설비에서 전원을 공급하면, 불꽃 방전 발생마다 집진극 전체가 단락하는 것이 된다. 따라서, 집진실을 몇 개의 하전 계통으로 구분하고, 하전설비를 설치하면 불꽃 방전에 의한 전체 집진실의 단락을 방지하게 된다. 집진실을 이와 같이 몇 개의 하전 계통으로 구분하고, 하전 설비 대수를 많게 하는 것은, 1대당의 하전 설비용량을 작게 하는 것이 되며, 하전 설비 1대당의 임피던스를 크게 하는 것이 된다.

입구쪽 집진실과 출구쪽 집진실의 분진농도가 다르고, 하전 전계역을 주목적으로 하는 집진실인가, 집진 전계역을 주 목적으로 하는 집진실인가에 따라서 하전 전압 설정하는 법, 불꽃발생 빈도도 설정 등의 설계도 달라진다.

이러한 이유로 하전 설비를 필드마다 설치할 것인가, 실(Chamber)을 고려하여 집진 하전 계통을 설치할 것인가를 결정해야 한다.

전기집진기에서는 입구 쪽에 가까울수록 처리 가스내의 분진농도가 높아서 일정량으로 발생된 코로나 전류가 상대적으로 많이 감소하게 되어 입구에서는 제거되어야 할 분진에 더 이상의 대전이 어렵다. 대전된 분진이 집진극에 잘 부착되기 위하여는 최적 충전에 필요한 충분한 코로나 전류를 공급하기 위해서 전압을 올려 주어야 한다.

반대로 전기집진기 출구 쪽은 처리 가스 분진농도가 점차적으로 낮아지므로 비교적 자유스러운(많은) 코로나 전류가 흐르게 된다.

따라서 출구 쪽이(입구 쪽에 비해서) 불꽃방전 회수가 많아지고, 이로 인한 순간적 전계손실이 발생되어 분진대전에 장애가 많이 발생한다. 분진이 고비저항일 때는 출구 쪽의 전압을 고전압으로 높여야 고비저항 분진을 집진할 수 있다.

따라서 전기집진기는 집진 효율을 증가시키기 위해서 처리상 흐름과 분진농도에 따라 집진기를 전기적 특성(가하여야 할 전압)에 따라 집진실에 몇 개의 Field로 구분하여 하전설비를 설치 운전하는 것이 효율면에서 상당히 유리하다는 것을 알 수 있다.

따라서 전기집진기를 설계할 때는 이와 같은 조건에 따라 집진실을 몇 개의 Field로 구분하여 설치하고 Field마다 하전설비를 구분하여 설치한다. 전기집진기의 성능은 집진실에 몇 개의 Field로 구분하는냐도 효율에 영향을 미친다.

마. 하전 설비(T/R) 용량

코로나 방전 전류는 전극의 기하학적 구성과 배치, 가스 온도 및 처리 가스의 이온 이동도 등에서 이론적으로 추정할 수 있고, 실적 데이터로도 추정할 수 있다.

어떻게 하든 방전 전극 단위 길이당의 코로나 전류값, 또는 집진극의 단위 면적당 코로나 전류값을 파악해 두면, 방전극 길이 및 집진극 면적을 계산하여 전기집진기 전체의 소요 코로나 전류값을 알 수 있다.

예제 4 | 예제 1) ~ 예제 2)에서 구한 전기집진기의 하전 설비용량과 수량을 구하여라.

‖풀이

예제 1)에서 소요 집진면적 A는

$A = 5,400(m^2)$ 이다.

한편, 코로나 전류 밀도는 단위 집진극 면적당, 경험적으로 i = 0.2(mA/m²) 라면, 집진 장치의 코로나 전류값 I는

I = $A \cdot i$ = 5,400(m²) × 0.2(mA/m²)

= 1,080(mA)

로 된다.

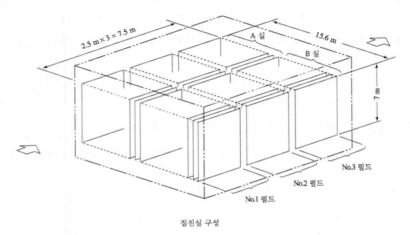

집진실 구성

그림 5.80 집진실 구성

예제 2)에서 2실 3필드의 집진실이 구성되었으므로 필드마다 하전설비를 설치하여야 하므로 3대의 하전설비가 필요하다. 1대 당의 소요코로나 전류값은 1,080(mA)/3대에서 360(mA)/대가 된다.

그런데 하전설비의 정격 출력 전류값은 일반적으로 다음과 같이 생산되고 있다.

100 mA, 200 mA, 300 mA, 400 mA, 500 mA, 600 mA, 800 mA, 1,000 mA

따라서 위의 정격값에서 선정하면 400 mA의 하전설비를 3대 필요로 하는 것이 된다.

또한, 예제 1) ~ 예제 4)까지의 결과를 정리하면 그림 5.81과 같이 된다.

바. 기본설계 순서

앞에서 설명한 전기집진기의 기본설계 순서를 정리하면 그림 5.81과 같이 된다.

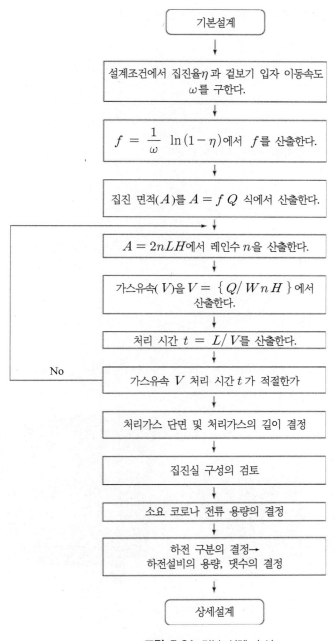

그림 5.81 기본 설계 순서

사. 원통형의 집진극

설계에 있어서의 기본식인 식 (5.2) 및 식 (5.3)은 평판형 및 원통형에 공통으로 적용되는 것이다.

반경 R, 높이 L의 원통 전극을 처리 가스가 유속 V로 흐르고 있다면, 집진 면적 A 및 처리 가스량 Q는 다음과 같이 된다.

$$A = 2 \cdot \pi \cdot R \cdot L$$
$$Q = \pi \cdot R^2 \cdot V \quad \cdots\cdots\cdots (5.12)$$

여기서 식 (5.3)에서 비집진 면적를 식 (5.12)에서 구하면

$$f = \frac{A}{Q} = \frac{2\pi \cdot R \cdot L}{\pi \cdot R^2 \cdot V} = \frac{2 \cdot L}{R \cdot V} \quad \cdots\cdots\cdots (5.13)$$

따라서 기본식(5.1)에 대입하면

$$\eta = 1 - e^{-2\frac{L\omega}{RV}} \quad \cdots\cdots\cdots (5.14)$$

식 (5.14)를 이용하여 평판형과 같은 방법으로 기본설계를 하면 된다.

그림 5.82 소형 전기집진기의 원통형 집진셀

※ 대형 전기집진기 기본설계 "예"

1. 기본 설계조건

순위	항 목	DATA
①	형 식	건식전기집진기
②	처리 Gas량	7,000 m^3/min at 150°C
③	입구 함진 농도	약 4 g/Nm^3
④	출구 함진 농도	50 mg/Nm^3 이하
⑤	집진 효율	98.75%
⑥	E.P 내부 압력손실	20 mmAq
⑦	Gas 온도	150°C
⑧	SO_X	Negligible

⑨ DUST 분진성상

    * Dust Density(분진의 진비중) : 3.65 t/m^3

      Apparent Density(분진의 겉보기비중) : 1.0 t/m^3

    *Particle Size Distribution(입경 분포)

      – 1 μ 이하   : 1.35% by Wt

      – 1 ~ 2 μ   : 6.0% by Wt

      – 2 ~ 10 μ : 48.95% by Wt

      – 10 μ 이상 : 43.75% by Wt

    Total : 100% by Wt

⑩ DUST Composition(분진의 성분)

Na_2O	: 0.92% by Wt	F	: 1.30% by Wt
K_2O	: 2.73	BaO	: 0.01
MgO	: 1.22	ZnO	: 0.04
GaO	: 10.78	PbO	: 0.68
Fe_2O_3	: 57.15	Cu_2O	: 0.09
Al_2O_3	: 2.48	Mn_2O_4	: 0.39
SiO_2	: 5.77	Cl	: 3.50
TiO_2	: 0.17	기타	: 8.52
P_2O_3	: 0.20	SO_3	: 4.04
SrO	: 0.01		
Total	: 100% by Wt		

2. 기본설계 계산서

가. 집진장치 계산

1) Collecting Area

Gas flow : 7,000 m³/min at 150°C

Inlet dust load : 약 4 g/Nm³

Outlet dust load : 0.050 g/Nm³

Collecting Eff. : 98.75%

Migration velocity(W)를 C.E Spacing 300 mm일 경우 0.037 m/sec로 취하면

C.E Area : A m²

$$A = \frac{7,000\ e^{(1-0.9875)}}{0.037 \times 60} = 13,817\,\text{m}^2$$

가) 기존 E.P 검토

기존 E.P의 Casing을 최대한 활용하여 내부를 교체할 경우의 집진면적 검토결과 1P, 1C, 4F × 40 GP @ 300 SP ×3,420 L ×12,802 H의 집진기가 적합한 것으로 판단됨.

따라서,

$$A = 2 \times 4 \times 40 \times 12,802 \times 3,420 = 14,010\,\text{m}^2$$

$$SCA(f) = \frac{A}{Q} = \frac{14,010 \times 60}{7,000} = 120.1(\text{sec/m})$$

Sectional Area : S m²

$$S = \text{G.P} \times \text{Spacing} \times \text{H}$$
$$= 40 \times 0.3 \times 12,802 = 153.6\,\text{m}^2$$

Gas Velocity : V m/sec

$$V = \frac{Q}{60 \times S} = \frac{7,000}{60 \times 153.6} = 0.76\,\text{m/sec}$$

Treatment Time : T sec

$$T = \frac{L \times F}{V} = \frac{3.420 \times 4}{0.76} = 18\,\text{sec}$$

Chapter 06 전기집진기의 설계

2) Rectifier T.R 용량 계산

이 경우에 있어 Current density를 0.36 mA/m²로 취하면 전체 DC 전류 용량 I_d는

$$I_d = 0.36 \times 14,010 = 5,043.6 \,\text{mA}$$

Field마다 1개의 T/R Bus section으로 분할되었으므로 필요한 TR의 수 N는

$$N = 4 \times 1 = 4\text{set}$$

Transformer 한 대당 D.E Current Cap. I_d는

$$I_d = \frac{5,043.6}{4} = 1260.9 \,\text{mA} \longrightarrow 1,500 \,\text{mA}$$

300 mm Spec. E.P로 설계되어 TR의 Peak voltage를 85 kVP로 취하였으므로 kVr.m.s 치는

$$kV\ r.m.s = 85 \div \sqrt{2} = 60 \,\text{kV}$$

Transformer의 Secondary current (r.m.s) Is는

$$Is = 1,500 \times 4/\pi = 1,909.8 \,\text{mA}$$

Transformer 용량 KVA는

$$kVA = 60 \,\text{kV} \times 1,909.8 \,\text{mA} = 114.5 \,\text{kVA}$$

3) Rapper 용량 계산서

가) C.E Rapper

3.420 × 12.802 Collecting plate 4 or 5매당 C.E Rapper 한 개를 취하면 Rapper 한 개당 C.E.Area A는

$$A = 2 \times 5 \times 1.71 \times 12.802$$
$$= 218 \,\text{m}^2/\text{Rapper}$$

총 Rapper 수 Ncer는

$$Ncer = \frac{5 \times 4F\ 2 \times 2EA}{5(\text{CE.Per/Rapper})} + \frac{36 \times 4F \times 2EA}{4(\text{CE.Per/Rapper})}$$
$$= 8 + 72 = 80\text{ea}$$

나) D.E Rapper

L=3,420 mm의 Standard panel C.E에는 Gas passage마다 6개의 D.E가 설치되며, Field에 2개의 Bus section으로 되어 있음.

C.E Height 12.802 m에 쓰이는 D.E가 Gas passage당 3(6÷2)개씩 배열되어 있을 때 Rapper 한 개가 Cover 할 수 있는 최대 Gas passage 수는 8이다.

1 Field 당 필요한 D.E Rapper의 수는
$$(40 \div 8) \times 2열 = 10ea$$

따라서 전체의 D.E Rapper수 Nder는
$$Nder = 10 \times 4 = 40ea$$

Rapper 한 개가 담당하는 D.E의 Effective length Lde는
$$Lde = (40 \times 10 \times 4) \times 12.802 \div 40$$
$$= 512.08 \ m$$

※ 소형 전기집진기(350 ㎥/min) 기본설계 "예"

1. 설계사양

가. 명칭 : 전기집진시설 (HORIZONTAL TYPE)

나. 규격 : 1,740 W × 5,450 L × 1,680 H (BODY)

다. 용량 : 350 m^3/min

라. 수량 : 1식

마. 재질 : STS304

바. 집진극 규격 : ∅52.4 × 325 L

사. 집진셀 수량 : 4EA(∅52.4 × 325 L × 148 개) / Field

아. 집진실 구성 : 4EA 집진셀 / Field × 5 Field

2. 설계조건

가. 처리가스량 : 350 m^3/min

나. 처리가스온도 : 40℃

다. 가스유속 : 4.57 m/sec

3. 본체의 설계 및 계산근거

가. 집진면적 (A)

① 이론 집진면적

$$A = \frac{-Q}{\omega} \ln(1-\eta) = \frac{-350\,m^3/min \times 1min/60sec}{0.095} \ln(1-0.9) = 141.38\,m^2$$

- ω(분진 이동속도 : m/sec) : 표 5.43 공정별 분진의 이송 속도 참조

- 처리효율 : 90%

② 설계 집진면적

* 설계시 집진극 규격 ∅52.4 × 325 L 이므로

A = n × π × D × L

= 148 EA × 20 SET × π × 0.0524 m × 0.325 m = 158.36 m^2

→ 이론적 집진면적은 141.38 m^2이나, 설계시 158.36 m^2로 적용함.

나. 비집진 면적 (f)

$$f = A \ / \ Q \ = 158.36 \ m^2 \ / \ 350 \ m^3/min = 0.45 \ m^2/m^3/min$$

다. 가스유속 (V)

$$V = 처리가스량(m^3/min) \ / \ 가스통과 \ 단면적(m^2)$$

$$V = \frac{350 \ m^3/min}{0.0524^2 \times \dfrac{\pi}{4} \times 148 \ EA \times 4 \ set \times 60 \ sec/min}$$

$$= 4.57 \ m/sec$$

라. 가스통로 수 (n)

$$n = 148 \ EA \ / \ 집진셀 \times 4개 \ 집진셀 \ / \ Field이므로$$
$$= 592 \ EA \ / \ Field의 \ 통로수가 \ 있음.$$

마. 방전극

- 재 질 : STS304
- 직 경 : ∅4
- 규 격 : ∅4 × 440 L
- 수 량 : 148 EA / 집진셀 × 4EA 집진셀 / Field × 5 Field

바. 집진극

- 재 질 : STS 304
- 두 께 : 0.25 mm
- 규 격 : ∅52.4 × 325 L
- 수 량 : 148 EA / 집진셀 × 4EA 집진셀 / Field × 5 Field

계산문제

예제 5

시멘트 공장에서 분진을 제거하기 위하여 전기집진기를 설치하였다. 집진기는 높이 4.8 m, 길이 3.0 m인 집진판 간격(가스통로 : Gas Passage)을 300 mm, 입구 농도가 11.4 g/m³인 처리가스 68 m³/min을 처리한다. Migration velocity(입자의 이동속도)는 0.12 m/sec임.

　　가. 집진 효율은 얼마인가?

　　나. 집진판 1매의 분진 포집량은 몇 kg/day얼마인가?

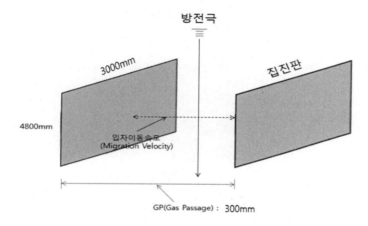

┃ 풀이

가. $\eta = 1 - e^{-\frac{A \cdot w}{Q}}$ 에서

　　A(집진면적) : $3.0\ m \times 4.8\ m \times 2$면 $= 28.8\ m^2$

　　$Q : \dfrac{68\ m^3/\text{min}}{60\ \text{sec/min}} = 1.133\ m^3/\text{sec}\ 8$

　　여기서 $\dfrac{A \cdot \omega}{Q} = \dfrac{28.8 \times 0.12}{1.133} = 3.05$

　　$= = 1 - e^{-3.05} = 0.953 = 95.3\%$

나. $68\ m^3/\text{min} \times 11.4\ g/m^3 \times 0.953 \times 60\ \text{min}/hr \times 24\ hr/day \div 2($전체2매$)$

　　$= 531.9\ kg/day$

예제 6 섬유 공장 Tenter시설에서 발생하는 유증기를 제거하기 위하여 소형 전기집진기를 아래와 같이 설치하였다.
- 원통형 집진극(Φ50×320 L)을 20개(H 4개 × W 5개) 설치하여 가스를 636 m³/hr 처리하려고 한다.
  처리가스 유속은 4.5 m/sec로 설계하고 Migration velocity(이동속도)는 표 5.43 습식시멘트 이동속도
  10.1cm/sec를 적용하면, 원통형 집진극은 몇 필드로 설계하여야 집진 효율에 큰 변화가 없겠는가?

▌풀이

집진 효율은 집진극 길이와 방전극 거리, 분진 이동속도, 가스 속도에 관한 식으로 나타낼 수 있으며, 효과적인 집진을 위해서는 L_D 이상의 집진극 길이가 필요하다.

즉, 집진기 내부의 가스 체류 시간 $\dfrac{L}{u}$ 는 집진에 필요한 시간 $\dfrac{d}{w}$ 보다 길면 가스유속을 높여도 집진 효율에는

큰 변화가 없다.

$$\frac{L_D}{u} \geq \frac{d}{w}$$

여기서, w : 분진 이동속도(Migration velocity) (m/s)

u : 가스 속도 (m/s)

L : Field 집진극 길이 (m)

d : 방전극 거리 (m)

L_D : 총 집진극 길이 (m)

$$L_D \geq u\,\frac{d}{w}$$

$$L_D \geq 4.5 \times \frac{0.025}{0.101} = 1.11(m)$$

$$Field = \frac{L_D}{L} = \frac{1.11}{0.32} = 3.4$$

4 $Field$ 이상으로 설치하면 집진효율에 변화가 없음.

예제 7 그림과 같이 평행하게 설치된 높이 4.8 m, 길이 3.3 m인 집진판을 3매 설치하고 중간에 방전극이 위치하고 있으며 집진판 간격(가스통로 : Gas Passage)은 300 mm, 집진기의 처리유량은 180 ㎥/min, 입구 농도 1 g/㎥을 50 mg/㎥로 처리하려고 하면
  가. 입자의 이동속도(Migration velocity)는 몇 m/sec인가?
  나. 처리가스 유속(Gas velocity)은 몇 m/sec인가?

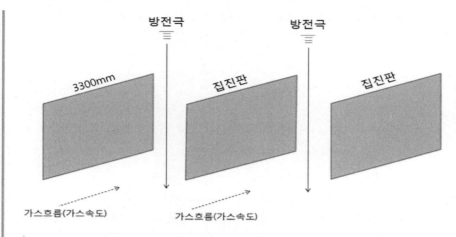

풀이

가.

$$\eta = \frac{C_i - C_o}{C_i}$$

$$= \frac{1,000 - 50}{1,000} = 0.95$$

$$\eta = 1 - e^{-\frac{A \cdot w}{Q}} \text{에서}$$

$$\ln e^{-\frac{A \cdot w}{Q}} = \ln(1 - 0.95)$$

$$A = 2 \cdot GP \cdot L \cdot H = 2 \times 2 \times 3.3 \times 4.8 = 63.36(m^2)$$

$$f = \frac{A}{Q}$$

$$= \frac{63.36}{3.0} = 21.12$$

- 21.12 ω = -2.9957

$\therefore \omega = 0.142(m/sec)$

나. 집진기의 입구 단면적은

H(높이) = 4.8 m
W(폭) = 0.3 m(Gas passage) × 2(통로수) = 0.6 m

입구 단면적은 4.8 m × 0.6 m = 2.88 m²

$$\therefore \ \text{처리가스유속(V)} \ = \frac{Q}{A}$$

$$= \frac{180 \ m^3/\text{min}}{2.88 \ m^2}$$

$$= 1.042 \ m/\text{sec}$$

예제 8

아래와 같은 2Field(구획) 전기집진기가 있다. 각 Field에는 5개의 집진판이 있다. 집진판 사이에 있는 방전극은 각각 독립된 전원으로 관리된다. 따라서 방전극 하나가 고장날 경우에는 나머지 방전극으로 가동된다. 이 집진기의 가동조건은 아래와 같다.
 - 유량 300 m³/min(5 m³/sec)
 - 집진판규격(H×L) 4.5 m × 3 m
 - 이동속도 1Field 6 m/min(0.1 m/sec)
        2Field 5 m/min(0.083 m/sec)

가. 정상 가동시의 효율은 얼마인가?
나. 가동 중 1Field에서 1개의 방전극이 끊어져서 가동되지 않고, 나머지 3개의 방전극만 정상 가동할 때 전체효율은 얼마인가?
다. 가동 중 2Field의 T/R(transformer)이 고장이 발생했다면 전체효율은 얼마인가?

▌풀이

1Field효율 $\eta = 1 - e^{-\frac{A \cdot w}{Q}}$

$$= 1 - e^{-\frac{108 \times 0.1}{5}} \ = \ 88.467\% \ ≒ \ 88.5\%$$

$$A = 3m(L) \times 4.5m(H) \times 4(\text{통로수}) \times 2\text{면} = 108 \ m^2$$

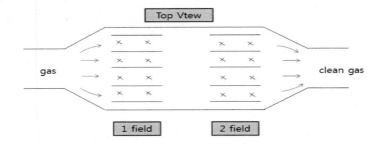

2Field 효율 $\eta = 1 - e^{-\frac{108 \times 0.083}{5}}$

$= 83.35\% = 83.4\%$

가. 직렬 연결시 전체효율

총 집진율 $\eta_T = \eta_1 + \eta_2(1-\eta_1)$ 이므로

$= 0.885 + 0.834(1-0.885)$

$= 0.9809 = 98.1\%$

$\eta = [1-(1-\eta_1)(1-\eta_2)]$

$= [1-(1-0.885)(1-0.834)] = 0.9809 = 98.1\%$

나. 1Field의 집진판이 5매이므로 GP는 4이고, 그중 1개가 고장 ∴효율 75%

$\eta_1 = 0.75 \times 0.885 = 0.664$ 이므로

총 집진율 $\eta_T = \eta_1 + \eta_2(1-\eta_1)$ 에서

$= 0.664 + 0.834(1-0.664)$

$= 0.9438 = 94.4\%$

∴ $\eta = [1-(1-0.75 \times 0.885) \times (1-0.834)]$

$= 0.9438 = 94.4\%$

다. 2Field 전체가 고장

∴ $\eta_t = \eta_1 = 88.5\%$

예제 9 3개의 집진판으로 구성된 전기집진기에서 집진극 규격은 3.64 m × 3.20 m이며, GP(Gas passage)는 200 mm 이다. Migration velocity(포집입자 이동속도)는 0.15m/sec이다.

가. 113.2 m³/min의 가스를 처리할 때 (20℃, 1기압)효율은 얼마인가?

나. 다공판의 설치 오류로 GP(Gas passage)로 75%와 25%씩 유량이 유입 처리될 경우 집진 효율은?

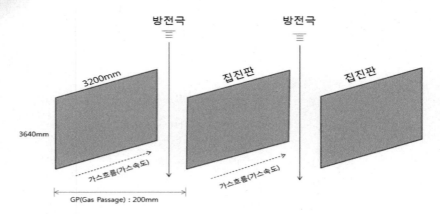

방전극　　방전극

3200mm

집진판　　집진판

3640mm

가스흐름(가스속도)　　가스흐름(가스속도)

GP(Gas Passage) : 200mm

┃풀이

가. $\eta = 1 - e^{-\frac{A \cdot w}{Q}}$

$= 1 - e^{-3.70} = 0.975 \fallingdotseq 97.5\%$

$\dfrac{A \cdot w}{Q} = \dfrac{3.64\,m \times 3.2\,m \times 2(통로수) \times 2면 \times 0.15\,m/\sec \times 60\,\sec/\min}{113.2\,m^3/\min}$

$= 3.70$

나. 처리유량 75% 유량이 흐르는 GP의 효율

$\eta = 1 - e^{-\frac{A \cdot w}{Q}}$

$= 1 - e^{-2.4695} = 0.9154 = 91.54\%$

$\dfrac{A \cdot w}{Q} = \dfrac{3.64 \times 3.2 \times 2 \times 0.15 \times 60}{113.2 \times 0.75}$

$= 2.4695$

- 처리유량 25% 효율

$\eta = 1 - e^{-\frac{A \cdot w}{Q}}$

$= 1 - e^{-7.4086} = 0.99939 = 99.94\%$

$\dfrac{A \cdot w}{Q} = \dfrac{3.64 \times 3.2 \times 2 \times 0.15 \times 60}{113.2 \times 0.25}$

$= 7.4086$

$$\therefore \eta_t = 0.75 \times 0.9154 + 0.25 \times 0.9994$$

$$= 0.9364 \fallingdotseq 93.64\%$$

예제 10 입구 농도 2 g/m³을 50 mg/m³으로 처리하고자 아래와 같은 조건으로 전기집진기를 설계하였다.
- 유량 300 m³/min(5 m³/sec)
- 집진판 규격 3 m × 4.5 m
- 이동속도 6 m/min(0.1 m/sec)

가. 집진판을 몇 매 설치해야 하는가?
나. 그 때의 Migration velocity(m/sec)는 얼마인가?

┃풀이

가. $\eta = \dfrac{C_i - C_o}{C_i} = \dfrac{2000 - 50}{2000} = 0.975$

$\eta = 1 - e^{-\frac{A \cdot w}{Q}} = 0.975$

$\dfrac{A \cdot w}{Q} = \dfrac{3 \times 4.5 \times (n-1) \times 2 \times 0.1}{5} = 0.54\,(n-1)$

$(n-1) = 6.83$

$n = 7.83$이므로 8매를 설치해야함

나. $\dfrac{A \cdot w}{Q} = \dfrac{3 \times 4.5 \times (8-1) \times 2 \times w}{5} = 37.8\,w$

$\eta = 1 - e^{-\frac{A \cdot w}{Q}}$

$= 1 - e^{-37.8\,w}$

$= 0.975$

$\therefore w = 0.0976\,m/\sec$

PART 06 기타사항

1. 도료와 도장

Chapter 01 도료와 도장

1. 개요

철강재 부식의 절대적인 요인은 물(수분)과 산소가 있어야 하지만 더욱 중요한 요인은 대기오염이다. 기원전 320년경에 마케도니아의 알렉산더 대왕은 페르시아의 전쟁중 유프라테스강에 철교를 가설하였는데, 이때 최초로 가설한 부분에는 녹이 발생하지 않았으나 로마시대에 그 일부를 다른 재료로 보수한 부분은 부식이 되었다고 한다.

4세기경에 만들어진 인도의 "데리(Dehli)"라는 철탑은 현재까지도 부식되지 않은 것으로 유명하다. 그 시대의 철강은 품질이 매우 우수하였던 것일까? 아니면 대기에 폭로된 직후의 공기가 오염되지 않았기 때문에 현재까지도 부식되지 않고 있는 것일까? 이는 그 당시의 과학이 현재보다 발전하여 유프라테스의 철교나 "데리"철탑에 사용한 금속의 재질이 오늘날의 그것보다 매우 우수했기 때문이 아니라 그 당시의 대기환경, 즉 금속이 최초로 폭로시에 외부환경 조건이 금속에 보호성 피막을 형성할 수 있는 조건 때문이라 할 수 있을 것이다. 이것을 입증하는 것은 로마시대 철강의 시편을 영국의 대기(大氣)에 노출시켜 놓으면 상당히 빠르게 녹이 발생한다고 한다.

따라서 유프라테스강의 철교, 인도의 "데리"철탑이 부식이 없었던 것은 폭로된 초기에는 금속에 피막이 형성되어 현재에 이른 것으로 대기오염에 대한 영향이 많았을 것이다.

옛날 가구는 목재로 만들었으나, 요즈음은 가구를 목재뿐만 아니라 금속이나 플라스틱 또 여기에 가죽 등을 복합하여 하나의 가구를 만들고 있다.

금속은 가구 제품만이 아니고 우리 일상생활에 필요한 가전제품을 비롯한 각종 철구조물, 선박 등 매우 다양한 용도로 사용하고 있으며, 이러한 제품의 부식, 발청으로 인한 피해가 문제이다. 대표적인 경제, 사회적 문제는 다음과 같다.

가. 부식에 의한 경제적 손실

① 부식된 시설물 및 기기의 노화
② 부식 방지를 위한 과대한 설계
③ 부식 손상으로 인한 기기의 정비보수
④ 제품의 오염
⑤ 제품의 효율 저하
⑥ 제품의 손실

⑦ 부식 손상으로 인한 주변 기기의 파손

나. 사회적 문제

① 안전성 : 화재, 폭발, 녹물의 누출로 인한 오염, 구조물의 파손
② 건강문제 : 부식된 기기에서 배출되는 오염물질
③ 자원의 손실 : 지하자원의 손실
④ 외관불량 등을 들 수 있다.

2. 금속제품과 도장

가. 금속과 목재 표면의 차이

금속제품의 도장은 나무제품의 도장과 근본적으로 큰 차이가 없다고 볼 수 있으며, 그 특징을 비교하면 다음과 같다.

표 6.1 재료의 표면상태

구분	금 속 재 료	목 재 재 료
표면상태	(1) 화학적인 결합으로 표면이 치밀하고 단단하며 매우 균일하다. (2) 표면이 도료를 쉽게 흡착할 수가 없다.	(1) 자연적으로 만들어진 모세관 섬유질 등으로 인해 유연한 부분과 단단한 부분이 있다. (2) 표면이 매우 다공질(Porous)이므로 도료의 흡수가 용이하다.

나. 금속제품의 도장

금속표면에 도료를 바르면 도료는 금속 표면 위에 하나의 막을 형성하고 부착을 위한 침투 또는 반응을 하지 않으므로 장기간 사용하면 충격, 마찰 등으로 쉽게 벗겨져 버리게 된다. 금속 도장에서 가장 중요한 것은 부착성을 어떻게 하면 높여 줄 수 있을까 하는 것이고 더욱이 도막은 현미경적으로는 크고 작은 무수한 구멍이 매우 많아 대량의 습기(여러 가지 유기산. 무기산이 용해되어 있으므로 금속의 부식을 활발히 촉진시킴), 수분, 대기 중의 산소 및 오염물질을 투과시키게 된다.

다. 금속 도장의 목적

금속의 녹은 매우 복잡하면서도 연속적으로 진행하며, 금속제품의 외관불량은 수명을 단축시키게 되므로 금속 표면에 도료 막(film)을 형성시켜, 금속이 직접 공기나 수분에 닿지 않도록 하여 철을 부식으로부

터 보호하고, 나아가서는 미려한 광택과 색채 등으로 화장을 시키는 것이 금속도장의 목적이다.

이 목적을 위해 과거에는 "1회 도장보다는 2회, 2회보다는 3회 또는 4회"라는 방법으로 도료를 몇 번이고 중복 도장하는 것만이 제일이라고 생각하였으나, 현재는 화학 공업 및 도료공업의 발전으로 인해, 많은 중복 도장보다는 단 한번의 도장처리로 고성능의 방청 피막을 형성시키는 것이다.

고성능의 방청 피막 도료는

① G.S.징크 프라이머 ZE100 - CT : 에폭시 징크릿치 페인트로 1회 도장에 75 μm의 건조도막을 얻을 수 있고, 이 도료 단일막(film)으로 환경에 따라서 장기간 부식을 방지할 수 있다.

② GS징크 프라이머 ZE - 1500N : 무기질 실리케이트계 징크릿치 페인트로, 특이한 것은 도막 차단으로 피막 역할 뿐 아니라, Fe-Zn-SiO$_2$의 3가가 결합으로 아연 도금에 준하는 정도의 부착성을 갖고 있다. 1회에 75 μm를 도포한다.

③ 라바마린 CT - HB : 염화고무 수지와 특수 안료로 제조된 도료이며, 이 도료 1회 도장으로(100 μm 건조막) 다른 도료 2~3회 도장 한 것과 같은 내방식성 및 내후성을 가진 도료이다.

이와 같은 방청기술의 발달은 종래의 금속 도장의 모습을 완전히 바꾸어 놓았다.

라. 도장전에 해야 할 일

금속의 표면에는 거의 예외 없이 녹이나 흑피, 가공시의 기계유, 손기름 등이 묻어 있어서 오염물 위에 도료를 바르면 도장한 도료막의 건조 불량이나 녹이 도막 표면을 뚫고 나와 보기 싫게 되며 결국에는 탈리의 원인이 된다. 따라서 도장전에는 반드시 다음 사항을 미리 검토해야 한다.

① 금속표면에 붙어있는 녹제거 방법
② 오염물질 및 기름의 제거 방법
③ ①②항을 처리한 후 어떻게 할까?
   금속은 바로 발청하고 오염될 수 있으므로 주의해야 한다.
④ 어떤 도료를 어떻게 도장해야 할까?
   이때 마감상태에 대한 효과를 고려하여야 한다.
⑤ 도장이 완료되면 이것을 어떻게 건조시켜야 할까?
   건조방법에 따라 도료의 부착에 영향이 크다.

이와 같은 점을 충분히 고려하여 면밀하고 세심한 도장 계획을 수립하여야 한다.

3. 도료의 종류

일반적으로 도료를 구성하고 있는 성분은 전색제(Vehicle)와 안료(Pigment)로 대별되며, 도막 구성 요소는 아래 같이 건조후 잔존하는 도막 형성 주요소와 건조 과정시 도막에서 휘발, 손실되는 도막형성 조요소로 되어 있다.

금속 도장용 도료는 ① 도막 요소별 분류 ② 용도별 분류 ③ 도장방법별 분류 ④ 건조방법별 분류 등의 여러 가지 분류법이 있으나, 일반적으로 다음과 같이 분류할 수 있다.

표 6.2 도료의 구성

도막성분 (불휘발성 성분)	안료(방청, 착색, 체질안료 등) 도막형성 주요소(유지, 각종 합성수지 등)	도료
휘발성 성분	도막형성 부요소(건조제, 가소제 등) 도막형성 조요소(용제, 희석제 등)	전색제

가. 숍 프라이머(Shop primer)

쇼트 블라스트, 샌드 블라스트 등으로 철강재 표면의 밀 스케일(흑피)이나 녹을 제거한 후 가공, 조립을 할 때 까지 발청을 방지하기 위해 바르는 1차 방청도료를 말하며 전처리 도료라고도 한다.

나. 하도 도료(Primer)

부식방지와 동시에 철강재와의 부착을 목적으로 하는 도료로 안료로는 방식 안료를 다량사용하며 전색제는 소지와의 말착성, 중도 및 상도와의 밀착성 및 내수성이 우수한 것을 선택 사용하고, 보통 중도와 상도에 비하여 안료가 많은 것이 특징이다.

다. 중도 도료(Under coat)

안료는 방식 안료를 사용하더라도 하도 도료보다는 적거나 전혀 사용하지 않을 수도 있다. 전색제는 하도와 상도 양자에 대한 밀착성이 좋은 것을 사용한다.

라. 상도 도료(Finish coat, Top coat)

폭로 환경에 대한 내성이 좋은 전색제와 안료를 선택하여 필요한 색상을 갖추어야 하며 하도 중도 도료에 비하여 안료분이 적은 경우가 일반적이다.

이와 같이 도료를 1회 또는 동일한 도료의 중복 도장으로 만족한 결과를 얻을 수 있는 경우도 간혹 있지만, 일반적으로는 각기 다른 성능을 가진 도료를 2~3종 사용하여 필요한 성능을 발휘하도록 하여야 한다. 특히 하도 도료는 방식효과를 가장 많이 고려하여야 하고, 그 효과가 방식성에 큰 영향을 미치므로 특수한 조성을 가진 방식 도료가 필요하다.

표 6.3 도료의 분류법과 그 명칭의(예)

번호	분 류 법	대표적인 종류의 명칭과 그 예
1	성분(도막형성 주요소)에 위한 분류	유성 도료(오일 페인트), 수성 도료(포리마 텍스), 알키드수지 도료(알키드 에나멜) 염화 고무수지 도료(라바리아, 리바마린) 에폭시수지 도료(에드락카, 에드마린)
2	안료의 종류에 의한 분류	알미늄 페인트(은분 페인트) 아연계 페인트(GS징크 프라이머 ZE계) 광명단 페인트(알키드 광명단, GS마린 광명단, 라바리아 광명단) 크로메이트 페인트(징크 프라이머, 청지 페인트)
3	도료의 상태에 따른 분류	조합 페인트(오일 페인트) 분체 도료 2액형 도료(에드마린, GS징크 프라이머, ZE100 – CT)
4	도막의 상태에 의한 분류	투명 도료(건설 락카, 유스파 바니쉬, 온돌니스, 동선바니쉬) 무광 도료(건설 락카, 무광 투명) 모양 도료(축문 도료, 말티코트) 백색 도료(각 도료의 백색 에나멜) 흑색 도료(각 도료의 흑색 에나멜)
5	도막 성능에 의한 분류	내약품 도료(에드마린 PC – 100, 세미코트) 내열 도료(하이메트)
6	도장법에 의한 분류	붓도장용 도료(일반 도료 대부분 이에 해당) 전착 도료(엘레크론) 분무도장 도료(일반 도료 대부분 이에 해당) 정전도장 도료(정전용 특별히 제조함)

7	피도물에 의한 분류	콘크리트용 도료
		  (에드마린, 세미코트, 에드실, 포리마텍, 스레톤, 비니본)
		경합금용 도료
		  (메타리아 11 – 5, 아크론#2000, 아크릴 우레탄 208 에나멜)
		목재용 도료(P/S/P락카계)

8	도장 공정에 의한 분류	하도용 도료 중도용 도료 상도용 도료
9	건조 조건에 의한 분류	자연 건조 도료(라바리아, GS마린 페인트, 알키드 에나멜) 저온 가열건조 도료(LT 메리코트) 가열 건조 도료(메라코트, 아크론, 제관용 도료)

4. 소지처리와 도장과의 관계

가. 금속의 발청

금속 표면에 생긴 녹이나 흑피(Mill scale)는 먼지나 오염물이 붙어서 생긴 것이 아니라 화학적으로 생성된다. 철강재의 녹발생은 표 6.4와 같다.

표 6.4 녹의 발생과정

$$\text{철(Fe)} \xrightarrow[\text{물}]{\text{수분}} \text{수산화 제1철} \longrightarrow \text{수산화 제2철} \longrightarrow$$

철의 녹

FeO와 Fe_2O_3의 혼합물

산 소 ───────────────────────↑

철은 공기(물과 산소)의 작용에 의해 그 표면이 먼저 수산화 제1철$[Fe(OH)_2]$이 된다. 이 반응이 계속 진행되어 수산화 제2철이 되며, 철 표면은 새로 생긴 수산화 제1철로, 또 수산화 제2철로 반응이 진행되어 계속해서 녹이 발생하게 된다.

표 6.5 금속 소지 조정법의 장점과 단점

처 리 방 법		장 점	단 점	단점의 해결책	시행시기	소지정도
녹 의 제 거	샌드 블라 스트 · 건 식	흑피, 녹, 오염물질이 완전히 제거됨. 복잡한 형상의 물건도 처리됨.	모래, 먼지의 비산이 많음.	주변의 물건에 덮개를 한다. 영향을 주지 않는 시간에 작업한다.	임의로 할수 있음.	A
	샌드 블라 스트 · 습 식	흑피, 녹, 오염물질이 완전히 제거됨. 먼지의 비산이 적음. 복잡한 것도 처리됨.	물 사용으로 처리후에 녹이 생기기 쉬움. 건식법과 비교해서 능률이 저하됨.	사용하는 물에 방청재를 첨가, 처리 직후에 방청재를 도포한다.	상 동	B
	Vacuum blast	흑피, 녹, 오염물이 완전히 제거되고 먼지의 비산이 적다.	요철이 심한 곳, 각진 부분은 먼지의 제거흡수가 충분치 않다.		상 동	A
	Shot Blast (자동Shot 장치)	흑피, 녹, 오염물이 완전히 제거되며 작업 중 손을 댈 필요가 없다. 위생적이고 대량처리 할 수 있다.	평판(Plate) 이외에는 처리할 수 없다.		곡면은 처리할 수 없다.	A
	Flame cleaner	흑피, 유기질 오염물의 제거가 간단함. 처리직후 도정하면 피도면의 온도가 높아 건조가 빠름.	얇은 흑피 및 녹은 제거하기 어렵다.		임의의 시기 도장직전	C
	Tube cleaner	소지의 상태에 따라 끝부분의 기구를 바꾸면 능률적으로 탈청할 수 있다. 먼지가 적다. 비교적 간단해서 누구라도 할 수 있다.	상기 방법보다 효율이 나쁘다.	조업중인 탈청, 운전 중인 설비 등의 소지조정. 부분적인 작업에 적용.	도장 직전	C
	Disc-sander Wire-wheel	비교적 간단하며 능률적인 탈청이 가능함.	오목부분의 녹과 흑피 제거가 곤란함.	디스크 샌더와 Wire-Wheel을 병용한다.	″	C
	Wire brush	요철이 많은 면을 간단히 처리할 수 있다.	탈청은 완전하게 되지 않는다. 흑피도 제거 않됨.	응급적 용도, 부분적인 보수에만 적당하다.	″	D
	Scraper	단단하게 부착된 녹이나 오물을 가볍게 제거할 수 있다.	요철이 많은 부분은 부적당함. 대용량 처리는 곤란.	″ ″	″	D
	Hammer	극히 단단한 녹, 구(舊)도막 등의 제거에 적합하다.	대용량 처리는 곤란. 유연한 녹 등은 제거할 수 없다.	″ ″	″	D
	자연방치 (흑피제기)	흑피가 제거된다. 철재면이 안정되게 되어	장기간은 요하므로 넓은 야적장이	흑피는 10개월간 옥외방치하면 약 75%	″	D

처리방법		장 점	단 점	단점의 해결책	시행시기	소지정도
		부착력이 증진한다.	필요함. 녹의 발생이 많다.	제거됨		
	산세척	흑피, 녹이 완전히 제거됨.	처리된 강재면을 중성화 시켜야 한다. 커다란 철판은 처리 불가능하다.		단위 철강 재중 일부	B
탈지	용제세척	간단히 처리할 수 있다.	먼지, 기름성분 이외는 제거 불능임.	단단히 부착된 이물질은 미리 스크랩퍼(Scraper)로 제거한다.	도장 직전	-
방식성의 부여	인산처리	상도와의 부착성이 증가됨. 방청성 향상, 절단, 용접작업에 영향이 없음.	처리직후 도장해야 함.		녹을 제거 한 직후	A

※ 소지 조정정도 A : 아주 좋음, B : 좋음, C : 그런대로 좋음, D : 효과가 불충분함

1) 흑피(Mill scale)

철강이 고온에서 처리될 때(열연 압연시) 철판 표면에 생기는 산화물로서, 생성한 온도가 575°C 이상일 때와 이하일 때에 따라서 그 조성이 다르다.

흑피(Mill scale)의 두께는 제철 공장 및 형강, 열처리온도, 압연 등에 따라 각기 다르지만 일반적으로 900 ~1000°C 부근의 압연에 있어서는 0.02~0.05 mm(20~50 $\mu\mu$) 정도의 밀 - 스케일(Mill scale)이 생기며 강판이 두꺼울수록 밀 - 스케일(Mill scale, 흑피)이 두껍게 생성된다. (냉간압연에서는 Polishing 강판으로 되기 때문에 흑피는 존재하지 않음)

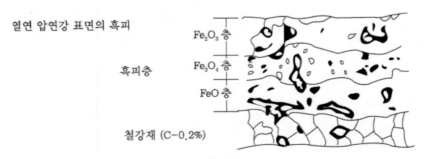

그림 6.1 열연 압연강 표면의 흑피(Mill Scale)

이 흑피가 만약 연속된 피막으로 두께도 일정하고 핀 홀(구멍) 등이 존재하지 않는다면 아주 좋은 보호 피막이 될 수 있지만, 대부분의 경우 두께도 불균일하고 핀 홀도 매우 많이 있으므로 매우 취약하여 철강재에 유해한 피막이 된다.

흑피는 그 조성상 처음 얼마간은 철을 보호하는 작용을 하지만 기계적 쇼크, 온도변화에 따른 체적 변화 등으로 최종적으로는 철 표면에서 탈리되어, 철 표면이 노출되게 되면 이 흑피 부분은 음극으로 작용하여 전기 화학적 부식이 촉진된다. 따라서 도장전에 흑피를 제거하지 않으면 약 30~50% 정도의 내구성이 감소한다. 방청도장을 효과적으로 하기 위해서는 이 흑피를 어떻게 효과적이고, 경제적으로 제거하느냐가 문제이다.

나. 소지 처리의 목적

① 표면에 부착, 생성한 이물질의 제거
② 표면 내식성 강화
③ 표면에 밀착성 강화

다. 소지 처리의 불량이 미치는 영향

① 도막의 부착성을 저해
② 도막의 건조가 불충분
③ 부풀음, 갈라짐 발생
④ 균열을 일으켜 도막의 탈리 원인

라. 소지처리(표면처리)의 종류

1) 기계적 처리

가) Blast법

입자(입자, 모래)를 가속 분사(압축분사, 원심투사)하여 그 외력으로 녹 및 흑피를 제거하는 방법을 말하며 분사하는 입자나 철가루의 비산을 방지하기 위해 고압의 물과 함께 분사하는 습식법과 분진을 흡인(흡인)하는 Vaccum법이 있다.

종류 : ① Shot blast ② Grit blast ③ Sand blast

나) 기계적 탈청(Disc sander, Tube cleaner)

전동기나 압축공기를 써서 고속 회전시켜 녹을 제거하는 방법이다.

(1) Disc sander

전동기 끝의 원형(原形) 금속판에 연마지, 와이어 브러쉬를 부착한 것으로 밀-스케일(Mill scale)(흑피) 제거 능력은 적지만 소지면의 조도(調度)가 대체로 균일하고 양호한 마감을 할 수 있는 장점이 있다.

(2) Tube cleaner

Flexible 한 튜브 끝에 여러 형태의 Cutter를 붙인 것으로 흑피 제거 능력은 있으나 소지
면의 조도(調度)가 크게 되는 것이 단점이다.

다) 손작업에 의한 탈청

Scraper, Hammer, Wire-brush 등을 사용하여 손으로 흑피나 녹을 제거하는 방법으로, 녹
제거율이 낮아 깨끗한 금속면 형성이 어렵고 녹 발생의 원인이 되는 흑피와 녹이 도장된
도막하부에 잔존하여, 도막의 탈리 등의 결함을 일으키기 쉽다. 손작업에 의한 탈청은 노력
을 들인 만큼 도장 효과가 얻어지지 않기 때문에 좋은 소지 조정 방법이라 할 수 없다.

2) 화학적 처리

철 소지의 흑피(Mill scale), 녹 등을 제거하기 위해 화학약품을 사용하는 방법으로 액상의 산(염산,
황산, 인산)을 붓, 스프레이 및 침지 등의 방법으로 표면에 부착 반응을 시켜서 밀-스케일(Mill
scale)이나 녹을 완전히 제거 한 후 수세하여 급격히 건조시키는 방법이다.

3) Flame cleaning

화염을 노즐로 분사하여 금속 표면을 급속히 가열하여 흑피(Mill scale)를 제거하는 방법으로 금속
표면이 150~200°C로 가열되어 흑피가 갈라지고 터져버려 위로 들뜨게 된다. 이렇게 들뜬 흑피나 적
청을 Wire-brush 등으로 제거한 후 도장한다.

표 6.6 도장 방법에 따른 손실예상량 및 신나 첨가율

도장 방법	신나 첨가율(%)	도장 손실 (%)
붓, 로울러 도장	10 ~ 30	10 ~ 15
Air 스프레이	20 ~ 40	40 ~ 70
Airless 스프레이	15 ~ 35	20 ~ 50
정전 도장	30 ~ 34	5 ~ 20
전착 도장	60 ~ 75	2 ~ 3

* 신나 첨가율은 표준 수치로서 도료에 따라 증감이 있을 수 있음.

4) 소지조정(표면처리)의 정도(등급)

소지조정의 등급에 대해서는 미국의 SSPC 규격과 스웨덴의 SIS 규격으로 정해져 있다.

5) 도장시 각 요인이 도막 수명에 미치는 영향

요　　　　　　　인	기　여　율　(%)
소지 조정	49.5
도장 회수(1회와 2회 도장의 차이)	19.1
도료 종류	4.9
기타의 요인	26.5

6) 녹 제거방법과 도막의 내구성

녹 제 거 방 법	도 장 제		도 막 두 께	도 막 수 명
Wire-Brush (손으로 작업)	GS 징크 프라이머 ZE-100 라바리아 실바톤 HD & HL 라바리아 Top CT	1회 2회 2회	15 μm 140 μm 140 μm	3년
Wire-Brush (기계작업)	〃		〃	4년
Flame Cleaning	〃		〃	6년
Blast	〃		〃	7.5년

※ 제비표 페인트 시험결과

5. 도포량(塗布量)과 도막 두께

가. 도료의 막후와 도막 성능

철 구조물의 도장 사양은 소지조정과 도료의 개선에 따라 향상된다. 최근에는 도장회수의 중요성이 인식되기 시작하였고, 도장의 마감상태와 도막 두께를 규정하는 경우가 늘고 있다.

1) 소지조정과 도료 및 도장회수의 관계에 대한 실험

16종류의 방청도료에 대하여 도장회수를 1~3번까지 변경하여 방청력을 수치화하여 평가한 후 평균한 것으로 해안지역의 시험 결과이다.

① 소지조정이 좋으면 완전 방청을 할 수 있다. (그림 ①, ② 참조)
② 소지조정이 나쁘면 도장 회수가 많아져야 한다. (그림 ② 참조)
③ 도장회수가 증가하면 방청력은 직선적으로 향상된다. (그림 ③ 참조)
④ 방청효과가 적은 도료는 도장회수를 증가시켜도 별 효력이 없다.
⑤ 녹 제거가 불충분 할 때는 도료와 도장회수의 결정이 특히 중요하다.

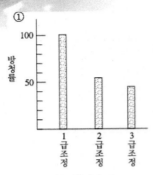
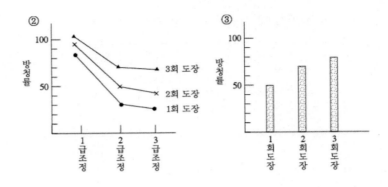

1급 : 블라스트
2급 : 동리공구
3급 : 쇠솔질

그림 6.2 소지정도 및 도장회수에 따른 방청율

2) 방청도료의 도막 두께

① 도장회수, 건조도막 두께에는 직접적인 관계가 있고 도포량으로 추정이 가능하다.

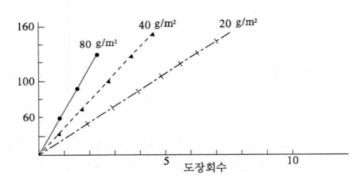

그림 6.3 도장회수에 따른 도포량

② 방청도료는 2회 이상 도장할 필요가 있다.
③ 도장 회수가 달라도 도막 두께가 같다면 방청효과는 같게 된다.

3) 도막 두께와 내용년수의 관계

영국의 해안과 공업지대에서 100종류의 도장으로 시험한 것으로 그 결과는 표 6.7과 같다.

① 철강재 표면의 조도(요철상태)가 40~50 μm이라면 방청도료의 두께는 그 이상 필요하다.
② 최저 2회 도장을 원칙으로 하고 표면 조도를 메꿀 수 있을 정도로 도장하여야 한다.
③ 5년간 견디기 위해서는 75~100 μm을 필요로 한다.

④ 일반적으로 필요한 도막 두께를 환경조건별로 표시하면 다음과 같다.

표 6.7 조건별 도막 두께

조 건	필요 도막 두께	도장 회수
극히 약한 부식 조건	75 μμ 이상	2~3회
일반 공업 지대	125 μμ 이상	3~5회
강한 부식 지역	250 μμ 이상	5~6회

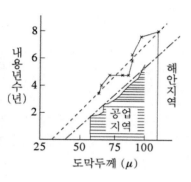

4) 도막 두께와 도막의 조기 노화

여러 환경에 폭로시킨 62종류의 도료에 대하여 도막 두께와 조기 노화의 관계를 시험한 결과 5 mil(125 μμ) 이하에서는 여러 가지 결함이 빨리 발생한다.

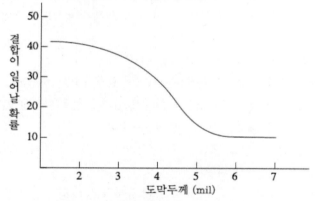

그림 6.4 도막 두께와 도막의 조기 노화의 관계

이론 도포량

W : 도포량(g/m²)

NV : 도료의 불휘발분(중량%)

d : 도료의 불휘발분 비중(g/cm³)

tc : 요구하는 건조도막 두께(μ)

$tc = 1/100 \times W \cdot NV/d$ ·· ①

또는

dp : 도료의 비중

dth : 휘발분 비중

$$tc = \frac{1}{100} W \left(\frac{100}{dp} - \frac{100 - NV}{dth} \right)$$ ·· ②

단, ①, ②식은 도료의 손실을 전혀 고려하지 않은 경우의 건조 도막 두께의 이론치이다. 실제 도장에 있어서는 도장방법 및 기구에 따라 도장 손실을 더해 주어야 하지만 이 또한 피도물의 형상, 도막 두께의 불균일 등에 따라 다소의 오차는 있다.

6. 도막 두께와 도포량

도료의 사용량과 도막 두께와의 관계는 매우 중요한 관계가 있다.

즉, 규정된 도막 두께가 유지되도록 도장하는 것은 방식목적을 달성하는 중요한 목적이지만 실제 도장시공에 있어서 소요 사용량만큼 도장해도 규정 도막 두께가 형성되지 않아 문제가 되고 있다.

그 원인은 다음과 같다.

① 피 도장면의 표면이 완전한 평면이 아니다.

샌드나 숏트 블라스트를 한 소지표면에서는 표면의 요철이 커서 해당하는 만큼의 도료가 여분으로 필요하게 된다. 또 블라스트 조건에 따라 표면의 요철도 다르게 된다.

② 규정도막 두께 이상으로 도장된 부분이 있을 수 있다.

표면을 평평하고 균일한 상태로 도장하기는 곤란하고, 규정도막 두께를 확보하기 위해 결국 볼록 부분이 발생하게 되는 것입니다.

이 불균일성은 피도물의 형상, 도장관리, 도막 두께 규제의 정의(최저 도막 두께인지, 평균도막 두께인지, 조건이 붙은 최저 도막 두께인지) 등에 따라 그 값이 다르며, 최저 도막 두께의 조건을 전체 측정점의 95% 이상이 250미크론으로 도장되어야 한다고 하면,

· 비교적 평평한 부분이 많은 도장 작업의 경우

(도막 두께 분포의 표준편차를 30 $\mu\mu$으로 본다.) ·· 약 20%

· 구조가 복잡한 탱크 내면 등의 경우

(도막 두께 분포의 표준편차를 50 $\mu\mu$으로 본다.) ····························· 약 50%

만큼의 양을 이론도포량보다 더 많이 도장하는 결과가 된다.

마지막으로 도장방법 및 외기의 상태에 따른 손실(loss)이다.

조선소에서는 대부분이 Airless 도장 등의 분무도장으로 작업을 하는데, 이 경우 도료의 일부는 피

도면에 부착되지 않고 외기로 날아간다. 이 스프레이 손실은 스프레이 노즐에서부터 피도면까지의 거리 또는 도장시의 풍속 등에 따라 다르다.

표 6.8 풍속에 따른 도장 손실율

풍 속 \ 스프레이거리	30 cm	50 cm
0 m/sec	약 15% 손실	약 20% 손실
1 m/sec	20% 손실	30% 손실
2 m/sec	27% 손실	45% 손실
3 m/sec	35% 손실	70% 손실

* 풍속이 3 m/sec 이상 : 도장은 하지 말 것.

붓이나 로울러 도장일 때는 상기와 같은 손실은 생기지 않지만, 그래도 도장 작업중에 10% 전후의 손실을 예상해야 한다. 이와 같이 실제 도장작업에 있어서는 사용하는 도료의 양이 각종 요인에 따라 변화한다. 실제 도장에 있어서 숍(shop) 프라이머일 경우에는 50~60%, 기타 도료일 경우에는 60~70% 정도의 손실을 가산하여야 하며 또 여기에 도장기기, 도장라인, 도장부스(Booth), 야드(Yard) 도장 등에서 발생할 수 있는 손실을 가산하여야 한다.

7. 전처리 규격

가. S. S. P. C 표면처리 규격의 개요

Steel structures painting council(U.S.A)의 규정으로 상세한 표면처리의 방법, 종류, 정도(등급)을 명시하고 있다.

S. S. P. C. - SP - 2	: Hard tool cleaning.(Hand 공구를 사용하는 탈청)
S. S. P. C. - SP - 3	: Power tool cleaning.(동력 공구에 의한 탈청)
S. S. P. C. - SP - 5	: White metal blast cleaning.(완전 청정한 블라스트 탈청)
S. S. P. C. - SP - 6	: Commercial blast cleaning.(경제적 블라스트 탈청)
S. S. P. C. - SP - 8	: Picking.(산처리)
S. S. P. C. - SP - 10	: Near white blast cleaning.(완전 청정에 가까운 블라스트 탈청)

나. S. I. S. 표면처리 규격의 개요

S. I. S는 스웨덴 규격이며, 주로 표면처리에 대한 마감상태의 등급을 사진으로 규정하고 있다. 처리될 철강재의 표면을 A, B, C, D의 4단계로 분류하여 동력 공구 또는 수공구에 의한 처리정도와 블라스트에 의한 처리 정도를 다음과 같이 규정하고 있다.

1) 처리전의 철강재 상태(Rust Grades)의 규정

A - GRADE	: Mill scale이 강력하게 부착되어 있고, 부분적으로 녹이 약간 슬기 시작한 철강재 면.
B - GRADE	: 빨간 녹이 생기기 시작하고, 밀 - 스케일(Mill scale)이 들뜨기 시작한 철강재 면.
C - GRADE	: 밀 - 스케일(Mill scale)이 발청으로 들떠서 Scraper로도 제거할 수 있는 상태이며, 육안으로도 작은 부식을 볼 수 있는 철강재 면.
D - GRADE	: 밀 - 스케일(Mill scale)이 발청으로 떨어져 나가고, 육안으로도 심한 부식을 볼 수 있는 철강재 면.

2) 처리후의 철강재 상태의 규정

가) 동력 공구 또는 수공구에 의한 처리 정도

St. 0	: 처리하지 않은 면
St. 1	: 가벼운 Wire brush 처리, Scraper를 강하게 누르며, 철강재 전면을 골고루 문지름.
St. 2	: Scraper와 Wire brush 처리. 스크랩파(Scraper)를 강하게 눌러, 들떠 있는 밀 - 스케일(Mill Scale)이나 녹을 제거함. 표면에 약간 광택이 나는 상태를 말함.
St. 3	: 스크랩파(Scraper)와 와이어 브러쉬(Wire brush) 처리. 요령은 St. 2와 동일함. 표면은 깨끗한 금속광택이 나도록 하는 상태임.

나) 블라스트에 의한 처리 정도(Blast cleaning)

St. 0	: 처리하지 않은 면
St. 1	: 가벼운 블라스트 작업. 분사에 의해 철강재 면의 들뜬 밀 - 스케일(Mill scale)이나 녹 기타의 이물질을 제거함
St. 2	: 완전한 블라스트 시공 · 처리된 면에서 금속광택이 약간 나타날 수 있도록 하는 상태임.
St. 2½	: 철강재 표면을 충분히 분사하여 거의 모든 밀 - 스케일(Mill scale). 녹 및 기타의 이물질을 제거한 상태임.
St. 3	: 완전한 블라스트 시공. 처리된 면은 금속광택이 나타날 수 있도록 하는 상태임.

다. S. S. P. C. 규격에 대응하는 S. I. S. 사진 규격의 대조표

S. S. P. C. 규격에 정해진 최종적인 표면 상태는 S.I.S. 규격의 사진에 대응한다. 단, 시각에 의한 기준은 표면 처리시의 보조용으로 사용되며, 구체적인 처리방법은 S.S.P.C. 규격에 따르는 것이 보통이다.

표 6.9 두 규격의 비교 대조표

S. S. P. C.	S. I. S. 사진			
SP - 2	–	B St. 2	C St. 2	D St. 2
SP - 3	–	B St. 3	C St. 3	D St. 3
SP - 5	A Sa. 3	B St. 3	C St. 3	D St. 3
SP - 6		B St. 2	C St. 2	D St. 2
SP - 8	–	B St. 1	C St. 1	D St. 1
SP - 10	A Sa. 2½	B St. 2½	C St. 2½	D St. 2½

라. S. S. P. C. 표면처리 규격의 해설

도장에 의한 우수한 방청 보호 성능은 금속면에 대한 우수한 도료의 밀착성에 있으며, 이것은 철저한 표면처리로에서만 얻을 수 있다. 표면처리는 방청, 방식 도장에 있어서 가장 중요한 공정이기도 하며, 도막의 내구성에 미치는 영향력은 대단히 크므로 이 점을 고려하여야 한다.

도장할 도료에 대해서도 그 방식성, 습윤성, 건조시간, 타 도료와의 관련성 등에 따라 표면처리에 적·부적당한 것이 있으므로 도장 사양서 전체를 놓고 표면처리를 고려하여 볼 필요가 있다.

1) S. S. P. C. - SP - 2

표 제 : Hand tool cleaning.(Hand 공구로 처리하는 탈청 작업)

개 요 : 먼저 기름, 구리스, 용해성의 용접 Flux 등의 잔사(잔여물)를 용제로 닦아내야 한다. 손으로 문지르는 Brushing, Sanding, Scraping, Chipping 혹은 다른 공구 또는 이러한 것을 교환 사용하여, 유리된 상태(들뜬 상태)의 밀 – 스케일(Mill scale), 녹, 구(舊)도막, 기타의 이물질을 제거하는 방법이며 이 목적은 밀 – 스케일(Mill scale), 녹, 구(舊)도막 등을 전부 제거하는 것이 아니고, 유리되어 있는 것과 유해한 이물질만을 제거하는 것이다.(재(再) 도장일 경우에는 유리되어 있거나 밀착되지 않은 도료는 전부 제거해야 한다. 남아있는 구(舊)도막의 두꺼운 부분을 문질러 제거하고 표면이 평평하게 되도록 해야 한다.)

탈청 작업후 표면으로부터 먼지 등 기타의 부착물을 제거해야 한다.

2) S. S. P. C. - SP - 3

표 제 : Power tool cleaning.(동력 공구에 의한 탈청 작업)

개 요 : 전동 및 압축공기로 움직이는 Disc-sander, Tube cleaner, Brush 등 각종 형태의 동력 기구로 들뜬 녹, 밀 - 스케일(Mill scale) 및 들뜬 구(舊)도막 기타의 부착물을 제거하는 방법을 말한다. 이때 공구로 소지면을 너무 거칠게 처리하지 말아야 하며 튜브 클리너(Tube cleaner)를 사용할 때는 특히 이점을 주의하여야 한다.

동력 공구에 의한 탈청은 밀 - 스케일(Mill scale)의 제거 능력에서는 블라스트법보다 떨어지지만 능률적이고 양호한 표면처리를 할 수 있다. 또 용접부분에 대해서의 Slag 및 Spot는 햄머(Hammer)나 금속용 끌로 제거하며, 파워 브러쉬(Power brush)로 철저히 제거해야 한다. 리벳트의 접합부분, 볼록하고 오목한 앵글은 동력에 의한 와이어 브러쉬(Wire brush), Chipping 끌, 로터리 - 샌더 등의 공구를 교환하는 방법으로 처리하여야 한다. 도저히 동력 공구로 처리할 수 없는 곳은 Hand 공구로 주의 깊게 처리하여야 한다. 탈청후에는 표면으로부터 먼지와 기타의 부착물을 제거하고, 유해한 기름, 구리스는 용제로 세척하여야 한다. 세척 작업후에는 표면 상태가 나빠지기 전에 되도록 빨리 도장을 해야 한다.

3) S. S. P. C. - SP - 5

표 제 : White metal blast cleaning.(완전 청정한 블라스트 탈청)

개 요 : 철강재에 기름이나 구리스가 부착되어 있는 경우에는 이를 미리 용제로 닦아내야 한다. 모래, Grit, 또는 Shot를 휠(Centrifugal wheel) 또는 노즐로 살포하는 블라스트법(건식 또는 습식)으로 기름, 구리스, 오물, 밀 - 스케일(Mill scale), 녹, 부식생성물, 구(舊)도료 및 기타 이물질을 육안으로 판별하지 못할 정도로 깨끗이 제거하는 방법이다. 이때 가장 중요한 것은 산포하는 입자의 선택이며, 입자가 큰 것을 사용하면 녹 제거의 효과는 있으나, 도장 효과가 나빠진다. 블라스트 후에는 부착물이 남지 않도록 압축공기를 분사하여 씻어주고 즉시 숍프라이머(또는 하도도료)를 도장하지 않으면 안된다.

4) S. S. P. C. - SP - 6

표 제 : Commercial blast cleaning.(경제적 블라스트법)

개 요 : 철강재에 기름이나 구리스의 부착이 있을 때는 미리 용제로 씻어 낸다. 모래, Grit 또는 Shot를 휠 또는 노즐로 산포하는 블라스트법(건식 또는 습식)으로 오물 및 밀 - 스케일(Mill scale), 녹, 부식생성물, 구(舊)도막 및 기타 이물질을 제거하여, 적어도

표면 1 in^2(제곱인치)에 2/3는 육안으로 녹, 밀 - 스케일(Mill scale)의 잔여분이 보이지 않아야 한다. 이때 중요한 것은 산포하는 입자의 선택이며 입자가 큰 것을 사용하면 녹 제거의 효과는 있으나 도장 효과가 나쁘게 됨. 블라스트 처리후에는 부착물이 남지 않도록 압축 공기를 분사하여 제거하고 즉시 숍 프라이머(또는 하도도료)를 도장하지 않으면 안된다.

5) S. S. P. C. - SP - 8

표 제 : Pickling.(산처리, 산세척)

개 요 : Pickling이란 도장을 하기 위해 모든 밀 - 스케일(Mill scale), 녹 및 Rust scale을 화학반응 또는 전해액 혹은 이 두 가지를 병용하여 완전히 제거하는 방법으로 산세척을 한 표면은 밀 - 스케일(Mill scale), 녹, Rust scale 등과 기타 이물질을 완전히 제거하는 목적이다. 이때, 미 반응 혹은 유해한 산, 알칼리나 기타의 오염물을 함유해서도 안된다. 또 산을 사용할 때는 Inhibiter(억제제)를 병행 사용하여야 하며, 필요 이상으로 산세척을 하지 않도록 주의해야 한다. 산세척 후 표면을 중화하기 위한 물세척 공정을 철저히 하여야 되고 산이나 수분이 고여 있게 될 오목한 부분, 갈라진 부분은 특히 신경을 써서, 이런 부분에 잔존하는 산이나 수분을 철저히 제거하여 건조시켜야 한다.

이 산세척 방법은 대형 철구조물은 산처리 Tank의 크기 제한을 받게 되므로 녹, 밀 - 스케일(Mill scale)을 제거하는데 그 비용이 적당하다고 생각되는 경우에 사용하는 것이 경제적이다.

6) S. S. P. C. - SP - 10

표 제 : Near white blast cleaning.(완전 청정에 가까운 블라스트법)

개 요 : 철강재에 기름이나 구리스의 부착이 있는 경우에는 이를 미리 용제로 닦아내야 한다. 모래, 또는 Grit, Shot를 휠 또는 노즐로 산포하는 블라스트법(건식 또는 습식)으로 모든 기름, 구리스, 오물, 밀 - 스케일(Mill scale), 녹, 부식생성물, 구도료의 도막 및 기타의 이물질을 완전히 제거하는 것이다. 표면 1 in^2(제곱 인치)에 적어도 95%는 육안으로 판별할 수 있는 잔사(잔여물)가 없도록 하여야 한다. 블라스트를 할 때 가장 중요한 것은 산포하는 입자의 선택이며, 입자가 큰 것을 사용하면 녹제거의 효과는 있으나 도장 효과가 나빠진다. 블라스트 후에는 부착물이 남지 않도록 압축공기를 분사하여 씻어주고 즉시 숍 프라이머(또는 하도도료)를 도장해야 한다.

마. Sand, Shot, Grit의 종류에 따른 표면 조도

연 마 제	최 대 입 자 크 기	최 대 표 면 요 철($\mu\mu$)
Sand, Very fine	80 Mesh 통과	37.5
Sand, fine	40 Mesh 통과	47.5
Sand, Medium	18 Mesh 통과	62.5
Sand, Large	12 Mesh 통과	70.0
Steel grit # G-80	40 Mesh 통과	32.5~75
Iron grit # G-50	25 Mesh 통과	82.5
Iron grit # G-40	18 Mesh 통과	90.0
Iron grit # G-25	16 Mesh 통과	100.0
Iron grit # G-16	12 Mesh 통과	200.0
Steel shot # S-170	20 Mesh 통과	45~70.0
Iron shot # S-230	18 Mesh 통과	75.0
Iron shot # S-330	16 Mesh 통과	82.5
Iron shot # S-390	14 Mesh 통과	90.0

PART 07 부록

1. 구입사양서 (PURCHASE SPECIFICATION)

☐ PROJECT CODE : 960517EH
☐ PROJECT NAME : △△회사 OO공장 집진설비(B/F)
☐ 사양서 번호 : 360 – EV300 – 1(SPEC. NO.)
☐ 제 목 : FILTER BAG, ROTARY VALVE, SLIDE GATE 구입(TITLE)
☐ 발 주 자 : △△주식회사(CLIENT)

목 차

1. GENERAL(일반사항)
2. SCOPE OF SUPPLY(공급범위)
3. SITE CONDITION(현장조사)
4. QUALITY STANDARDS(적용규격 및 표준)
5. REQUIREMENTS(요구 조건)
6. INSPECTION AND TEST(시험 및 검사)
7. PERFORMANCE GUARANTEE(성능보장)
8. PAINTING(도장)
9. PREPARATION AND DELIVERY(운송 및 납품)
10. SPARE PARTS & SPECIAL TOOLS(예비품 및 공구)
11. ALTERNATIVES(대안)

1 GENERAL (일반사항)

가. △△회사 OO공장 집진설비의 DUST를 여과하는 FILTER BAG, DUST를 불출하는 ROTARY VALVE 및 SLIDE GATE를 구매하기 위한 설계, 제작, 시험, 검사, 포장 및 운반 등에 대한 기술적 요구사항을 기술한 것이다.

나. 설비개요
    1) 제 품 명 : FILTER BAG, ROTARY VALVE, SLIDE GATE
    2) 설치위치 : △△회사 OO공장 집진설비(B/F)
    3) 납품일정 : 1차 OO년 O월 O일, 2차 OO년 O월 O일

2 SCOPE OF SUPPLY(공급범위)

가. 공급 범위 내

구 분	품 명	사 양	수 량	납 기
1차분 ("B" BATTERY)	FILTER BAG	Ø160 × 5,200 L	1,632 ea	OO년O월O일
	ROTARY VALVE	1 TON/HR : 8 SET 30 TON/HR : 1 SET	9 SETS	
	SLIDE GATE	본체 HOPPER용 : 1 SET DUST SILO용 : 1 SET	9 SETS	
2차분 ("B" BATTERY)	FILTER BAG	Ø160 × 5,200 L	1,632 ea	△△년△월△일
	ROTARY VALVE	1 TON/HR : 8 SET 30 TON/HR : 1 SET	9 SETS	
	SLIDE GATE	본체 HOPPER용 : 1 SET DUST SILO용 : 1 SET	9 SETS	

1) 본 사양에 의거 설계, 제작, 시험, 검사, 도장, 및 당사 지정장소까지의 운반
2) 관련자료 및 서류 제출
3) 설치시 SUPERVISING

    4) 기기설치용 BOLT, NUT, COUNTER FLANGE

    5) 기기의 설치, 운전, 보수시 필요한 SPECIAL TOOL

    6) 기타 (MAKER 사양에 준함)

나. 공급 범위 외

    1) 현장 설치공사

3 SITE CONDITION(현장조사)

가. △△회사 OO공장 조업시 분진 및 GAS 과다 발생지역
나. 해안에 인접하여 설치되며 염해 지역임

4 QUALITY STANDARDS(적용규격 및 표준)

가. 일반사항

    1) 발주자 자체규격

    2) 공급자 품질보증 규정

    3) 한국공업 표준규격 (KS)

    4) 일본공업규격 (JIS)

    5) 국내 환경보전법

    6) MAKER 사양

5 REQUIREMENTS(요구 조건)

가. BASIC REQUIREMENT(기본조건)

    1) 기상조건

      (1) 기 온 : 최고 : $+37.9°C$, ·최저 : $-14.4°C$ ·평균 : $+13.2°C$

(2) 강우량 : 평균 1,103.1 mm, ·우기 : 6 ~ 8월 (전체의 43%)

(3) 강설량 : 최대 300 mm

(4) 풍 속 : 최대 45 m/sec

(5) 지 진 : 무

(6) 기타 상세 기상조건은 해당지역 기상 DATE 참조

2) 조업조건

(1) 연간 가동시간 : 24 hr/day × 365 day × 0.985 = 8,392 hr

(2) 연간 휴지시간 : 24 hr/day × 365 day × 0.042 = 368 hr

(3) 연속조업 : 24 hr/day

(4) 가동율 : 95.8%

3) UTILITY 조건

(1) 공급 전원 : 저압 AC 440 V, 고압 AC 3300V

(2) 전압 변동 : −6.5% ~ +2.5%

(3) 주파수변동 : 60 Hz ± 1.2%

(4) 전동기 : 150 kW 이상 AC 6,6 kV, 60 Hz, 3상

　　　　　　 150 kW 미만 AC 440 kV, 60 Hz, 3상

(5) 제어용 : AC 220 V, 60 Hz 단장, DC 110 V

4) 함진 GAS성상

(1) GAS 온도 : 200°C (COOLING후 100°C)

(2) GAS 유량 : 5,153 m^3/min

(3) 함진 농도 : 6 ~ 15 g/Nm^3

(4) GAS 성상

① CO_2　 : 2 ~ 3 Vol%　　　　② H_2 : 55 ~ 60 Vol%

③ CmHm : 3 ~ 5 Vol%　　　　④ O_2 : 0.1 ~ 0.4 Vol%

⑤ CO　 : 5 ~ 8 Vol%　　　　⑥ N_2 : 2 ~ 5 Vol%

⑦ CH_4　 : 23 ~ 30 Vol%　　　⑧ 수분 : 0.8 Vol%

⑨ Tar　 : 0 ~ 15 mg/Nm^3

5) DUST(분진) 성상

(1) 종　　류 : COKES OVEN DUST

(2) 입도분포 (% : 중량)

① 10 μm 이하 : 12.7%   ② 10 ~ 20 μm : 9.7%

③ 21 ~ 35 μm : 8.0%   ④ 36 ~ 53 μm : 15.8%

⑤ 54 ~ 74 μm : 10.8%   ⑥ 74 μm 이상 : 43%

  (3) DUST DENSITY

     ① 진 비 중 : 0.83 ton/m³

     ② 부피비중 : 0.4 ton/m³

6) FILTER 설계조건

ITEM		SPECIFICATION
집진기 형식		PULSE AIR JET TYPE
풍 량		5,153 m³/min × 2기 (at 100°C), 여과속도 : 1.25 m/min
FILTER		SNAP RING TYPE
재 질		부직포층, NET층, 부직포층의 3층 구조에 미세 다공재를 코팅한 재질로 제전, 발수처리 및 Tar, Gas성상에 적합한 재질
내 열 성		130°C (MAX)
함진 농도	입 구	6 ~ 15 g/Nm³
	출 구	30 mg/Nm³ 이하

※ 상기 Gas성상 및 DUST성상은 참고치이며, 현장시료 채취로 PILOT TEST를 거쳐 납품 및 성능보장을 하여야 한다.

7) 상세 요구 조건 (FILTER BAG)

(1) 본 구입품의 제작, 시험 및 검사에 관해서는 본 사양에 특별히 규정하지 않은 사항은 KS 또는 JIS에 준한다.

(2) 구입사항 충족하고 사양서에 제시하는 이상의 성능을 발휘할 수 있도록 설계되어야 한다.

(3) 제작에 사용되는 모든 재료는 신품이어야 하며, 규격품 또는 이의 상당품을 사용하여야 한다.

(4) BAG은 SNAP RING TYPE으로 하고 SNAP RING은 SUP – 6(0.4t) 또는 SK – 5M 이상을 사용한다.

(5) BAG은 미세 다공재를 코팅한 재질하며, 제전, 발수처리를 하고 TAR성분 및 GAS 상에 견딜 수 있는 구조로 한다.

(6) 여과포의 가공시 접합부는 15 mm 이내 간격으로 하여 3선 이상으로 재봉 (재봉시 1 INCH 당 6땀 이상 되도록) 하여야 하며, 하부는 길이 45 mm를 이중으로 포개어 OVER LOCK 형식으로 재봉하여야 한다.

(7) 재봉실 재질은 BAG재질과 동일 재질을 사용하여야 한다.

(8) BAG 재질은 공인기관의 시험 성적서를 제출하여야 한다.

(9) 여과포의 표면은 흠이 없어야 하며, 이물질의 부착, 변질 등 손상되지 않도록 제작, 납품되어 야 한다.

(10) TUBE SHEET (THICKNESS 9t, HOLE SIZE Ø 170 ± 0.5)에 정확히 설치될 수 있도록 제작, 납품되어야 한다.

(11) 공급자는 납품된 기기에 대하여 설치시 기술조언, 시운전 입회조정을 성실히 이행하여야 한다.

(12) 본 구입사양서에 기재되지 않았어도 구입품의 성능상 필요한 부품은 반영하여야 한다.

(13) 정식으로 승인을 받아 제작한 것이라도 승인도면에 의하여 예지 할 수 없는 사항으로 사용상 불합리하다고 당사가 인정한 것은 제작사가 무상으로 개조에 응하는 것으로 한다.

(14) 본 구입품은 승인도면 제출시에 BAG SAMPLE 용 1개를 제출하여 당사 사양 작성 부서의 승인을 받은 후 제작에 착수하여야 한다.

(SAMPLE 제출시 TUBE SHEET규격의 견본제출 포함 : SIZE 1 HOLE에 400 × 400)

(15) 본 제작품 재 하도급 발주시는 당사의 승인을 받아야 한다.

8) 상세 요구 조건 (ROTARY VALVE)

(1) 본 구입품의 설계, 제작, 시험 및 검사에 관하여는 본 사양에 특별히 정하지 않은 사항은 KS, JIS규격 및 기준에 정한다.

(2) 본 구입사양서를 충족하고 사양서에 제시하는 이상의 성능을 발휘할 수 있도록 설계 되어야 한다.

(3) 제작에 사용하는 모든 재료는 신품이여야 하며 규격품 또는 이의 상당품을 사용하여야 한다.

(4) 유사 부품은 호환성을 갖도록 하여야 한다.

(5) 모든 BOLT, NUT 및 HOLE ISO METRIC SCREW의 기준을 채용한다.

(7) 운전조작이 편리하고 내구성이 크며, 점검, 급우, 보수에 편리하고 교환이 용이하도록 설계되 어야 한다.

(8) 설계내용은 당사 승인을 받은 후 제작되어야 한다.

(9) 설치사양에 대한 기술적 설명과 현지공사 및 TEST를 위한 안내 및 조언

(10) 기기의 하역 보관에 대한 안내 및 조언

(11) 사용재료는 사용도의 최적의 것으로 KS규격에 합치 또는 동등 이상의 것을 사용하여야 한다.

(12) 재료 및 기계부품은 표준 규격품을 사용하여야 한다.

(13) 용접은 ARC 용접을 하여야 하며 기계가공을 요하는 중요 부재의 용접은 용접후 응력제거 열처리를 반드시 실시하여야 한다.

(14) 축수 축 등의 기계가공 부분은 정밀기계 가공을 행하고 가공 정밀도는 KSB 0401 칫수 공차 및 끼워 맞춤 기준에 준한다.

(15) 모든 BOLT, NUT 및 ISO METRIC SCREW기준을 채용한다.

(16) CASING의 재질은 FC 20으로 하며 상부 물고임 방지를 고려하여 제작하여야 한다.

(17) 용접 구조용 CASING일 때에는 각부의 변형, 진동, 접합부의 공기누설 등의 일어나지 않도록 견고하게 보강되어야 한다.

(18) FLANGE 면은 평면도가 양호하고 BOLT HOLE의 간격이 정확하여야 한다.

(19) CASING BEARING 부착부는 회전부분의 하중에 견딜 수 있도록 충분한 강도를 가진 견고한 구조로 한다.

(20) BLADE 끝부분은 SEALING이 되도록 한다.

(21) ROTARY VALVE의 BLADE 끝부분은 POLYURETHANE을 부착하고 부착광 방지용 COATING PAINT를 사용한다.

(22) SHAFT의 재질은 S45C 또는 동등 이상으로 한다.

(23) SHAFT는 정밀도가 높게 가공되어야 하며 굽힘, 흠 등이 없어야 한다.

(24) BEARING부는 SHAFT와 CASING 사이에 AIR LOCK이 잘되도록 분진이 못들어 가는 구조로 한다.

(25) 기기평판 및 표시명판을 식별이 용이한 부분에 분명하게 명기하여 설치한다.

(26) 공급자는 사양서상의 문구 해석상 의견이 있을 때나 본 사양에 기술되지 않은 사항은 전에 당사와 협의하여 검수원의 지시에 따라야 한다.

(27) GEARED MOTOR는 GEAR BOX 쪽에서 MOTOR 쪽으로 누유가 되지 않게 SEALING 장치한다.

(28) GEARED MOTOR 는 CYCLO TYPE으로 한다.

(29) MOTOR의 단자 BOX는 주물형으로 방수, 방진 구조이어야 한다.

(30) MOTOR의 단자 BOX 및 OIL GAUGE 취부 위치는 당사의 승인을 득한 후 제작한다.

(31) 제작에 사용되는 기기 부품류는 당사가 인정하는 국내 일류 제품이어야 한다.

(32) 제작 지준은 제작승인 도면 및 구입사양서에 준한다.

(33) 절단

① 강재의 절단은 원칙적으로 하기에 준한다.

② ANGLE의 절단은 모두 CUTTER를 사용할 것.

③ CHANNEL, H-BEAM의 절단은 모두 CUTTER를 사용할 것.

④ 판재의 절단은 SHEAR 또는 GAS로 절단한다.

⑤ 절단할 때 생기는 SLAG는 BRUSH, GRINDER 등으로 제거하고 절단하고 생긴 굴곡의 재료는 교정하여 가공하여야 한다.

(34) 용접

① 용접봉은 KS 표준품을 사용할 것.

② 용접 작업시 사용하는 용접기 전선, HOLDER 등은 작업에 맞는 용량과 성능을 가지고 있어야 하며 KS규격품을 사용할 것.

③ 용접 작업시 피복은 습기를 흡수하면 용착 CRACK, 기타 결함이 생기기 쉬우므로 보관에 유의함과 동시에 작업 착수전에 용접봉을 반드시 건조하여 사용할 것.

④ 용접부에는 용접에 앞서 녹, SLAG, 먼지 등을 WIRE BRUSH로 수분, PAINT, 유지등은 세제, 가열 등의 방법으로 완전히 제거하고 청소할 것.

⑤ 과다전류에 의한 UNDER CUT, BLOW HOLE, SLAG 침투의 결함이나 과소전류에 의한 용입 불량, OVERLAP 등이 없도록 작업할 것.

⑥ 용접불량이 발견되면 충분히 파내고 다시 용접할 것.

⑦ 용접의 시점, 종점은 용입이 불충분하여 갈라지거나 BLOW HOLE이 생기기 쉬우므로 방지 방법을 고려하여 시행할 것.

⑧ 용접을 이어가는 부분은 결함이 생기기 쉬우므로 특히 SLAG를 청소하여 용입이 잘되게 할 것.

⑨ 형상이 복잡한 것, 사상의 정도가 높은 것, 변형이 큰 것 등은 용접 작업중에 수시로 외관검사를 행하고 조기에 이상한 부분을 발견하여 조치할 것.

9) 상세 요구 조건 (SLIDE GATE)

(1) 본 구입품의 설계, 제작, 시험 및 검사에 관하여는 본 사양에 특별히 정하지 않은 사항은 KS, JIS규격 및 기준에 정한다.

(2) 본 구입사양서를 충족하고 사양서에 제시하는 이상의 성능을 발휘할 수 있도록 설계되어야 한다.

(3) 제작에 사용하는 모든 재료는 신품이어야 하며 규격품 또는 이의 상당품을 사용하여야 한다.

(4) 유사 부품은 호환성을 갖도록 하여야 한다.

(5) 모든 BOLT, NUT 및 HOLE은 ISO METRIC SCREW의 기준을 채용한다.

(6) 당사에서 승인하여 납품한 것이라도 기본사양의 성능발휘에 차질이 발견되었을 경우 MAKER 책임 및 부담으로 즉시 수리 또는 교환한다.

(7) 운전조작이 편리하고 내구성이 크며, 점검, 급유, 보수에 편리하고 교환이 용이하도록 설계되어야 한다.

(8) 설계내용은 당사 승인을 받은 후 제작되어야 한다.

(9) 설치사양에 대한 기술적 설명과 현지공사 및 TEST를 위한 안내 및 조언

(10) 기기의 하역 보관에 대한 안내 및 조언

(11) 사용재료는 사용 용도의 최적의 것으로 KS 규격에 합치 또는 동등 이상의 것을 사용하여야 한다.

(12) 재료 및 기계부품은 표준 규격품을 사용하여야 한다.

(13) 용접은 ARC 용접을 하여야 하며 기계가공을 요하는 중요 부재의 용접은 용접 후 응력제거 열처리를 반드시 실시하여야 한다.

(14) 축수 축등의 기계가공 부분은 정밀기계 가공을 행하고 가공 정밀도는 KSB 0401 칫수 공차 및 끼워 맞춤 기준에 준한다.

(15) 모든 BOLT, NUT 및 HOLE은 ISO METRIC SCREW 기준을 채용한다.

(16) 용접 구조용 CASING일 때에는 각부의 변형, 진동, 접합부의 공기누설 등이 일어나지 않도록 견고하게 보강되어야 한다.

(17) FLANGE 면은 평면도가 양호하고 BOLT HOLE의 간격이 정확하여야 한다.

(18) 기기평판 및 표시명판을 식별이 용이한 부분에 분명하게 명시하여 설치한다.

(19) 공급자는 사양서상의 문구 해석상 이견이 있을 때나 본 사양에 기술되지 않은 사항은 사전에 당사와 협의하여 검수원의 지시에 따라야 한다.

(20) 제작에 사용되는 기기 부품류는 당사가 인정하는 국내 일류 제품이어야 한다.

(21) 제작 기준은 제작승인 도면 및 구입사양서에 준한다.

(22) 절단

① 강재의 절단은 원칙적으로 하기에 준한다.

② ANGLE의 절단은 ANGLE CUTTER를 사용할 것.

③ CHANNEL, H-BEAM의 절단은 모두 CUTTER

④ 판재의 절단은 SHEAR 또는 GAS로 절단한다.

⑤ 절단할 때 생기는 SLAG는 BRUSH, GRINDER 등으로 제거하고 절단으로 생긴 굴곡의 재료는 교정하여 가공하여야 한다.

(23) 용접

① 용접봉은 KS 표준품을 사용할 것.

② 용접 작업시 사용하는 용접기 전선, HOLDER 등은 작업에 맞는 용량과 성능을 가지고 있어야 하며 KS 규격품을 사용할 것.

③ 용접 작업시 피복은 습기를 흡수하면 용착 CRACK, 기타 결함이 생기기 쉬우므로 보관에 유의함과 동시에 작업 착수전에 용접봉을 반드시 건조하여 사용할 것.

④ 용접부에는 용접에 앞서 녹, SLAG, 먼지 등을 WIRE BRUSH로 수분, PAINT, 유지 등은 세제, 가열 등의 방법으로 완전히 제거하고 청소할 것.

⑤ 과다전류에 의한 UNDER CUT, BLOW HOLE, SLAG 침투의 결함이나 과소류에 의한 용입 불량, OVERLAP 등이 없도록 작업할 것.

⑥ 용접불량이 발견되면 충분히 파내고 다시 용접할 것.

⑦ 용접의 시점, 종점은 용입이 불충분하여 갈라지거나 BLOW HOLE이 생기기 쉬우므로 방

지 방법을 고려하여 시행할 것.

⑧ 용접을 이어가는 부분은 결함이 생기기 쉬우므로 특히 SLAG를 청소하여 용입이 잘되게 할 것.

⑨ 형상이 복잡한 것, 사상의 정도가 높은 것, 변형이 큰 것 등은 용접 작업중에 수시로 외관검사를 행하고 조기에 이상한 부분을 발견하여 조치할 것.

6 INSPECTION AND TEST (시험 및 검사)

가. MATTER INSPECTION(재질검사)

나. 공급자는 시험 및 검사를 시행하고, 시험 및 검사 성적서를 납품시 편철하여 당사에 제출하고 검사요청은 검사일로부터 15일전에 신청하며, 자체검사 성적서를 첨부한다.

다. 제작 중간검사

사용재료, 제작공정의 확인 등을 위하여 당사 감독원 및 당사가 위촉한 기술지도원에 의한 제작 중간검사를 실시한다. 이때 공급자는 감독원이 요청하는 자료의 제출, 시험 등에 응하여야 한다.

라. 제작 완료후 최종검사

제작사는 당사 감독원 및 당사가 위촉한 기술 지동원의 입회하에 공급자의 비용으로 당사 검사 기준서에 의한 시험 및 검사를 실시하여야 한다.

마. PERFORMANCE(성능시험)

바. 구동기기 연결후 작동하여 원활한 작동 및 설계서와 같은 성능이 나오는지의 여부를 확인한다.

사. 시험 및 검사항목

1) 재료검사

주요 부재는 아래 검사를 시행한다.

(1) 화학 검사　　　　　(2) 기계 시험

단, 재료의 이력 및 품질 수준을 확인할 수 있는 증빙자료가 있을시 상기검사 항목중 일부 또는 전부를 생략할 수 있다.

2) 외관검사

제작 완료후 용접상태, 표면상태, 제작상태 등을 당사검사원의 입회하에 실시하며 검사 성적서를 제출 확인을 받아야 한다.

3) 치수 및 가공검사

치수 및 가공검사는 제작 중간과정 및 완료시점에서 당사검사원의 입회하에 검사를 시행하고 검사 성적서를 당사 검사원에게 제시하여 확인을 받아야 한다.

4) 구입 부품검사

제작자의 검사성적서에 의하여 확인하며 중요한 부품에 대하여는 당사검사원이 입회 검사를 실시한다.

아. WITNESS TEST(입회시험)

1) 본 구매품의 OWNER, 구매자 또는 ENGINEER가 어떠한 경우, 어느 때라도 제작사의 사무실, 공장 및 시설들의 방문을 요청할 경우 공급자는 이에 응하여야 한다.

2) 공급자는 입회검사시 자체 검사결과를 입회검사원에게 제시하여 확인을 받아야 한다.

3) 당사 검사원이 제 3 공인기관에 시험을 요청할 경우 공급자 부담으로 이에 응하여야 한다.

7 PERFORMANCE GUARANTEE(성능보장)

가. 성능보장

성능 보장 기간중 설계, 제작 및 재질상의 이유로 발생되는 문제는 공급자의 비용 부담으로 책임지고 당사의 지시에 의하여 즉시 교환 또는 수리하여야 한다.

항 목	입구조건	성능보장조건	비 고
DUST	$6 \sim 15\ g/Nm^3$	$30\ mg/Nm^3$ 이하	GAS, DUST 및 설계조건 기준

나. 성능 보장 기간 : 납품일로부터 2년간 또는 F. A. C발급일로부터 1년간 중 선도래일 적용

8 PAINTING(도장)

가. SAND BLAST 혹은 SHOT BLAST를 2 1/2 등급으로 하여 MILL SCALE, 녹 및 이물질을 완전히 제거하여 소지상태로 처리한 후 하도 1회, 중도 2회, 상도 2회를 실시한다.

나. 조립 후 도장이 불가능한 부분은 조립전에 충분히 도장을 하여야 하며 도장색상은 공급자 표준 규격에 준한다.

다. 도료 및 색상

　　발주자 자체규격에 따르며 별도로 발주자 승인을 받아야 한다.

9 PREPARATION AND DELIVERY(운송 및 납품)

가. 공급자는 본 구입품을 제작공장에서 당사 검사원의 입회하에 조립, 제작 및 성능 시험을 완료하고 제작품을 당사가 지정하는 장소까지 운반하여 외관검사, 수량검사, 치수검사 등 최종검사에 합격하여야 납품된 것으로 한다.

나. 모든 기기 및 부품은 완전 조립된 상태로 포장, 운반함을 원칙으로 하며 불가능한 경우에는 당사 발주부서의 승인을 받은 후 시행한다.

다. 모든 PACKING은 운반 및 상, 하차가 용이하고 변형, 충격 등으로부터 보호 가능 하도록 포장되어야 한다.

라. 기기명판은 식별이 용이한 부분에 분명하게 명기하여 취부하며 모든 PACKING은 PACKING LIST상에 기록된 사항과 일치하는 사항이 기록된 꼬리표를 부착한다.

마. PACKING 은 WOOD BOX SKID TYPE 밀폐형으로 하며 운반 및 보관시 주요부위에 방수, 방진이 되도록 하여야 하며 파손 또는 분실되기 쉬운 부품은 별도 포장한다.

바. SPARE PART는 방수, 방진이 되도록 별도 포장하되 포장품 외부에 내용물을 알 수 있게 품명, 규격, 수량, 기타사항을 기록한 표를 붙인다.

11 SPARE PARTS & SPECIAL TOOLS(예비품 및 공구)

가. 공급자는 본 구매품의 설치, 운전보수시 SPECIAL TOOL이 필요한 경우 이를 무상으로 공급한다.

12 ALTERNATIVES(대안)

가. 공급자는 사양서 문구 해석상 상이점이 있을 때는 당사해석에 따라야 하며 제작상 불합리 하거나 도면 및 사양보다 우수한 대안이 있을 때는 당사와 사전에 협의하여 시행하여야 하며 제작도면에 없는 사항이라도 본 사양서에 명기된 사항은 제작에 필히 반영하여야 한다.

나. ENGINEERING DOCUMENTS REQUIREMENTS(제출서류)

다. 제작착수 이전에 설계, 제작, 시험에 관계되는 자료 및 도면을 당사 사양작성 부서에 제출하여 승인을 받은 후 제작하여야 하며 또한 제출자료의 미비 또는 부실로 인하여 구입사양에 미달되던가 기기의 성능에 이상이 있을시 그 책임은 공급자가 진다.

라. 공급자는 구입사양을 충족하는 사양서 및 도면 등을 제출 기간내에 제출하지 못함으로 발생하는 제반문제에 대하여 물적인 책임을 진다.

마. 모든 서류는 복사 가능한 재질을 사용하여 분해 가능한 책(A4 SIZE)으로 편철하고 도면은 당사도면 양식으로 작성해야 하며 별도(A3 이내)로 철해도 좋다.

바. 계약후 : 15부(20일 이내)
  1) 승인용도면 및 도면 LIST
    (1) 전체조립도
    (2) 제작도면
  2) 상세 제작사양서(I. T. P 포함)
  3) 제작 공정표(일주일 단위로 매주 월요일 보고)
  4) 상세 설계 계산서
    (1) 용량 및 MOTOR POWER 선정 계산서
    (2) SPROCKET 및 SHAFT 계산서
    (3) CHAIN 선정 및 안정성 검토서

사. 승인후 : 15부(20일 이내)
  1) 제작 및 시공용 도면(제 2원도, CAD TAPE 1부 포함)
    (1) 조립도면
    (2) 상세도면
  2) 운전정비 요령서 및 설치요령서(당사 표준양식 사용)

아. 납품시 : 15부
  1) 성능 시험성적서 및 치수 검사서(원본1부 포함)
  2) 수입자재일 경우 수입면장
  3) PACKING LIST

2. 계약 기술사양서

○○공장 집진설비
계 약 기 술 사 양 서

○○년 △월

발주자 : △△ 주식회사
공급자 : ○○ 주식회사

목 차

Chapter 01 일반사항

1. 사업개요

본 견적기술사양서는 △△ 주식회사 ○○공장 Coke Oven 압축시 발생되는 분진을 효율적으로 포집, 처리하는 집진장치에 대한 설계, 제작, 납품 및 성능보장에 이르는 사업수행의 전반적인 내용 및 조건을 규정한 것이다.

본 설비는 기존집진기를 철거 후 용량을 증대하여 신설집진기 2기(5,153 m³/min, at 100°C)를 설치하여 코크스 압출시 Oven에서 발생되는 비산분진을 포집하여 작업환경을 개선하며, 조업안정을 도모하고 대기오염을 방지하는 것을 목적으로 한다.

2. 전제사항

가. 부지조건

1) 지리적 조건

    (1) 지 역 명 : □□시 ○○동 △번지

    (2) 위　　치 : N 276.500.000 – 282.500.000

                 E 233.500.000 – 239.000.000

    (3) 지 표 고 : Datum Level +3180 ~ +4150 mm

2) 기상조건

    (1) 온　　도 : Max. 37.9°C, Min. - 14.4°C, Ave.13.2°C

    (2) 강 수 량 : Ave. 1,103.1 mm/년, 우기 6월 ~ 8월(전체의 43%)

    (3) 강 설 량 : Max. 30 cm

    (4) 풍　　속 : Max. 40 ~ 45 m/s, Ave. 3.4 m/s

    (5) 풍　　량 : Winter NW, Summer SW or W

    (6) 상대습도 : Max. 89, Min. 49, Ave. 68

    (7) 지　　진 : 무

    (8) 번　　개 : 때때로

    (9) 대지 결빙 깊이 : GL 30 cm

나. Utility 조건

1) 공업용수(Fresh Water)

    (1) 압　　력 : 3.0 ~ 3.5 kg/cm^2(취합점)

    (2) 온　　도 : 25℃ 이하

    (3) 수　　질 : pH 6.6 ~ 7.3

2) Steam

    (1) 압　　력 : 7.0 kg/cm^2(취합점)

3) 전　력

    (1) 공급전원 : 저압 AC 440 V, 고압 AC 3,300 V

    (2) 전압변동 : -6.5 % ~ +2.5 %

    (3) 주 파 수 : 60 Hz ± 1.2%

    (4) 전 동 기 : 150 kW 이상 AC 3.3 kV, 60 Hz, 3상

               150 kW 미만 AC 440 V, 60 Hz, 3상

    (5) 제 어 용 : AC 220 V, 60 Hz, 단상, DC 110 V

4) 취합점

항　목	사　　　양	취 합 점	비　고
전 원	AC 3,300 V 3상 60 Hz AC 220 V 1상 60 Hz 　(UPS Source) DC 110 V (차단기 조작용)	화성변전소, ECS전기실 ECS 전기실 ECS 전기실	기 존
AIR	30 m^3/min(5 ~ 7 kg/cm^2)	COMPRESSOR ROOM	신 설
WATER	3.0 ~ 3.5 kg/cm^2	기존공장에서 취합	기 존
STEAM	7 ~ 12 kg/cm^2	기존공장에서 취합	기 존

다. 적용법규 및 규격

본 집진설비의 설계, 제작, 시험 및 검사 등은 다음과 같은 법규 및 규격을 적용한다.

    (1) △△ 회사 규격(SZ)

    (2) 한국공업규격(KS)

    (3) 환경정책기본법

    (4) 대기환경보전법 및 폐기물관리법

    (5) 건축법 및 소방법

    (6) 일본공업규격(JIS)

    (7) 일본전기협회규격(JEM)

라. 용어 및 단위

모든 문서, 자료, 도면, 지침서 등의 표기는 한글을 사용하는 것을 원칙으로 하며, 부득이한 경우에는 영어를 사용한다.

Engineering, 설계, 제작 등에는 다음의 MKS 단위를 사용한다.

    (1) 온 도 : °C

    (2) 압 력 : kg/cm^2, mmHg, mmH_2O

    (3) 유 량 : kg/hr, ton/hr, Nm^3/hr, m^3/hr, m^3/min

    (4) Enthalpy : kcal/kg

    (5) 길 이 : mm 또는 m

    (6) 면 적 : m^2

    (7) 체 적 : m^3 또는 L

    (8) 중 량 : kg 또는 ton

    (9) 회전수 : rpm, rph

    (10) 속 도 : m/sec

    (11) Power : kV, V, A, kW, kVA, kWH

    (12) Sound Level : dB[A]

    (13) Vibration : mm/s

    (14) 비중량 : kg/m^3

    (15) 시 간 : sec, min, hr

    (16) 농 도 : mg/L, ppm

마. 설계조건

1) 가스 및 Dust성상

항 목		DATA
GAS 성상		CO_2 : 2 ~ 3 Vol% H_2 : 55 ~ 60 Vol% C_mH_n : 3 ~ 5 Vol% O_2 : 0.1 ~ 0.4 Vol% CO : 5 ~ 8 Vol% N_2 : 2 ~ 5 Vol% CH_4 : 23 ~ 30 Vol%
GAS 온도		200°C(Max)
DUST 종류		COKES OVEN DUST
입도 분포	10 µm 이하	12.7%
	10 µm ~ 20 µm	9.7%
	21 µm ~ 35 µm	8.0%
	36 µm ~ 53 µm	15.8%
	54 µm ~ 74 µm	10.8%
	74 µm 이상	43%
비 중 량	진비중	0.83 ton/m³
	부피 비중	0.4 ton/m³
농 도	입구	6 g/Nm³(Max 15 g/Nm³)
	출구	0.05 g/Nm³
수 분		0.8 Vol%
Tar		0 ~ 15 mg/Nm³

2) 기본조건

NO	항 목	DATA
1	분 류	건식여과포 집진
2	형 식	Pulse Air Jet Type
3	용 도	OO공장 Coke Oven 배기가스 집진
4	처리 Gas량	5,153 m^3/min(at 100°C)
5	처리 Gas온도	100°C
6	정 풍 압	600 mmH_2O(Approx.)
7	기 본 유 속	18 ~ 23 m/sec(Duct)
8	여 과 속 도	1.25 m/min
9	Filter Bag Size	¢160 × 5,200 mm
10	출구 함진농도	50 mg/Nm^3

3) 주요설비

    (1) 집진기 및 I.D. FAN

     – 집진기 : "A", "B" Battery 집진설비 5,153 m^3/min(at 100°C) × 2 SETS

     – ID FAN : 5,100 m^3/min × 600 mmAq × 800 kW × 2 SETS

    (2) Gas Cooler, Pre Coat : 각 2식

    (3) Cooling Tower : 1 LOT

    (4) Dust 후처리설비 : 2 SETS

    (5) Air Compressor : 30 m^3/min × 2 SETS(1대 예비)

    (6) Duct

     – T. O. P는 Preduster 전단 1M (Expansion joint 상대 Flange 포함)

    (7) 전기, 계장설비 : "A", "B" Battery 집진기 각 1식 신설

4) 신설위치

    (1) 기존집진기 및 간섭설비(Air Compressor Room)철거후 동일 장소 설치(Lay-Out 참조)

5) 설비 FLOW

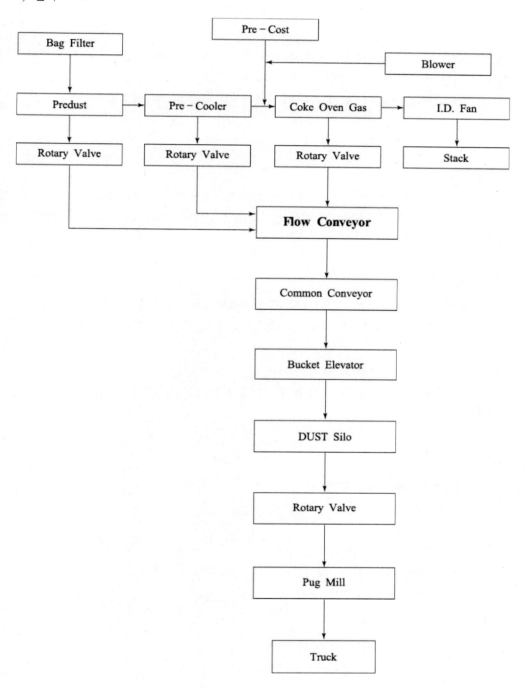

바. 운전조건

1) 집진기 운전 개요

집진기 운전은 본체 설비의 제어 SYSTEM(DCS)에 통신 NETWORK로 INTERFACE 하며 중앙 운전실에서 집진 설비의 감시 및 연동 운전이 가능하다.

기기별 단독 운전은 LOCAL SWITCH BOX에서 단독 운전이 가능하도록 구성한다.

2) 주요 GROUP 별 운전

가) I.D. FAN

I.D. FAN은 FLUID COUPLING을 사용하여 본체 설비에서 SIGNAL을 받아 장입차의 운전 조건에 따라 FAN의 속도를 조절함으로써 집진 설비의 효율을 극대화 하고 ENERGY SAVING 운전이 가능하다.

나) 이송 및 탈진 설비

각 CONVEYOR는 연동 운전되며 PULSING 및 DAMPER 운전은 상호 INTERLOCK 조건 아래 TIME CHART에 의거 HOPPER 별 순차적으로 OPEN/ CLOSE 한다.

다) 불출 설비

운전실 및 현장에서 LEVEL SIGNAL을 감지하여 현장 조작반에서 분출 GROUP 자동 운전이 가능하다.

3) 운전실 주요 감시 항목

① I.D. FAN MOTOR 운전전류
② FAN 회전 속도
③ 분진 배출 농도
④ FAN INLET DAMPER 개도 상태
⑤ DUST SILO LEVEL 상태
⑥ PRECOAT BIN LEVEL 상태
⑦ 각 기기별 가동상태

3. 공급구분

가. 일반개요

1) 공급범위는 본 사양서에 명시된 모든 장치 및 설비의 설계, 제작, 시운전, 성능보장과 설비의 구매와 설치공사에 수반되는 모든 사항을 포함한다.
2) 사양서는 설비 및 장치내용을 상세하게 기술하며, SZ 및 일반기준에 적합해야 한다.

나. 공급 범위내

SZ – 1을 참조하여 다음 설비에 대한 설계 및 제작 공급을 하여야 한다.

1) 설비 및 장치

　　　공급구분표 참조

2) 자재

　　　공급구분표 참조

3) Spare Parts

　　　Spare parts list에 의해 공급한다.

4) 설계 및 Engineering

기본설계, 상세설계(계산서, 사양서, 자재 List) 등의 Engineering, 건설, 조업 및 정비를 위해 필요한 자료를 제출한다.
　　　가) 기계설계 및 설치공사를 위한 설계
　　　나) 전기, 계장설계 및 설치공사를 위한 설계
　　　다) 토건 및 Utility 공급공사를 위한 설계
　　　라) 도면 및 자료
　　　　　공급자는 △△회사 (발주자)와 합의한 일정대로 SZ에 명기된 도면과 자료를 제출한다.
　　　마) 시험 및 조업
　　　　　설치공사 후 시운전은 공급자가 제출하여 △△회사 (발주자)로 부터 승인된 시운전 요령서에 의거하여 공급자의 Supervisor 지도로 △△회사 (발주자)가 수행한다. 공급자는 자비부담으로 시운전 Supervisor를 파견한다.

바) 공급설비의 검사, 포장 및 운반(△△회사(발주자) 지정장소 상차도)

사) 설치 및 사용을 위한 각종 인허가 업무에 필요한 서류제출

아) 교육

공급자는 △△회사(발주자)요원 교육계획에 따라 공급기기의 운전, 보수 및 기타 필요 사항에 대한 △△회사(발주자) 직원의 교육을 △△회사(발주자) 현장에서 시행한다. 단, 교육인원, 기간, 교육의 실시시기는 △△회사(발주자)와 공급자간의 상호 협의 결정한다.

다. 공급범위 외

1) 건설공사(설치, 배선, 배관, 계장, 급수, 기초 및 건물공사)

2) 토목, 건축의 상세설계 및 건물 부대설비에 소요되는 기자재

3) Cable(Power, Control, Grounding) Cable rack, Cable 부속자재, 매설관, 전선관 및 Fitting 류 등.(단 Cable반내 배선 및 특수 Cable은 공급사에서 공급)

4) 보온용 자재(보온재, 함석, 부속자재)

5) 설치 및 시운전시 필요한 Utility

라. 용어의 정의

1) 기본설계(Basic Design)

설비 및 기계장치 구입과 설치에 필요한 Shop drawing과 상세도면 작성의 기본이 되는 도면, 사양, 기본계획으로 Lay-Out, 개략도, Schematic diagram, 계산서, 필요한 자재 List 등이다.

가) 기계 · 배관

(1) General lay-out

(2) Flow diagram

(3) General arrangement dwg

나) 전기 · 계장

(1) Single line diagram

(2) Electrical room arrangement

(3) System configuration diagram

다) 건축

(1) General lay-out

(2) General arrangement drawing of the plan view, Elevation & Section

(3) 문, 창문, Shutter 등의 개폐방법

(4) 배관을 위한 Support 및 Bracket data

(5) 설치, 건설, 조업, 정비를 고려한 Tolerance 및 Clearance data

(6) 온도, 습도, 소음, 가스, 화재, 열 등을 고려한 건축공사용 특별시방서

(7) 조명 Data (조도 계산서)

라) 토목

(1) General lay-Out

(2) 상세 Guidance drawing

(3) Detail guidance drawing은 Concrete gallery, trench, Cable과 배관을 위한 Hole, anchor box 등이 표시된 상세 기초 외형도면

(4) 설비 및 기계장치에 대한 Load condition

(5) Embedded steel plan

(6) 기초를 위한 특별 시방

(7) 굴착 작업을 위한 지침서

(8) 기초 형태의 추천

마) 상세설계(Detail Design)

제작자가 Shop drawing을 작성하거나, 제작, 설치, 구매를 위해 필요한 것으로서 설치도면, 상세도면, 물량 List 등을 포함한 전반적인 설계이며, 기본설계를 기준으로 한다.

(1) 기계

Dimension, Tolerance, 기계 가공품질, 자재의 재질 및 물량이 표시된 상세도면

(2) 배관

Plan view, Elevation, Pipe size, Dimension 위치, Fitting재와 Support재의 표시와 자재 List가 명시된 상세도면이다.

① 공급자는 공장건물 T.O.P(Take Over Point) 기준으로 공장가동을 위해 공급자 및 △△회사(발주자)가 공급할 Pipe의 설치 및 연결을 위한 상세도면을 작성한다.

② 공급자는 공장 T.O.P내의 Piping의 Dimension과 Route가 표시된 Schematic layout 을 포함한 상세도면을 작성한다.

(3) Steel Structure

자재 List, 용접 및 Hole 개소, Structure size, Dimension이 표시된 Section view, Plan view, Elevation에 대한 상세도면.

(4) Cable Trays

자재 Size와 Support의 선정, 모든 Size 및 Dimension 설치위치 등이 명기된 Section view, Plan view, Elevation에 대한 상세도면.

(5) 제어 System

PLC S/W 제작을 위한 운전방안 및 기능사양과 Logic diagram.

공급구분 표

NO	항　목	공급자			발주자		비고
		BD	DD	SUP	DD	SUP	
1.	기계설비			●			
1.1	DUST	●	●	●			
1.2	PREDUSTER	●	●	●			
1.3	GAS COOLER	●	●				
1.4	집진기 본체			●			
가	BODY & PLENUM	●	●				
나	여과장치	●	●				
다	탈진장치	●	●	●			
1.5	I.D FAN & MOTOR	●	●	●			
1.6	STACK	●	●	●			
1.7	DUST 처리장치	●	●				
1.8	UTILITY			●			
가	PRE COAT	●	●	●			
나	압축공기원 설비	●	●	●			
다	WATER LINE	●	●	●			
라	STEAM LINE	●	●				
2.	전기 및 계장설비			●			
가	수배전설비	●	●	●			
나	제어 및 감시설비	●	●	●			
다	계장설비	●	●	●			
라	기기조명 & 수리용 전원	●	●				
				●			

NO	항 목	공급자			발주자		비고
		BD	DD	SUP	DD	SUP	
3.	SPARE PART	●	●				
4.	기타						
4.1	설치공사				●	●	
4.2	도장						
가	하도 (2회), 중도, 상도 1회	●	●	●			
나	FINAL (상도 1회)	●	●	●		●	
4.3	공사중 자재						
가	Piping 및 Fitting 류		●			●	
나	Anchor Bolt & Nut	●	●	●		●	
다	Anchor Bolt & Frame	●			●	●	
라	보온재	●	●			●	
4.4	전기공사용 자재	●					●*
가	Cable		●	●*		●	특수 Cable
나	Cable 부속자재 및 Cable Rack & Duct	●	●			●	
다	매설관	●	●				
라	전선관 & Fitting류	●					
5.	토목 및 건축	●	●		●	●	

Chapter 02 상세사양

1. A BATTERY 집진설비

1.1 DUCT

(1) MAIN DUCT

1) TYPE	원형
2) QUANTITY	1 LOT
3) DIMENSION	¢ 2,400
4) MATERIAL	SS400 9 t(ELBOW SS400 12t)
5) EXPANSION JOINT	STS304 × 1 SET(BELLOWS TYPE)
6) ACCESSORIES	MAN HOLE, TEST HOLE

1.2 PREDUSTER

(l) BODY

1) TYPE	관성력 집진
2) QUANTITY	1 LOT
3) MATERIAL	BODY : SS400 4.5 t
	HOPPER : SS400 6 t
4) ACCESSORIES	SUPPORT& STRUCTURE(H-BEAM), BAFFLE PLATE, SLIDE GATE, VIBRATOR(0.2 kW, 2P 2 SETS)

(2) ROTARY VALVE

1) TYPE	ROTARY
2) CAPACITY	1 TON/HR
3) QUANTITY	2 SETS
4) MATERIAL	CASING : FC20
	BLADE : STD304 + POLYURETHANE
	SHAFT : S45C
5) GEARD MOTOR	AC 440 V 60 Hz 3 ¢ 4P(O.75 kW) 1/60

1.3 GAS COOLER

(l) BODY

1) TYPE	Tube Type(수냉각)
2) QUANTITY	1 LOT
3) 입구 온도	200°C
4) 출구 온도	100°C
5) MATERIAL	BODY : SS400 4.5 t
	HOPPER : SS400 6 t
	PIPE : STB(보일러용 TUBE)
6) EMERGENCY DAMPER	AUTO AIR CYLINDER TYPE 1 SET
7) ACCESSORIES	SUPPORT & STRUCTURE(H-BEAM),
	BAFFLE,
	SLIDE GATE, TEMPERATURE INDICATOR
	TEMPERATURE CONTROLLER,
	VIBRATOR(0.2 kW. 2P. 2 SETS)

(2) ROTARY VALVE

1) TYPE	ROTARY
2) CAPACITY	1 TON/HR
3) QUANTITY	2 SETS
4) MATERIAL	CASING : FC20
	BLADE : STS 304 + POLYURETHANE
	SHAFT: S45C
5) MOTOR	AC 440 V 60 Hz 3 ₵ 4 P(0.75 kW) 1/60

(3) COOLING TOWER

1) TYPE	INDUCED DRAUGHT
2) CAPACITY	300 m³/hr(INLET 62°C, OUTLET 32°C)
	WET TEMPERATURE : 27°C(APPROX)
3) QUANTITY	1 SET
4) DRIVE	AC 440 V 60 Hz 3 Ø 4 P(11 kW)
5) MATERIAL	CASING : FRP, LOUVER : FRP
	FILLER : WOOD

  6)ACCESSORIES   COOLING WATER SUPPLY PUMP

             (300 m³/hr × 40 mH × 2 SETS)

1.4 집진기 본체

(1) BODY & PLENUM
1) TYPE   여과집진(BAG FILTER : OFF LINE TYPE)
2) QUANTITY   8 CHAMBER
3) MATERIAL   CASING : SS400 4.5 t
        HOPPER : SS400 6 t
4) ACCESSORIES SUPPORT & STRUCTURE(H-BEAM), SLIDE GATE, MAN HOLE, STAIR, WALK WAY(CHECK PLATE 4.50) HAND RAIL(SGP PIPED), VIBRATOR(0.2 kW. 2P. 8 SETS)

(2) 집진기 IN/OUT LET DUCT
1) TYPE   사각
2) QUANTITY   1 LOT
3) MATERIAL   SS400 6 t
4) DAMPER   IN LET : MANUAL 구동(8 SETS)
        OUT LET : AIR CYLINDER 구동(8 SETS)

(3) ROTARY VALVE
1) TYPE   ROTARY
2) CAPACITY   1 TON/HR
3) QUANTITY   8 SETS
4) MATERIAL   CASING : FC20
        BLADE : STS 304 + POLYURETHANE
        SHAFT : S45C
5) GEARD MOTOR AC 440 V 60 Hz 3 ∅ 4P(0.75 kW) 1/60

1.5 여과장치

(1) FILTER BAG

    1)TYPE   SNAP RING

    2) QUANTITY   1,632 SETS

    3) DIMENSION $\mathbb{C}$ 160 × 5,200 L

    4) MATERIAL   미세 다공층 구조(3D-POREX)

    5) ACCESSORIES   TUBE SHEET(SS400 9 t)

  (2) BAG CAGE

    1) TYPE   SPOT WELDING

    2) QUANTITY   1,632 SETS

    3) DIMENSION $\mathbb{C}$ 160 × 5,200 L($\mathbb{C}$ 4WIRE RING)

    4) MATERIAL   STS 304

1.6 탈진장치

  (1) DIAPHRAGM VALVE

    1) TYPE   DIAPHRAGM

    2) QUANTITY   136 SETS

    3) DIMENSION   50A

    4) MATERIAL   ALUMINUM

    5) ACCESSORIES   BLOW TUBE(SGP(W))

  (2) AIR HEAD

    1) QUANTITY   8 SETS

    2) DIMENSION $\mathbb{C}$ 300

    3) MATERIAL   SGP(W)

    4) ACCESSORIES   BALL VALVE(10 kg/cm^2)

1.7 DUST 처리설비

  (1) FLOW CONVEYOR

    1) TYPE   FLOW CHAIN

    2) CAPACITY   3 TON/HR

    3) SPEED   5 m/min (MAX)

    4) QUANTITY   2 SETS

5) MATERIAL	CASING : SS400 9 t
	CHAIN : SCM 440. 강력형(구동부 DOUBLE CHAIN)
	RAIL : SS400 6 t + HARD FACING 6 t
	SPROCKET : S45C + HARD FACING 6 t
	SHAFT : S45C
6) GEARD MOTOR	AC 440 V 60 Hz 3 ¢ 4P(2.2 kW) 1/120
7) ACCESSORIES	ACCESS DOOR, SPEED MONITOR

(2) COMMON CONVEYOR

1) TYPE	FLOW CHAIN
2) CAPACITY	6 TON/HR
3) SPEED	5 m/min(MAX)
4) QUANTITY	2 SETS
5) MATERIAL	CASING : SS400 9 t
	CHAIN : SCM 440. 강력형(구동부 DOUBLE CHAIN)
	RAIL : SS400 6 t + HARD FACING 6 t
	SPROCKET : S45C + HARD FACING 6 t
	SHAFT: S45C
6) GEARD MOTOR	AC 440 V 60 Hz 3 ¢ 4P(3.7 kW) 1/120
7) ACCESSORIES	ACCESS DOOR, SPEED MONITOR

(3) BUCKET ELEVATOR

1) TYPE	BUCKET
2) CAPACITY	6 TON/HR
3) SPEED	15 m/min(MAX)
4) QUANTITY	1 SET
5) MATERIAL	CASING : SS400
	CHAIN : SCM440. 강력형(구동부 DOUBLE CHAIN)
	SPROCKET : S45C + HARD FACING
	SHAFT : S45C
	BUCKET : SS400 4 t
6) GEARD MOTOR	AC 440 V 60 Hz 3 ¢ 4P(5.5 kW) 1/120
7) ACCESSORIES	ACCESS DOOR, SPEED MONITOR, VIBRATOR

(4) PUG MILL

    1) TYPE   PADDLE

    2) CAPACITY   30 TON/HR

    3) QUANTITY   1 SET

    4) MATERIAL   CASING : SS400 9 t

                                       PADDLE : SS400 12 t + HARD FACING 4.5 t

                                       SPROCKET : S45C

                                       SHAFT : S45C

    5) GEARD MOTOR   AC 440 V 60 Hz 3 ∅ 6P(22 kW) 1/30

    6) ACCESSORIES   WATER LINE, STEAM LINE

(5) DUST SILO

    1) TYPE   SILO

    2) CAPACITY 100 m^3

    3) QUANTITY   1 SET

    4) MATERIAL   BODY : SS400 6 t

                                       HOPPER : SS400 9 t

    5) ACCESSORIES   VIBRATOR(0.4 kW × 2 SETS), SLIDE GATE

(6) ROTARY VALVE

    1) TYPE   ROTARY

    2) CAPACITY   30 TON/HR

    3) QUANTITY   1 SET

    4) MATERIAL   CASING : FC20

                                       BLADE : STS 304 + POLYURETHANE

                                       SHAFT : S45C

    5) VS MOTOR   AC 440 V 60 Hz 3 ∅ 6P (22 kW) 무단변속기 1/30 ~ 1/90

1.8 INDUCED DRAFT FAN

  (1) FAN

    1) TYPE   TURBO(DOUBLE SUCTION)

    2) CAPACITY $5{,}153 \text{ m}^3/\text{min}$(at 100°C) × 600 mmAq(Approx.)

3) QUANTITY   1 SET

4) MATERIAL   CASING : SS400 + ROCK WOOL + 아연도 강판

IMPELLER : POSTEN 6ORE(HT 60 고장력강)

SHAFT : S45C

5) COUPLING   FLUID COUPLING

6) BEARING   METAL BEARING

(OIL BATHE, WATER COOLING)

7) ACCESSORIES   PRESSURE GAUGE

(2) MOTOR

1) TYPE   농형전폐형

2) CAPACITY   800 kW

3) QUANTITY   1 SET

4) ACCESSORIES   VIBRATION METER TEMPERATURE METER

(3) DAMPER

1) TYPE   LOUVER TYPE

2) DRIVE MOTOR   ACTUATOR

3) 개도   0 ~ 90°

4) QUANTITY   1 SET

(4) EXPANSION JOINT

1) TYPE   BELLOWS TYPE

2) MATERIAL   STS 304

3) QUANTITY   IN LET 2 SETS

OUT LET 1 SET

1.9 STACK

1) TYPE	원형
2) MATERIAL	SS400 9 t
3) DIMENSION	$\text{\textcent}\,2{,}700$
4) QUANTITY	1 SET
5) ACCESSORIES	LAGGING

1.10 압축공기원 설비

(1) AIR COMPRESSOR

1) TYPE	왕복동식
2) CAPACITY	30 m^3/min
3) QUANTITY	2 SETS ("A", "B" BATTERY 공통)

(2) AIR DRYER

1) TYPE	냉동식
2) CAPACITY	33 m^3/min
3) QUANTITY	1 SET
4) MATERIAL	SS400

(3) AIR RECEIVER TANK

1) TYPE	VERTICAL CYLINDRICAL
2) CAPACITY	3 m^3
3) QUANTITY	1 SET
4) MATERIAL	SS400 12 t
5) ACCESSORIES	PRESSURE GAUGE, SAFETY VALVE

2. B BATTERY 집진설비

- "A BATTERY 집진설비"와 사양은 동일함.

3. 전기 계장설비

3.1 H.V INCOMMING PANEL

1) QUANTITY	2면
2) TYPE	SELF STANDING, APPROX
	900 W × 2,200 D × 2,350 H
	1면은 기존 PANEL BUS(원형) 열반후 설치
3) RATED	AC 33,300 V 3상 60 Hz
4) MATERIAL	SS 400
5) CONTROL POWER	DC 110 V
6) MAJOR COMPONENT	VCB, GPT2 단적 etc

3.2 TRANSFORMER FEEDER PANEL

1) QUANTITY	1면
2) TYPE	SELF STANDING, APPROX
	900 W × 2,200 D × 2,350 H
3) RATED	AC 3,300 V 3상 60 Hz
4) MATERIAL	SS 400
5) CONTROL POWER	DC 110 V
6) MAJOR COMPONENT	VCB etc

3.3 I.D. FAN START PANEL

1) QUANTITY	2면
2) TYPE	SELF STANDING, APPROX
	900 W × 2,200 D × 2,350 H
3) RATED	AC 3,300V 3상 60 Hz
4) MATERIAL	SS 400
5) CONTROL POWER	DC 110 V
6) MAJOR COMPONENT	VCS, VC 2 단적, POWER FUSE etc

3.4 REACTOR PANEL

1) QUANTITY	2면
2) TYPE	SELF STANDING, APPROX 900 W × 2,200 D × 2,350 H
3) RATED	AC 3,300 V 3상 60 Hz, 750 kW,
4) MATERIAL	SS 400
5) CONTROL POWER	DC 110 V
6) MAJOR COMPONENT	VCB etc

3.5 AIR COMPRESSOR PANEL

1) QUANTITY	1면
2) TYPE	SELF STANDING, APPROX 900 W × 2,200 D × 2,350 H
3) RATED	AC 330 V 3상 60 Hz
4) MATERIAL	SS 400
5) CONTROL POWER	DC 110 V
6) MAJOR COMPONENT	VCS 2 단적, POWER FUSE etc

3.6 STEP DOWN TRANSFOMER & PANEL

1) QUANTITY	1면
2) TYPE	SELF STANDING
3) RATED& SPEC'	3상 3,300 V / 440 V, 750 kVA 각 1대
4) MATERIAL	SS 400
5) MAJOR COMPONENT	MOLD TYPE TR' 내장

3.7 STEP DOWN TRANSFOㄲMER PANEL

1) QUANTITY	2면
2) TYPE	SELF STANDING, APPROX 900W × 2,200D × 2,350H
3) RATED	AC 440 V 3상 60 Hz

4) MATERIAL   SS 400

5) CONTROL POWER   MOLD TR'

6) MAJOR COMPONENT ACB, PT, CT etc

3.8 MOTOR CONTROL CENTER(MCC)

1) QUANTITY   1 LOT

2) TYPE   SELF STANDING, DRAW OUT TYPE

3) POWER   AC 440 V 3상 60 Hz

4) MATERIAL   SS 400

5) CONTROL POWER   AC 220 V 1상 60 Hz

6) MAJOR COMPONENT MCCB, MC, EOCR, AUX RELAY etc

3.9 PULSE TIMER PANEL

1) QUANTITY   2면

2) TYPE   SELF STANDING, APPROX 800W × 600D × 2,350H

3) POWER   AC 220 V 1상 60 Hz

4) CONTROL POWER   AC 220 V 1상 60 Hz

5) MATERIAL   SS 400

6) MAJOR COMPONENT PULSE CONTROL용 CARD, MCCB, MC,
AUX RELAY etc

3.10 DAMPER CONTROL PANEL

1) QUANTITY   2면

2) TYPE   SELF STANDING, APPROX 800W × 600D × 2,350H

3) POWER   AC 220 V 1상 60 Hz

4) CONTROL POWER   AC 220 V 1상 60 Hz

5) MATERIAL   SS 400

6) MAJOR COMPONENT MCCB, MC, AUX RELAY etc

3.11 POWER DISTRIBUTION PANEL

1) QUANTITY	2면	
2) TYPE	SELF STANDING, APPROX 800 W×600 D×2,350 H	
3) POWER	AC 220 V 1상 60 Hz	
4) MATERIAL	SS 400	
5) MAJOR COMPONENT	MCCB, MC, AUX ´ RELAX,	
	SPEED CONTROLLER 내장 etc	

3.12 REPAIR BOX

1) QUANTITY	2면
2) TYPE	WALL MOUNTING TYPE, 옥외 방수형
3) POWER	AC 220 V 3상 60 Hz, MAIN ELB-225 A
4) MATERIAL	STS 304

3.13 LIGHTING SWITCH BOX

1) QUANTITY	2면
2) TYPE	WALL MOUNTING TYPE
3) POWER	AC 220 V 1상 60 Hz
4) MATERIAL	STS 304

3.14 LOCAL SWITCH BOX (LSB)

1) QUANTITY	1 LOT
2) TYPE	WALL MOUNTING TYPE, 옥외 방수형 2중 DOOR
3) CONTROL POWER	AC 220 V 1상 60 Hz
4) MATERIAL	STS 304

3.15 TERMINAL BLOCK BOX

1) QUANTITY	1 LOT
2) TYPE	WALL MOUNTING TYPE, 옥외 방수형

3) MATERIAL   STS 304

3.16 TEMPERATURE CONTROL BOX

1) QUANTITY   1 LOT
2) TYPE   WALL MOUNTING TYPE, 옥외 방수형
3) INPUT   PT 100 ohm
4) OUTPUT   2a 2b
5) CONTROL POWER   AC 220 V 1상 60 Hz
6) MATERIAL   STS 304
7) MAJOR COMPONENT   MCCB, TEMP ′ CONTROLLER

3.17 PLC PANEL

1) QUANTITY   2 LOT
2) TYPE   SELF STANDING
3) POWER   AC 220 V 1상 60 Hz, DC 24 V
4) MATERIAL   SS 400
5) MAJOR COMPONENT   CPU, COMMUNICATION CARD & NETWORK,
                             AI/O, DI/O CARD, POWER SUPPLY MODULE

3.18. FIELD INSTRUMENTS

(1) DUST CONCENTRATION MONITOR

1) QUANTITY   2 SETS
2) TYPE   광산란식, 옥외 방수형
3) RANGE   0 ~ 100 mmAq
4) POWER   AC 440 V 3상 60 Hz
5) CONTROL POWER   AC 220 V 1상 60 Hz

(2) MANOMETER BOX

1) QUANTITY   1 LOT
2) TYPE   WALL MOUNTING TYPE, MANOMETER
3) MATERIAL   STS 304

    4) RANGE   건식 0 ~ 300 mmAq

    5) POWER   AC 220 V 1상 60 Hz

(3) LEVEL S/W

    1) QUANTITY   1 LOT

    2) TYPE   PADDLE TYPE

    3) POWER   AC 220 V 1상 60 Hz

(4) FLOW S/W

    1) QUANTITY   1 LOT

    2) OUT PUT   1a

    3) POWER   AC 220 V 1상 60 Hz

(5) MAGNETIC FLOW MATER

    1) QUANTITY   2 SETS

    2) TYPE   ELECTOR MAGNETIC

    3) SIZE   APPROX 200 A

    4) FLUID   WATER

    5) POWER   1상, AC 200 V 60 Hz

(6) SPEED SENSOR

    1) QUANTITY   1 LOT

    2) TYPE   BUTTERFLY, PNEUMATIC CYLINDER

    3) ACTION   AIR TO CLOSE / POWER FAIL OPEN

    5) SIZE   APPROX 200 A

    6) FLUID   WATER

(7) DIFFERENTIAL PRESSURE TRANSMITTER

    1) QUANTITY   2 SETS

    2) TYPE   DIFFERENTIAL PRESSURE

    3) FLUID   WATER

>> **Chapter 03 성능보장 및 하자보증**

1. 성능보장

설비공급자는 사양에 따라 공급된 모든 설비의 성능에 대하여 FAC 발급후 1년 또는 설치 완료 후 2년중 선행되는 쪽의 기간을 기준으로 그 기간 동안 책임을 지며 성능 보장기간 동안의 보수 및 교환 등 필요한 모든 조치는 설비공급자가 실행한다.

단, 설비의 오조작 또는 설비 공급자가 제출한 운전 및 취급 설명서와 상이한 조작등에 의한 고장 또는 소모품등의 정상마모 등에 의한 하자보수 사항은 제외한다.

2. 성능보장 시험

가. 일반사항

설치공사 완료후 본 설비의 성능을 확인하기 위하여 예비수락시험(P.A.T) 및 성능보장 시험인 최종 수락시험(F.A.T)을 실시하며, 성능시험절차 및 방법 등에 대해서는 △△회사(발주자)와 설비공급자 간 상호 협의하여 결정한다.

본 성능시험에 필요한 특수기기 및 장치는 설비공급자가 준비하되 필요한 소모품, 전력, 용수, 약품, 인원 등은 공급자가 제출한 명세서에 준하여 △△회사(발주자)측에서 준비하여야 한다.

나. 예비수락시험(P.A.T : Preliminary Acceptance Test)

예비수락시험(P.A.T)은 본 설비가 구매사양서상에 명시된 사양에 만족하는 지의 여부를 확인하기 위하여 △△회사(발주자)가 승인한 시험 요령서에 의거 공급자의 조언, 안내 및 책임하에 설치가 완료된 후 부하 조건에서 수행한다.

　　1) 각 기계품목 및 철구조물의 외관점검

　　2) 용접부분 및 Bolt 체결부분의 외관검사

　　3) Bolt 체결상태

　　4) Oil이나 Grease의 급유상태

　　5) PUMP 및 기계장치 단독시험

　　6) 전기 및 계장설비의 단독시험

　　7) 기타

다. 최종수락시험(F.A.T : Final Acceptance Test))

1) 예비수락시험결과 시험조건에 만족하면 부하상태에서 공급자가 제출하고 △△회사(발주자)가 승인한 시운전 요령서에 의거 공급자측 SUPERVISOR의 지도로 각 설비 성능이 계약 사양서에 명기된 사양을 만족하는지를 확인하기 위한 최종수락시험을 설비운영부서 주관으로 실시한다.

2) 납품후 성능에 관련한 하자사항이 발생하지 않고 △△회사(발주자)의 사유로 인하여 PAC 발급 후 6개월 이내에 FAT를 실시하지 못할 때에는 FAC가 발급된 것으로 간주한다.

3. 성능보장 항목

공급자는 본 사양서에 명시되어 있는 설계조건하에서 다음 항목에 대해 성능을 보장한다.

가. 성능보장 항목 및 성능보장치

항 목	입구 조건	성능보장치
DUST	6 g/Nm^3(Max 15 g/Nm^3)	0.05 g/Nm^3
풍 량		5,153 m^3/min(at 100°C)

1) 성능보장조건

본 사양서에 명시된 설계조건을 만족하는 조건이다.

2) 성능보장 시험방법

Stack에서 시료를 채취하여 공해공정시험법에 의거 Dust농도를 측정하며, 발주자의 요청시는 공인기간에 측정을 의뢰한다.

Chapter 04 시험 및 검사

1. 검사조건

1) 제작 착수전 공급자는 공급설비에 대한 검사기준 및 항목에 대해 △△회사(발주자)의 승인을 취득해야 한다.
2) △△회사(발주자)의 승인 및 감사를 필한 기자재라 하더라도 공급자의 책임이 면제되는 것은 아니다
3) 모든 검사는 △△회사(발주자) 검사원이 입회하는 것을 원칙으로 한다.
4) △△회사(발주자) 검사원이 검사를 실시할 때 검사원이 필요하다고 판단하는 자료의 제출을 요구하는 경우 공급자는 즉시 그 자료를 제출한다.
5) 검사결과에 대하여 합격판정은 △△회사(발주자) 검사원이 행한다.
6) 본 검사는 원칙적으로 제작중 및 제작완료시 공장에서 행하는 것으로 한다.

2. 제작공장내 시험 및 검사

가. 제작과정 시험

제작자는 제작 중간과정 또는 제작완료 단계에서 중요부품에 대해서는 자체 검사를 시행하고 시험성적서를 작성하며, 입회검사를 요하는 검사에 대해서는 사전에 △△회사(발주자)에 입회검사를 요청하여 △△회사(발주자)검사원의 입회검사를 받고 검사결과를 기록하여 △△회사 발주자)에 제출한다.

나. 검사 및 시험항목

제작사는 제작완료 후 가조립 시험 또는 성능시험을 실시하여야 하며 시험 항목은 발주자의 별도 승인을 받아야 하며 승인도면에 의거 실시한다.

3. 기타사항(공인기관 시험)

필요시 제작자 부담으로 공인기관의 시험을 필한다.

Chapter 05 도면 및 자료

1. 제출서류

구 분	제출시기	내　　　용	부 수	비 고
승인자료	제작 착수전	가. 계약 사양서 나. 승인사양서 다. 승인도면 및 도면 LIST 　　－ 전체조립도, 제작도 　　－ 공사용 자료 및 도면 　　－ 설치도 라. 상세 설계 검토서 및 검토 도면 　　－ 주요부분과 구조물의 용량 강도, 재질검토서 및 　　　 설계 계산서 마. 상기사항을 포함한 공급설비에 대한 기술자료, 　　참고자료, CATALOGUE, 설치시방서, 기기별 　　기능 바. SYSTEM 설계자료 사. 상세BILL OF MATERIAL LIST 자. 제작 공정표	10부 10부 10부 3부 3부 3부 3부 3부	
준공자료	FAC 발급전	가. 최종도면 　　－ △△회사(발주자) No. 부여용 도면 LIST 　　－ △△회사(발주자) No. 부여된 원도 　　－ △△회사(발주자) No. 부여된 도면 LIST(A4 　　　 SIZE) 　　－ 복사도 : 원도 SIZE 　　　　　　　　 A3 축소 SIZE 　　－ MICRO FILM 　　－ CAD DISKETTE 나. 취급설명서 　　－ 제작 및 설치 시방서 　　－ 운전 및 정비요령서 다. 제어 SYSTEM 설계자료 　　－ H/W & S/W 설계 사양서 　　－ S/W 기능 사양서 라. 시험 및 검사성적서(제작공장, 　　MAKER, 공인기관)	 1부 1부 1부 3부 3부 1부 1부 3부 3부 3부	

가. 제출시기 및 방법, 절차가 본 사양서 및 △△회사(발주자) SZ에 명시되지 않은 사양에 대하여
　　는 별도 협의에 의한다.

Chapter 06 납기 및 공정

공급자가 계약서상에 명시된 목적물을 설계, 제작 또는 구매하여 △△회사(발주자) 지정장소에 납품 완료한 날짜를 기준으로 한다.

    - 설비납품일 : ○○년 △△월 □□일

1. 추진 공정표

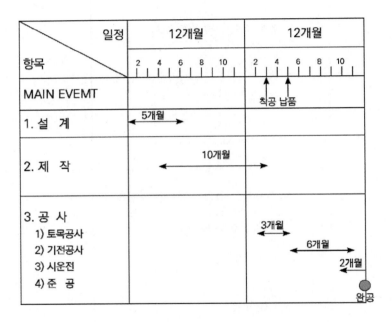

Chapter 07 기타사항

1. 사양의 우선순위

사양의 내용이 중복 혹은 상이한 내용이 있을 경우의 우선순위는 다음과 같다.
1) 최근 회의록
2) 승인용 자료
3) 계약서
4) 구입사양서
5) △△회사(발주자) SZ
6) 그 외 관련규격 및 자료

2. 기술자 파견

1) 기술협의 등 필요한 회의는 △△회사(발주자) 주관으로 실시한다.
2) 공급자는 △△회사(발주자) 요구시 자비부담으로 기술협의 및 회의를 위해 결정권이 있는 기술
   자를 파견한다.

3. 설계제작 및 공사시 고려사항

1) 조업을 원활하게 하기위해 필요한 부품이 사양서에 명시되지 않은 경우 공급자는 △△회사(발
   주자)와 협의하여 공급한다.
2) 주요설비는 제작, 가조립시 △△회사(발주자)가 지명한 검사원의 검사를 받는다.
3) 운반물은 현장 조립작업을 최소화하기 위해 가능한 대형 BLOCK으로 제작, 조립, 운반한다.
4) 본 설비의 설치위치가 해안에 인접해있으므로 염해, 풍우에 대한 장애에 대해 충분히 고려한다.
5) 공급자는 기기제작 VENDOR LIST를 제출하여 △△회사(발주자)의 승인을 받는다.
6) 포장 및 운반
   설비는 외부 및 충격으로부터 보호될 수 있도록 포장하여 △△회사(발주자)가 지정한 장소에
   운반한다.
7) 도장
   PAINTING사양은 △△회사(발주자) 도장요령서를 기준으로 하며 필요시 별도 승인을 득한다.

첨 부 : 도면 LIST

DOW' NO	TITLE
1. 기계	
ECS-M-001	LAYOUT ("A" BATTERY)
ECS-M-002	LAYOUT ("B" BATTERY)
ECS-M-003	FLOW DIAGRAM ("A" BATTERY)
ECS-M-004	FLOW DIAGRAM ("B" BATTERY)
ECS-M-005	GENERAL ARRANGEMENT ("A" BATTERY)
ECS-M-006	GENERAL ARRANGEMENT ("B" BATTERY)
ECS-M-007	COOLER & PREDUSTER SECTION DWG'
2 전기	
ECS-M-001	SINGLE LINE DIAGRAM (1/13)
ECS-M-002	SINGLE LINE DIAGRAM (2/13) ("A" BATTERY)
ECS-M-003	SINGLE LINE DIAGRAM (3/13) ("A" BATTERY)
ECS-M-004	SINGLE LINE DIAGRAM (4/13) ("A" BATTERY)
ECS-M-005	SINGLE LINE DIAGRAM (5/13) ("A" BATTERY)
ECS-M-006	SINGLE LINE DIAGRAM (6/13) ("A" BATTERY)
ECS-M-007	SINGLE LINE DIAGRAM (7/13) ("A" BATTERY)
ECS-M-008	SINGLE LINE DIAGRAM (8/13) ("B" BATTERY)
ECS-M-009	SINGLE LINE DIAGRAM (9/13) ("B" BATTERY)
ECS-M-010	SINGLE LINE DIAGRAM (10/13) ("B" BATTERY)
ECS-M-011	SINGLE LINE DIAGRAM (11/13) ("B" BATTERY)
ECS-M-012	SINGLE LINE DIAGRAM (12/13) ("B" BATTERY)
ECS-M-013	SINGLE LINE DIAGRAM (13/13) ("B" BATTERY)

3. 원가계산

1. 엔지니어링사업 대가의 기준
2. 원가계산에 의한 예정가격 작성준칙
3. 원가계산 개요

1. 엔지니어링사업 대가의 기준

산업통상자원부 공고 제 2021-137호(2021.07.29) 일부개정

제 1 장   총   칙

제 1조(목적)

이 기준은 「엔지니어링산업 진흥법」 제31조 제2항에 따라 엔지니어링사업의 대가의 기준을 정함을 목적으로 한다.

제 2조(적용)

① 「엔지니어링산업 진흥법」 (이하 "법"이라 한다) 제2조 제4호에 따른 엔지니어링사업자(이하 "엔지니어링사업자"라 한다)가 같은 법 제2조 제7호 각 목 및 시행령 제5조의 각 호의 자(이하 "발주청"이라 한다)로부터 엔지니어링사업을 수탁할 경우에는 이 기준에 따라 엔지니어링사업 대가 (이하 "대가"라 한다)를 산출한다.

② 제1항에도 불구하고 엔지니어링사업자가 건설업자 또는 주택건설등록 업자로부터 위탁받아 작성하는 시공상세도의 경우에는 제21조 이하의 규정에 따라 대가를 산출한다.

제 3조 (정의)

이 기준에서 사용되는 용어의 뜻은 다음과 같다.

1. "실비정액 가산방식"이란 직접인건비, 직접경비, 제경비, 기술료와 부가가치세를 합산하여 대가를 산출하는 방식을 말한다.

상세 내용은 "엔지니어링사업대가의 기준"을 참고바람.

* 이하중략 *

【 별표 1 】

가. 기본설계

공사비	업무별 요율(%)			
	도로	철도	항만	상수도
10억원 이하	3.78	2.93	4.15	3.45
20억원 이하	3.33	2.69	3.64	3.07
30억원 이하	3.10	2.55	3.37	2.86
50억원 이하	2.82	2.39	3.06	2.63
100억원 이하	2.49	2.19	2.68	2.34
200억원 이하	2.20	2.01	2.35	2.08
300억원 이하	2.04	1.90	2.18	1.94
500억원 이하	1.86	1.78	1.98	1.78
1,000억원 이하	1.64	1.63	1.74	1.58
2,000억원 이하	1.45	1.50	1.52	1.41
3,000억원 이하	1.35	1.42	1.41	1.32
5,000억원 이하	1.23	1.33	1.28	1.21
5,000억원 초과	$0.0573x^{-0.181}$	$0.0393x^{-0.127}$	$0.0641x^{-0.189}$	$0.0509x^{-0.169}$

나. 실시설계

공사비	업무별 요율(%)				
	도로	철도	항만	상수도	하천
10억원 이하	6.16	4.10	7.65	8.27	5.37
20억원 이하	5.47	3.88	6.74	7.28	4.71
30억원 이하	5.10	3.76	6.25	6.75	4.36
50억원 이하	4.67	3.62	5.69	6.15	3.96
100억원 이하	4.15	3.43	5.01	5.41	3.47
200억원 이하	3.68	3.25	4.41	4.76	3.04
300억원 이하	3.43	3.15	4.09	4.42	2.81
500억원 이하	3.15	3.03	3.73	4.03	2.55
1,000억원 이하	2.79	2.87	3.28	3.54	2.24
2,000억원 이하	2.48	2.72	2.89	3.12	1.96
3,000억원 이하	2.31	2.64	2.68	2.89	1.82
5,000억원 이하	2.12	2.54	2.44	2.64	1.65
5,000억원 초과	$0.0916x^{-0.175}$	$0.0489x^{-0.077}$	$0.1169x^{-0.184}$	$0.1263x^{-0.184}$	$0.0832x^{-0.19}$

다. 공사감리

공사비	요율(%)	공사비	요율(%)
5천만원 이하	3.02	100억원 이하	1.41
1억원 이하	2.85	200억원 이하	1.37
2억원 이하	2.26	300억원 이하	1.35
3억원 이하	2.06	500억원 이하	1.33
5억원 이하	1.89	1,000억원 이하	1.30
10억원 이하	1.66	2,000억원 이하	1.28
20억원 이하	1.53	3,000억원 이하	1.25
30억원 이하	1.48	5,000억원 이하	1.23
50억원 이하	1.45	5,000억원 초과	$3.4816X^{-0.0386} - 0.00084$

비고

1. "건설부문"이란 「엔지니어링산업 진흥법 시행령」 별표 1에 따른 엔지니어링기술 중에서 건설부문(농어업 토목분야 및 상하수도 중 정수 및 하수, 폐수 처리시설 등 환경플랜트를 제외한다.)과 설비부문을 말한다.
2. "공사감리"란 비상주 감리를 말한다.
3. 5,000억원 초과의 경우 공식에 의해 산출된 요율은 소수점 셋째자리에서 반올림한다.
4. 기본설계, 실시설계 및 공사감리의 업무범위는 제14조와 같다.
5. 요율표가 작성되지 않은 다른 분야는 도로분야의 요율을 적용한다.

【 별표 3 】

공사비 \ 요율	업 무 별 요 율(%)			
	기본설계	실시설계	공사감리	계
5천만원 이하	3.12	8.01	4.20	15.33
1억원 이하	2.91	7.46	3.96	14.33
2억원 이하	2.76	7.06	3.55	13.37
3억원 이하	2.60	6.66	3.14	12.40
5억원 이하	2.47	6.32	2.94	11.73
10억원 이하	2.30	5.89	2.66	10.85
20억원 이하	2.18	5.58	2.52	10.28
30억원 이하	2.05	5.26	2.38	9.69
50억원 이하	1.95	4.99	2.29	9.23
100억원 이하	1.81	4.65	2.18	8.64
200억원 이하	1.72	4.41	2.10	8.23
300억원 이하	1.62	4.16	2.02	7.80
500억원 이하	1.54	3.94	1.95	7.43
1,000억원 이하	1.43	3.67	1.86	6.96
2,000억원 이하	1.36	3.48	1.79	6.63
3,000억원 이하	1.28	3.28	1.72	6.28
5,000억원 이하	1.21	3.11	1.66	5.98
5,000억원 초과	○ 기본설계요율 $= 19.2151 \times (공사비)^{-0.1025}$ ○ 실시설계요율 $= 49.2703 \times (공사비)^{-0.1025}$ ○ 공사감리요율 $= 3.3306 \times (공사비)^{-0.0984}$			

비고 1. "산업플랜트"란 전기전자공장, 식품공장 등 일반산업플랜트와 유기화학공장, 고분자제품공장 등 화학플랜트, LNG, LPG 등 가스플랜트, 수력, 화력 등 발전플랜트, 정수 및 하수, 폐수 처리시설, 폐기물 소각장 등 환경플랜트 등을 말한다.

2. 화학플랜트와 가스플랜트는 동 요율의 1.250을 곱하여 산출할 수 있고, 이 경우 각각 소수점 셋째자리에서 반올림한다.

3. 부대시설요율은 동요율의 0.813을 곱하여 산출할 수 있고, 이 경우 각각 소수점 셋째자리에서 반올림한다.

4. 5,000억원 초과의 경우 공식에 의해 산출된 요율은 소수점 셋째자리에서 반올림한다.

5. 기본설계, 실시설계 및 공사감리의 업무범위는 제14조와 같다.

【 별표 4 】

시공상세도 작성비의 요율

공사비 \ 요율	시설물 난이도별 요율(%)		
	단순	보통	복잡
1억원 이하	1.31	1.46	1.61
2억원 이하	1.15	1.28	1.41
3억원 이하	1.06	1.18	1.30
5억원 이하	0.96	1.07	1.18
10억원 이하	0.85	0.94	1.03
20억원 이하	0.74	0.82	0.90
30억원 이하	0.68	0.76	0.84
50억원 이하	0.62	0.69	0.76
100억원 이하	0.54	0.60	0.66
200억원 이하	0.48	0.53	0.58
300억원 이하	0.44	0.49	0.54
500억원 이하	0.40	0.44	0.48
1,000억원 이하	0.35	0.39	0.43
2,000억원 이하	0.31	0.34	0.37
3,000억원 이하	0.28	0.31	0.34
5,000억원 이하	0.25	0.28	0.31
5,000억원 초과	단순공종요율 $= 45.5535 \times (공사비)^{-0.1924}$ 보통공종요율 $= 50.6135 \times (공사비)^{-0.1924}$ 복잡공종요율 $= 55.6734 \times (공사비)^{-0.1924}$		

비고 : 5,000억원 초과의 경우 공식에 의해 산출된 요율은 소수점 셋째자리에서 반올림한다.

【 별표 5 】

시공상세도 1장당 단가 산출근거

작성 난이도	1장당 단가 산출근거
단 순	{(0.24 × 초급기술자 노임단가) + (0.49 × 중급숙련기술자 노임단가)}
보 통	{(0.34 × 중급기술자 노임단가) + (0.70 × 중급숙련기술자 노임단가)}
복 잡	{(0.20 × 고급기술자 노임단가) + (0.44 × 중급기술자 노임단가) + (0.91 × 중급숙련기술자 노임단가)}

【별표 6】

엔지니어링 기술자

1. 기술계 엔지니어링기술자

구분 기술등급	국가기술자격자	학력자
기술사	해당 전문분야와 관련된 기술사자격을 가진 사람	-
특급기술자	1) 해당 전문분야와 관련된 기사자격을 가진 사람으로서 해당 전문분야와 관련된 업무를 10년 이상 수행한 사람 2) 해당 전문분야와 관련된 산업기사자격을 가진 사람으로서 해당 전문분야와 관련된 업무를 13년 이상 수행한 사람	-
고급기술자	1) 해당 전문분야와 관련된 기사자격을 가진 사람으로서 해당 전문분야와 관련된 업무를 7년 이상 수행한 사람 2) 해당 전문분야와 관련된 산업기사자격을 가진 사람으로서 해당 전문분야와 관련된 업무를 10년 이상 수행한 사람	-
중급기술자	1) 해당 전문분야와 관련된 기사자격을 가진 사람으로서 해당 전문분야와 관련된 업무를 4년 이상 수행한 사람 2) 해당 전문분야와 관련된 산업기사자격을 가진 사람으로서 해당 전문분야와 관련된 업무를 7년 이상 수행한 사람	1) 해당 전문분야와 관련된 박사학위를 가진 사람 2) 해당 전문분야와 관련된 석사학위를 가진 사람으로서 해당 전문분야와 관련된 업무를 3년 이상 수행한 사람 3) 해당 전문분야와 관련된 학사학위를 가진 사람으로서 해당 전문분야와 관련된 업무를 6년 이상 수행한 사람 4) 해당 전문분야와 관련된 전문대학을 졸업한 사람으로서 해당 전문분야와 관련된 업무를 9년 이상 수행한 사람
초급기술자	1) 해당 전문분야와 관련된 기사자격을 가진 사람 2) 해당 전문분야와 관련된 산업기사자격을 가진 사람으로서 해당 전문분야와 관련된 업무를 2년 이상 수행한 사람	1) 해당 전문분야와 관련된 석사학위를 가진 사람 2) 해당 전문분야와 관련된 학사학위를 가진 사람 3) 해당 전문분야와 관련된 전문대학을 졸업한 사람으로서 해당 전문분야와 관련된 업무를 3년 이상 수행한 사람

2. 숙련기술계 엔지니어링 기술자

기술등급 ＼ 구분	국가기술자격자	학력자
고급숙련 기술자	1) 해당 전문분야와 관련된 기능장 자격을 가진 사람 2) 해당 전문분야와 관련된 산업기사 자격을 가진 사람으로서 해당 전문분야와 관련된 업무를 4년 이상 수행한 사람 3) 해당 전문분야와 관련된 기능사 자격을 가진 사람으로서 해당 전문분야와 관련된 업무를 7년 이상 수행한 사람 4) 해당 전문분야와 관련된 기능사보자격을 가진 사람으로서 해당 전문분야와 관련된 업무를 10년 이상 수행한 사람	1) 해당 전문분야와 관련된 기능대학 또는 전문대학을 졸업한 사람으로서 해당 전문분야와 관련된 업무를 5년 이상 수행한 사람 2) 고등학교를 졸업한 사람으로서 해당 전문분야와 관련된 업무를 8년 이상 수행한 사람 3) 직업훈련기관의 교육을 이수한 사람으로서 해당 전문분야와 관련된 업무를 8년 이상 수행한 사람
중급숙련 기술자	1) 해당 전문분야와 관련된 산업기사 자격을 가진 사람 2) 해당 전문분야와 관련된 기능사 자격을 가진 사람으로서 해당 전문분야와 관련된 업무를 3년 이상 수행한 사람 3) 해당 전문분야와 관련된 기능사보 자격을 가진 사람으로서 해당 전문분야와 관련된 업무를 5년 이상 수행한 사람	1) 해당 전문분야와 관련된 기능대학 또는 전문대학을 졸업한 사람으로서 해당 전문분야와 관련된 업무를 1년 이상 수행한 사람 2) 고등학교를 졸업한 사람으로서 해당 전문분야와 관련된 업무를 4년 이상 수행한 사람 3) 직업훈련기관의 교육을 이수한 사람으로서 해당 전문분야와 관련된 업무를 6년 이상 수행한 사람 4) 해당 전문분야와 관련된 업무를 10년 이상 수행한 사람
초급숙련 기술자	1) 해당 전문분야와 관련된 기능사 자격을 가진 사람 2) 해당 전문분야와 관련된 기능사보 자격을 가진 사람으로서 해당 전문분야와 관련된 업무를 2년 이상 수행한 사람	1) 고등학교를 졸업한 사람으로서 해당 전문분야와 관련된 업무를 1년 이상 수행한 사람 2) 직업훈련기관의 교육을 이수한 사람으로서 해당 전문분야와 관련된 업무를 1년 이상 수행한 사람 3) 해당 전문분야와 관련된 업무를 5년 이상 수행한 사람

비고 1. 위 표의 "국가기술자격자"란의 각 자격은 「국가기술자격법」에 따른 국가기술자격의 종목 중 별표 1의 전문분야와 관련되는 종목의 국가기술자격을 말한다.

2. 위 표에서 "학력자"란의 각 학력은 다음 각 목의 어느 하나에 해당하는 학력을 말한다.

　가. 「초·중등교육법」 또는 「고등교육법」에 따른 학교에서 엔지니어링기술 관련 학과의 정해진 과정의 이수와 졸업에 따라 취득한 학력

　나. 그 밖의 관계 법령에 따라 국내외에서 받은 가목과 같은 수준 이상의 학력

3. 위 표에서 "해당 전문분야"란 별표 1의 전문분야를 말한다.

4. 외국인의 경우에는 당사자의 기술자격 또는 학력·경력에 따라 위 표에 상응하는 자격기준을 가진 것으로 본다.

5. 위 표에 따른 엔지니어링기술자의 관련 자격·학력 및 경력(자격·학력 보유 전후의 경력 등에 대한 인정기준을 포함한다)의 인정범위 등 세부기준은 산업통상자원부장관이 정하여 고시한다.

2. 원가계산에 의한 예정가격 작성준칙

기획재정부 예규 제534호 (2020.12.28.) 일부개정

제 1 장 총 칙

제 1조(목적)

이 예규는 「국가를 당사자로 하는 계약에 관한 법률 시행령」 (이하 "시행령"이라 한다) 제9조 제1항 제2호 및 「국가를 당사자로 하는 계약에 관한 법률 시행규칙」 (이하 "시행규칙"이라 한다) 제6조에 의한 원가계산에 의한 예정가격 작성, 시행령 제9조 제1항 제3호 및 시행규칙 제5조 제2항 에 의한 표준시장단가에 의한 예정가격 작성 및 시행규칙 제5조에 의한 전문가격조사기관(이하 "조 사기관"이라 한다.)의 등록 등에 있어 적용하여야 할 기준을 정함을 목적으로 한다. <개정 2015. 3. 1.>

제 2조(계약담당공무원의 주의사항)

① 계약담당공무원(각 중앙관서의 장이 계약에 관한 사무를 그 소속공무원에게 위임하지 아니하 고 직접 처리하는 경우에는 이를 계약담당공무원으로 본다. 이하 같다)은 예정가격 작성등과 관련 하여 이 예규에 정한 사항에 따라 업무를 처리한다.

② 계약담당공무원은 이 예규에 따라 예정가격 작성시에 표준품셈에 정해진 물량, 관련 법령에 따른 기준가격 및 비용 등을 부당하게 감액하거나 과잉 계상되지 않도록 하여야 하며, 불가피한 사유로 가격을 조정한 경우에는 조정사유를 예정가격조서에 명시하여야 한다. <개정 2014. 1. 10., 2015. 9. 21.>

③ 계약담당공무원은 「부가가치세법」 에 따른 면세사업자와 수의계약을 체결하려는 경우에는 부가가치세를 제외하고 예정가격을 작성할 수 있으며, 이 경우 예정가격 조서에 그 사유를 명시하 여야 한다.

④ 계약담당공무원은 공사원가계산에 있어서 공종의 단가를 세부내역별로 분류하여 작성하기 어 려운 경우 이외에는 총계방식(이하 "1식단가"라 한다)으로 특정공종의 예정가격을 작성하여서는 아 니된다. <신설 2019. 12. 18.>

상세 내용은 "원가계산에 의한 예정가격작성준칙"을 참고바람.
* 이하중략 *

【 별표 1 】

제조원가계산서

품명 :   생산량 :

규격 :   단 위 :   제조기간 :

비 목		구 분	금 액	구 성 비	비 고
제 조 원 가	재 료 비	직 접 재 료 비			
		간 접 재 료 비			
		작 업 설 · 부 산 물 등 (△)			
		소 계			
	노 무 비	직 접 노 무 비			
		간 접 노 무 비			
		소 계			
	경 비	전 력 비			
		수 도 광 열 비			
		운 반 비			
		감 가 상 각 비			
		수 리 수 선 비			
		특 허 권 사 용 료			
		기 술 료			
		연 구 개 발 비			
		시 험 검 사 비			
		지 급 임 차 료			
		보 험 료			
		복 리 후 생 비			
		보 관 비			
		외 주 가 공 비			
		산 업 안 전 보 건 관 리 비			
		소 모 품 비			
		여 비 · 교 통 비 · 통 신 비			
		세 금 과 공 과			
		폐 기 물 처 리 비			
		도 서 인 쇄 비			
		지 급 수 수 료			
		기 타 법 정 경 비			
		소 계			
일 반 관 리 비( )%					
이 윤( )%					
총 원 가					

【별표 2 -1】

1. 직접계상방법

가. 계상기준

발주목적물의 노무량을 예정하고 노무비단가를 적용하여 계산함.

> < 공 식 >
>
> 간접노무비 = 노무량 × 노무비단가

나. 계상방법

(가) 노무비 단가는 「통계법」 제4조의 규정에 의한 지정기관이 조사·공표한 시중노임단가를 기준으로 하며 제수당, 상여금, 퇴직급여충당금은 「근로기준법」 에 의거 일정기간이상 근로하는 상시근로자에 대하여 계상한다.

(나) 노무량은 표준품셈에 따라 계상되는 노무량을 제외한 현장시공과 관련하여 현장관리사무소에 종사하는 자의 노무량을 계상한다.

(다) 간접노무비(현장관리 인건비)의 대상으로 볼 수 있는 배치인원은 현장소장, 현장사무원(총무, 경리, 급사 등), 기획·설계부문 종사자, 노무관리원, 자재·구매관리원, 공구 담당원, 시험관리원, 교육·산재담당원, 복지후생부문 종사자, 경비원, 청소원 등을 들 수 있음.

(라) 노무량은 공사의 규모·내용·공종·기간 등을 고려하여 설계서(설계도면, 시방서, 현장설명서 등) 상의 특성에 따라 적정인원을 설계반영 처리한다.

2. 비율 분석방법

가. 계상기준

발주목적물에 대한 직접노무비를 표준품셈에 따라 계상함.

> < 공 식 >
>
> 간접노무비 = 직접노무비 × 간접 노무비율

나. 계상방법

(가) 발주목적물의 특성 등(규모·내용·공종·기간 등)을 고려하여 이와 유사한 실적이 있는 업체의 원가계산자료, 즉 개별(현장별) 공사원가 명세서, 노무비명세서(임금대장) 또는 직·간접노무비 명세서를 확보한다.

(나) 노무비 명세서(임금대장)를 이용하는 방법

① 개별(현장별) 공사원가 명세서에 대한 임금대장을 확보한다.

② 확보된 임금대장상의 직·간접노무비를 구분하되, 구분할 자료가 많은 경우에는 간접노무비율을 객관성있게 산정할 수 있는 기간에 해당하는 자료를 분석한다.

③ 동 임금대장에서 표준품셈에 따라 계상되는 노무량을 제외한 현장시공과 관련하여 현장관리사무소에 종사하는 자의 노무비(간접노무비)를 계상한다.

④ 계상된 간접노무비를 직접노무비로 나누어서 간접 노무비율을 계산한다.

(다) 업체로부터 직·간접노무비가 구분된 「직·간접노무비 명세서」를 확보한 경우에는 위 임금대장을 이용하는 방법에 의하여 자료 및 내용을 검토하여 간접 노무비율을 계산한다.

3. 기타 보완적 계상방법

직접 계산방법 또는 비율 분석방법에 의하여 간접노무비를 계산하는 것을 원칙으로 하되, 계약목적물의 내용·특성 등으로 인하여 원가계산자료를 확보하기가 곤란하거나, 확보된 자료가 신빙성이 없어 원가계산자료로서 활용하기 곤란한 경우에는 아래의 원가계산자료(공사종류 등에 따른 간접노무비율)를 참고로 동비율을 당해 계약목적물의 규모·내용·공종·기간등의 특성에 따라 활용하여 간접노무비(품셈에 의한 직접노무비×간접 노무비율)를 계상할 수 있다.

구 분	공사종류별	간접 노무비율
공사 종류별	건 축 공 사	14.5
	토 목 공 사	15
	특수공사(포장, 준설 등)	15.5
	기타(전문, 전기, 통신 등)	15
공사 규모별	50억원 미만	14
	50 ~ 300억원 미만	15
	300억원 이상	16
공사 기간별	6개월 미만	13
	6 ~ 12개월 미만	15
	12개월 이상	17

* 공사규모가 10억원이고 공사기간이 15개월인 건축공사의 경우 예시
  - 간접 노무비율 = (15% + 17% + 14.5%) / 3 = 15.5%

【별표 3】

일반관리비 비율

업 종	일반관리비율(%)
○ 제조업	
음·식료품의 제조·구매	14
섬유·의복·가죽제품의 제조·구매	8
나무·나무제품의 제조·구매	9
종이·종이제품·인쇄출판물의 제조·구매	14
화학·석유·석탄·고무·플라스틱제품의 제조·구매	8
비금속광물제품의 제조·구매	12
제1차 금속제품의 제조·구매	6
조립금속제품·기계·장비의 제조·구매	7
기타물품의 제조·구매	11
○ 시설공사업	6

주 1) 업종분류 : 한국표준산업분류에 의함.

【별표 4】

학술연구용역원가계산서

비목＼구분	금액	구성비	비고
인건비			
책임연구원			
연구원			
연구보조원			
보조원			
경비			
여비			
유인물비			
전산처리비			
시약 및 연구용역재료비			
회의비			
임차료			
교통통신비			
감가상각비			
일반관리비( )%			
이윤( )%			
총원가			

【별표 5】

학술연구용역 인건비 기준단가('13)

등 급	월 임 금
책임연구원	월 2,980,044원
연구원	월 2,285,056원
연구보조원	월 1,527,485원
보조원	월 1,145,653원

주1) 본 인건비 기준단가는 1개월을 22일로 하여 용역 참여율 50%로 산정한 것이며, 용역 참여율을 달리하는 경우에는 기준단가를 증감시킬 수 있다.

※ 상기 단가는 2013년도 기준단가로 계약예규 「예정가격 작성기준」 제26조 제2항에 따라 소비자 물가상승률(2012년 2.2%)을 반영한 단가이며, 소숫점 첫째자리에서 반올림한 금액임.

【 별표 6】

총괄집계표

공사명: 공사기간:

구 분		금 액	구 성 비	비 고
직접공사비				
간접공사비	간접노무비 산재보험료 고용보험료 안전관리비 환경보전비 퇴직공제부금비 수도광렬비 복리후생비 소모품비 여비·교통비·통신비 세금과 공과 도서 인쇄비 지급수수료 기타 법정경비			
일반관리비				
이 윤				
공사손해보험료				
부가가치세				
합 계				

3. 원가계산 개요

가. 원가의 본질

원가(Cost)라 함은 경영에 있어서 일정한 급부에 관련하여 파악된 재화 또는 용역의 소비를 화폐가치로 표시한 것이다.

또한 원가는 경영목적이외의 경제가치의 소비나 이상 상태하의 경제가치의 감소는 포함하지 않는다.

나. 원가계산의 의의

원가계산은 재화나 용역을 생산하기 위하여 화폐가치액을 산출하는 경영 계산제도이다.

다. 기본용어 해설

1) 제조원가의 3요소

- 재료비(Material) : 물품을 소비함에 의하여 발생하는 원가
- 노무비(Labor Cost) : 노동력을 소비함에 의하여 발생하는 원가
- 경비(Other manufacturing cost) : 물품 및 노동력이외의 원가재를 소비함에 의하여 발생하는 원가

2) 직접비(Direct Cost)와 간접비(Indirect Cost)

가) 직접비 : 일정단위의 제품과 관련하여 직접적으로 추적하여 인식할 수 있는 원가로서 제품원가 계산에 있어 이들 원가는 제품에 직관한다.

※ 제조직접비 : 직접재료비 + 직접노무비 + 직접경비

나) 간접비 : 일정단위의 제품과 관련하여 직접적으로 추진하여 인식할 수 없는 원가이다. 또한 직접적으로 추적할 수 있더라도, 그 원가를 제품단위에 직접적으로 집계하는 것이 계산경제상 어려운 경우에 간접비로 간주하는 경우도 있다.

※ 제조간접비 : 간접재료비 + 간접노무비 + 간접경비

① 간접노무비 : 현장관리요원(부장, 과장, 계장, 기술감독직, 행정서무요원)의 급여, 상여, 퇴직충당 전입액, 제수당 등
② 간접 경비 : 현장관리요원에게 지급되는 복리후생비 등의 일체의 경비
   - 중식보조비, 가족수당, 의료보험비, 국민연금, 특별격려금, 산재보험료, 하계수련비, 월동

비, 각종 기념선물, 급식대, 통근버스 운영비, 자주관리 활동비, 경조금, 장학금, 피복비 등

※ 제 조 원 가

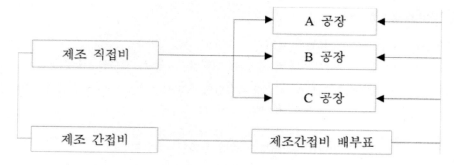

라. 원가의 구성

					판 매 가 격	
			총 원 가		이 익	
		제조원가	판 매 비	영업비		
			일반관리비			
	간접재료비	제조간접비				
제조 직접비	간접노무비				총 원 가	
외 주 비	간접경비		제 조 원 가			
직접 재료비	제조직접비					
직접 노무비						
직 접 경 비						

1) 제조원가 : 제품의 제조활동에서 발생한 원가로서 제조직접비와 제조 간접비의 합계

2) 총 원 가 : 제조원가 + 판매비와 일반관리비

　　　　　　제품의 제조에 착수하여 판매단계를 달성할 때까지 소비된 일체의 원가요소가
　　　　　　집계된 원가로서, 제품의 판매가격결정에 중요한 자료를 제공한다.

가) 판매비 : 제품의 판매활동에 관련된 원가로서 광고선전비, 판매촉진비, 창고비, 운송비 등
　　을 말한다.

　　나) 일반관리비 : 기업의 관리와 유지에 발생하는 원가로서, 관리직의 급료, 통신비, 보험료,
　　　　　감가상각비 등을 포함한다.

마. 판매비와 일반관리비

　1) 인건비 : 임원 및 본사요원의 급여
　　　　　　임원급여, 급료와 임금, 상여금, 퇴직급여충당금, 제수당, 잡금 등
　2) 경　비 : ┌ 공통경비 : 임원 및 본사요원에게 지급되는 제반경비, 본사관리유지비 및 판매
　　　　　　　│　　　　　 관련 제비용
　　　　　　　│
　　　　　　　└ 부문직접비 : 사업본부에 직접 부과되는 제비용
　　　　　　　　　　　　　　 A/S비, 건설업면허, 영업권상각, 광고선전비, 운전비 등

　(1) 복리후생비
　　　종업원의 복리후생을 위하여 지출하는 비용으로서 노동력의 최고 능률적 이용 목적으로 지
　　출되는 비용
　　　① 법정 복리후생비 : 의료보험료, 산재보험료, 재해보장보험료, 국민연금
　　　② 복　리　비 : 직장체육비, 실물급여(중식비, 하계휴가비)
　　　③ 후　생　비 : 의무, 위생, 보건, 위안, 수양 등에 소요된 비용

　(2) 여비 교통비
　　　임원 및 종업원이 업무를 수행하기 위하여 먼 지방에 출장가는 경우에 여비지급규정에 의하
　　여 지급되는 출장여비

　(3) 통신비
　　　전화료, 전보료, 우표, 엽서, 등기, 봉투, 각종우편요금, 및 시설 전신, 전화장치 등의 사용료
　　또는 그 유지를 위하여 지급한 비용

　(4) 수도 광열비
　　　수도료, 전력료, 가스대, 중유, 석탄, 기타의 연료대 등에 소요되는 비용

　(5) 세금과 공과
　　　소득수입에 대한 세금이 아닌 사용등록 취득에 대한 세금, 재고자산, 고정자산의 취득부대비
　　가 아닌 세금과 벌과금 및 영업과 관련된 공공적 지출

(6) 지급임차료

토지, 건물, 기계장치 등을 임차함으로써 그 소유자에게 지급하는 사용료를 지급임차료라 한다.

(7) 감가상각비

고정자산의 취득원가를 사용 수익하는 기간에 배분함으로서 우익에 대응하는 비용

(8) 수선비

유형고정자산이 그 사용 도중에 어떤 물질적인 손상에 의하여 그 기술적 용역을 정상적으로 제공할 수 없게 되었을 때 당해 유형고정자산의 유지관리를 위하여 이에 대한 복구공작에 소요되는 지출

(9) 보험료

건물, 기계장치 등의 고정자산 및 재고자산에 대한 화재보험 및 손해보험

(10) 접대비

거래처나 이해관계자 및 지역사회와의 교체 또는 자기의 사업과 관련하여 특정 소수인을 접대하거나 축의금, 세모품대, 신문사 관계비, 식비 등을 지급한 비용

(11) 광고선전비

불특정 다수인에 대한 회사의 일반적 공고 및 홍보활동에 지출한 비용
· 제조경비 : 입찰공고문
· 일반관리비 : 경축광고료, 회사선전 광고료

(12) 개발비

신기술의 도입, 신경영조직의 채용, 신제품, 자원의 개발 등을 위한 비용

(13) 지급수수료

영업활동에 부대하여 발생하여 원고료, 감정료, 금융수수료, 용역수수료 등

(14) 포상비

회사의 규정에 의하여 지급하는 포상비

(15) 소모품비
　행정소모품 및 조정자산이 아닌 비품 구입비

(16) 피복비
　규정에 의하여 제공하는 제복 및 특수한 작업이나 역무에 종사하는 자에게 지급하는 작업복

(17) 도서 인쇄비
　도서 구입비와 신문잡지 구독료 및 제반 유인물 발주비용

(18) 차량비
　자동차 기타차량의 유지비 유류대 차량 소모품비

(19) 교육훈련비
　직원자질 향상을 위한 교육훈련비와 외부위탁 교육훈련비

(20) 등기 소송비
　부동산 등기를 제외한 상업등기와 채권확보 분쟁 이해의 다툼을 해결하기 위한 재반 비용

(21) 피해보상비
　정부업무 등의 관련에 의한 인적 물적 피해 및 손해에 대한 보상비

(22) 기밀비
　관계법령 기준에 의하여 지급된 금액으로 사용처 명시가 곤란한 비용

(23) 대손 상각
　매출채권에 대한 대손 설정액

(24) 영업권상각
　기업신용을 배경으로 형성되는 초과 수익에서 생기는 영업권을 매 결산기말에 상가 처리 하는 비용계정

(25) 잡 비
　업무수행상 부수적으로 발생되는 소액의 비용 또는 발생 빈도가 극히 드물며 상기 다과목에 기재하기 곤란한 비용

4. 설계보고서

설계보고서

설 계 명	**Cyclone 설계(Size 결정)**		
설 계 일 자	**20 년 월 일 요일 교시**		
설 계 자 명	대학	학과	학년
	학번 성명		
설 계 내 용	원심력집진기의 집진풍량이 10 m³/min일 때 Lapple의 일반형 사이클론으로 장치의 치수를 결정하시오.		
설 계 조 건	– 입구 Duct속도는 12 m/sec ~ 15 m/sec – Size는 일반적인 조건에서 설계자가 결정하시오. – Lapple의 일반형 사이클론 적용		
설계시 문제점 및 애로사항			

설계보고서

설계명	중력집진기 설계(Size 결정)
설계일자	**20 년 월 일 요일 교시**
설계자명	대학 학과 학년 **학번 성명**
설계내용	500 m³/min인 집진 풍량의 전처리 설비로 중력집진기를 설치하여 50 ㎛ 입자를 50% 제거하고자 할 때 집진기 size를 결정하시오.
설계조건	– – –
설계시 문제점 및 애로사항	

설계보고서

설계명	**설계속도 및 Size 결정**
설계일자	**20 년 월 일 요일 교시**
설계자명	대학 학과 학년
	학번 성명
설계내용	충격기류식 여과집진기의 집진풍량이 120 m³/min일 때 1) Duct Size와 Stack Size를 규격 pipe로 선정하고 규격 pipe로 선정된 경우의 유속은 얼마인가? 2) Duct길이가 25 m면 중량은 몇 kg인가?
설계조건	– Duct 속도는 19 m/sec ~ 21 m/sec – 출구속도는 12 m/sec ~ 15 m/sec – Size는 일반적인 조건에서 설계자가 결정하시오.
설계시 문제점 및 애로사항	

설계보고서

설계명	**Duct 및 Stack의 중량 계산**
설계일자	**20 년 월 일 요일 교시**
설계자명	**대학 학과 학년**
	학번 성명
설계내용	규격 Pipe로 Duct 및 Stack을 결정할 경우 각각의 중량은 몇 kg인가?
설계조건	– 풍량은 120 m³/min
	– Duct 속도는 19 m/sec ~ 21 m/sec, 길이 28 m
	– Stack 속도는 10 m/sec ~ 15 m/sec, 길이 6 m
	– Size는 일반적인 조건에서 설계자가 결정하시오.
설계시 문제점 및 애로사항	

설계보고서

설계명	**설계속도 및 Size 결정**
설계일자	**20 년 월 일 요일 교시**
설계자명	**대학 학과 학년** **학번 성명**
설계내용	충격기류식 여과집진기의 풍량이 1,000 m³/min일 때 평면 집진기 Size 및 상승 속도 결정하시오.
설계조건	– 여과속도는 1.2 m/min ~ 1.4 m/min – Bag 간격 80, Bag에서 외벽까지 간격 180 – Bag size는 아래 조건에서 설계자가 결정하시오. ø130 × 3,000 L, ø140 × 4,000 L, ø150 × 5,000 L
설계시 문제점 및 애로사항	

설계보고서

설계명	**설계속도 및 여과포 수량 결정**
설계일자	**20 년 월 일 요일 교시**
설계자명	**대학 학과 학년** **학번 성명**
설계내용	충격기류식 여과집진기의 풍량이 2,000 m³/min일 때 집진기에 설치할 여과포 수량을 결정하시오.
설계조건	– 여과속도는 1.2 m/min – Bag size는 아래 조건에서 설계자가 결정하시오. ø150 × 3,000 L, ø140 × 3,500 L, ø150 × 3.500 L
설계시 문제점 및 애로사항	

설계보고서

설계명	**Bag Size 別 소요 압축공기량 계산**							
설계일자	**20 년 월 일 요일 교시**							
설계자명	대학 학과 학년 학번 성명							
설계내용	Bag size 別 소요 압축공기량을 계산하시오.							

Size	여과면적 (m²)	소요 압축 공기량 (L/개)	BAG 1 別 당 소요 압축 공기량 (L)				
			8개/別	10개/別	15개/別	16개/別	20개/別
ø130 × 3,000 L	1.22	8.54	68.32				
ø150 × 3,000 L							
ø150 × 3,500 L							
ø150 × 4,000 L							

설계조건	– 여과 면적(m²)당 압축공기소요량은 7 L를 적용함

설계시 문제점 및 애로사항

설계보고서

설계명	**Diaphragm Valve 용량 결정**
설계일자	**20 년 월 일 요일 교시**
설계자명	대학 학과 학년 학번 성명
설계내용	충격기류식 여과집진기의 풍량이 1,800 m³/min일 때 한 열당 10개의 Bag을 설치할 경우 Diaphragm valve 용량 선정(JISI 50, 6bar 제품 사용) 및 수량을 결정하고, 이 때 여과속도는 얼마인가?
설계조건	– 여과속도는 1.2 m/min ~ 1.5 m/min – 여과 면적당 압축공기소요량은 7 L/min · m²를 적용함 – Bag Size는 아래 조건에서 설계자가 결정하시오. ø130 × 3,000 L, ø130 × 3,500 L, ø150 × 3,500 L
설계시 문제점 및 애로사항	

설계보고서

설계명	**Diaphragm Valve 용량 결정**
설계일자	**20 년 월 일 요일 교시**
설계자명	**대학 학과 학년** **학번 성명**
설계내용	충격기류식 여과집진기의 풍량이 1,800 m³/min일 때 ① JISI 40D(6bar) 밸브를 설치할 경우 Diaphragm valve 1개당 몇 개의 여과포를 설치할 수 있는가? ② JISI 50(5bar)밸브를 설치할 경우 Diaphragm valve 수량 및 그때의 여과속도는 얼마인가? ③ 위 ①번에서 밸브용량의 안전율을 10% 고려하면 Diaphragm valve 수량은 몇 개인가?
설계조건	– 여과속도는 1.2 m/min – 여과 면적당 압축공기소요량은 6 L/min·m²를 적용함 – Bag size는 아래 조건에서 설계자가 결정하시오. ø130 × 3,000L, ø150 × 3,000L, ø150 × 3,600L
설계시 문제점 및 애로사항	

설계보고서

설계명	**Air Compressor 용량 결정**
설계일자	**20 년 월 일 요일 교시**
설계자명	대학 학과 학년
	학번 성명
설계내용	연속 탈진방식(On line type) 여과집진기의 Air compressor 용량을 간이식으로 계산하시오.
설계조건	– 풍량 1,200 m³/min
	– 여과속도는 1.3 m/min
	– 여과 면적당 압축공기소요량은 6 L/min · m²를 적용함
	– Bag size는 ø150 × 3,000 L

설계시 문제점 및 애로사항

설계보고서

설계명	**Air Compressor 용량 결정(On Line Type)**
설계일자	**20 년 월 일 요일 교시**
설계자명	**대학 학과 학년** **학번 성명**
설계내용	아래 조건에서 On line type 여과집진기의 압축공기량(m^3/min)을 계산하시오.
설계조건	· Pulsing interval : 20 sec · Pulsing cycle : 120 sec · 총 격막밸브 수량 : 50개 · 격막 밸브 용량 : 80 L/개(at 5 kg/cm^2)

설계시 문제점 및 애로사항

설계보고서

설계명	**Off Line Type 압축공기량(Air Compressor) 계산**
설계일자	**20 년 월 일 요일 교시**
설계자명	대학 학과 학년 학번 성명
설계내용	아래 조건에서 Off line type 여과집진기의 압축공기량의 용량(m^3/min) 및 격막 밸브 수량을 계산하시오.
설계조건	· 1회 탈진시 작동 밸브 수량 : 6개 · 밸브용량 : 200 L/개 · 챔버(Chamber)수 : 6개 · 탈진주기 : 330초 · 챔버당 탈진주기 : 52초 · 평균 탈진간격(Pulsing interval) : 13초 · 챔버(Chamber)당 탈진 회수 : 4회
설계시 문제점 및 애로사항	

설계보고서

설계명	**Dust 후처리설비 배출용량 계산**
설계일자	**20 년 월 일 요일 교시**
설계자명	대학 학과 학년 학번 성명
설계내용	집진장치의 Dust 후처리설비의 용량을 계산하시오. Rotary valve 용량(TON/HR) Common conveyor 용량(TON/HR) Bucket elevator 용량(TON/HR) Dust silo 용량(m^3)
설계조건	− 입구분진 농도 : $10\,g/Nm^3$(MAX), $7\,g/Nm^3$(평균) − 집진 풍량 : $6,000\,m^3/min$, at 50°C − DUST SILO ① 충만율 : 85% ② 처리 기간 : 2회/1일 ③ 분진 비중 : 1.3 ④ 여유율 : 10% − DUST FLOW Rotary V/V(4대) → Common conv'(2대) → Bucket elev' (1대) → Dust silo
설계시 문제점 및 애로사항	

설계보고서

설계명	**Dust 후처리설비 동력계산**			
설계일자	**20 년 월 일 요일 교시**			
설계자명	**대학 학과 학년**			
	학번 성명			
설계내용	Screw conveyor의 이론수송량 및 동력을 계산하시오.			
	4P, 6P Motor 사용시 감속비를 계산하시오.			

설계조건				

구 분	사 양 치	구 분	사 양 치
SCREW 외경(ØD)	Ø 0.27 m	SCREW rpm(N)	20 ~ 30 rpm
SCREW 내경(Ød)	Ø 0.10 m	겉보기비중(r)	1.1 ~ 1.2 ton/m³
SCREW PITCH(P)	0.1 m	충만율(η)	20 ~ 25%
길 이(L)	3.5 m		

A : 무부하 계수(3.86)   F : 운송물의 동력계수(270)

motor 효율 : 80%   G : motor 부하계수(2.0)

학번 끝자리가 짝수면 20 rpm, 충만율 20%, 홀수면 30 rpm, 충만율 25%

학번 끝자리 앞의 수가 짝수면 비중을 1.1, 홀수면 1.2

설계시 문제점 및 애로사항

설계보고서

설계명	**Dust 후처리 설비 동력계산**			
설계일자	**20 년 월 일 요일 교시**			
설계자명	**대학 학과 학년**			
	학번 성명			
설계내용	Rotary valve의 동력을 계산하시오.			
	4P Motor 사용하였다면 감속비를 계산하시오.			
설계조건				

<table>
<tr><th>구 분</th><th>사 양 치</th><th>구 분</th><th>사 양 치</th></tr>
<tr><td>1회전당 용량(Q)</td><td>0.0045 m³</td><td>회 전 수(N)</td><td>20 ~ 30 rpm</td></tr>
<tr><td>CASING 내경(ØD)</td><td>0.195 m</td><td>겉보기비중(r)</td><td>1.1 ~ 1.2 ton/m³</td></tr>
<tr><td>충 만 율(η)</td><td>20 ~ 25%</td><td>무게(W)</td><td>120 kg</td></tr>
</table>

motor효율 : 80%

학번 끝자리가 짝수면 20 rpm, 충만율 20%, 홀수면 30 rpm, 충만율 25%

학번 끝자리 앞의 수가 짝수면 비중을 1.1, 홀수면 1.2

설계시 문제점 및 애로사항

설계보고서

설계명	중량산출 및 자재비 계산					
설계일자	20 년 월 일 요일 교시					
설계자명	대학 학과 학년 학번 성명					
설계내용	중량 및 자재비를 계산하시오.					

설계조건

사 양	재 질	수 량	중량 (kg)	금액 (원)	비 고
pL 4.5 t × 410 × 2,029 L	SS400	4			
L – 60 × 60 × 6 × 2,500 L	SS400	10			ㄱ형강 (Angle)
ㄷ – 125 × 65 × 6 × 8 × 2,000 L	SS400	5			ㄷ형강 (Channel)
H – 150 × 150 × 7 × 10 × 1,100 L	SS400	3			H형강 (H-Beam)
합 계					

– 물가정보 최근호에서 자재비산출

설계시 문제점 및 애로사항

설계보고서

설계명	원형 Duct 압력손실 계산				
설계일자	20 년 월 일 요일 교시				
설계자명	대학 학과 학년 학번 성명				
설계내용	아래조건에서 Duct의 압력손실을 계산하시오.				

설계조건	구 분	구간 1 ~ 2	구간 2 ~ 3	구간 3 ~ 4	비 고
	유속(m/sec)	19.6	20.4	20.3	$\lambda = 0.12$ 적용 · 풍량 : 1,500 m³/min · 가스온도 : 40℃ · 설치지역 : 부산
	Dust Size	Ø300	Ø500	Ø620	
	길이(m)	24	10	20	
	곡 관 부	45° 1개	60° 1개	90° 1개	
	곡율반경(R/D)	1.5	1.75	2.25	
	합 류 부	30° 1개	45° 2개	30° 2개	

설계시 문제점 및 애로사항

설계보고서

설계명	사각 **Duct** 압력손실 계산 및 동력계산				
설계일자	**20 년 월 일 요일 교시**				
설계자명	**대학 학과 학년**				
	학번 성명				
설계내용	아래조건에서 사각 Duct의 압력손실과 동력을 계산하시오.				

구 분	구간 1 ~ 2	구간 2 ~ 3	구간 3 ~ 4	비 고
유속(m/sec)	19.5	20.4	20.2	· 풍량 : 2,500 m³/min
Dust Size	500 W × 250 D	400 W × 400 D	900 W × 300 D	· 가스온도 : 20°C
길이(m)	10	140	32	· 설치지역 : 대전
곡 관 부	45° 1개	60° 2개	90° 1개	·λ = 0.15 적용
곡율반경(R/D)	0.5	1.0	1.5	
합 류 부	90° 1개	60° 1개	30° 1개	

설계조건

설계시 문제점 및 애로사항

설계보고서

설계명	전기집진기 집진면적 설계
설계일자	**20 년 월 일 요일 교시**
설계자명	**대학 학과 학년** **학번 성명**
설계내용	보일러용 전기집진 장치에서 다음과 같은 설계 조건에서 집진 면적을 구하여라.
설계조건	− 처리 가스량 : 6,000(Nm³/min) − 처리 가스온도 : 120(℃) − 처리 가스 압력 : −400(mmAq) − 겉보기 고유 저항 : 3×10^{10}(Ω · cm) − 입구 농도 : 2(g/Nm³) − 출구 농도 : 20(mg/Nm³)

설계시 문제점 및 애로사항

설계보고서

설계명	**전기집진기 가스 통로수 및 가스 유속 설계**
설계일자	**20 년 월 일 요일 교시**
설계자명	**대학 학과 학년** **학번 성명**
설계내용	보일러용 전기집진 장치에서 다음과 같은 설계 조건에서 가스통로수와 가스 유속을 구하여라.
설계조건	– 처리 가스량 : 8,000(Nm^3/min) – 겉보기 이동 속도 : 0.15(m/sec) – 입구 농도 : 4(g/Nm^3) – 출구 농도 : 25(mg/Nm^3) – 집진 전극의 높이 : 6.0(m) – 집진 전극의 길이 : 6.5(m) – 집진 전극간 거리 : 400(mm)

설계시 문제점 및 애로사항

설계보고서

설계명	전기집진기의 집진실 구성 및 하전설비 용량
설계일자	**20 년 월 일 요일 교시**
설계자명	**대학**　　　　　**학과**　　**학년** **학번**　　　　　**성명**
설계내용	아래 설계 조건에서 전기 집진 장치의 집진실 구성 및 하전 설비용량과 수량을 결정하시오.
설계조건	<ul><li>처리 가스량 : 10,000(Nm³/min)</li><li>겉보기 이동속도 : 10(cm/sec)</li><li>입구 농도 : 2.5(g/Nm³)</li><li>출구 농도 : 20(mg/Nm³)</li><li>집진 전극의 높이 : 5.0(m)</li><li>집진 전극의 길이 : 7.5(m)</li><li>집진 전극간 거리 : 0.3(m)</li><li>전류밀도 : 0.3(mA/m²)</li></ul>
설계시 문제점 및 애로사항	

설계보고서

설계명	집진기 설치공사비		
설계일자	**20 년 월 일 요일 교시**		
설계자명	대학 학과 학년		
	학번 성명		
설계내용	아래 조건에서 전기집진기의 설치공사비를 계산하시오.		
설계조건			

작 업 구 분	단 위	중 량	비 고
1. 공사 기간			85일
2. 표면손질	m^2	30%	집진극, 방전극
3. 본체 조립설치			
본체 Frame	ton	135	
Shell Plate	ton	27	
Hand Rail & Stair	ton	25	
4. 기계조립설치			
Rotary Valve	ton	2.5	
Chain Conveyor	ton	8.6	
Lapping Device	ton	0.76	
5. 양극 Plate 설치(집진극)	m^2	153.3	
6. 음극 Plate 설치(방전극)	m^2	36.5	

전기집진기 설치(Electric Precipitator)

작 업 구 분	직 종	단 위	공 량	비 고
1. 기술관리 (공사기간중)	기 계 기 사 1 급	인/일	0.80	
2. 표면손질	특 별 인 부	m²	0.16	
3. 본체 조립설치				
본체 Frame	철 골 공	ton	4.98	
Shell Plate	비 계 공	ton	3.27	
Hand Rail	기 계 설 치 공	ton	0.82	
Stair의 조립	용 접 공	ton	0.80	
4. 기계조립설치				
구동기기 Chain,	기 계 설 치 공	ton	5.79	
Conveyor 및	비 계 공	ton	2.29(인)	
Lapping Device	용 접 공	ton	0.76	
등의 조립설치	특 별 인 부	ton	3.12	
5. 양극 Plate 설치				
지상교정 등이 기기설치	플 랜 트 제 관 공	m²당	0.0479	
Leveling 재교정후	비 계 공	m²당	0.0198	
Setting함.	특 별 인 부	m²당	0.0646	
	용 접 공	m²당	0.0101	
6. 음극 Plate 조립 설치,	플 랜 트 제 관 공	m²당	0.0618	
지상교정 및	비 계 공	m²당	0.0315	
조립조양, 가조립	용 접 공	m²당	0.0045	
	특 별 인 부	m²당	0.0794	
검사 및 교정	기술관리를 제외한 상기공량의 10%			

출처 : 기계설비 공사품셈 Page 395

설계보고서

설계일자	**20** 년 월 일 요일 교시		
설계자명	대학	학과 학년	
	학번 성명		

* 철 및 강관의 중량 계산

SGP : 배관용 탄소강관				KS D 3507-85 JIS G 3452-1988
호 칭 경		외경 (mm)	두께 (mm)	소켓을 포함하지 않는 중량 kg/m
(A)	(B)			
6	1/8	10.5	2.0	
8	1/4	13.8	2.3	
10	3/8	17.3	2.3	
15	1/2	21.7	2.8	
20	3/4	27.2	2.8	
25	1	34.0	3.2	
32	1 1/4	42.7	3.5	
40	1 1/2	48.6	3.5	
50	2	60.5	3.8	
65	2 1/2	76.3	4.2	
80	3	89.1	4.2	
90	3 1/2	101.6	4.2	
100	4	114.3	4.5	
125	5	139.8	4.5	
150	6	165.2	5.0	
175	7	190.7	5.3	
200	8	216.3	5.8	
225	9	241.6	6.2	
250	10	267.4	6.6	
300	12	318.5	6.9	
350	14	355.6	7.9	
400	16	406.4	7.9	
450	18	457.2	7.9	
500	20	508.0	7.9	
1본의 길이 3,600 이상				

출처 : 기계설계도표편람, 대광서림, 3c−29

여과 집진기 기본설계 보고서

* 아래조건에서 기본설계 보고서를 작성하시오.

1. 기본설계 계산서

- CONDITION

$Q = 2,000 \text{ m}^3/\text{min (at } 20°C)$

가. 여과속도(FILTERING VELOCITY)는 경험적인 노하우로 1.27 m/min 결정함.

$F.V = 1.27 \text{ m/min}$

* BAG 1개당 여과면적
  - 직경 (øm) = 0.13
  - BAG길이 (m) = 3
  - 여과면적 (m^2) =

나. BAG 본수 산출

N = 풍량 / 여과속도 / BAG 개당 여과 면적

=

=

=

다. 여과 면적 계산(FILTERING AREA)

$F.A = $ BAG 본수 $\times$ BAG 개당 여과면적

=

=

라. DIAPHRAGM & SOLENOID VALVE 산출

BAG 1 ea당 소요 압축공기량 $= 7 \text{ L/m}^2 \times$ m^2/ea =

DIAPHRAGM VALVE 수량

= TOTAL BAG 본수 ÷ BAG 수량 / DIAPHRAGM VALVE 당

=

=

마. 자동청소용 압축공기량 산출

바. 압력 손실 산출

1) 직관 압력손실

$\Delta Ps = \lambda \times L/D \times Vp$

λ : 관마찰 계수

L : DUCT 직관 길이(m)

V : 관내 유속(m/sec)

ζ : 곡관 및 분지관 손실계수

γ : 비중량(ton/m^3)

2) 곡관 및 분지관 압력손실

$\Delta Pb = \zeta \times Vp$

* 총 압력손실 = $\Delta Ps + \Delta Pb$ + 본체 + STACK & SILENCER

= mmAq × 10%

= 500 mmAq(APPROX)

사. FAN MOTOR 용량 계산

1) OPERATION CONDITION

풍 량 :

정 압 :

2) FAN SHAFT POWER(Ls)

    FAN 효율75%, MOTOR 효율 70%, 여유율 15%일 때

    Ls =

아. 이송, 불출 및 저장 설비 용량 검토

  1) OPERATION CONDITION

    가) 분진 농도 : 10 g/Nm^3(MAX)

    나) 집진 풍량 : 2,000 m^3/min(at 20℃,   Nm^3/min)

    다) DUST량 :   TON/HR(MAX)

  2) 이송, 불출 설비 용량검토

    가) PREDUSTER DUST 포집량(25%) :   TON/HR

      ① ROTARY V/V(2SET 설치)

          1대 용량 =   TON/HR

    나) 본체 DUST 포집량 :   TON/HR

      ① ROTARY V/V(4SET 설치)

          1대 용량 =   TON/HR

      ② HOPPER CONV'(2SET 설치)

          1대 용량 =   TON/HR

      ③ COMMON CONV'(1SET 설치)

          1대 용량 =   TON/HR

      ④ BUCKET ELEV'(1SET 설치)

          1대 용량 =   TON/HR

    다) DUST SILO VOLUME

    1) OPERATION CONDITION

      ① 분진 농도 : 7 g/Nm^3(평균)

      ② 처리 기간 : 2회/1일

      ③ 비 중 : 1.15

④ 충 만 율 : 85%

⑤ 처리 용량 :   ton/일

  2) DUST SILO VOLUME

    = m^3

    → 여유율 고려 m^3으로 결정함.

2. 이송, 불출 설비 및 저장설비 계산

가. 분진농도에 의한 포집 분진량 계산

  1) 분진농도 : 10 g/Nm^3(집진기 입구)

  2) 집진풍량 : 2,500 m^3/min (온도 20℃)

  3) DUST량 = 풍량 × 분진농도 × 60 ÷ 1,000,000

        =   TON/HR

  4) FLOW CHART

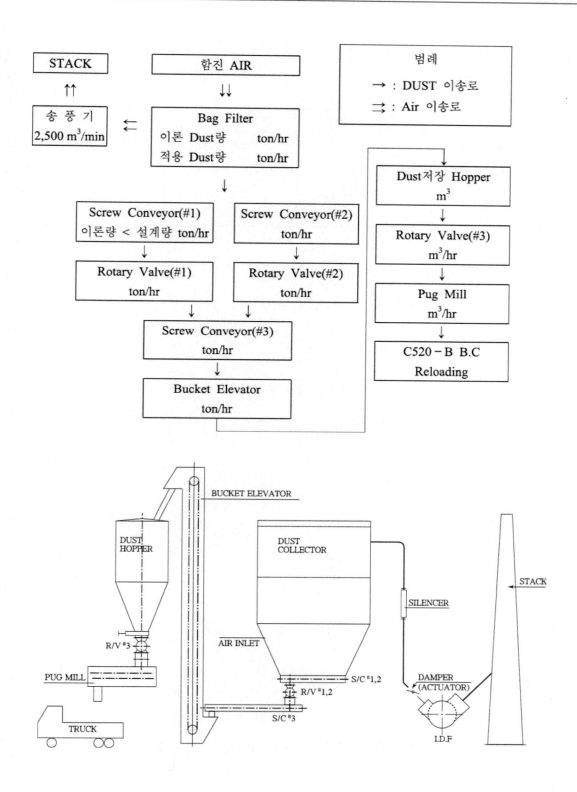

나. Screw Conveyor

1) Screw Conveyor (#1) (#2)

가) 사양(S/C - 250)

구 분	사 양 치	구 분	사 양 치
SCREW 외경(ØD)	Ø 0.25 m	SCREW rpm(N)	15 rpm
SCREW 내경(Ød)	Ø 0.12 m	겉보기비중(r)	1.20 ton/m^3
SCREW PITCH(P)	0.12 m	충만율(η)	30%
길 이(L)	4.3 m		

나) 수송능력

· 충만율 100%시 이론체적

$$V = \frac{\pi(D^2 - d^2)}{4} \times P \times N \times 60$$

$$=$$

$$= \qquad m^3/hr$$

· 수송량 $W =$ 이론체적 × 충만율 × 비중(TON/HR)

$$=$$

$$= \qquad TON/HR(설계처리량) > \qquad TON/HR(이론처리량)$$

다) 동력계산

A : 무부하 계수 (3.86) L : 길이 N : 회전수

F : 운송물의 동력계수(270) H : 양정 V : 수송 능력(이론체적)

· 축동력 (Pd)

$$Pd = \frac{ALN + VLF}{10,000} + \frac{VH}{367}$$

$$=$$

$$= \qquad kW$$

· 전동기 출력(Pm)

$$Pm = \frac{Pd\,G}{\rho} = \qquad kW$$

Pd : 축동력 (kW)   ρ : 기계효율(75%) G : 부하계수(2.0)

※   **kW로 계산되나 생산되는 Motor 규격을 고려하여 kW로 결정함.**

2) Screw Conveyor(#3)

가) 사양(S/C − 350)

구 분	사 양 치	구 분	사 양 치
SCREW 외경(ØD)	Ø 0.25 m	SCREW rpm(N)	20 rpm
SCREW 내경(Ød)	Ø 0.2 m	겉보기비중(r)	1.20 ton/m³
SCREW PITCH(P)	0.12 m	충만율(n)	35%
길 이(L)	8.2 m		

나) 수송능력

· 충만율 100%시 이론체적

$$V = \frac{\pi(D^2 - d^2)}{4} \times P \times N \times 60 \ (m^3/hr)$$

$$=$$

$$= \qquad m^3/hr$$

· 수송량 W = 이론체적 × 충만율 × 비중(TON/HR)

$$=$$

$$= \qquad TON/HR(설계처리량) > TON/HR(이론처리량)$$

다) 동력계산

A : 무부하 계수(3.86) L : 길이 N : 회전수

F : 운송물의 동력계수(270) H : 양정 V : 수송 능력(이론체적)

· 축동력 (Pd)

$$Pd = \frac{ALN + VLF}{10,000}$$

$$=$$

$$= \qquad kW$$

· 전동기 출력(Pm)

$$Pm = \frac{Pd \, G}{\rho} = \qquad = \qquad kW$$

Pd : 축동력 (kW) ρ : 기계효율(80%) G : 부하계수

※   kW로 계산되나 생산되는 Motor 규격을 고려하여 kW로 결정함.

다. ROTARY VALVE

1) ROTARY VALVE (#1) (#2)

가) 사양(RV - 200)

구 분	사 양 치	구 분	사 양 치
1회전당 용량(q)	$0.0037 \, m^3$	회 전 수(N)	25 rpm
CASINHG 내경(ØD)	0.185 m	겉보기비중(r)	$1.20 \, ton/m^3$
충 만 율(η)	25%		

나) 배출능력

· 충만율 100%시 이론체적

$V = 60 \times q \times N$

$\quad = \qquad\qquad = \qquad\qquad m^3/hr$

· 배출량 = 이론체적 × 충만율 × 비중

$Q = V \times η \times r$

$\quad =$

$\quad = \qquad$ TON/HR(설계처리량) $> \qquad$ TON/HR(이론처리량)

다) 동력계산

$kW = \dfrac{W \cdot V}{102 \times 0.7}$

$\quad = \qquad\qquad = \qquad (kW)$

※ $\qquad$ **kW로 계산되나 생산되는 Motor 규격을 고려하여 kW로 결정함**

여기서,

$W = (W_1 + W_2 + W_3) \times f$

$\quad W_1$: ROTOR WEIGHT $\qquad$ 35 kg

$\quad W_2$: VOLUME $\qquad\qquad$ 13 kg

$\quad W_3$: PACKING $\qquad\qquad$ 40 kg

$\quad f$: 마찰계수 $\qquad\qquad$ 1.3

$W = \qquad\qquad = \qquad kg$

$$V \ = \qquad\qquad = \qquad\qquad \text{m/sec}$$

2) ROTARY VALVE (#3)

가) 사양(RV – 350)

구 분	사 양 치	구 분	사 양 치
1회전당 용량(q)	0.0314 m³	회 전 수(N)	25 rpm
CASING 내경(ØD)	0.325 m	겉보기비중(r)	1.20 ton/m³
충 만 율(η)	65%		

나) 배출능력

· 충만율 100%시 이론체적

$$V \ = \ 60 \ \times \ q \ \times \ N$$

$$= $$

$$= \qquad \text{m}^3/\text{hr}$$

· 배출량 = 이론체적 × 충만율 × 비중

$$Q \ = \ V \times \text{η} \times r$$

$$=$$

$$= \qquad \text{TON/HR}$$

다) 동력계산

$$kW \ = \ \frac{W \cdot V}{102 \times 0.7}$$

$$=$$

$$= \qquad (kW)$$

※   **kW로 계산되나 생산되는 Motor 규격을 고려하여 kW로 결정함**

여기서,

$$W \ = \ (W_1 + W_2 + W_3) \ \times \ f$$

W_1 : ROTOR WEIGHT   64 kg

W_2 : VOLUME   25 kg

W_3 : PACKING   70 kg

f : 마찰계수   1.3

$$W = \qquad = \qquad kg$$

$$V = \qquad =$$

라. BUCKET ELEVATOR

1) 사양

구 분	사 양 치	구 분	사 양 치
BUCKET CAP(V)	$0.0026 \, m^3$	겉보기비중(r)	$1.20 \, ton/m^3$
SPEED(S)	13.2 m/min	충만율(η)	55%
BUCKET PITCH(P)	0.213 m	HEIGHT	13.9 m

2) 수송 능력

$$Q = \frac{V \cdot S \cdot r \cdot \eta \cdot 60}{P}$$

$$=$$

$$= \qquad TON/HR > \qquad TON/HR$$

3) 동력 계산

$$(kW) = \frac{1.1 \times T_3 \times S}{6,000 \times \rho}$$

$$=$$

$$= \qquad kW$$

※   kW로 계산되나 생산되는 Motor 규격을 고려하여 kW로 결정함

여기서,

S = SAFETY FACTOR OF CHAIN

$$= \frac{CHAIN \ 파단강도}{TI} = \frac{14,500}{736.17} = 19.7$$

T_3 = 운반물 중량 (부하계수 − 무부하 계수) = 354.3 kg

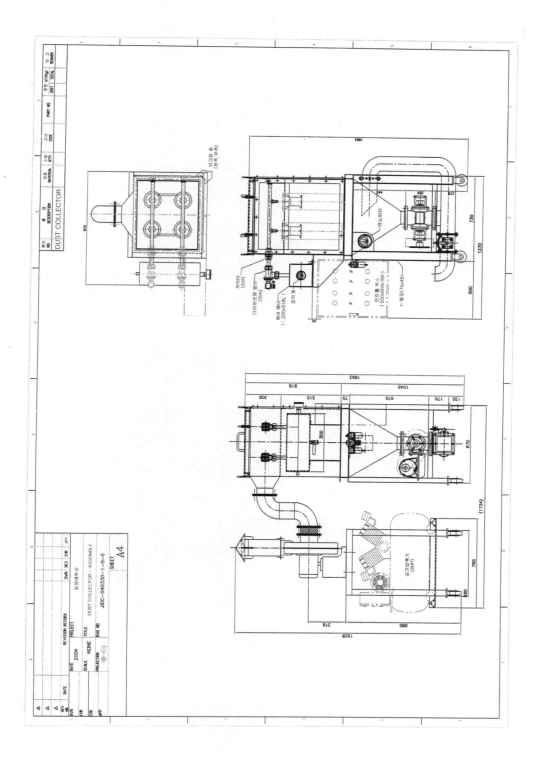

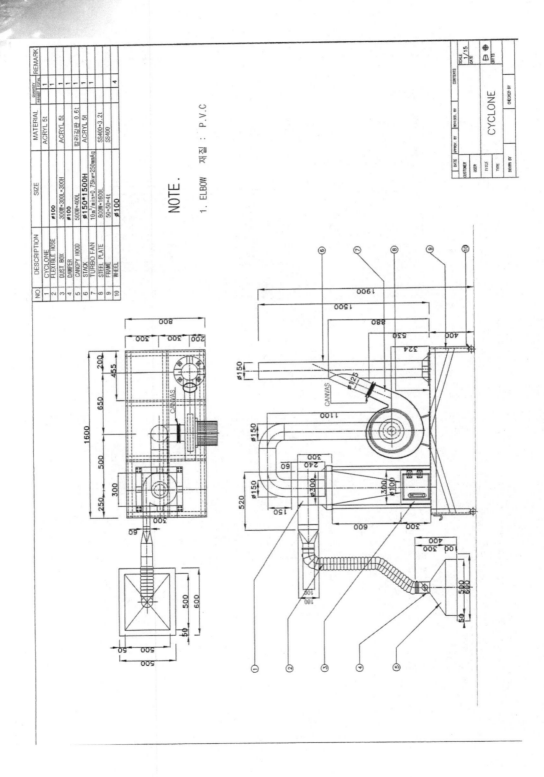

NO	DESCRIPTION	SIZE	MATERIAL	QUANTITY PRESENT TOTAL	REMARK
1	CYCLONE		ACRYL 5t	1	
2	FLEXIBLE HOSE	ø100	ACRYL 5t	1	
3	DUST BOX	300W*300L*300H		1	
4	DAMPER	ø100		1	
5	CANOPY HOOD	500W*400L	알리미늄 0.6t	1	
6	STACK	ø150*1500H	알미늄 0.6t	1	
7	TURBO FAN	10㎥/min*0.75kw*250mmAq	ACRYL 5t	1	
8	STEEL PLATE	800H*1600L	SS400-3.2t	1	
9	FRAME	50-50-4t	SS400	4	
10	WHEEL	ø100			

NOTE.

1. ELBOW 재질 : P.V.C

CYCLONE

634

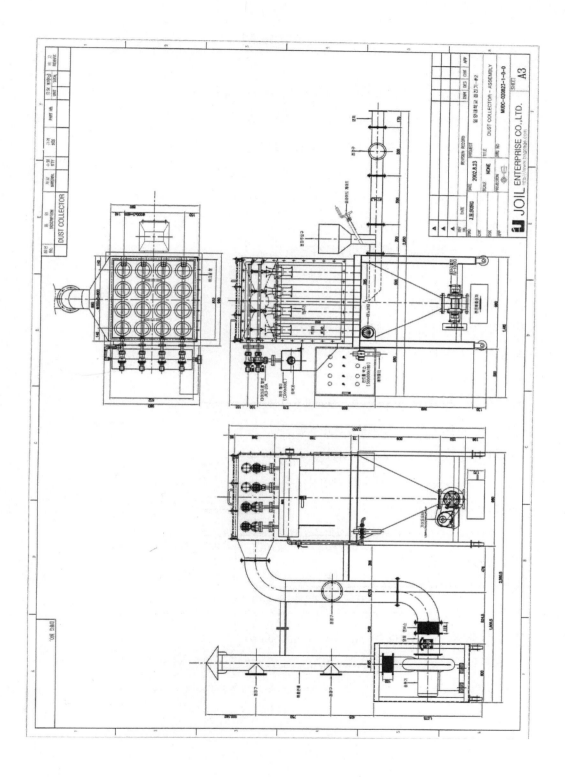

참고문헌

· 서정민 등 (2001), 대기관리기술사, 성안당

· 서정민 등 (2003), 여과 집진장치 설계, 세종출판사

· 서정민 등 (2000), 최신 대기오염방지기술, 동화기술

· 서정민, 박정호 (2004) 대기오염개론, 두양사

· 서정민 등 (2001) BAG FILTER의 계획 및 설계, 인쇄마당

· 조석호 (1995) 산업환기공학, 동화기술

· 집진설비 매뉴얼, 제철정비철구공업주식회사

· 정광섭, 홍희기 (2001) 공기선도 읽는법·사용법, 성안당

· 홍성길, 최희승 (1998) 환경인을 위한 미기상학, 신광출판사

· 이세희 (1995) 분립체의 저장조와 공급장치, 대신기술

· 박성규 등 (2001) 대기환경기사산업기사, 동화기술

· 산업용 송풍기 종합 카타로그, 한양풍력

· 환경분야 설계표준서 (1996), 포스코개발주식회사

· 편집부 (2002) 실무에서 본 철골구조설계, 골드

· 김주항 (2003) 환경장치설계, 동화기술

· 편집부 (2000) 콘베이어 계산법, 세진사

· 조일기업 카타로그 (2019)

· 집진장치설계검토서 (1995) 포철산기주식회사

· 환경부 (2018) 환경백서

· 환경부 (2019) 대기환경연보

· 환경부 (2021) 환경관련 법규

· 환경부 홈페이지 자료 다수 (http://www.me.go.kr/)

· 기상청 홈페이지 자료 (http://www.kma.go.kr/), TERRA위성 MODIS영상

· 부산녹색환경지원센터(서정민), 부산지역에 설치된 세정집진시설 및 충격기류식 여과집진 설비의 설계기준 연구 연차보고서, 2021

· 환경부, 대기오염물질 배출시설 인허가업무 가이드라인, 2019.

· 대구지방환경관리청, 대기오염방지시설설계편람, 1999.

· 환국표면공학회, 도금의 기초 및 도금장비, 2014.

· 서정민 외, 최신 대기공학설계, 동화기술, 2007.

· 김태형 외, 산업환기, 신광출판사, 2011.

· 부산광역시 사상구, 사상구 악취배출업소 환경개선자금 심의자료, 2017.

· 부산광역시, 소규모 사업장 방지시설 설치 지원사업 심의자료, 2020.

· 부산광역시, 소규모 사업장 방지시설 설치 지원사업 심의자료, 2021.

참고논문

[1] Wiley Barbour, Roy Oommen, and Gunsili Sagun Shareef, EPA /452/B-02 -001 Wet scrubbers for acid gas, U.S. Environmental Protection Agency (EPA), 1995.

[2] D. Flagiello, a. Erto, A. Lancia, and F. Di Natale, Experiemntal and modeling analysis of seawater scrubbers for sulpher dioxide removal from flue-gas, Journal of Fuel, 214, pp. 254-263, 2018.

[3] Mohammad Javad Jafari, Roohollah Ghasemi, Yadollah Mehrabi, Ahmad Reza Yazdanbakhsh, and Majid Hajibabaei, Influence of liquid and gas flow rates on sulfuricacid mist removal from air by Absorption bed tower, Journal of Environmental Health Sciences & Engineering, 9(20), pp. 1-7, 2012.

[4] Bangwoo Han, Hakjoon Kim, Yongjin Kim, and Kyeongsoo Han, Removal characteristics of gaseous contaminants by a wet scrubber with different packing materials, Journal of KOSAE, 23(6), pp.744-751, 2007.

[5] Zhang Liangliang, Wu Shuying, Gao Yue, Sun Baochang, Luo Yonga, Zou Haikui, Chu Guangwen, and, Chen Jianfeng, Absorption of SO_2 with calcium-based solution in a rotating Absorption bed, Separation and Purification Technology, 214, pp. 148-155, 2019.

[6] Chih-Liang Chien, Chuen-Jinn Tsai, Shiang-Ru Sheu, Yu-Hsiang Cheng,, and, Alexander Mihailovich Starik, High-efficiency parallel-plate wet scrubber(PPWS) for soluble gas removal, Separation and Purification Technology, 142, pp. 189-195, 2015.

[7] Warren L. Mccabe, Julian C. Smith, and Peter Harriott, Unit operation of chemical engineering 7th ed., McGraw Hill, New york, 2005.

[8] Don W. Green, and Robert H. Perry, Perry's chemical engineers' handbook 8th ed., McGraw Hill, New york, 2007.

[9] C. D. Cooper and F. C. Alley, Air pollution control : a design approach, 2008.

[10] H. Ogawa, P.J. Dahl, T. Suzuki, P. Kai, H. Takai, A microbiological-based air cleaning system using a two-step process for removal of ammonia in discharge air from a pig rearing building, Biosystems Engineering, pp. 108-119, 2011.

[11] Colebrook, C. F., White, C. M., Experiments with fluid friction in roughened pipes, Proceeding of the Royal Society of London, Series A, Mathematical and Physical Sciences, 161 (906), pp. 367-381, (1937).

[12] Colebrook, C. F., Turbulent flow in pipes with particular reference to the transition region between the smooth and rough pipe laws, Journal of the Institution of Civil Engineers, 11 (4), pp. 133-156, (1939).

[13] Suh, J. M., Park, J. H., Lim, W. T., The Prediction of Injection Distances for the Minimization of the Pressure Drop by Empirical Static Model in a Pulse Air Jet Bag Filter, Journal of the Environmental Sciences, 20(1), 25-34. (2011).

[14] Suh, J. M., Park, J. H., Lim, W. T.,, Kang, J. S.,, Jo, J. H., The Prediction of Optimal Pulse Pressure Drop by Empirical Static Model in a Pulsejet Bag Filter, Journal of the Environmental Sciences, 21(5), 613-622. (2012).

[15] Suh, J. M., Choi. K. C., Park, J. H., Ryu, J. Y., The new Air Pollution Engineering Design, 1st ed., DongHwa Technology Publishing. (2007).

[16] Suh, J. M., Ryu, J. Y., Lim, W. T., Jung, M. S., Park, J. H., Shin, C. H., Prediction of the Efficiency of Factors Affecting Pressure Drop in a Pulse Air Jet-type Bag Filter, Journal of the Environmental Sciences, 19, 437-446. (2010)

[17] Kim, S. T., A Study on the Pressure drop Variance of Pulse interval, injection distance Pulse Air Jet Type Bag Filter, Master's Dissertation, Miryang National University, Miryang, Korea. (2004).

서 정 민(徐廷民)

동아대학교 공과대학 환경공학과
동아대학교 대학원 환경공학과
포스코건설(주) 환경사업본부 P.M 과장
대기관리기술사, 공학박사
현) 부산대학교 바이오환경에너지학과 교수

최신 **대기방지시설의 설계**

인 쇄 2022년 2월 22일
발 행 2022년 2월 28일
저 자 서정민
발행인 arest
발행처 arest
펴낸곳 (주)아레스트
　전 화 031-8071-3445
　이메일 arest@arest.co.kr
　인스타그램 @arest_book

정가 36,000원
